JN409733

세계의 식물원 산책 2

세계의 식물원 산책 2

이승겸 이길순 윤근영 이창경 황환주 김인호 전정일 변재상 지음

(학)신구학원
신구문화사

책을 펴내며

『세계의 식물원 산책』 1권을 출간한지 3년 만에 이제 그 2권을 내놓습니다. 제1권에서는 아시아, 북아메리카, 오세아니아, 아프리카 등 4개 대륙에 걸쳐 12개국에 산재해 있는 81개 식물원을 소개했습니다. 이번 제2권에서는 유럽, 중·남아메리카 2개 대륙을 중심으로 28개 국가의 유명 식물원 100곳을 선정해 수록하였습니다. 1, 2권을 합쳐 총 181개 식물원을 안내하는 셈인데, 수준과 규모 면에서 세계적으로 가볼만한 식물원은 모두 망라되어 있다고 자부합니다.

『세계의 식물원 산책』 2권에는 원래 80여 개 식물원을 실을 계획이었으나 100곳으로 확대되었습니다. 유럽 지역에 그만큼 역사와 전통이 오래된 훌륭한 식물원이 많았기 때문입니다. 유럽의 식물원들을 탐방하면서 새삼 식물원의 발상과 그 발달 과정을 되짚어보는 계기가 되었고 그와 결부된 식물학 연구의 역사와 현주소를 구체적으로 조감할 수 있었습니다. 여타 대륙의 대부분의 식물원이 유럽의 식물원을 모델로 조성되었거나 식민지 시절에 만들어진 것에서 출발하였다는 것을 거듭 확인할 수 있었습니다. 독자들 역시 이번 출간된 『세계의 식물원 산책』 제2권을 통해 특히 식물원의 기원과 역사를 개괄해보는 기회가 될 수 있으리라 생각합니다.

『세계의 식물원 산책』 시리즈는 신구대학교식물원 조성을 위한 세계의 유명 식물원 탐방에서 비롯되었습니다. 신구대학교식물원 조성을 계획하던 시기에는 국내에 국공립 수목원과 사립식물원이 몇 곳 있었을 뿐 식물원이 드물었던 시절이라 그 모델을 찾아 해외로 눈을 돌릴 수밖에 없었습니다. 2003년 신구대학교식물원이 개원한 이후에도 탐방은 계속되었습니다. 초창기의 자료들은 식물원 디자인과 운영 프로그램 개발에 많은 도움이 되었습니다. 첫 탐방으로부터 어느덧 20년 가까운 세월이 흐르면서 지금까지 총 45개 국 300여 개의 식물원을 돌아보았습니다. 이들은 대부분 식물종이 다양하게 보존되어 있고 연구와 교육 프로그램이 잘 갖춰져 있는 식물원들입니다. 거기에는 또한 전시적 기능이 강조되는 아름다운 정원도 포함되어 있습니다. 어떤 식물원을 찾든 색색의 아름다운 꽃들과 크고 작은 수목들은 생명의 다양성과 경이 그리고 그들이 보여주는 자연의 오묘한 질서와 조화의 아름다움은 흥분과 감동을 자아냈습니다. 그 사이 이런 탐방의 즐거움과 감동을 함께 나누고자 유명한 식물원 61곳을 정선하여 『꼭 가봐야 할 세계의 식물원』(신구문화사, 2009)을 간행한 바도 있습니다.

우리나라도 이제 국가나 지자체에서 운영하는 공공식물원과 사립식물원이 100여 곳을 넘어섰습니다. 그 사이 식물원의 사회적 기능도 변화했습니다. 식물원은 일차적으로 식물의 수집과 보존, 연구와 교육을 통해 식물의 세계를 안내해 주는 곳입니다. 그러나 사람들이 이런 지적 호기심만으로 식물원을 찾는 것은 아닙니다. 복잡한 현대적 삶에서 식물원은 또한 정서적 안정과 위안을 주는 휴식처이기도 합니다. 뿐만 아니라 오늘날 식물원은 경제적 가치를 창출하는 식물 자원을 발굴하고 보급하는 센터이기도 합니다. 많은 식물원들이 관상식물은 물론 경제적으로 유용한 자원식물들을 수집하여 보존하고 육종하여 이를 널리 보급하는데 힘을 쏟고 있습니다. 그렇기 때문에 조성된 식물원을 잘 관리하고 보존해가는 것은 매우 중요한 일입니다. 세계의 유수한 식물원을 방문할 때마다 이런 점에서 많은 깨우침을 얻곤 했습니다. 어려운 가운데에서도 식물종의 다양성을 확보하기 위한 헌신적인 노력, 수집한 식물들의 보존과 관리를 위한 지극한 정성, 희귀식물 혹은 멸종위기의 식물을 하나라도 더 수집하려는 사명감이 있었기에 이런 식물원들은 존속할 수 있었습니다. 독자 여러분들도 잘 가꾸어진 식물원을 방문할 기회가 있다면 이런 점도 함께 느껴 보셨으면 합니다.

두 권으로 완성된 이 책은 무엇보다 본격적인 식물원 안내의 새 출발을 열었다는 데 의미를 두고 싶습니다. 그동안 식물과 식물원을 주제로 한 책은 많이 나왔지만 전 세계의 식물원의 현장 탐방을 통하여 각각의 역사와 구성, 운영의 특성 등을 종합적으로 소개한 책은 국내는 물론 외국에도 흔치 않습니다. 이 책을 기획하면서 특히 중점을 둔 것 중의 하나는 식물원의 역사입니다. 식물원마다 초기에 어떠한 목적과 여건 속에서 조성되었는지 그리고 지나온 역사적 발자취를 설명하는 데 큰 비중을 두었습니다. 그럼으로써 식물원이 추구하는 목표와 운영 방식을 더욱 잘 이해할 수 있으리라 생각했기 때문입니다. 아울러 저자들이 직접 촬영한 사진 자료들을 가능한 한 많이 수록하여 독자들이 현장감을 느끼도록 배려했습니다. 이 책이 여행의 발걸음을 식물원으로 향하게 하고, 식물원 방문을 통해 식물의 소중한 가치를 인식함과 동시에 식물을 가꾸고 보존하는 데 힘쓰고 있는 사람들의 정성과 사명감도 함께 느낄 수 있는 계기를 제공한다면 더할 나위 없는 보람이겠습니다.

책을 마무리하고 나니 세계의 유수한 식물원을 망라하여 소개했다는 뿌듯함이 크지만 한편으로 아쉬운 점도 있습니다. 한정된 지면, 자료의 부족 등으로 미진한 구석도 적지 않게 눈에 띄기 때문입니다. 앞으로 이러한 점들을 보완하는 한편, 세계 식물원을 주제로 한 여러 종류의 도서를 기획 출간하여 독자 여러분들을 새롭게 만날 수 있기를 기대합니다.

2016. 2.

대표 저자 이 숭 겸

차례

중·남아메리카

일러두기

1. 이 책에 수록한 식물원들은 저자들이 약 10여 년간 직접 방문한 6개 대륙 총 300여 곳의 세계식물원 중에서 원예적 측면, 역사적 측면, 학문적 측면에서 가치가 높고 아름다운 식물원 180여 곳을 선정한 것이다. 1권에는 아시아, 북아메리카, 오세아니아, 아프리카의 81개 식물원을 실었고, 2권에는 유럽과 중·남아메리카의 100개 식물원을 실었다. 식물의 수집, 연구, 전시 및 교육이라는 식물원 고유 역할을 모두 수행하고 있지 않더라도 캐나다의 부차트가든과 같이 원예적으로 아름다운 곳도 포함하였다.
2. 각 식물원에 대한 설명은 식물원의 역사, 구성, 운영 특성 등의 순서로 하였다.
3. 이 책에 서술된 내용이나 수록된 사진들은 필자들이 직접 방문하여 보고 기록한 것들이다. 일부 내용은 각 식물원 홈페이지에 설명되어 있는 내용을 참고하였다.
4. 원예학이나 식물학을 전공하지 않았더라도 식물에 관심을 가진 이들이 볼 수 있도록 쉽게 설명하였으며, 식물원 동선을 따라 산책하는 느낌이 들도록 서술하였다.
5. 외국 지명이나 인명은 외래어표기법에 따랐다. 그러나 정확한 발음을 알 수 없거나 한글로 번역하기 어려운 단체명 등은 원어 그대로 두었으며 식물원명은 원어로 표기하였다.
6. 본문 설명 중에 나오는 식물 이름은 가능한 한국명으로 표기하였다. 그러나 한국 이름이 없는 경우에는 원어와 학명을 병기하였다.
7. 각 식물원 설명 끝부분에는 식물원의 주소, 전화번호, 홈페이지 주소, 면적 등에 관한 내용을 실어 여행에 필요한 간략한 정보를 수록하였다. 특히, 식물원의 주소는 우편상의 주소보다는 찾아가기 쉽도록 가급적 구글지도상의 입력주소를 기입하였다.

아이콘보기

 방문객센터
 화장실
 휠체어 대여
 식당, 레스토랑
 주차장

식물판매
 카페, 찻집

매점, 기념품점

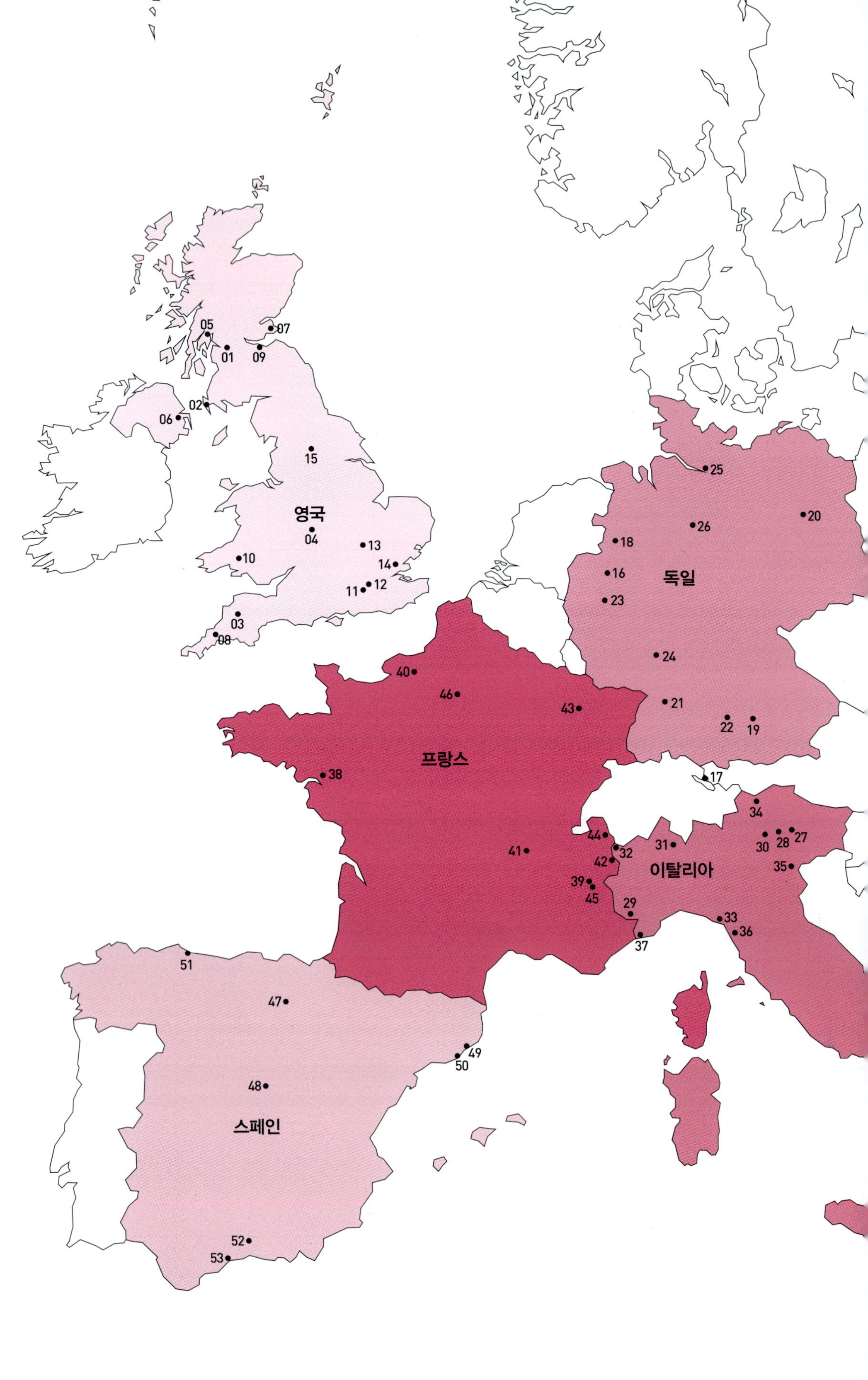

영국
독일
프랑스
이탈리아
스페인
01
02
03
04
05
06
07
08
09
10
11
12
13
14
15
16
17
18
19
20
21
22
23
24
25
26
27
28
29
30
31
32
33
34
35
36
37
38
39
40
41
42
43
44
45
46
47
48
49
50
51
52
53

유럽 I

영국

01 글래스고식물원
02 로건식물원
03 로즈무어가든
04 버밍엄식물원
05 벤모어식물원
06 벨파스트식물원
07 세인트앤드류스식물원
08 에덴프로젝트
09 에딘버러왕립식물원
10 웨일즈국립식물원
11 위즐리가든
12 큐왕립식물원
13 케임브리지대학식물원
14 하이드홀가든
15 할로우카가든

독일

16 그루가파크식물원
17 마이나우꽃섬
18 뮌스터대학식물원
19 뮌헨-님펜부르크식물원
20 베를린-다렘식물원
21 빌헬마식물원
22 아우크스부르크식물원
23 쾰른식물원
24 팔멘식물원
25 함부르크식물원
26 헤렌호이저가든

이탈리아

27 네베갈벨루노식물원
28 장지오로렌조니고산식물원
29 발데리아식물원
30 비오테고산식물원
31 빌라타란토식물원
32 사우수레아고산식물원
33 피에트로펠레그리니식물원
34 트라우트만스도르프성가든
35 파도바대학식물원
36 피사대학식물원
37 한버리식물원

프랑스

38 낭트식물원
39 로따레고산식물원
40 루앙식물원
41 리옹식물원
42 몽떼식물원
43 샤노우시아고산식물원
44 제시니아고산식물원
45 뚜말레식물원
46 파리식물원

스페인

47 리오하식물원
48 마드리드왕립식물원
49 마리무트라식물원
50 바르셀로나식물원
51 아틀란티코식물원
52 알함브라궁전-헤네랄리페정원
53 콘셉시옹식물원

01 세련된 도시 디자인과 어울리는 글래스고식물원 Glasgow Botanic Gardens

우아한 백조의 모습을 연상시키는 유리온실

글래스고는 스코틀랜드 최대의 도시로, 영국 본토에서 런던과 버밍엄, 리즈에 이어 네 번째로 큰 도시이다. 영국에서 런던, 에든버러 다음으로 많은 관광객이 찾는 곳으로, 런던에서 북서쪽으로 4시간 거리에 위치하고 있다.

간결하고 부드러운 디자인이 돋보이는 현대적 건축물이 고풍스런 19세기 건물들 사이로 불쑥불쑥 고개를 내미는 글래스고는 짙은 회색빛 중세 성벽과 수백 년도 넘은 돌길로 완성된 에든버러와는 사뭇 대조적이다. 19세기 후반부터 20세기 초, 대영제국의 성장에 힘입어 경제적 부를 축적한 글래스고는 대도시의 웅장함과 제국의 위엄이 혼재하고 있다. 동쪽에서 불어오는 차가운 바람의 영향을 받는 에든버러와 달리 서쪽에서 몰려오는 비의 영향으로 다소 우중충한 기운이 감돌지만, 간결하면서도 세련된 디자인이 도시 곳곳을 채우고 있다. 글래스고식물원은 켈빈 강 옆 웨스트엔드에 세련된 도시 디자인과 잘 어우러져 자리잡고 있다.

식물원의 역사

글래스고의 저명한 식물학자인 토마스 호프키르크Thomas Hopkirk가 자신이 수집한 3천여 종류의 식물을 기증했는데, 이 식물들이 식물원의 핵심으로 자리잡고 있다. 토마스 호프키르크의 노력과 현지 고위 인사들 및 글래스고대학의 지원에 의해 1817년 샌디포드Sandyford에서 소키홀Sauchiehall 거리의 서쪽 끝에 이르는 3ha 부지에 설립되었다. 식물의 배치는 첫 번째 큐레이터 스튜워트 머레이Stewart Murray가 계획하였다.

글래스고 왕립식물원 위원회에서 식물원 계획을 실행하였고, 교육과 식물의 공급을 위해 글래스고대학과 협의하였다. 1839년 급속히 번창하여 웨스트 엔드의 켈빈 강 지역까지 확장하였다. 당시 세계에서 가장 저명한 식물학자들 중 한 명으로 글래스고대학 교수였던 윌리엄 잭슨 후커William Jackson Hooker가 식물원 개발에 매우 적극적으로 참여하였으며, 1825년에는 식물 수집량이 12,000여 종류에 이르게 될 정도로 확대되었다. 후커는 그 뒤 1841년 큐왕립식물원의 이사에 임명되기도 하였다. 1842년 글래스고식물원은 회원들에게 개방되었으며 일반 대중들에게는 적은 비용으로 주말에 입장을 허가하였다.

우아한 백조의 모습을 연상시키는 유리 온실 키블 팰리스Kibble Palace는 원래 로치 롱Loch Long의 쿨포트Coulport에 있는 개인 온실이었지만, 1873년 현재 위치로 이동되었다. 키블 팰리스는 식물을 기르는 장소일 뿐만 아니라, 콘서트홀이나 미팅 장소로 사용 중인데, 과거 글래드스톤과 디스랠리 같은 유명 인사가 사용하기도 했다.

식물원은 이후 재정적인 어려움이 증가하여 1891년 시에서 인수하였는데, 여전히 지역주민뿐만 아니라 전 세계에서 온 각국의 관광객들에게 매우 인기가 있는 장소이다.

식물원의 구성

식물원에서 가장 눈에 띄는 곳인 키블 팰리스는 나무고사리, 베고니아 등 열대성 식물들로 유명하다. 내부는 11개의 섹션으로 구성되는데, 하우스 1은 일 년 내내 화려한 꽃을 관람할 수 있다. 하우스 2와 3에서는 다양한 난과 식물의 꽃을 볼 수 있다. 하우스 4와 5에는 사막 적응을 보여주는 건조 식물이 있다. 열대우림식물은 하우스 6에 있고, 이 섹션은 15m

다양한 열대식물 수집

아름다운 계절 화단

높이에 달한다. 하우스 7에서는 열대식물의 다양한 경제적 측면을 볼 수 있다. 하우스 8과 9에서는 열대식물의 다양한 잎의 형태와 화려한 베고니아 꽃을 볼 수 있다. 하우스 10에서는 온대 및 열대의 꽃식물을 전시하고, 하우스 11은 열대 연못이 있어 특히 여름에 장관인 빅토리아 수련을 볼 수 있다.

키블 팰리스에 있는 나무고사리를 비롯한 양치식물들과 베고니아, 난초 등이 식물 및 정원 보전 국가위원회 National Council for the Conservation of Plants and Gardens에 의해 국가 식물 수집 National Plant Collections으로 지정되어 있다.

새 관찰을 돕는 해설 안내판

수생식물원

화분을 이용한 식물 장식

야외 정원들을 살펴보면, 1976년에 문을 연 수목원은 이제 확실히 자리를 잡았으며, 나무들이 켈빈 강을 따라 자연스럽게 배치되어 있어 평온한 분위기를 느낄 수 있다. 켈빈 강의 나무가 우거진 산책로는 야생 동물들에게 이상적인 서식지를 제공하고 그들의 보호에도 중요한 역할을 한다.

허브원과 다년초화단들은 봄과 여름에 더욱 매력적이다. 특히 영국 내 단 두 곳에만 있는 특이한 정원으로, 영국에 도입된 순으로 식물들이 배열된 연대순 화단 Chronological Beds의 식물들은 교육용으로 탁월하다. 그 외 식용식물, 약용식물원과 여러 가지의 테마 가든(세계 장미원, 키친가든, 어린이 정원 등)이 있다.

식물원의 운영 특성

전시회, 콘서트, 박람회, 여름에 정원에서 개최되는 셰익스피어 연극, 식물 관련 다양한 학회 등 모임, 책 박람회와 공예품 판매 등의 행사를 정기적으로 개최한다.

전시 또는 행사의 주제로는 식물원의 식물 표본 전시Glasgow Botanic Gardens Herbarium Exhibition, 난초 박람회, 선인장과 다육식물 쇼, 희망의 씨앗 전시회(삶의 공동체로서 지구 보기) 등이 있다.

콘서트, 연극, 글래스고의 건축 문화유산 공개-키블 팰리스 개방, 지역 아티스트들에 의

키블 팰리스 내의 식충식물 전시

한 난간 페인팅, 야외 명상 등의 특별 프로그램을 진행하기도 하며 도서 박람회, 공예 박람회 등의 전시회를 열기도 한다.

특별히 설계된 망원경을 통해 태양과 밤하늘을 관찰하고 천문학 이야기를 듣는 프로그램인 식물원에 뜬 별들 Stars over the Botanics, 어두운 밤의 극적인 조명, 음향 효과 및 음악과 함께 식물원을 투어하는 전기정원 The Electric Gardens 은 인기가 많은 특별한 행사이다.

한편, 식물원에서는 10일 과정으로 토양 및 종자, 식물 전반 식재, 전정 등의 실용원예 수업을 들을 수 있는 교육프로그램인 RBGE; The Royal Botanic Garden Edinburgh Certificate in Practical Horticulture 라는 실용원예 자격증 과정을 운영한다.

Travel tip

주소 Glasgow Botanic Gardens, 730 Great Western Road, Glasgow, Glasgow City G12 OUE, UK

홈페이지 www.glasgowbotanicgardens.com

전화 +44 0141 2761614

개원시기 및 시간 연중 오전 7시부터 일몰시까지 개원한다. 온실은 10:00~18:00(동계는 10:00~16:15)까지, 카페는 10:00~16:15(동계는 10:00에서 일몰시)까지 연다. 동계는 10월에서 3월, 하계는 4월에서 9월까지이다. 입장료는 무료이다.

면적 17ha

02 스코틀랜드에서 이국적 풍경을 볼 수 있는 로건식물원 Logan Botanic Garden

릴리연못 풍경

로건식물원은 스코틀랜드 남서쪽 항구 도시 로건에서 1.6km 떨어진 곳에 위치하고 있다. 스코틀랜드 국립식물원National Botanic Garden of Scotland 중의 하나로 멕시코 만류의 영향으로 온화하고 다습하며 서리가 많지 않은 이 지역의 기후 특성으로 남반부가 원산지인 아열대식물들을 다수 보유하고 있다. 오스트레일리아, 뉴질랜드, 멕시코, 칠레, 남아프리카 등이 원산지인 유칼립투스, 고사리나무, 야자나무, 화려한 꽃을 피우는 아열대식물들을 자연 상태의 야외에서 볼 수 있는 곳으로, 스코틀랜드에서 가장 이국적인 식물원이다.

식물원의 역사

로건식물원의 부지는 본래 맥두월McDouall 가문의 소유였다. 1295년 스코틀랜드 남서부 갤로웨이의 영주 존 발리올John Baliol이 그 당시 지명이 발지랜드였던 이 부지를 두걸 맥두월Dougal McDouall에게 하사하였다. 이 부지의 중앙에 맥두월의 성채, 발지랜드 성이 있었지만 1500년 경에 불에 타 무너지고 지금은 성채의 탑 일부만 남아 있다.

현재의 정원은 1869년 제임스 맥두월James McDouall이 정원 가꾸기에 관심이 많았던 아그네스 부찬-헵번Agnes Buchan-Hepburn과 결혼하면서 시작되었다고 할 수 있다. 그녀는 고향인 동 로티안East Lothian에서 백합·장미·관목들을 가져와 가꾸는 한편, 이곳의 온화한 기후에 맞는 이국 식물들을 심어 아열대식물원으로서 기틀을 다졌다.

이곳을 물려받은 그녀의 두 아들 케네스와 더글러스도 정원 가꾸기에 관심이 많아 아열대기후대의 세계 여러 곳을 여행하면서 다양한 식

갖가지 꽃이 만발한 관람로

1910년대 초에 심은 나무고사리 *Dicksonia antarctica*

물들을 수집했다. 두 형제는 1909년 정원 남쪽에 양배추야자 Cabbage Palm 묘목 60그루를 심고, 이어 나무고사리 숲을 조성하고, 입구 근처 개울가를 따라 추산야자 Chusan Palm, *Trachycarpus fortunei* 를 심었다. 1945년 케네스 맥두월이 사망한 이후 조카가 부지를 물려받았으나 얼마 후 다시 함브로 R. Olaf Hambro 의 소유로 넘어갔다. 함브로는 전쟁 후 방치되어 있던 정원 복구에 힘을 기울였고, 1960년 그의 사망 이후에는 함브로 트러스트가 정원을 관리하였다. 1969년에 이를 스코틀랜드 정부에 기증하였고, 이후 식물원은 에든버러식물원의 지역식물원으로 편입되어 오늘에 이르렀다.

식물원의 구성

로건식물원도 다른 영국 식물원의 배치와 유사하게 정원과 그를 둘러싼 숲으로 구성되어 있다. 로건식물원의 핵심을 이루는 중앙부의 4.5ha의 주제 정원은 4.5m 높이의 벽으로 구획되어 있고, 그 바깥은 넓은 잔디밭과 야생의 숲이 둘러싸고 있다. 중앙의 주제 정원도 수벽이나 돌벽으로 구분하여 특징있는 여러 유형의 소정원으로 나누어져 있다. 높은 벽으로 둘러싸여 있기 때문에 중앙의 정원은 담장정원이라 하는데, 그 내부는 지대에 따라 상부담장정원Upper Walled Garden, 중간담장정원Middle Walled Garden, 하부담장정원Lower Walled Garden, 동쪽담장정원East Walled Garden으로 구분하였다. 상부담장정원은 식물원을 대표하는 중요한 수목과 아름다운 화단을 조성하였고, 중간담장정원과 하부담장정원에는 넓은 잔디밭 주위로 키 큰 관목들을 식재하였다.

식물원에 들어서면 왼쪽으로 맑은 물이 흐르는 작은 개울 양쪽으로 추산야자가 줄지어 서 있는 이색적인 풍경을 만나게 된다. 이곳은 담장정원의 바깥으로 잔디밭과 짙푸른 관목들이 넓게 자리를 차지하고 있는 숲의 일부를 이룬다. 오른쪽으로는 100년이 넘은 두 채의 고즈넉한 전통 주택이 자리잡고 있다. 윗 건물은 탐구센터Discovery Center로 사용하고 아래쪽 건물은 방문객을 위해 차와 간단한 음식을 파는 샐러드바로 사용하고 있다. 담장정원의 출입구는 이 두 건물 사이에 있다.

입구에 들어서면 상부담장정원이 펼쳐지는데 화창한 햇빛 아래 아름다운 잎맥을 드러내는 나무고사리 숲이 이색적 풍경으로 다가온다. 이 나무고사리는 오스트레일리아에서 들여온 것인데, 그곳 야생에서는 멸종위기에 처해 있다고 한다. 나무고사리 종류는 키가 큰 것은 10~15m까지 자란다. 이곳 나무고사리는 약 4m 정도로 키가 작은 편이지만 150년이나 된 것이다.

주변의 수목들과 꽃이 반사되어 아름다운 수채화를 그리고 있는 사각형의 릴리연못에는 수련을 비롯한 여러 수생식물이 화사한 꽃을 피우고 있다. 연못 주변으로는 글라디올러스, 흰색과 붉은색의 아가판서스, 니포비아Kniphofias, 왓소니아Watsonias 등 각양각색의 꽃들이 아름답게 어우러진 화단이 둘러싸고 있다. 나무꼭대기에 연한 크림색 꽃을 피우는 양배추야자 길Codyline Avenue 또한 남국의 분위기를 물씬 풍긴다. 어린잎을 씹으면 양배추 맛이 나서 양배추야자란 이름이 붙여진 이들은 맥두월

진홍빛 꽃을 가득 피우는 남부라타 Southern Rata, *Metrosideros umbellata*

중간담장의 덩굴식물과 연못

형제가 1909년에 처음 심었는데 1980년 심한 서리로 다수가 고사된 후 다시 심은 것이다.

중간담장에 설치된 베란다를 통해 중간담장정원에 들어서면 또 다른 분위기의 정원이 펼쳐진다. 하부담장정원과 수벽으로 나누어진 이곳은 중앙에 푸른 잔디밭이 있고 주변에 큰 나무들이 있어 시원한 느낌을 준다. 이곳에서 가장 눈길을 끄는 나무는 뉴질랜드 원산의 남부라타이다. 키가 크고 둥근 수형을 가진 이 나무는 전체가 진홍색 꽃으로 풍성하게 뒤덮여 있어서 강렬한 인상을 준다. 이 나무에는 말벌이 좋아하는 꿀이 많아서 꽃이 피는 시기에는 말벌소리가 위협적으로 들리기도 한다. 하부담장정원은 넓게 자리잡은 잔디밭 가장자리로 목련, 유클립투스, 야자나무들이 서 있어 시원한 개방감을 준다.

로건식물원에서 인기 있는 지역 중의 하나는 서쪽 숲 근처에 있는 군네라 습지이다. 여기에는 브라질의 습지에서 자라는 거대한 대황 *Gunnera manicata* 이 무성하게 자라고 있다. 대황은 줄기가 3m까지 자라고 직경 2.5m의 거대한 잎이 펴지는 초본식물이다. 이른 봄에 먼저 옥수수 모양의 거대한 꽃이 나오고 이어 줄기가 자라고 잎이 크게 퍼지면서 큰 숲을 이루게 되는 것이다.

탐구센터 내부

식물원의 운영 특성

로건식물원은 식물보호

고운 빛깔의 꽃을 피운 브로멜리아드

특이한 해시계

프로그램을 운영하며 식물보호에 특별한 관심을 기울이고 있다. 이곳에는 약 120종의 만병초가 있는데 야생에서 멸종위기에 처한 것들이다. 이외에도 오스트레일리아 데이지 *Ostrearia frostii* 를 비롯하여 뉴질랜드, 태평양군도 등 아열대지역 멸종위기식물의 보존을 위해 노력을 기울이고 있다. 에든버러왕립식물원은 지난 15년 동안 국제침엽수보호프로그램 ICCP: International Conifer Conservation Program 을 운영하고 있는데, 부속 식물원인 로건식물원도 담장정원과 야생의 숲에서 침엽수를 양육, 연구하면서 이에 동참하고 있다.

Travel tip

주소 Logan Botanic Garden, Port Logan Stranraer, Dumfries & Galloway DG9 9ND, UK

홈페이지 www.rbge.org.uk

전화 +44 017 76860231

개원시기 및 시간 3월~10월까지 매일 개원한다. 3월과 10월에는 10:00~17:00까지, 4월~9월까지는 18:00까지 개원한다. 2월에는 스노우드롭 축제기간 중 일요일에 10:00~16:00까지 문을 연다.

면적 24ha

03 색감의 조화가 탁월한 로즈무어가든
RHS Garden Rosemoor

강렬한 색조의 꽃들이 향연을 펼치는 사각정원

로즈무어가든은 영국왕립원예협회가 관리하는 4개 정원 중 하나로 데본의 그레이트 토링톤 남쪽 1마일에 위치해 있다. 중세시대 이래 중요한 전략적 요충지였던 이곳이 역사의 전면에 등장한 것은 17세기 영국의 내전 때였는데, 1646년 여기에서 벌어진 전투에서 왕당파가 패배함으로써 찰스1세 왕정이 막을 내리는 결과를 낳았다. 이곳에 본래 소박한 정원이 있었는데, 1959년 앤 파머 부인Lady Anne Berry이 아버지로부터 이곳을 물려받았다. 그는 이곳을 확장하여 본격적인 정원을 조성함으로써 오늘의 로즈무어가든의 기틀을 마련하였다. 1988년에 앤 부인은 이를 영국왕립원예협회에 기증하였다. 영국왕립원예협회는 부지를 더욱 확장하고 토질을 개선하여 아름다운 정원으로 손꼽히는 오늘의 로즈무어가든으로 발전시켰다. 영국왕립원예협회에서 운영하는 4개의 정원 중 다채로운 색감을 조화 있게 연출한 아름다운 정원을 꼽으라면 누구나 주저하지 않고 로즈무어가든을 꼽을 것이다.

식물원의 역사

로즈무어는 1922년 앤 부인의 아버지, 로버트 호레이스 왈폴 백작이 연어가 많이 잡히는 토리지 강에서 낚시를 하면서 머무는 숙소로 쓰기 위하여 구입한 곳이다. 그는 연어가 많이 잡히는 3월부터 5월까지만 이곳을 숙소로 사용하였다. 이곳은 2차 대전 중에 런던의 폭격 피해자를 위한 대피소로 이용되기도 했는데, 전후에 앤 파머는 결혼한 남편과 함께 이곳에 정착하게 된다. 그녀가 정원에 관심을 갖게 된 것은 자녀의 홍역을 치료하기 위해 스페인에 머무는 동안 그곳에서 유명한 원예가 콜링우드 체리 인그람 Collingwood

Cherry Ingram과 만나면서부터이다. 그를 통해 스페인 관목지대의 아름다움에 눈을 뜨게 된 앤 부인은 자신의 영지에 정원을 조성하기로 결심하고 스페인과 영국을 두루 여행하며 식물을 채집하는가 하면 켄트에 있는 체리정원을 방문하여 삽목용 식물 등 각종 식물모종을 수집해 자신의 정원에 심기 시작했다. 이후 앤 부인은 남아메리카, 파푸아뉴기니, 뉴질랜드, 미국, 일본 등 세계 여러 지역을 탐방하며 식물을 수집했는데 그녀의 노력 덕분에 로즈무어는 4천여 종의 다양한 식물들을 보유하는 정원으로 발돋움하였다.

1988년 앤 부인은 로즈무어 주택 주변 정원 3.2ha, 목초지 13ha를 왕립원예협회에 기증하였다. 왕립원예협회에서는 1989년부터 방문객센터를 새로 건축하고 목초지에도 새로운 정원을 조성하였다. 이곳의 기온은 온화하나 연간 강수량이 1,000mm가 넘을 정도로 비가 많이 오고 습도도 높을 뿐 아니라 10월 중순부터 5월까지는 서리 피해가 심한 지역이다. 정원 조성 과정에서도 이런 기후 조건으로 많은 어려움을 겪었는데 비가 내리면 부지 전체가 진흙탕으로 변해 버릴 뿐만 아니라 토양 유실도 잦았다. 이런 어려움 속에서 협회는 진입로와 주차장 부지에서 13,000톤의 진흙을 채취하여 새로 조성하려는 정형정원 Formal Garden 터에 부어 부지를 평평하게 고르는 한편 모래흙을 섞어 토양의 배수를 개선하는 작업을 하였다. 또 비가 내리면 개울의 물길을 호수로 끌어들여 담수량을 확대함으로써 정원에 사용할 물을 충분히 마련하였다. 이렇게 하여 앤 부인이 조성한 정원은 원래의 모습대로 보존하고 거기에 새로운 정원을 추가로 조성하여 확장된 로즈무어가든을 1990년 1월부터 개방하게 되었다.

모던한 디자인의 해시계

식물원의 구성

로즈무어가든은 크게 앤 부인이 가꾸던 원래의 비정형식정원 구역, 앤 부인이 정원을 기증한 이후 새로 만들어진 정형식정원 구역과 호수와 습지 구역, 과수원 구역과 수목원 구역으로 구성되어 있다.

새롭게 조성된 정형식정원은 현재 로즈무어가든의 핵심이라 할 수 있다. 방문객센터를 통해 정원에 입장한 관람객이 처음 대하는 정원이 바로 이곳이다. 정원에 들어서자마자 사람들은 장엄하고 경건한 느낌을 주는 성벽과 같은 초록빛 수벽樹壁과 이와 대조되는 다양한 모양과 형형색색의 꽃들이 풍성하고 화려하게 피어 있는 모습을 접하고 그 아름다움에 저절로 탄성을 발하게 된다.

장엄한 느낌을 주는 두텁고 긴 수벽

이곳은 무엇보다 2.4m 높이의 주목 12,000그루로 두텁게 만들어진 수벽으로 특징지을 수 있는데, 정원의 바깥 가장자리는 물론 정원 가운데 남북으로 이어지는 보도와 동서방향의 보도도 이 수벽이 둘러싸고 있다. 수벽 안에 13개의 정원이 서로 연결되어 있는데, 이런 디자인으로 인해 각각의 정원은 마치 숲에 둘러싸여 있는 방처럼 독립적이면서 저마다의 고유한 매력과 아름다움을 드러낸다. 또 남북으로 이어지는 150m에 달하는 보도의 수벽 앞쪽에 4m 깊이로 칸칸이 구획을 지어놓고 마치 1개의 방처럼 화단을 가꾸어 천천히 지나가며 다채로운 정원을 감상할 수 있다.

정형식정원에는 200여 종의 장미 2,000그루가 꽃을 피우고 향기를 뿜고 있는 장미원을 비롯해 줄기마다 고유의 결과 색을 과시하는 나무들과 겨울에만 꽃을 피우는 식물로 구성된 겨울정원, 허브원, 코티지가든, 정원 형태에 따라 이름을 붙인 나선형정원, 사각형정원, 음지식물이 자라는 그늘정원, 서부지방정원, 테라스정원, 모델정원 등이 있다.

사각형정원과 나선형정원에는 강하게 대비되는 색감을 가진 식물을 심어놓았다. 사각형정원에는 자주색과 황금색 잎에 떠받치면서 빨간색, 오렌지색, 노란색, 자주색과 같은 강렬한 색감의 꽃을 피우는 식물로 채워져 있고, 나선형정원에는 바깥쪽부터 회색, 은색으로 시작하여 옅은 노랑과 연두, 이어 옅은 파랑, 분홍, 복숭아색, 살구색 등 파스텔톤의 식물을 심고, 맨 가운데에 흰색 식물을 심어 바로 옆의 사각형정원과는 눈에 띄게 대비된다. 특히 사각형정원의 강렬하고 화려한 색감의 조화는 다른 어느 정원보다도 탁월하여 잊을 수 없는 영상으로 자리잡는다.

정형식정원의 북쪽 방향으로 양귀비, 장미, 초롱꽃 등 갖가지 꽃이 피어 있는 구부러진 길을 따라가면 또 하나의 아름다운 정원, 코티지가든Cottage Garden이 숨어 있다. 아담한 초가집 한 채와 그리 넓지 않은 잔디밭과 그네가 있고 주변에는 온갖 야생화가 흐드러지게 피어 있는 곳이다. 이곳은 시골의 자연스럽고 평온하고 소박한 아름다움이 있어 오랫동안 꿈꾸어 오던 고향 같은 푸근함에 마냥 머무르고 싶은 충동을 느끼게 된다.

코티지가든은 16~17세기 무렵 영국의 시골 농가에서 집 주위에 식용 채소와 허브를 가

평온하고 소박한 아름다움을 주는 코티지가든

화려하게 꽃핀 다알리아에서 꿀을 빠는 벌

꾸던 정원에서 시작된 것으로 추정되는데, 여기에 갖가지 꽃들이 곁들여지면서 실용적 목적 외에 보여주기 위해 가꾸고 서로 경연하는 정원 양식으로 발전하게 되었다. 코티지가든의 등장은 정원의 역사에 '꽃'이 중심이 되는 정원으로의 변화를 가져오는 계기를 마련했다. 꽃이 핀 코티지가든이 등장하기까지 영국의 정원은 꽃이 아니라 나무를 어떻게 배열하고 다듬어 멋진 조형미를 얻을 것인가가 관심사였다. 빅토리아 시대에 이르러 정원 가꾸기는 심미적 즐거움과 함께 마음을 건전하게 해주는 노동이라는 도덕적 의미가 부가되면서 더욱 일반 대중의 관심을 끌었다. 오늘날 영국의 거의 모든 정원에 크든 작든 코티지가든 스타일이 자리잡고 있는 것도 이런 대중적 관심의 반영으로 볼 수 있다. 영국 문인들은 코티지가든 중에서 '가장 낭만적인 정원'으로 셰익스피어의 아내 앤 해서웨이의 친정집 정원인 앤 해서웨이 코티지가든Anne Hathaway's Cottage Garden을 꼽았다고 한다. 셰익스피어 뿐만 아니라 많은 후배 문인들이 이 정원에서 문학적 영감을 얻었다고 하니 코티지가든의 문화적 의의는 크다고 볼 수 있다.

화려한 정형식정원을 지나면 넓게 퍼진 초지에 잔잔한 야생화가 피어 있고 굵은 떡갈나무가 서 있는 전원풍경이 펼쳐진다. 초원의 가장자리에는 앤 부인의 수목원에서 시작되는 개울이 흘러들어 습지가 자연스럽게 조성되어 있는데, 이곳에 습지식물이 무성하게 자라고 있다. 개울은 다시 다양한 수생식물과 물새가 있는 호수로 이어진다.

초원의 건너편에는 넓은 부지에 과일나무가 자라는 과수원과 채소원이 있다. 사과나무 사이사이에 잔잔한 풀과 꽃이 심어진 정원은 자연스러움과 소박함이 가득하다. 채소원에는 우리가 흔히 보고 먹는 갖가지 채소가 싱싱하게 자라고 있고, 빨갛게 익은 토마토가 먹음직스럽다.

초원지대에서 앤 부인의 정원으로 가려면 지하도를 통해 남북 방향으로 난 큰 도로를 지나야 한다. 앤 부인의 정원 구역에는 앤 부인의 가족이 살던 집이 현재도 남아 있어 직원들

장미원에 자리잡은 작은 수련 연못

의 숙소와 사무실로 사용하고 있고, 이국풍정원, 지중해식정원, 체리정원, 숲정원Woodland Garden 등 앤 부인이 가꾸던 여러 정원이 자리잡고 있다. 앤 부인의 정원 옆으로는 두 개의 큰 수목원이 있고 그 뒤로 숲이 넓게 펼쳐져 있다.

식물원의 운영 특성

로즈무어가든은 원예와 정원 가꾸기, 정원용 공예품 만들기 등 다양한 교육프로그램과 음악회, 전시회, 요리전 등 다양한 이벤트가 1년 내내 운영되고 있다. 도서관도 운영하고 있는데 1,300여 권의 책과 잡지를 소장하고 있으며, 매일 오후 2시부터 4시까지 이용할 수 있다. 조리시설이 갖추어진 아파트가 3동이 있어서 여기서 머물 수도 있다.

Travel tip

주소 RHS Garden Rosemoor, Great Torrington, Devon Ex38 8PH, UK
홈페이지 www.rhs.org.uk/gardens/rosemoor
전화 +44 0845 2658072
개원시기 및 시간 크리스마스를 제외하고 매일 문을 연다. 4월~9월까지는 10:00~18:00까지, 10월~3월까지는 10:00~17:00까지 개원한다.
면적 26.5ha

04

검은 도시에 피어난 한 송이 꽃

버밍엄식물원
Birmingham Botanical Gardens

장미원

버밍엄은 영국 잉글랜드의 웨스트미들랜즈 대도시권에 있는 도시로 런던의 북서쪽 약 160km, 트렌트 강, 세번 강에 둘러싸인 버밍엄고원에 있다. 영국 제2의 도시로 이른바 블랙 컨트리Black Country의 중심을 이루는 공업도시이다. 1086년의 둠즈디 북(토지조사서)에 이미 그 이름이 나와 있으며, 13세기경까지는 시장도시로 번영하였다. 그 후 부근에서 생산되는 양질의 석탄과 철을 이용한 철물공업이 발달하였으며 18세기 말의 산업혁명 시에는 제임스 와트와 그의 협력자인 볼턴이 이곳에서 증기기관의 개량에 종사하고, 가스등의 발명자 머독 등 많은 발명가·기업가가 시의 발전에 기여하였다.

산업혁명 이후 운하·철도의 개통과 부근에 질이 좋고 값싼 석탄과 철의 산지를 갖춘 입지조건에 의해서 급속히 발전하였으며, 인구도 18세기 중에 6.5배나 급증하여 웨스트미들랜즈 공업지대의 중심도시가 되었다. 잉글랜드 철도망의 접속점으로 상품 유통의 중심으로도 중요하다.

시가지는 세번 강의 지류인 리 강 연안이 대지 위에 펼쳐지며, 19세기에 시행된 도시 개발사업으로 공원과 공지가 충분히 확보되어 있다. 또 주변부는 시가지의 무질서한 확대를 방지하기 위하여 개발제한구역으로 설정되어 있다. 문화 수준이 높은 곳으로도 유명하며 버밍엄대학, 애스턴대학, 왕립극장, 셰익스피어 도서관, 미술관, 박물관 등이 중심부에 모여 있다. 유명한 시립 교향악단이 있고, 또 매년 영국산업박람회가 개최된다.

버밍엄식물원은 이와 같은 전통적인 산업도시, 검은색 도시에 핀 한 송이 꽃처럼 아름다운 대비를 이룬다.

온실과 주변화단

식물원의 역사

1829년 초기 정원 계획가이자 원예 저널리스트였던 라우돈J. C. Loudon에 의해 식물원이 설계되어 1832년 6월 11일 개원하였다. 식물원의 설계는 라우돈이 처음 디자인한 이후로 지금까지도 거의 변하지 않았다.

현재 식물은 7,000종류 이상이 있고, 영국 국가 분재 수집The British National Bonsai Collection이 대표적인 수집품이다. 가장 오래된 수집 식물의 하나는 250년된 향나무*Juniperus chinensis*로 1995년 일본 오미야Omiya의 콜렉션에 전시된 것으로 오미야 나무라고 불리기도 한다.

이외에도 여러 가지 희귀 및 유명한 식물들이 있는데, 그중 분수에 위치한 두 그루의 히말라야시다Himalayan Cedar는 증기기관을 발명한 제임스 와트의 아들, 제임스 와트 주니어가 1840년 씨앗을 심은 것이다. 희귀종인 라트하미 나무고사리*Dicksonia×lathamii*는 안타르크리티카 나무고사리*Dicksonia antarctica*와 아르보레센스 나무고사리*Dicksonia arborescens*의 교배종으로 전 큐레

소박한 모습의 식물원 입구

이터였던 라트함 W. B. Latham 이 100여 년 전 길렀던 것이며 아직도 살고 있다.

화분과 행잉 바스켓을 이용한 장식

식물원의 구성

식물원에는 외래열대식물, 아열대식물, 지중해식물, 건조지역식물 등으로 구분된 4개의 온실이 있다. 온실 앞에는 다양한 종류의 화단과 관목들을 두르고 있는 큰 잔디밭이 있다. 식물원은 여러 외래종 새들의 보금자리이기도 하다. 또 어린이들을 위한 두 개의 놀이터가 있는데, 하나는 전통적인 것으로 그네, 미끄럼틀 등이 있고, 어린이탐험 정원에서는 놀이를 통해 식물에 대해 배울 수 있는 공간이 있다.

이 밖에도 여러 개의 방문자 시설이 있는데, 파빌리온 티룸에서 모닝 커피를 서빙하며, 가벼운 점심 및 오후 차를 제공한다. 계절에 따라 여는 시간이 다르다. 기프트 숍에서는 차, 점심, 스낵, 음료 등을 즐길 수 있고, 3개의 서비스 룸이 있어 컨퍼런스, 생일, 결혼식 등의

계절마다 다른 아름다움을 볼 수 있는 숙근초 꽃길

중국 양식을 적용한 온실의 전시

생명체에게 물이 얼마나 중요한지 알려주는 해설판

용도로 사용하고 있다. 가든 숍에서는 문구, 정원 도구, 실내외 식물을 판매한다.

갤러리에서는 지역 예술가들의 작품을 전시하고 판매도 한다. 도서관은 다양한 원예 서적을 보유하고 있으며 일반인도 이용이 가능하다.

식물원의 운영 특성

식물원에서는 다양한 교육프로그램을 운영하는데 초등학생부터 대학생까지 여러 학생층을 대상으로 특별한 서비스를 제공하고 있다. 학생들은 식물들이 각각 다른 세계 기후에 맞춰 적응하는 것을 재미있는 방법으로 관찰할 수 있다. 프로그램은 학교 교육과정 전반에 관련되어 있고, 교사들은 다양한 단원 중에 선택할 수 있다. 각 학교들은 스터디 센터라는 교육

다양한 관상용 새들을 볼 수 있는 조류원

목적으로 지어진 건물을 사용할 수 있으며 성인들을 위한 여가 프로그램을 제공하는 장소로서도 이용된다.

어린이탐험정원에 핀 호박꽃

학교에서 도입할 수 있는 모델 정원

식물원에서는 연중 이벤트 프로그램도 진행한다. 어린이들을 위한 가족 활동과 야외극장, 식물 전시, 쇼, 밴드공연 등이 4~10월 매 일요일마다 열린다. 어린이 놀이터 근처에 있는 서머하우스에서는 아이스크림, 음료, 비스킷 등을 판매하고 그 밖에 시설로 무료 주차(도착 후 등록 시)가 가능하며 유아를 돌볼 수 있는 시설을 이용할 수 있다. 장애인 접근성도 좋아 식물원 및 온실에서 휠체어를 사용할 수 있다. 수동 휠체어와 전기 스쿠터를 무료로 대여해주는데, 미리 예약하면 이용이 가능하다. 대부분의 식물원이 그렇듯이 애완동물은 출입을 금지한다.

Travel tip

주소 Birmingham Botanical Gardens, Westbourne Road, Edgbaston, Birmingham, B15 3TR, UK

홈페이지 www. birminghambotanicalgardens.org

전화 +44 0121 4541860

개원시기 및 시간 크리스마스와 복싱 데이를 제외한 모든 날은 10:00에 개원하며, 폐원시간은 10월과 3월은 17:00(해지면 더 일찍 닫음. 기프트 숍은 오후 4시 45분), 4월에서 9월은 18:00, 주말은 19:00, 기프트 숍은 폐원 15분 전에 닫는다. 마지막 입장은 폐원 30분 전, 이브닝 콘서트나 극장이 열릴 때에는 공연 1시간 전에 식물원 입장을 마감한다.

면적 6ha

05

야생적인 삼림원

벤모어식물원

Benmore Botanic Garden

장엄한 삼나무길

벤모어식물원은 에든버러왕립식물원에 소속된 지역식물원 중의 하나로 스코틀랜드 남쪽 커월의 아길Argyll 산기슭에 조성되어 있다. 꽃이 만발한 조형적 정원은 눈에 띄지 않지만 하늘이 보이지 않을 정도로 오래된 삼나무들로 이루어진 장엄한 나무 터널의 긴 가로와 산길을 따라 세계 여러 나라에서 수집된 다양한 식물상이 펼쳐지는 야생적 삼림이 일품이다.

식물원의 역사

원래 이 지역은 아길 공작의 사냥터였다. 1820년 로스 윌슨이 이곳에 처음으로 스코트 소나무와 침엽수들을 심은 것으로 전해지는데 그중 일부는 지금까지 살아있다고 한다. 1861년 미국의 부호인 피얼스 패트릭이 이곳을 사들여 내정을 조성하는 한편, 북미 서부 연안으로부터 들여 온 미국 삼나무를 심어 삼나무길을 만들고 수목 부지를 확장하였다. 1870년 이 부지를 사업가인 제임스 던컨이 사들여 6백만 주의 침엽수를 더 심고 거대한 온실과 고사리원을 만들었다. 또 예술작품을 전시할 수 있는 큰 갤러리도 만들었다.

그 후 1889년 에든버러의 맥주업자인 영거Henly J. Younger 가 사냥과 낚시를 위해 벤모어를 사들였다. 하지만 수목에 대한 관심이 커지면서 그는 이곳에 많은 관상용 수목을 심었다. 1913년 이곳을 물려받은 그의 아들 해리 조지 영거에 이르러 비로소 오늘날의 벤모어식물원의 기틀이 다져졌다. 그는 서양측백과 관상용 화목과 만병초를 구해 심는 등 수종을 다양화하여 식물원으로서의 본격적 면모를 갖추고 영거식물원이라 명명했다.

한때는 40여 명의 직원이 수목과 정원을 돌보았고 공작새가 뜰을 배회할 정도로 큰 규모를 자랑했다. 세월이 흘러 나무들이 계속 자라면서 던컨이 심은 침엽수들이 이 식물원의 중추가 되었고, 패트릭이 심은 삼나무 또한 식물원의 장엄한 모습을 연출하는 데 일익을 담당하기에 이르렀다.

1924년 영거가 국가에 영거식물원을 기증하였고, 1929년 영거식물원은 에든버러왕립식물원 최초의 지역식물원이 되었다. 이후 에든버러보다 이곳의 기후에 더 적합한 중국 나무와 히말라야 식물, 만병초를 옮겨 심어 벤모어는 더욱 풍성해졌다.

갤러리 담을 이용한 담장정원

1968년 불어닥친 허리케인으로 40m가 넘는 나무 500여 주가 쓰러졌는데 그중에는 직경이 2.5m가 넘는 것

비에 젖은 스피노사목련 *Magnolia spinosa*

삼나무가 즐비한 야생적 삼림과 고사리원

갤러리 내부

도 있었다. 식물원은 이를 보수하느라 4년 동안 문을 닫아야 했다. 삼림원과 수목원 44ha를 더 확보하여 1974년에 재개원하였다. 1999년 영거식물원은 공식적으로 벤모어식물원으로 이름을 바꾸었다. 2002년에 벤모어는 국립공원의 일부로 지정되었다. 시설 확장도 이루어져 태즈매니아, 부탄, 칠레의 식물을 식재한 계곡을 조성하였고, 이어 2010년에는 일본 계곡도 만들었다. 세계에서 수집한 식물들이 서식하는 '거대한 규모의 야생적인 삼림원'에 대한 영거의 비전이 오랜 시간에 걸쳐 실현된 것이라 할 수 있다.

식물원의 구성

식물원 부지는 평지와 경사가 급한 구릉지로 나뉜다. 평지에는 삼나무길과 오래된 담장정원, 그리고 침엽수로 이루어진 정형식정원이 있고 만병초단지도 조성되어 있다. 벤모어하우스와 갤러리도 평지에 들어서 있다. 구릉지는 전나무단지, 만병초단지, 언덕수목원 등이 자리하고 있고 계곡을 따라 태즈매니아, 부탄, 칠레, 일본의 식물이 서식 생태에 따라 각각 구분되어 식재되어 있다.

식물원은 1863년 피얼스 패트릭이 심은 40m 높이의 거대한 미국삼나무길Avenue of Giant

Red Wood에서 시작된다. 사람들은 삼나무들이 위용을 자랑하는 이 길을 걸으면서 자연의 장엄함 앞에 겸손한 마음을 갖게 된다. 삼나무길을 지나면 멀리 고풍스러운 벤모어하우스가 보인다. 주변에는 만병초를 비롯한 여러 가지 관상용 수목들을 볼 수 있다.

이 식물원은 만병초 수집으로 유명하다. 300종 이상의 만병초 3,000그루 이상을 보유하고 있는데, 2월부터 꽃이 피기 시작하여 식물원이 개원하는 3월에는 만개하여 식물원을 화려하게 장식한다. 에든버러왕립식물원의 주요 수집종 중의 하나가 만병초인데 이곳의 만병초도 일부는 그곳으로부터 옮겨 심었다. 벤모어는 1년 평균 강우량이 2,569mm로 자주 비가 오고, 서리가 오랜 기간 내리지만 겨울에도 온난하고 여름은 시원하여 만병초 키우기에 적절했기 때문이다.

이 식물원이 자랑하는 정형식정원은 삼나무길 오른편 북동쪽에 위치한다. 갤러리 입구 전면에 300종의 침엽수가 가지런히 정렬되어 있고 그 가운데는 파란 잔디가 심어진 사각형의 정형식정원이다. 침엽수 종류에 따라 서로 다른 잎 모양과 초록빛 잎들이 또 다른 아름다움을 보여준다. 갤러리와 정원 사이에 둘러진 담장 아래로는 이 식물원에서 유일하게 색색의 화초를 볼 수 있는 담장 정원이 자리잡고 있다.

특기할만한 것은 멸종위기 식물에 대한 벤모어식물원의 꾸준한 관심이다. 기후 변화로 멸종위기식물이 증가하는 상황에서, 1980년대부터 다른 지역의 멸종위기식물을 수집하여 이곳에서 그들을 위한 서식지를 조성할 수 있는지 실험해오고 있다. 1980년대 중반 고사리원 위쪽으로 태즈매니아 식물단지를 조성하고 오스트레일리아 남쪽 태즈매니아의 높은 산에서만 자라는 멸종위기 종의 종자를 채취하여 이를 벤모어의 온상에서 키워 옮겨 심었다.

1984년에는 부탄에서 수집된 고산지대 식물을 중심으로

침엽수로 채운 정형식정원 속의 해시계

부탄식물단지를 만들었다. 지금 부탄식물단지에서 볼 수 있는 왈리치아나 소나무Blue Pine, *Pinus wallichana*, 만병초, 은전나무, 솔송나무, 고산 초지의 식물들은 직원들이 직접 현지에 가서 수집한 종자에서 발아시켜 이식한 것들이다.

1994년부터 남벌과 화재로 칠레의 산지에서 멸종되어 가는 식물종을 수집하여 1996년에 식물원의 서쪽 가장자리에 칠레열대숲을 조성했다. 초여름 벤모어 언덕에서 불꽃같은 꽃을 피우는 칠레파이어부시Chilean Fire Bush, *Embothrium coccineum*, 벤모어의 스카이라인을 지배하는 아라우카리아Monkey Puzzies, *Araucaria araucana*가 대표적인 칠레 식물이다.

또 식물원은 일본 식물에 대해서도 관심을 기울여 일본을 직접 탐사하여 적절한 식물을 구해오고 일본의 식물학자들과 종자 교환, 실험결과 교환 등의 협력을 통해 일본 식물단지를 조성하였다. 1970년대에 처음 일본 삼나무를 심어 성공한 이래 만병초, 단풍나무, 자작나무 등 수백 그루의 관목을 심어 야생의 일본 숲을 가꾸어 나가고 있다.

벤모어의 또 하나의 볼거리는 빅토리아식으로 아담하게 재건축된 고사리원이다. 과거 영국에는 고사리 매니아 시대가 있었다. 전국적으로 사람들은 고사리를 교환하고 그 다양성에 감탄하고 집안을 고사리 이미지로 장식하곤 했다. 고사리원을 유지하는 데 비용이 많이 들었기 때문에 그 당시에는 고사리원을 갖는 것이 자신의 지위와 부를 나타내는 가장 좋은 방법이었다. 제임스 던킨도 1870년대에 고사리원을 만들어 자신이 수집한 예술작품들과 함께 고사리원을 보여주곤 했다고 한다. 그가 1889년 벤모어를 넘긴 이후 고사리원은 쇠락해 갔고, 1929년 에든버러왕립식물원에 통합되었을 때는 벽과 지붕만 남아 있을 정도

키큰 나무에 둘러싸인 조용한 연못

고사리원 내부

였다. 1992년 고사리원은 스코틀랜드의 역사 유적으로 지정되었고, 여러 기관의 후원을 받아 2008년부터 고사리를 수집하고 건물을 수리하기 시작하여 2009년 건물과 주변 조경이 정리되면서 일반에게 공개되기에 이르렀다.

식물원의 운영 특성

벤모어에서는 지역 어린이들을 위해 매년 9월 학교주간을 연다. 교육프로그램은 에든버러식물원의 교육팀에 의해 진행된다. 매년 같은 학교 학생들과 교사들이 참여하게 되므로 프로그램과 이벤트는 해마다 새롭게 구성된다. 또 갤러리에서는 자연세계와 관련된 예술작품, 사진, 공예품 전시회와 이벤트가 열린다.

Travel tip

주소 Benmore Botanic Garden, Dunoon, Argyll, PA23 8QU, UK
홈페이지 www.rbge.org.uk/the-gardens/benmore
전화 +44 0136 9706261
개원시기 및 시간 3월부터 10월까지 개원하며, 3월과 10월은 10:00~17:00까지, 4월부터 9월까지는 10:00~18:00까지 개원한다. 고사리원은 매일 오전 11시에서 식물원을 닫기 1시간 전까지 연다.
면적 49ha

06 세계 최초로 철골구조 유리온실이 건설된 벨파스트식물원 Belfast Botanical Gardens

팜하우스 전경

영국 노던아일랜드의 수도 벨파스트 Belfast 는 노스 해협을 사이에 두고 영국 스코틀랜드를 바라보는 벨파스트 만에 형성된 도시이다. '모래밭 부근의 나루터'라는 뜻을 가진 지명에서 알 수 있듯이 밀물과 썰물의 차가 커 바닷가에 넓은 갯벌이 형성되어 있는 아름다운 도시이다. 영국의 산업혁명시기부터 리넨 linen 공업과 조선업이 발달하여 경제적으로 발달한 도시이다. 경제적 발달을 토대로 일찍이 식물원도 설립되게 되었다. 식물원만큼 역사가 깊은 노던아일랜드 최고의 대학인 퀸즈대학과 길 하나를 사이에 두고 이웃하고 있다.

식물원의 역사

18세기 후반부터 19세기 초에 식물학 및 원예에 대한 관심이 급증하면서 벨파스트 식물 및 원예 협회 Belfast Botanic and Horticultural Society 가 조직되었고, 그 후 1년 뒤 1828년에 벨파스트식물원이 설립되었다.

1838년 찰스 라니언 Charles Lanyon 경에 의해 팜하우스가 설계되고 리차드 터너 Richard Turner 의 지휘로 1852년에 완공되었다. 이 온실은 세계 최초로 철골구조로 지어졌으며 이후 건설되는 철골구조 유리온실의 전형이 되었다. 세계적으로 유명한 큐식물원과 아일랜드국립식물원의 온실보다도 앞선 것으로 철강 전문가 터너는 큐식물원과 아일랜드국립식물원의 온실의 건설을 주도하기도 하였다. 당시 벨파스트의 철강 기술은 세계 최고 수준으로 매우 발달되어 있었다.

식물원의 큐레이터인 찰스 맥킴 Charles McKimm 과 직원들에 의해 '열대협곡' Tropical Ravine 이란 이름을 가진 열대식물온실이 1887년부터

1889년 사이에 건축되었다.

팜하우스와 열대협곡은 벨파스트가 빅토리아 시대에 산업이 발전하고 번영했다는 것을 보여주는 상징이다. 또, 빅토리아 시대에 유리온실 기술 발달과 함께 이국적인 식물들을 기를 수 있을 정도로 원예학이 발전했다는 것을 보여준다.

그러나 불행하게도 식물원은 재정적으로 어려움을 겪게 되어 많은 주주들이 경영에 부담을 느끼게 됨에 따라 결국 벨파스트 도시위원회Belfast Corporation(지금의 벨파스트 시의회Belfast City Council)에 양도되었다. 이후 식물원은 1895년에 공원으로 재개원했다.

영국에서 가장 긴 것으로 알려진 숙근초화단

지은 지 100년이 넘은 열대협곡은 2015년부터 2017년 초 완공을 목표로 복원 공사가 진행되고 있는데, 역사적인 건축물과 정원을 잘 보전하면서 동시에 현대적인 기술을 접목하는 것이 목표이다. 복원이 완료되면 방문자는 대화형 디지털 전시 등 새롭고 다양한 방법을 통해 식물 수집 및 보전에 관하여 더 많은 것을 배울 수 있게 될 것이다.

숙근초화단의 평화로운 모습

식물원의 구성

식물원의 상징인 팜하우스는 쉽게 눈에 띈다. 야자수를 비롯한 열대식물이 수집되어 있으며, 가운데에는 높은 돔을 중심으로 양쪽으로 긴 날개 온실이 붙어 있다. 한쪽 날개 영역은 온대지역, 다른 한 곳은 열대지역이며 19세기에 수집된 많은 식물

숙근초화단에 핀 화려한 꽃들

장미원 전경

종들이 오늘날까지도 잘 보존되고 있다.

팜하우스의 양쪽 날개 온실 중 열대 영역의 높이가 더 높은데 이는 키 큰 열대식물들이 잘 자랄 수 있도록 찰스 라니언 Charles Lanyon이 계획을 변경한 결과이다. 이로써 이곳에서 식물생장 환경은 더욱 좋아지게 된 것이 분명하다. 과거 이곳에는 온실지붕 바로 밑 11m 높이까지 자란 호주 원산의 '글로브 스페어 릴리' Globe Spear Lily, *Doryanthes palmeri* 가 있었다. 이 식물은 원산지에서는 2m 정도 높이로 밖에 자라지 않는데, 이 식물원에선 그 몇 배의 높이까지 자랐었다. 이 식물은 꽃을 피우면 죽게 되는데 식물원에서 23년을 기다려서 2005년 3월에 꽃을 피웠고 이 내용이 벨파스트 지역의 뉴스에서도 크게 다뤄지기도 했다. 또, 이 팜하우스에는 400년 된 호주 원산의 등심초 Xanthorrhoea가 여전히 잘 자라고 있어 주목을 받고 있다. 그 외 다양한 열대식물들과 행잉바스켓에서 자라는 식물들, 계절초화들이 전시되어 있으며 새들의 천국이기도 하다.

열대협곡은 건물 내부 전체가 움푹 패인 계곡을 연상시키는 모습으로 조성되어 있다. 즉 실내에 조성된 하경정원 sunken garden은 계곡 전체 경관을 볼 수 있도록 온실 벽을 따라 발코니가 만들어져 있다. 가장 인기 있는 식물은 매년 2월에 꽃을 피우는 아욱과의 돔베야 Dombeya이며, 약 150년 정도 된 나무고사리를 포함한 다양한 식물들의 매혹적인 모습을 볼 수 있다.

야외의 정원도 훌륭하게 조성되어 있는데 대표적인 것으로 숙근초화단과 장미원을 들 수 있다. 숙근초화단은 4곳에 넓게 조성되어 있는데, 영국에서 가장 기다란 형태로 만들어

졌다고 한다. 초화류들은 여름 동안에 가장 화려한 모습을 보이지만 겨울에는 그라스류와 대나무의 아름다움이 한몫을 한다. 장미원은 1932년에 조성되었는데, 꽃송이가 크고 많이 피는 종들이 수집되어 있다.

식물원에는 유명한 물리학자였던 켈빈Kelvin의 동상이 있는데, 이 지역의 영주이기도 했던 그를 기념하기 위해 1912년에 건립되었다.

식물원에서 빼놓을 수 없는 시설이 식물원 주출입구 근처에 위치해 있는 얼스터박물관이다. 노던아일랜드 국립박물관 중의 하나로 이곳에서 가장 규모가 큰 박물관이다. 이 박물관은 8,000㎡의 전시공간에 예술 및 응용 예술, 고고학, 인류학, 스페인 무적함대의 보물, 지역의 역사, 고전학, 산업 고고학, 식물학, 동물학, 지질학 등 다양한 분야에 걸친 수집품들을 전시하고 있다.

얼스터박물관은 1821년에 벨파스트 자연사 협회Belfast Natural History Society로 설립되었다. 1833년부터 전시를 시작했으며 1890년부터 아트갤러리가 포함되어 벨파스트 시립박물관 및 미술관으로 불렸다. 1929년 현재의 위치로 이전했으며 1962년에 확장공사를 시작해서 1964년에 재개관했다. 얼스터박물관의 상설 전시 중 인상적인 것 중의 하나는 노던아일랜드 독립운동과 관련된 유혈사태에 대한 내용을 숨김없이 전시하고 있는 점이다. 과거의 아픔을 되돌아보며 평화와 공존의 방법을 찾는 의미 있는 전시이다.

팜하우스의 바나나

켈빈 동상

팜하우스의 열대고사리들

식물원의 운영 특성

식물원은 팜하우스와 열대협곡을 제외하면 거의 공원과 유사한 형태로 운영된다. 따라서 식물원 면적의 대부분을 차지하는 오렌지 필드 Orange field 와 빅토리아공원은 24시간 개방되며 그 사이에 문이 설치되어 있는 정원 구역만 개방 시간이 정해져 있다.

식물원에서는 다양한 이벤트가 개최되는데 식물원에 특화된 형태라기보다는 대체로 일반적인 공원에서 경험할 수 있는 형태가 주를 이룬다. 그중 봄꽃 박람회와 장미 주간은 식물원의 특화된 이벤트라고 할 수 있다.

식물원은 오늘날 공원으로써 주민, 학생, 관광객에게 인기 있는 곳이며 콘서트, 축제, 여러 이벤트가 열리는 중요한 장소로 활용되고 있다.

Travel tip

주소 Belfast Botanical Gardens, College Park, Botanic Avenue, BT7 1LP, UK
홈페이지 www.fobbg.co.uk(식물원 자체 홈페이지는 없으며 식물원후원회 홈페이지임)
전화 +44 028 90314762
개원시기 및 시간 4월 초부터 8월 초까지는 오후 9시까지도 개원하지만, 11월 초부터 2월 초까지는 오후 4시 반이면 문을 닫는다.
면적 11ha

07 스코틀랜드의 숨은 보석
세인트앤드류스식물원
St. Andrews Botanic Garden

암석원 풍경

우리나라 사람들이 많이 방문하는 영국 에딘버러에서 북쪽으로 차를 몰고 가면 소설 「폭풍의 언덕」에 나오는 히스클리프가 내려다보고 있을 것만 같은 히스 언덕이 끝없이 나타난다. 그 도중에 있는 세인트앤드류스식물원은 바람 많고 황량한 영국 스코틀랜드 지역에 숨어 있는 보석처럼 아름다운 식물원이다. 세인트앤드류스식물원은 청양귀비, 만병초류, 앵초류 등을 집중적으로 수집하고 있으며 온실에서는 선인장류를 비롯한 열대식물들을 볼 수 있다. 특히 연못과 어우러진 아름다운 암석원이 방문객의 발길을 붙잡는 식물원이다.

식물원의 역사

세인트앤드류스식물원은 1889년에 세인트앤드류스대학에서 마리대학St. Mary's College 부지를 인수한 뒤 0.1ha의 작은 면적에 78개의 정형적인 화단을 조성하여 벤텀과 후커Bentham & Hooker의 식물분류체계에 따라 식물들을 식재하면서 시작되었다. 1960년에 식물원 면적은 2.8ha로 늘어났고 대학 내의 다른 부지에 다양한 토양과 기후 조건에 적합한 식물들을 선별하여 식재하였다. 1987년에 지역 자치단체에 임대하였으며 현재는 피프위원회Fife Council에서 식물원의 운영과 관리를 맡고 있다.

식물원의 구성

세인트앤드류스식물원은 열악한 환경조건을 인위적으로 극복하고 7.5ha 면적에 8,000여 종류의 고사리류, 초본류, 관목류, 교목류를 보유하고 있다. 식물원을 설계할 때 지형이나 토양 상태가 중요한 영향을 미치는데, 바람이 많은 이 지역의 특징을 고려하여 식물원 외곽 서쪽에 조성한 방풍림이 눈에 들어온다. 식물원 내부에는 미세 기후를 조절하기 위하여 곳곳에 관목들을 이용한 작은 울타리나 숲을 조성하였다. 이를 통하여 온화한 기후를 좋아하는 식물들이 자랄 수 있는 공간을 제공하고 있다.

또 여러 정원들이 환경생태학적으로 상호간에 자연스럽게 연결되도록 설계되어 있는 것이 이 식물원의 큰 특징이라고 할 수 있다. 예를 들면 암석원은 자연스럽게 돌자갈 언덕으로 조성되어 있고 다시 히스원으로 연결되어 자연상태에서 보는 것과 비슷한 풍경을 연출하고 있다.

여기서 히스원은 식물원 내 알카리 토양에 조성되어 있는 숲과 산성 토양을 좋아하는 만병초원을 구분하는 역할을 하고 있다. 산성인 피트모스 토양에 조성된 만병초원은 차가운 북풍을 막을 수 있도록 북서쪽에 형성된 나무 숲 언덕에 조성되어 있다. 만병초원의 토양은 산성을 유지하기 위하여 황이나 유기물질을 주기적으로 첨가해 주고 있다.

식물원에서 폭포와 연못은 시각적으로나 감각적으로 특별한 의미가 있는데 특히 새나 포유동물들을 불러 모으는 데도 중요한 역할을 한다. 앤드류스 지방에서 보기 어려운 열대 또는 난대성 식물들을 볼 수 있는 온실은 크게 세 기후대로 환경이 조절된다. 난온실, 전시온실, 고산식물원, 다육식물원, 온대지방식물원, 지중해식물원 등 일곱 구역으로 나누어져 있다. 온실 주변에는 향기원, 숙근초화원 등을 화려하게 조성하여 화원 같은 분위기를 연출하고 있다.

온실에 만개한 알로에

초화원은 한여름부터 가을까지 화려한 모습을 볼 수 있다. 샐비어, 제라늄, 작약, 아스터, 델피늄 등이 혼식되어 연속적으로 개화하고 있다. 분류원에는 크롱키스트 Arthur Cronquist의 분류체계에 따라 식물의 진

식물분류원

화과정을 알 수 있도록 과별로 배치하였는데, 이는 앤드류스식물원의 후원회에서 기증한 것이다.

히스원에서는 키 또는 개화기별로 다양한 종류의 히스와 침엽수, 만병초 등이 식재되어 연중 꽃이 핀 히스류를 감상할 수 있다. 암석원에는 스코틀랜드 지역을 비롯한 세계 각처에서 수집한 고산식물을 중심으로 2,500여 종류 이상의 식물들이 심어져 있어 연중 꽃들을 감상할 수 있는데, 특히 5월에서 6월에 방문하는 것이 가장 화려한 장관을 볼 수 있다. 5월 중순에는 바위취류를 비롯하여 많은 고산식물들이 아름답게 개화하여 바람 많은 스코틀랜드에 숨어 있는 아름다운 보석을 발견한 느낌을 받는다.

암석원에서 시작되는 물줄기가 여러 개의 폭포와 계류를 만들면서 아래쪽으로 흘러 연못을 만들고, 주변에 수생식물과 수변식물을 심어 연못정원을 조성하였다. 이 연못정원은 새들과 포유동물을 끌어 모으는 역할을 하여 식물원의 생태계를 더욱 다양하게 만들어주고 있다.

식물분류원 입구

온실주변 숙근초화원

이 밖에 17세기에 많이 이용하던 약초나 염료식물을 주로 식재한 17세기정원, 채소원, 도시정원 등을 조성하여 시민교육에 이용하는 전시정원, 스코틀랜드 국기 모양으로 만들어진 허브원 등이 조성되어 있어 식물원 전체를 돌아보려면 최소한 2시간 이상이 소요된다.

식물원의 운영 특성

1980년에 독립적인 자선단체 형태의 식물원 후원회가 설립되어 식물원의 재정과 업무를 도와주고 있다. 정원용 식물판매, 식물원 해설 안내, 다양한 강좌, 여름 식물원 무료 개방일, 크리스마스 식물판매 등과 같은 행사들이 모두 후원회 회원들의 자발적인 노력으로 진행되고 있다.

1975년에 봅 미첼Bob Mitchell과 리 쿡Lee Cook이 어린이 식물교육을 위하여 설립한 어린이 원예교실을 9월부터 다음 해 6월까지 운영하고 있다. 어린이 회원들은 매달 2번째 토요일 오전에 식물원에 모여서 다양한 식물의 세계를 직접 체험하고 있다. 어린이들은 가을에 심

암석원에서 바라본 연못정원

한폭의 그림같은 연못과 암석원 전경

은 구근류가 개화하는 봄꽃축제에서 두 개의 상을 놓고 경쟁을 벌이기도 한다. 가장 아름다운 수선화를 키운 어린이에게 맥도널드 트로피를 주고, 수선화 외의 다른 구근에서 가장 아름다운 꽃을 선발하여 모린 미첼 트로피를 수여하고 있다. 또, 6월에는 어린이들이 일 년 동안 활동한 결과를 모아서 꽃과 공예품에 관한 전시회를 개최하기도 한다.

잘 다듬어진 수벽

Travel tip

주소 St. Andrews Botanic Garden, Canongate, St Andrews, Fife KY16 8RT, UK
홈페이지 www.st-andrews-botanic.org
전화 +44 0133 4476452
개원시기 및 시간 4월~9월까지는 일주일 내내 10:00~18:00까지, 10월~3월까지는 10:00~16:00까지 매일 관람할 수 있다.
면적 7.5ha

08

세계 최대의 온실이 있는 테마파크형 식물원

에덴프로젝트

Eden Project

에덴프로젝트 바이옴 전경

2001년 3월 개장 이후 누적 방문객 1,000만 명, 연평균 방문객 90만 명, 콘웰 주 인구의 2배 가까운 사람들이 찾는 세계 최대의 온실이 있는 테마파크형 식물원인 에덴프로젝트는 콘웰 주 세인트 오스텔에 있다. 런던에서 기차로는 대략 4시간 30분이 걸리며, 비행기를 이용할 경우 바로 가는 비행기는 없고 인근 뉴퀴Newquay 공항까지 약 425km를 간 후 다시 자동차로 30여 km, 약 40분을 달려가야 비로소 만날 수 있다.

에덴프로젝트. 에덴의 꿈은 계속 이어진다는 뜻에서 프로젝트란 뒷말을 붙였다고 하는데, 21세기 영국이 추진한 대표적인 밀레니엄 프로젝트 중의 하나로 인간이 훼손한 폐광 지역에 세운 자연의 안식처이다.

식물원의 역사

콘웰 지역은 빅토리아 시대부터 고령토와 구리를 생산하는 지역으로 산업혁명 이후 영국 도자기 산업의 발전과 함께 급성장하면서 160년간 전성기를 누렸으나, 도자기 산업이 쇠퇴하면서 이 지역은 버려진 폐광으로 전락되고 지역경제가 침체되었다.

그즈음 영국 밀레니엄 위원회는 2000년을 맞이하여 도시경관, 고용창출, 지역경제 활성화에 적합한 사업을 대상으로 랜드마크 밀레니엄 프로젝트를 진행하였다. 콘웰 지역은 지역경제 회복과 환경재생을 위한 지역재생 사업 추진의 필요성이 제기되었고, 랜드마크 밀레니엄 프로젝트에 선정되었다. 밀레니엄 재단 등의 지원을 바탕으로 기부금을 모으고 민간 융자를 끌어들여 1997년에 에덴 신탁Eden Trust을 설립하여 사업을 시작한 뒤, 2년 6개월의 공사기간을 거쳐 2001년 3월

교육전시공간인 코어 내부

17일에 전격 개원했다.

전체 기획은 현재 CEO이기도 한 팀 스미트Tim Smit가 하였고, 건축은 영국을 대표하는 세계적인 건축가 니콜라스 그림쇼Nicholas Grimshaw가 맡았다. 에덴프로젝트를 대표하는 구조물인 바이옴Biome 온실은 폐광으로 파헤쳐진 지역의 지형을 그대로 살리되, 최소한의 철골 구조를 사용하면서도 튼튼한 구조물로 지어야 하고, 최소 면적에 최대의 식물을 심을 수 있어야 하는 등의 현장 과제를 고민한 결과물이었다. 벌집 모양의 육각형 구조가 자연에서 발견할 수 있는 가장 견고한 기하학적 모형이라는 점에 착안해서 외부에는 가벼운 특수 철골을 이용해 수백 개의 육각형으로 골격을 만들고, 그 위에 가장 탄력성 좋은 첨단 투명 플라스틱인 불소수지필름을 씌워 햇볕이 충분히 공급되도록 했다. 특히 불소수지필름은 유리 무게의 100분의 1도 안 되지만, 유리보다 더 많은 빛을 통과시켜 온실을 만드는데 최적의 자재로 꼽히고 있다. 2008년 베이징올림픽 당시 화제를 모았던 수영장 워터큐브에도 이 자재를 사용한 것으로 알려져 있다.

열대우림바이옴 내부

에덴프로젝트의 시설 조

방문객센터 입구 전망대

성과 운영에 있어 내세운 최고의 가치는 '지속가능성'과 '자족성'으로, 조성 당시에는 막대한 예산이 투입되었다. 조성비는 1억 3,000만파운드(약 2,500억원)로 조성비의 절반 이상을 복권기금이나 지역개발기금과 같은 공적 자금으로 충당했다. 그러나 정식 개장 전부터 유료방문객 45만 명을 기록하며 일찌감치 성공을 예감하였으며, 영국이 발주한 밀레니엄 프로젝트 32가지 중 외부 보조금 없이 자력으로 운영되는 유일한 곳이다.

식물원의 구성

에덴프로젝트의 공간은 단순한 전시의 개념에서 벗어나 지구상의 가능한 모든 식물의 씨앗과 열매를 보존하는 것을 목표로 하고 있으며, 두 개의 커다란 바이옴Biome과 야외정원, 교육시설인 코어Core 등 4개 구역으로 크게 구분된다.

요리공간이 일체화된 카페테리아

바이옴은 열대우림바이옴과 지중해바이옴을 중심으로 전 세계 12,000종의 식물을 보유하고 있다. 열대우

휴식공간에서 바라본 바이옴

림바이옴은 높이 55m, 가로 240m, 세로 130m로 쾨펜의 기후 구분에서 열대우림기후와 열대동계건조기후에 속하는 기후대의 식생과 환경을 조성하여 상당히 키가 큰 열대우림의 식생들을 자연상태와 유사한 크기로 재배하고 있다. 열대우림바이옴에는 열대지방의 섬, 말레이시아, 서아프리카, 남아프리카 지방에서 겪고 있는 생물다양성 파괴의 위기를 극복하고, 생태계 및 문화를 보존하기 위해 식물 종을 보존하고 있을 뿐 아니라 지역 문화를 재현해 놓고 있다. 2013년에는 상층부에서도 관람할 수 있는 경사 보도를 조성하여, 노약자가 편하게 관람할 수 있도록 하였다.

지중해바이옴은 높이 35m, 가로 135m, 세로 65m의 규모로 지중해성기후를 중심으로 온난습윤기후의 일부를 나타내고 있다. 지중해, 남아프리카, 캘리포니아 지역의 야생경관을 거니는 느낌을 받을 수 있도록 공간을 조성하였다.

코어는 환경과 교육이 결합된 교육센터로, 해바라기 씨앗 배치 구조를 본 떠 지붕 모양

식물 수분을 도와주는 대형 벌 조형물

을 만들었다고 한다. 코어는 건물 설계 과정에서부터 지붕에는 태양열 시설을 설치하고, 건물 내벽에는 폐신문지를 재활용해 만든 단열재를 사용하였다. 지붕으로 흘러내리는 빗물을 모아 건물 내 화장실에서 100% 재활용하고 흘러내리는 빗물은 석회암을 통과해 여과하도록 설계하여 지붕 골조에 포함된 구리 성분의 토양 침투를 막도록 하는 등 '세계에서 가장 지속가능한 건물' 중 하나로 손꼽히고 있다.

야외정원은 13ha로 에덴프로젝트 전체 면적의 3/4을 차지한다. 영국 남부의 온난한 기후 환경에서 자라는 식물과 작물을 주로 전시하고 있으며, 지그재그지역, 계절 프로그램이 열리는 스테이지지역Stage Area과 웨스트지역West Side, 코어지역Core Side, 외부지역Outer Estate으로 세분되어 있다.

식물원의 운영 특성

에덴프로젝트는 영국자선단체연합회가 출자하여 설립한 유한회사 에덴트러스트Eden Trust가 100% 투자한 자회사이다. 에덴프로젝트 각 팀들은 이사회를 통해 운영되며, 각 이사진들은 식물원의 자선적 목적을 지켜나가기 위해 노력하고 있다. 현재 직원이 500여 명으로 이 중 85%가 지역주민이다. 이들은 예술, 과학, 원예, 교육, 운영, 판매, 케이터링, 철학, 수학, 경제, 디자인, 건설, 출판, 조사, 시설관리, 행사, 가이드, 기금모금, 스토리텔링, 마케팅, 미디어 등의 다양한 분야에서 일하고 있다.

조직 구성에서도 알 수 있듯이 에덴프로젝트는 전체 수입의 80% 정도를 환경과 교육관련 운영사업에 지출하고 있으며, 유지관리에 들어

코어건물과 어우러진 화단

에키나세아 언덕

가는 비용은 수입의 20%를 넘지 않는다. 에덴프로젝트는 전체가 컴퓨터로 제어되며, 운영 및 유지관리 비용을 최소화하고 있다. 단순히 식물을 관람하는 것이 목적이 아닌 '교육의 장'으로 발전시키고 있다는 것이 운영의 가장 큰 특징이라 할 수 있다. 캘린더에는 아이들을 위한 다양한 이색체험들을 비롯하여 계절에 맞는 가족단위 체험 및 행사들을 안내하고 있다.

교육사업은 인간의 삶과 관련하여 실용적이고, 직접적인 교육프로그램을 지향하고 있는데, 2014~15년까지 47,000명 이상의 어린이 및 학생들이 참여하였다. 또한 지역의 대학과 연계한 교육프로그램도 운영하고 있다.

기관 및 기업과의 관계에 있어서도 구성원들의 관계 재인식과 새롭고 창의적인 아이디어를 창출하게 하는데 도움을 줄 수 있는 워크숍, 교육여행 등을 운영한다. 또 콘웰의회와 콘웰농촌커뮤니티의회Cornwall Rural Communities Council의 지역계획 과정에 디자인 전략을 수립하는 데 함께 협력하고 있다.

지중해바이옴 내부

에덴프로젝트 전경 안내판

캡사이신 농도에 따라 식재된 고추밭

에덴프로젝트 성공의 핵심이자 운영 전략은 '지역'과 함께하는 것이다. 에덴프로젝트에서 판매하는 모든 제품은 지역에서 만들어지고 있으며, 식물자원을 활용하여 지속가능한 삶을 지원하는 제품을 만들고 있다. 이렇게 생산된 제품은 공정무역의 방식으로 판매되며 재활용한다. 제품들의 종류는 매우 다양하여 정원관련 용품을 비롯하여 콘웰 지방에서 생산한 꿀, 작물, 초콜릿, 꽃, 미용용품 등이 판매되고 있다. 수익금은 에덴프로젝트가 지원하는 교육 자선단체를 위해 쓰인다.

Travel tip

주소 Eden Project, Bodelva, Cornwall, PL24 2SG, UK
홈페이지 www.edenproject.com
전화 +44 0172 6811911
개원시기 및 시간 09:30~18:00까지 연중 개원한다.
면적 약 50ha

09 스코틀랜드의 자부심
에딘버러왕립식물원
Royal Botanic Garden Edinburgh

수벽으로 둘러싸인 다년초화단

에딘버러 시내에서 얼마 떨어지지 않은 곳에 28ha의 면적으로 자리잡고 있는 에딘버러 왕립식물원은 1670년에 설립된 이후 식물원의 지형 및 기후조건의 한계를 보완하기 위해 산악지역의 벤모어식물원, 수림 언덕의 다윅식물원, 걸프만 난류지역의 로건식물원 등 각각의 독특한 환경을 기반으로 하는 3개의 지역분원을 추가로 조성하였다.

영국에서 두 번째로 오래된 식물원으로, 설립 이후 아시아 지역, 특히 중국, 미얀마, 네팔, 아프가니스탄을 중심으로 집중적인 탐사 결과 훌륭한 연구성과를 거두었으며, 국제 자연보전연맹 종보전위원회IUCN; Species Survival Commission의 침엽수 전문가 그룹과 밀접한 연계로 전 세계의 침엽수 보전활동에 주도적 역할을 수행하는 등 식물연구의 중심이 되는 곳이다.

식물원의 역사

에딘버러는 세기에 걸친 내전과 질병으로 스코틀랜드가 궁핍했던 혼란스러운 시절, 어떻게든 영국의 첫 식물원을 만들고자 하였다. 모험심 강한 두 명의 의사 로버트 시발드Robert Sibbald와 앤드류 발포Andrew Balfour는 유럽 전역을 여행하다 프랑스에서 만나게 되었고, 17세기 홀리루드 거리에 지역 의사들의 도움을 받아 첫 번째 터를 마련하게 되었다. 초기의 에딘버러왕립식물원은 홀리루드하우스 궁전Palace of Holyroodhouse의 일부였으며, 지역 주민과 환자를 위해 의약용식물을 재배하는 약초원에서부터 시작되었다. 그 후 식물수집은 대영제국과 함께 확장되었다. 식물원은 1763년 오늘날 웨이버리Waverley 역인 노르로치Nor'Loch의 윗부분으로부터 도시 중심의 바깥 그린필드Green field 부지로 옮겨졌다.

1820년에 인버레이스Inverleith로의 마지막 이사는 3년이 소요되었고, 독창성을 발휘한 큐레이터 윌리암 맥납William McNab에 의해 고안된 이식 기계를 사용하여 식물들과 오래된 나무들을 모두 이동하였다. 19세기와 20세기 초, 에딘버러식물원 본원과 다른 지역에 각각 소재하는 3개의 지역 식물원들을 분원으로 확장함에 따라 스코틀랜드 식물수집가들에 의해 수집된 식물들도 늘어가기 시작하였다. 식물수집가인 조지 포레스트George Forrest, 1915~1999 후원을 받아 1905년과 1932년 사이에 1만여 종이 넘는 종을 도입하였다. 1695년에 최초로 석엽표본을 수집한 이래 지금도 매년 1만 점 이상 수집하고 있으며, 앞으로도 꾸준한 식물탐사계획에 따라 추가적으로 수집할 계획에 있다.

특히 식물원의 과학부분은 식물다양성과 다양성 보전에 있어서 그 우수성을 세계적으로 인정받고 있다. 이곳의 과학자와 원예학자는 식물과 균류의 다양성 연구와 보전 업무의 광범위한 프로그램을 진행하고 있다.

식물원의 구성

에딘버러왕립식물원은 지역 사회의 휴식처로서도 중요한 역할을 수행하는데, 일반인들이 무료로 입장할 수 있으며 연간 입장객 수는 약 90만 명에 이른다. 에딘버러왕립식물원에 소속된 4개 식물원의 주요 특징을 살펴보면, 에딘버러는 토탄과 삼림지대로, 형형색색의 허브류의 경계, 크고 정리 정돈된 유리 온실, 중국 힐사이드와 같은 특별한 컬렉션들을 가진 암석원 등이 있다. 벤모어는 온화한 해안 기후에서 강우 지역에 어울리는 침엽수와 철쭉류, 관목들이 주로 자라고 있다. 다윅은 전 세계의 춥고 건조한 지역으로부터 온 희귀한 식물들

빅토리안팜하우스 전경

주진입 건물 앞에 조성된 연못

이 있다. 아열대 기후를 가지고 있는 로건은 스코틀랜드에서 가장 이국적인 식물원으로 남반구 식물들이 자라는 데 가장 적합한 조건을 제공하고 있다. 이 책에는 다워식물원 외 3개의 식물원을 소개하였다.

에딘버러왕립식물원의 가장 큰 자랑거리 중 하나인 암석원은 암석을 이용하여 효과를 주는 암석지의 형태와 함께 실제 고산식물을 이용하여 새로운 설계를 하였다. 표면 상부에는 식물 뿌리의 생육을 원활하게 하기 위하여 자갈층을 깔아 표면배수가 잘 되도록 조성하였다. 알프스, 히말라야, 남아프리카, 아메리카 등 고도가 높은 고원지대 및 한대에 분포하는 식물 약 5천 종류를 개화기가 비슷한 종과 생육형별로 자생지의 다양한 서식환경을 복원하여 식물을 조화롭게 배치하고 있다.

고산식물온실은 외부에 쉽게 조성할 수 없었던 고산환경 조절 때문에 1970년대에 지어졌다. 이 온실은 가온하지 않고 배수와 통풍이 잘되도록 조성되어 있는데 주변 돌담에는 방석 모양을 닮은 식물들이 돌 틈에 뿌리를 내릴 수 있도록 식재되어 있다. 에딘버러왕립식물원 고산식물 수집은 세계 최고 수준이다. 스코틀랜드와 남아프리카, 뉴질랜드 등 전 세계 산악지역에서 수집된 왜성목본, 구근, 다육식물, 난류 등 광범위한 식물들이 포함되어 있다.

퀸마더기념정원은 안타Anta 건축의 라츨란 스튜어트Lachlan Stewart가 글라미스 성Glamis Castle 근처의 역사적인 이씨 크로스Eassie Cross를 주제로 하여 만들어지게 되었다. 2006년 7월 7일 엘리자베스 여왕, 에딘버러 공작, 로드세이 공작과 공작부인에 의해 공식 오픈되었다. 4개의 코너 각각에는 아시아, 유럽, 북아메리카, 남반구에서 자라는 식물들을 이용하

암석원 풍경

여 세계의 다른 지리학적 지역들을 분할하였다. 이들 구역의 중심에는 강렬한 핵심으로 중심표본수가 원형으로 식재되어 있다.

이 밖에도 중국과의 협력관계를 통해 조성된 중국 힐사이드, 스코틀랜드 전원의 천연 야생 상태를 구현한 스코틀랜드히스원Scottish Heath Garden, 수목원, 온실보더Glasshouse Borders, 생태 및 은화정원Ecological & Cryptogamic Garden, 빅토리안팜하우스The Victoria Palm Houses, 피트벽Peat Walls 등이 있다.

식물원의 운영 특성

에딘버러왕립식물원은 식물의 수집뿐만 아니라 식물 관련 연구 분야에서 세계 최고를 목표로 일하고 있다. “보다 나은 미래를 위하여 식물의 세계를 탐색하고 설명하기”라는 임무를 수행하기 위하여 각 부서는 체계적이고 효율적으로 업무를 수행한다.

에딘버러왕립식물원은 스코틀랜드 정부의 일부 지원을 받아 비영리조직으로 민간이 운영하고 있다. 각 식물원은 전문성을 가진 운영 그룹을 발판으로 크게 법인 서비스, 학술, 원예 및 사업 등 4개 부서를 중심으로 구성되며, 원장이 연구보좌관의 자문을 받아 식물원을

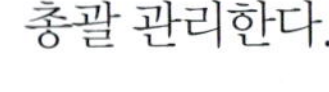
총괄 관리한다.

아름답게 꽃핀 마르타곤 릴리

법인 서비스부에서는 특히 인적자원 프로젝트 매니저를 두어 직원 훈련과 교육을 포함한 전반적인 관리를 하며, 학술부는 식물석엽표본실, 도서관 및 실험실을 주축으로 식물상과 유전학 전문가들을 중심으로 9개 부서로 구분된다. 원예부는 4개 식물원의 전반적인 식물관리를 총괄하지만, 전문가 및 학생을 포함한 일반인의 교육과 소득창출을 위한 업무도 함께 담당하고 있다. 사업부는 회원권, 사업의 개발, 방문객 대상 등 크게 세 부분을 관장한다. 특히 회원권 업무는 식물원과 일반인의 연결이라는 점에서 매우 중요한 과제이며, 동시에 식물원 수입의 중

요한 부분이기 때문에 큰 관심을 기울이는 중요한 업무이다. 따라서 이 부서에는 방문객을 담당하는 직원이 매우 많다. 에딘버러왕립식물원의 3개의 부속식물원은 규모에 관계없이 큐레이터가 각 식물원의 운영관리를 맡아서 실질적으로 원장 역할을 하며, 원예부 원장이 이들을 총괄 관리하고 있다.

너도밤나무 수벽

교육프로그램에 있어서 경관적 정원, 식물학적 수집과 2백여 명의 전문성이 높은 인적 자원들은 자연 교육을 위한 세계 최고의 교육 자원이라 할 수 있다. 예술, 과학, 원예 및 조경기술 교육을 자격증제도와 연계운영하고 워크숍 등의 대중교육을 비롯하여 초등학생을 대상으로 한 학교 교육프로그램 운영 및 교사연수가 있다. 또한, 대학과 연계한 석사과정 파트너십 프로그램, 박사과정 연구 프로그램 등이 있다.

1백여 년의 긴 역사를 자랑하는 원예전문교육은 전문가를 집중적으로 육성하기 위하여 3년제로 운영하고 있는데, 입학하기 위해서는 적어도 3년간의 관련분야 실무경험이 필요하며, 25살 이하로 연령을 제한하고 있다. 교육내용은 광범위하여 화학, 물리학, 식물학, 지질학, 기상학, 측량학, 곤충학, 임학 및 원예학 등 식물을 다루는 데 필요한 분야를 망라하고 있다. 이 과정을 마치면 디플로마Diploma의 학위를 수여받으며, 이곳 출신들은 대부분 식물원과 관련된 직종의 요직에서 근무하고 있다.

Travel tip

주소 Royal Botanic Garden Edinburgh, Inverleith Row, Edinburgh EH3 5LR, UK
홈페이지 www.rbge.org.uk
전화 +44 0131 5527171
개원시기 및 시간 11월~1월은 10:00~16:00까지, 2월과 10월은 10:00~17:00까지 개원하며, 3월~9월은 10:00~18:00까지 개원한다.
면적 28ha

10 영국 속의 또다른 영국, 웨일즈의 자부심
웨일즈국립식물원
The National Botanic Garden of Wales

영국 남서부에 있는 웨일즈는 일찍부터 북해 방면에서 건너 온 켈트인이 정착하여 살아 온 지역으로 1543년에 잉글랜드와 합병되었지만 고유한 언어, 관습, 문화를 유지하면서 오랜 동안 앵글로색슨인에 저항하여 왔다. 특히 20세기에 들어와 웨일즈 문화와 게일어를 되살리려는 운동과 함께 최근까지도 지방분권을 강력히 요구하고 있다. 이러한 웨일즈에 21세기 들어 처음 국립식물원을 조성하고 이 식물원을 통하여 웨일즈 지방의 독특한 언어와 문화를 보존하려고 노력하고 있다.

식물원의 역사

웨일즈국립식물원의 역사는 1600년대 초 이 지역의 부호인 미들톤Middleton이 저택을 짓기 시작한 약 400년 전으로 거슬러 올라간다. 그 후 주인이 몇 번 바뀌는 과정을 거쳐 1700년대 후반부터 1800년대 초반 사이에 팍스톤William Paxton은 막대한 자금을 투입하여 아름답고 독창적인 '물의 정원'을 가진 남부 웨일즈에서 가장 화려한 저택이라고 평가받는 미들톤홀Middleton Hall을 완성하게 된다.

이 밖에도 그는 이중벽정원, 복숭아집, 얼음집 등을 건축하였다. 특히 부지 내에서 발견된 용천수를 활용하여 천재적인 아이디어로 호수와 연못, 계류 등을 연결하는 연못공원을 조성하였다.

그러나 1824년에 팍스톤이 80세로 사망한 후 1900년대 중반까지 쇠락의 길로 접어들어 저택은 불타고 정원은 자연 초지 상태로 돌아가게 되었다. 부지는 분할되어 농지로 사용되다가 1978년에 시민을 위한 공원조성 계획이 세워져 일부 조경용 수로가 복원되었다.

이후 웨일즈 지방의 예술가인 윌킨스William Wilkins의 아이디어에 의하여 오늘날의 현대적 식물원으로 거듭나게 되었다. 식물원은 2000년 5월 24일에 우선 일반인에게 개방되

결정의 곡선이 시작되는 거울연못

대온실 내부

었다가 그해 7월 21에 찰스Charles 왕자의 참석하에 공식적으로 개원하였다. 온실과 방문객 센터의 난방에 바이오매스 에너지를 이용하는 등 식물원 전체적으로 환경친화적 관리에 중점을 두어 자원의 재순환과 보존에 노력하고 있다.

식물원의 구성

어린이부터 노인까지 온 가족이 함께 즐길 수 있는 다양한 주제정원과 시설이 있다. 식물의 진화과정을 볼 수 있고 키친가든 등이 환상적으로 조성되어 있는 이중벽정원과 전 세계 지중해성기후대 식물을 집중적으로 수집하여 전시한 대온실이 대표적인 볼거리이다.

식물원 정문에 들어서면 거꾸로 서 있는 거대한 원뿔 모양의 조형물을 만나게 된다. 그 내부에는 폭포 모양으로 물이 흐르고 있다. 2000년을 기준으로 멸종위기에 처한 식물의 숫자인 33,798개의 유리조각으로 만들어졌다. 오른쪽 연못을 보면서 올라가면 암모나이트 모양의 세류와 결정의 곡선Circle of Decision & The Rill이 나타나고 여기서 왼쪽으로 발길을 돌리면 이 식물원에서 오래된 유적을 볼 수 있는 이중벽정원이 나온다.

이중벽정원은 팍스톤 시대에 신선한 과일과 채소를 공급하는 키친가든으로 사용되었던 장소로 이름 그대로 벽 하나는 블록으로, 다른 벽 하나는 돌로 만들어진 이중벽이다. 이 벽은 정원을 동물들로부터 보호하고 추위에 약한 식물들의 보온 및 촉성재배 등의 목적으로 만들어졌다. 현재 이중벽정원은 크게 네 부분으로 구분하여 관람할 수 있는데, 세 개의 구역에는 최근의 DNA 유연관계 연구결과에 의거 1억 5천만년 동안 진행된 식물들의 진화관계를 체계적으로 볼 수 있도록 전시하였다. 나머지 한 구역에는 과거에 이 부분이 키친가든이었다는 점을 상기하도록 현대적 분위기의 키친가든을 조성하여 놓았다. 이 키친가든에서 재배한 채소들을 식물원 내의 식당에 공급하고 있다. 필자들이 방문하였을 때 이중벽정원 옆에 조성 중이었던 열대온실에는 열대성 단자엽식물들을 유전자지문 분석 결과에 따른 진화 관계를 볼 수 있도록 식재할 계획이라고 하였다. 그러나 이 이중벽정원은 식물 진화 또는 채소에 관한 지식이나 관심이 없어도 아름다운 정원이나 화단을 보는 느낌이 들도록 조성되어 있다.

새천년광장은 음악회, 춤, 연극 등과 같은 이벤트가 개최되는 공간으로 새천년이 시작되는 것을 기념하여 조성되었다. 월레이스정원Wallace Garden에는 자연적으로 발생한 변이체 식물들과 식물 육종과 유전학 발전에 관련이 있는 종류의 식물들을 심어 놓았다. 대온실로 가기 전에 있는 암석원은 자갈과 암석으로 테라스 모양으로 조성되어 있는데 월동이 가능한 지중해 식물들과 구근류들을 식재하여 놓았다. 300년이 넘은 웅장한 참나무 한 그루가 그늘을 만들어 주면서 식물원의 랜드마크 역할을 하고 있다.

식물원 입구부터 눈길을 끄는 대온실은 길이 95m, 폭 55m로서 세계에서 가장 큰 단일 경간single-span 유리온실로 주변 언덕과 물결치는 듯한 온실지붕 표면의 조화가 아름답다. 대온실 내부에는 칠레, 서부호주, 남아프리카, 캘리포니아, 카나리섬, 지중해 등 6개 구역으로 나누어져 그 지역 자생식물들을 수집하여 전시하고 있다. 세계적으로 멸종위기에 처한 식물도 여기저기서 볼 수 있는데, 예를 들면, 서부호주지역에 5그루만 생존하고 있던 그레빌레아 *Grevillea maccutcheonii*를 호주 퍼스Perth 킹스파크 식물원과 공동으로 조직배양 번식에 성공하고 1999년에 국립웨일즈식물원에 이식하였는데 2003년에 처음으로 개화하였다고 한다.

꿩의다리속 식물의 개화

또 대온실 내부 벽면에 어린이들의 식물세계에 대한 이해를 높이기 위하여 아름다운 동영상 자료와 그림들을 체계적으로 전시하고 있다. 종자의 발아부터 시작하여 뿌리 구조, 잎의 구조, 개화, 결실 등에 관한 설명이 그림과 모형으로 쉽고 재미있게 전시되어 있다.

이 밖에도 웨일즈 지방에서는 흔하게 볼 수 있지만 세계적으로는 희귀한 식물에 속하는 종류들을 수집하여 전시하고 있으며 아포데카리스Apothecaries원에서는 전 세계에서 수집한 허브식물들을 만날 수 있다. 세계나무원에서는 웨일즈 지방과 기후가 비슷한 사할린 유역, 양쯔강 유역, 호주의 태즈매니아 유역, 미국의 북동부 지역 등에서 수집한 교목과 관목을 볼 수 있다. 또 학문적 연구를 위하여 개암나무류, 시스투스류 *Cistus*, 마가목류 등을 수집하고 있다.

대온실을 나오면 작지만 아름다운 거울연못이 나타난다. 이 연못에서 시작한 작은 수로는 구불거리는 곡선 모양으로 식물원 입구 방향으로 흐르는데, 암모나이트 모양의 세류로 결정의 곡선에 도달하는 모양이 매우 인상적이다. 이 결정의 곡선 옆에 습지생태원이 조성되어 있다. 붓꽃류, 칸나, 눈동이나물Marsh Marigold 등과 같은 습지식물과 잠자리, 실잠자리, 두꺼비, 영원newts 과 같은 동물들의 현무와 합창을 볼 수 있는 곳이다.

식물원 출구에는 여타 식물원과 같이 기념품이나 정원용 화훼, 자재, 소품들을 판매하는 식물판매점이 있다. 식물원에서 볼 수 없는 화려한 식물을 추가로 볼 수 있는 곳이기도 하다.

잠자리 조형물

식물원 입구를 향하여 흐르는 결정의 곡선

잔디밭의 조형물과 대온실 지붕

식물원의 운영 특성

웨일즈국립식물원은 정부기관으로부터 정기적인 재정지원을 전혀 받지 않고 자선단체 형태로 운영되고 있다. 왕립큐식물원, 디페드Dyfed주의회, 웰시Welsh개발회사 등의 자문과 협력을 받고 있다. 설립목적은 '종다양성의 보존과 연구에 기여하는 세계적 수준의 식물원으로 발전하고, 방문객의 즐거움과 평생학습의 기회를 제공하는 것'이다.

해마다 식물원 회원의 밤, 웨일즈 정원 축제, 아버지의 날, 하지 축제, 유럽 춤 축제, 한여름 밤의 꿈, 사과 축제, 크리스마스 등과 같은 다양한 이벤트가 연중 개최되고 있다. 또 어린이와 성인들을 위한 수준별 교육프로그램도 운영하고 있다.

Travel tip

주소 The National Botanic Garden of Wales, Llanarthne, Carmarthenshire, SA32 8HG, UK
홈페이지 www.gardenofwales.org.uk
전화 +44 01558 667149
개원시기 및 시간 크리스마스 이브 및 당일을 제외하고 연중 개원한다. 4월~10월까지는 10:00~18:00까지 관람할 수 있고, 11월~3월까지의 동계기간 중에는 10:00~16:30까지 가능하다.
면적 230ha

11 일상에서 즐기는 정원, 정원교육의 메카
위즐리가든
RHS Garden Wisley

장식연못 풍경

위즐리가든은 왕립원예협회RHS, Royal Horticulture Society의 부설 식물원으로 일반 주택정원에서 응용성과 실용성을 높일 수 있도록 실용적인 정원 형태에 중점을 두고 있다. 일상생활에서 정원을 즐기고 향유하며 가드닝과 다양한 정원교육프로그램을 통해 정원의 실제적인 면을 보면서 배울 수 있도록 각 주제원을 구성해 놓았다는 점에서 식물원의 전시가 돋보인다. 가드닝을 통해 커뮤니티를 변화시키고, 정원에 대한 영감을 주기 위해 원예학을 개발하며 모든 정원사를 대변하고 전문가적 지식을 개발, 공유하는 등 원예와 관련된 이론과 실천을 위한 전략과 운영관리가 매우 체계적이다.

식물원의 역사

1878년 초기 왕립원예협회 멤버이자 사업가, 과학자, 발명가였던 조지 퍼거슨 윌슨George Fergusson Wilson이 24ha의 토지를 매입하여, 다양한 식물을 기르기 위해 많은 아이디어와 함께 참나무실험정원Oak-wood Experimental Garden을 조성하였다. 초창기에는 백합류, 용담류, 붓꽃류, 앵초류 및 수생식물들을 주로 수집하였다. 1902년 윌슨이 죽은 후 이 정원은 토마스 한버리Thomas Hanbury에게 팔렸으며, 그가 이듬해 왕립원예협회에 이 정원을 기부하면서 위즐리가든의 역사는 시작되었다. 1905년에는 현재의 실험동 앞에 과일류를 재배하는 온실을 지었으나 1969년에 철거하고 경관 향상을 위해 지금의 수로를 만들었다. 1911년에 위즐리가든을 대표하는 주제원 중 하나인 암석원이 조성되면서 현재의 구조가 거의 완성되었고, 규모와 품질면에서 성장을 거듭하여 현재 97ha의 면적에 다양한 프로그램 및 공간으로 영국 사람들에게 사랑을 받고 있다.

식물원의 기능 중 특히 교육프로그램을 선도하는 위즐리가든은 1906년 과학 연구목적과 학생 가드너들의 교육 공간을 위한 작은 실험실인 '위즐리 원예학교'를 설립하였다. 정원이 점차 개발되면서 직원과 학생수가 증가되어 좀더 큰 실험동이 필요하게 되었고, 10년 뒤인 1916년에 재건축하였다. 1954년에는 영국왕립원예협회의 150주년 기념사업으로 엘리자베스 여왕의 어머니에 의해서 아버콘웨이 하우스Aberconway House라는 학생 숙소를 오픈하였다.

식물원의 구성

위즐리가든은 총 17개의 주제원으로 나누어져 있는데, 주입구에는 방문객센터, 서점, 식물센터가 자리잡고 있다. 서점에는 세계에서 가장 많은 8천 종류 이상의 정원, 조경, 원예 관련 전문서적을, 식물센터에는 1만여 종류 이상의 목본, 초본, 구근 씨앗 등의 다양한 원예·조경용 식물들을 판매한다.

위즐리가든은 전체적으로 매우 자연스럽게 조성되어 마치 산책로를 걷는 듯한 느낌이 들며 시기에 따라 디자인을 변경하여 같은 공간이라도 계절마다 다양한 모습을 만날 수 있다. 계절마다 다른 경관을 감상할 수 있는 대표적인 곳은 복합화단Mixed Borders으로 경사진 곳에 전체 128m 길이, 6m 너비의 화단으로 3구역으로 나뉘어 있다. 동선 양쪽으로 잔디가 넓게 조성되어 있는데 계절마다 피고 지는 다양한 초화류들이 조화롭게 식재되어 있다.

암석원은 조경가인 에드워드 화이트Edward White의 설계와 대규모 암석 전문가인 제임스 풀함 & 손스James Pulham & Sons에 의해서 1911년에 조성되었는데, 암석원에 이용된 암석은 영국에 많이 있는 사암으로 최대한 자연의 모습과 가깝게 조성되었다.

모델정원Model Gardens에는 1999년 첼시플라워쇼 가든부문 수상작들을 전시해 놓고 있는데, 원예나 조경에 관심 있는 일반인들에게 이론과 실제적인 지식을 제공하고자 조성한 곳으로 다양한 주제로 특색있게 정원을 조성하여 방문객들이 직접 집의 정원을 조성하는 데 아이디어를 제공하고 있다.

연구실험동과 연못정원

위즐리가든의 랜드마크 중 하나인 바틀스톤 힐Battle-

복합화단과 바틀스톤 힐

ston Hill은 산성토양을 가진 장소라는 특성에 적합한 만병초류, 동백나무류, 목련류, 철쭉류를 식재하였다. 1937년에 조성되었고, 1987년과 1990년에 있었던 거대한 폭풍으로 기존 식물들이 많이 훼손되었지만 그 후 다양한 식물들을 다시 식재하였다. 4월에서 5월 사이에 절정을 이룬다.

영국왕립원예협회의 200주년 기념사업으로 2007년 오픈된 세계적인 수준의 온실인 뉴글라스하우스New Glasshouse는 시비, 가온, 채광, 환풍, 차광, 보온, 관수 등에 이르는 대부분의 재배 환경을 컴퓨터로 조절할 수 있는 최첨단 설비가 되어 있다. 열대, 온대습윤, 온대건조 지역에 서식하는 세 가지 기후대의 식물들이 5천 종 이상 식재되어 있으며, 지하에는 영국 최초의 뿌리 박물관Root Zone이 조성되어 있다.

이외에도 정형가든, 전원가든, 주빌리장미원, 경관고산온실, 고산식물전시온실Alpine Dispaly Houses, 주빌리수목원Jubilee Arboretum, 그라스원Grass Border 등의 주제원들이 짜임새 있게 배치 전시되어 있다.

위즐리가든은 국내 또는 해외에서 씨앗, 삽수, 생체 등의 야외 수집활동을 비롯하여 너서리Nusery로부터 새로운 종 및 품종을 구입하거나 종자목록Index Seminum 발간을 통한 국제 씨앗교류 프로그램으로 25,000종류 이상의 식물유전자원을 수집하였으며, 지금도 꾸준히 수집 중에 있다. 1987년 영국의 식물과 정원을 보전하는 목적으로 NCCP; National Council for the Conservation of Plants and Garden라는 기구가 설립되었는데, 위즐리가든에는 설강화류*Galanthus*, 삼지구엽초류*Epimedium*, 크로커스류*Crocus* 등이 국가식물수집 Natioanl Collection으로 지정되어 있다. 설강화류는 19종과 100종류 이상의 품종, 삼지구엽초류는 39종 44품종, 크로커스류는 125종 68품종을 수집전시하고 있다.

식물원의 운영 특성

위즐리가든은 영국왕립원예협회 산하의 식물원으로 전체적인 운영관리에 있어서 협회의 영향을 받고 있다. 영국왕립원예협회에는 552명의 풀타임 직원과 188명의 파트타임 직원, 1,000명의 자원봉사자가 있다. 위즐리가든은 영국왕립원예협회의 대표 정원으로 협회의 실질적인 업무들이 이곳에서 이루어진다. 위즐리가든을 중심으로 영국왕립원예협회의 조직을 살펴보면, 최고지휘권자인 회장이 있으며, 그 아래 총괄 원장Director General이 업무를 수행하며 상주하는 실질적인 책임자는 원예과학교육원장이다.

원예과학교육원장과 더불어 큐레이터와 교육팀장은 위즐리가든의 3인방으로 역할 비중이 다소 크다고 볼 수 있다. 정원관리에 대한 모든 것들은 큐레이터가, 교육에 관련된 모든 것은 교육팀장이 그 책임과 권한을 가지게 된다. 그 외 원예과학교육원장 아래에는 경영 및 재무팀, 식물학팀, 원예과학 자문 및 시험묘팀, 식물병충해팀 등이 같이 편성되어 있다. 정원관리 부문에 있어서는 화훼장식부, 수목장식부, 암석원부, 시험묘포장부, 관리부, 과일부, 온실부, 기술지원부 등 총 8개 부서가 공간을 구분하여 역할을 하고 있다.

위즐리가든이 타 식물원과 비교하여 가장 차별화되는 분야는 교육부문이다. 2년 과정 식물전문가 양성 코스인 디플로마 코스에 매년 14명씩, 즉 2년 과정을 모두 합치면 총 28명과 매년 1년 전문특성분야 코스 6명을 포함하여 총 34명의 교육생이 훈련받고 있다. 이 교육 프로그램은 영국뿐만 아니라 세계적으로 큰 명성을 떨치고 있으며 실제로 이곳 졸업생들은 세계 각지의 주요 식물원에서 중요한 역할을 담당하고 있다.

위즐리가든을 포함한 영국왕립원예협회의 재정자립도는 거의 100%에 달할 정도로 세계적으로 매우 모범적인 운영을 하고 있으며, 주 수입원은 회원제, 플라워쇼, 출판, 교육, 입장료, 기부 등이다. 특히 협회에서 주최하여 세계적으로 유명한 첼시 플라워쇼Chelsea Flower Show, 햄튼코트 궁전 플라워쇼Hampton Court Palace Flower Show 등 매년 정기적으로 플라워쇼를

암석원과 연못정원

주관하면서 많은 수입원을 확보하고 있다.

위즐리가든을 비롯한 나머지 식물원들을 유지·관리하는 데 매우 큰 역할을 하는 것은 영국왕립원예협회의 가장 큰 수입원 중 하나인 멤버십 제도(회원제도)이다. 위즐리가든에 가입된 회원수만 해도 수십만 명에 달하는데 회원 관리 수준이 매우 높다. 협회에 가입하면 다양한 혜택이 주어진다. 잡지 〈The Garden〉 등을 매달 무료로 받아볼 수 있으며, 위즐리가든을 비롯한 협회의 4개 가든뿐만 아니라 영국 내 약 150여 개의 아름다운 정원에 무료로 입장이 가능하다. 또 희귀한 씨앗도 분양받을 수 있으며 식물 식별, 재배방법, 병충해 방제 등에 대한 자문을 받을 수 있다. 이외에도 4천 종류 이상의 전문서적을 소장하고 있는 도서관의 이용 및 도서 대출이 가능하며, 첼시 플라워쇼를 비롯한 각종 플라워쇼와 워크숍, 이벤트 티켓을 우선적으로 예매할 수 있는 특전을 가지며 할인혜택을 받을 수 있다. 그리고 이메일로 최신 뉴스와 정보를 받아볼 수 있다.

위즐리가든의 식물센터

Travel tip

주소 RHS Gardein Wisely, Woking, Surrey, GU23 6QB, UK

홈페이지 www.rhs.org.uk/gardens/wisley

전화 +44 0845 2609000

개원시기 및 시간 크리스마스를 제외하고 연중 개원하며 월요일~금요일은 10:00~16:30까지, 토요일~일요일, 공휴일은 09:00~16:30까지 문을 연다.

면적 97ha

12

세계 최고의 식물박물관

큐왕립식물원

Royal Botanic Gardens Kew

열대식물의 보고 팜하우스와 화단

영국 리치몬드의 템즈 강변에 위치한 132ha 면적의 큐왕립식물원은 수집, 전시, 연구, 보전 및 교육 등 모든 분야에서 전 세계 최고의 식물원이라 할 수 있다. 영국 왕실 식물원의 대표 주자로 보유종이 약 50,000종으로 약 700만 점에 달하는 석엽표본을 기반으로 각종 전문 식물원을 가지고 있는 세계 최고의 식물박물관이다. 2015년 창립 256주년을 맞는 큐왕립식물원은 오랜 역사를 통하여 축적한 지식과 기술, 경험 등을 토대로 전 세계 식물원의 발전을 선도하고 있다.

식물원의 역사

큐왕립식물원은 큐 궁전에 부속된 왕실 정원에서 시작되었다. 초기에는 작은 개인 정원 규모였지만, 1750년대와 1760년대에 걸쳐 아우구스타 공주Augusta, Princess of Wales와 뷰트 경Lord Bute이 정원을 대폭 확장하면서 현재의 기틀을 마련하였다. 정원 내에 성당을 지은 1759년을 큐왕립식물원의 공식 설립 연도로 정하였다. 1772년 리치몬드 정원과 통합하였고, 1773년 부유한 기업가이자 자연사에 관심이 많았던 조지프 뱅크스 경Sir Joseph Banks이 전 세계를 다니면서 인도·아이비시나(지금의 에티오피아)·중국·호주 등에서 새로운 표본을 가져와 전시하는 등 식물원 체계를 갖추면서 단순 표본 전시 외의 과학적·경제적인 목적으로 운영되기 시작한다.

1820~1841년 사이에 조지 4세의 무관심으로 재정이 악화되는 등 쇠퇴기를 겪기도 했지만, 1841년 빅토리아 여왕의 후원으로 재정비되

고 새롭게 도약하게 된다. 이 시기에 현재 큐왕립식물원의 대표온실인 '팜하우스'와 '온대온실' 등이 건립되고, 왕립정원이 국가에 헌납되면서 대형식물원으로 거듭나게 되었다.

이와 같이 연구 기반이 마련된 큐왕립식물원은 식물분류학 발전에 큰 공헌을 하게 되고, 다양한 식물의 수집으로 보관 장소가 부족하여 인근에 위치한 옛 궁전 웨이크허스트Wakehurst를 식물 보관 장소 및 큐왕립식물원의 기능을 분담할 장소로 활용하기도 하였다. 2003년 7월 3일 식물원으로서는 최초로 유네스코 세계문화유산으로 지정되었다.

식물원의 구성

큐왕립식물원은 동·서·북쪽 3개의 구역으로 나뉘어져 있다. 입구는 메인 게이트, 빅토리아 게이트, 브랜포드 게이트, 라이온 게이트 등 4개의 출입구가 있다. 이 중 빅토리아 게이트는 식물원의 중앙에 위치하고 있는데, 전철을 타고 오게 되면 바로 들어오게 되는 곳이어서 주출입구로 이용되고 있다. 식물원을 순회하는 탐방차Kew Explorer도 이곳에서 출발한다. 빅토리아 게이트로 들어가 매표소를 지나면 큐왕립식물원과 협력하는 나라들을 표시한 바닥에 그려놓은 세계지도를 가장 먼저 만날 수 있다.

큐왕립식물원은 자체적으로 시설 및 경관 등 대표성을 띠는 명소 10곳을 선정하여 홈페이지 및 리플릿 등에 안내하고 있다. 이 시설들은 18세기부터 21세기까지 시대적 요구에 따라 조성된 것으로, 방문객들을 끌어당기는 매력적인 요소가 되고 있다. 명소들 중 단연 1위는 팜하우스이다. 1844년에서 1848년까지 데시머스 버톤Decimus Burton의 설계에 따라 리차드 터너Richard Turner가 지었는데, 현존하는 가장 중요한 빅토리아 양식의 유리와 철골 구조 온실이다. 이 온실은 빅토리아 시대 초기에 이국적인 야자나무를 유럽에 들여오기 위한 목적으로 지어졌는데, 야자수의 약 70%는 열대우림에서 가장 위협받고 있는 종들로 열매, 목재, 양념, 섬유, 향수, 약재 등 경제적인 의의를 알려주고 있다.

꽃 구조를 그대로 재현한 장식물

팜하우스와 함께 큐왕립식물원의 대표적인 온실은 온대온실이다. 세계에서 가장 아름다운 유리온실로 평가받고 있으며, 면적은 길이 180m, 최대폭 42m의 4,800m²로 주로 온대 및 아열대 식물을 수집·보존하고 있다. 상당수의 세계적인 희귀·멸종위기식물 및 주요 경제식물을 수집하여

오래된 나뭇가지 아래로 펼쳐진 풍경

전시하고 있으며 대륙별 또는 국가별로 크게 9구역으로 나누어 전시하고 있다.

큐왕립식물원의 온실 중 가장 다양한 식물을 볼 수 있는 곳은 웨일즈 공주의 보존관Princess of Walse Conservatory이다. 웨일즈 공주 보존관은 1736년 웨일즈의 공Prince of Walse인 프레드릭Fredrick 왕자와 결혼 한 아우구스타 공주(큐왕립식물원의 설립자)를 기념하여 이름을 붙인 곳으로, 한 지붕 밑에 크게 두 개의 기후대, 즉 열대 건조 지대와 열대습지 지대로 나뉘어 있으며, 이는 미소微小 기후지대별로 다시 10개의 구역으로 구분되어 있다.

큐왕립식물원의 심장부에 위치하고 있는 리조트론과 나무 위를 걷는 숲속의 하늘길Rhizotron and Xstrata Treetop Walkway은 높이 18m에 설치되어 있는데, 큐왕립식물원을 한눈에 조망할 수 있는 다리이다. 하늘길은 총 200m로 템즈 강의 명물인 런던 아이London Eye를 설계한 건축가 막스 바필드Marks Barfield가 설계했다. 하늘길의 구조물은 자연의 성장 패턴에서 종종 찾아볼 수 있는 12세기 이탈리아의 수학자인 피보나치의 수열에 기초한 것으로 서로 겹치지 않도록 되어 있다. 하늘길의 입구에서 만날 수 있는 리조트론Rhizotron은 뿌리를 의미하는 그리스어인 리자rhiza에서 비롯된 것으로 뿌리가 자라는 모습을 보거나 지렁이 등의 생물이 미끄러져 지나가는 모습을 볼 수 있도록 유리로 만든 지하실을 통해 땅속 생물의 중요성을 알 수 있게 해준다.

이 밖에도 큐왕립식물원이 자체 선정한 10대 볼거리는 50m 높이의 중국풍의 탑으로 유럽에 있는 중국식 건물 중 가장 큰 건축물인 파고다를 비롯하여 미술적 가치뿐만 아니라 생물학적 가치도 뛰어난 보태니컬 아트 작품을 감상할 수 있는 셜레이 셔우드 전시관The Shirley

고산식물온실과 주변 암석원

리조트론과 하늘길

Sherwood Gallery of Botanic Art과 매리앤 노스 전시관Marianne North Gallery 등이 있다. 이와 함께 1910년 런던에서 개최된 영·일 전시회를 위해 만들어졌던 것으로 전시회가 끝난 후 큐왕립식물원으로 옮겨진 것으로 유럽에 있는 일본 건물 중 가장 세련된 것으로 평가받는 일본식 문Japanese Gateway, 2006년, 250년이 된 큐왕립식물원의 전통적인 영국 풍경을 형상화하기 위해 설계된 새클러 크로싱Sackler Crossing 다리, 큐왕립식물원의 시초이자 가장 오래된 장소인 큐 궁전도 10대 볼거리 중 하나이다.

큐왕립식물원은 250년 이상 식물을 수집하고 보존하며 희귀한 멸종위기의 식물들을 다수 보유하고 있다. 대표 식물로는 울레미소나무*Wollemia nobilis*와 거대한 백합*Cardiocrinum giganteum*이 있다. 울레미소나무는 전 세계적으로 39그루 밖에 남아 있지 않은 희귀종으로 200만년 전 멸종된 것으로 알려졌으나 1994년 호주의 한 협곡에서 발견된 이후 지구에서 가장 희귀한 소나무 종으로 보호받고 있다. 거대한 백합은 하루 10cm 가량 자라는 희귀식물이다.

큐왕립식물원에는 총 12그루의 문화유산나무heritage tree가 있는데, 1935년에 씨앗을 발아시켜 자라고 있는 인도칠엽수*Aesculus indica*를 비롯하여 버즘나무*Platanus orientalis*, 아까시나무*Robinia pseudoacacia*, 은행나무*Ginkgo biloba* 등이다.

식물원의 운영 특성

큐왕립식물원의 부지 및 시설은 영국 왕실의 세습 재산으로 '큐왕립식물원 및 역사적 왕궁 보존법'에 의해 관리되고 있다. 운영은 1983년 국립문화유산법률에 의해 비정부 민간 기관의 형태가 출범하여 운영되고 있지만, 환경식품농무부, 이사회 그룹과 파트너십을 맺고 있다. 이사회는 국무장관 및 여왕에 의해 임명된 11명의 식물원 관련 전문가로 구성된 조직으로 식물원의 자문 역할을 담당한다.

운영 조직은 6개의 부서에 2012년 기준으로 800여 명의 직원이 근무하고 있다. 전 직원의 60% 이상이 식물·균류학자 및 식물·원예 연구원이며, 직원 외에도 명예 연구원, 학생 및 과학자 및 전문가 등의 인력과 협력하는 등 연구 기반의 인사가 특징적이다.

부서별로 주요 업무를 살펴보면, 사업 및 협력 서비스 부서는 재정, 인사관리, 법무 및 거버넌스, 조달 등의 업무를 담당한다. 산하에 상업 활동 부서를 두어 식물원의 상업적 이익을 추구하며, 자원봉사 인력을 관리하고 있다. 큐 재단 부서는 큐왕립식물원의 다양한 재원 마련을 위해 기증자와 후원자 등을 모집하고 체계적으로 관리하는 역할을 한다. 마케팅, 프로모션, 이벤트, 정보조회, 언론과 홍보 등 식물원의 정책을 구현하고, 커뮤니케이션 업무는 대외 프로그램 담당 부서가 맡고 있다. 그 외 연구, 수집 및 보전과 관련된 기능은 총 3개 부서가 나눠서 한다. 보전, 식물 수집 및 시설관리 부서는 밀레니엄 종자 은행을 바탕으로 식물을 보전하고 수집하는 일을 담당한다. 식물 표본, 도서관 및 예술 아카이브 부서는 식물 자원의 현황 연구, 식물 식별을 위한 매뉴얼 생산 등 타 과학 관련 부서와 협력을 맺는 일을 맡고 있다. 이 밖에 1965년에 설립된 조드렐 연구소Jodrell Laboratory는 응용 해부학, 생화학, 세포 유전학, 식물체계학, 종분류학, 식물생리학 등 식물 관련 연구를 담당하고 있다.

큐왕립식물원에서 운영하고 있는 프로그램은 크게 학교, 전문가 양성, 강연과 교육, 유아로 구분되어 있다. 모든 프로그램은 사전 예약을 받아 유료로 진행하고 있으며, 유아프로

웨일즈공주보존관 내 수족관

그라스원의 니포피아

그램은 보호자와 함께 탐험, 발견 등을 통한 자율적인 활동을 권하는 내용으로 식물 생장, 이야기 탐험, 엄청난 나무 등의 프로그램이 운영된다. 학교프로그램은 크게 학생과 교사 대상 프로그램으로 구분된다. 학생프로그램은 연령대별로 3~5살 ETFS, 5~7살 Key Stage 1, 7~11살 Key Stage 2, 11~14살 Key Stage 3, 14~16살 Key Stage 4, 16살 이상은 Key Stage 5로 구분된다. 학생프로그램의 내용은 국가 교육과정에 의거하여 식물을 통해 과학, 지리, 예술, 디자인, 기술 및 시민 의식 등을 배울 수 있도록 구성되어 있다. 교사 프로그램은 초등학교 교사와 중학교 교사로 나뉘어 제공되고 있으며, CPD; continuing professional development의 개념으로 교사들의 지속적인 전문성 개발을 목표로 진행되고 있다.

전문가 양성 프로그램은 고등학생을 비롯하여 식물학자, 원예 및 식물 보호 전문가 등 지속적으로 전문성 개발을 필요로 하는 그룹들을 위한 과정이다. 프로그램 운영은 큐왕립식물원과 웨이크허스트Wakehurst에 수집된 다양한 식물들을 교육 자원으로 활용하며, 식물원 도서관과 전문적인 실험 장비를 이용할 수 있도록 하는 등 수준 높은 교육 환경을 제공하고 있다. 내용에 따라 1주일 과정의 입문 코스부터 국제인증서를 발급하는 전문과정까지 다양하게 구성되어 있으며, 2015년 기준 25개의 프로그램이 운영되고 있다.

강연과 교육프로그램은 일반인들의 식물 및 원예에 대한 관심을 증대시키기 위한 프로그램으로, 2015년 기준으로 22개의 프로그램이 운영되고 있다. 예술 공예, 식물학, 원예, 역사, 문학, 사진 등 다양한 범주를 식물과 접목하여 식물문화를 확산시키고 있다.

암석원

원주형 호랑가시 토피아리

어린이 식물체험시설관

이 밖에도 큐왕립식물원은 연중 끊이지 않고 이벤트와 축제를 통해 흥미로운 볼거리를 제공하고 있다. 매년 열리는 이벤트로는 7월에는 6개의 세계적인 뮤지션 팀이 참여하는 뮤직 페스티벌이 열리며, 9월이면 식물원 야외에 대형 스크린을 설치하여 대중에게 인기있는 영화를 상영하고 있다. 2015년 처음으로 개최된 이벤트로는 문학대회가 있다. 약 80개 이상의 과학, 아이들의 문학작품, 공상문학 등을 선보였다.

큐왕립식물원에서 진행되는 모든 일들은 공식 웹사이트와 출판물 등을 통해 대중과 공유되고 있다. 공식 홈페이지를 비롯하여 대중들이 많이 이용하는 SNS 등을 활용하여 식물원의 주요 이미지 및 이벤트 정보를 공유하고 있다. 또, 총 600여 개가 넘는 출판물을 발간하였는데, 매년 20개 이상을 지속적으로 발간해오고 있다. 그 형태도 다양하여 잡지, 도서, e-book 등의 형태로 발행되고 있으며, 큐왕립식물원의 독특한 문화유산과 자원, 지식 등을 전 세계와 공유하기 위해 출판사업을 지속하고 있다.

Travel tip

주소 Royal Botanic Gardens Kew, Brentford Gate, Kew, Richmond, London, Surrey, TW9 3AB, UK

홈페이지 www.kew.org

전화 +44 0208 3325655

개원시기 및 시간 12월 24일, 25일을 제외하고 매일 10시에 개원한다. 닫는 시간은 계절에 따라 다르다.

면적 132ha

13

체계적인 연구와 교육을 위한 명품식물원

케임브리지대학식물원

Cambridge University Botanical Garden

연못과 어울리는 주변 풍경

케임브리지대학식물원은 영국 런던에서 북쪽으로 약 90km에 위치한 학원도시 케임브리지에 있는 오랜 전통을 자랑하는 대학식물원이다. 약 16ha 규모의 아름다운 전시장에 8,000종이 넘는 식물이 전시되어 있는 케임브리지대학식물원은 도심과 케임브리지 기차역 사이의 가장 평평한 지역에 위치하고 있는데, 과학 연구에 가치가 높은 식물들뿐만 아니라 아름다운 정원을 보는 즐거움을 더해주는 매우 수준 높은 식물원이다.

식물원의 역사

식물원 조성은 식물연구를 위한 실험실 개념으로 1754년에 설립되었으나, 8년 후인 1762년에 대학식물원으로 다시 출발하였다. 케임브리지대학식물원은 1831년에 인수한 부지 위에 식물학 교수인 존 스티븐스 헨스로우John Stevens Henslow에 의하여 대학의 교육 및 연구 자원으로 설립되어, 1846년 처음으로 일반에게 공개되었다. 헨스로우 교수는 자신의 제자이며 자연과학에 관심을 갖고 있던 찰스 다윈에게 학문적 자극과 영향을 준 사람으로 평가받고 있다.

식물원의 구성

계절에 따라 매주 바뀌는 메인 산책로를 따라 맨드레이크와 블랙 위도우 아이리스 등 다채로운 꽃들이 활짝 피어 보는 이들의 감탄을 자아낸다. 메인 잔디밭의 북쪽에 있는 온실에서는 열대지역의 식물들을 관찰할 수 있다. 온실에는 열대습지, 건조지, 산, 열대우림에서 자라는 다양한 식물이 전시되어 있다. 남아프리카와 호주의 특별한 암생 식물이 있는 라임스톤암석원Limestone

라임스톤암석원

Rock Gardens도 둘러볼만하다. 호수가 바라다 보이는 벤치에 자리를 잡고 평화로운 분위기를 즐길 수도 있다. 수련의 잎처럼 생긴 7개의 원반으로 이루어진 웅장한 분수도 정취를 뽐낸다. 대온실 바로 옆에 위치한 암석원은 호수를 바로 옆에 끼고 있는데, 19세기 정원 양식으로 조성되어 있다. 여기에는 주로 키가 낮은 관목이나 포복형의 식물을 수집·전시하고 있다. 특히 아프리카, 대양주, 아시아, 유럽, 북미 등 각 대륙별로 구분하여 식물을 배치하고 있는 점이 특징이다.

주요 수집 식물종은 특히 겨울철에 개화하는 수종군, 만병초류, 희귀 및 멸종위기식물, 암석원용 식물군 등이며, 야외 정원과 20동의 연구용 및 전시용 온실에 전시되어 있다. 이 식물원은 크게 연구, 교육 및 관상 등 3가지의 기능을 갖고 있다. 특히 연구 측면에서 본다면, 식물의 유전학적 연구가 바로 이 식물원에서 비롯되었을 정도로 큰 명성을 지니고 있다. 그러나 현재는 교육 중심의 식물원으로 운영되고 있다.

고산식물 온실 내부

식물분류원은 주로 교육

목적으로 조성한 정원으로, 식물의 이동배치 없이 영구적으로 전시하는 정원이다. 정원의 형태와 식물의 배치는 비정형적으로 주로 초본식물을 대상으로 한다. 생태원은 주로 영국 자생식물의 생태적인 지식을 교육하기 위하여 조성한 정원이다.

식물원 입구

겨울정원은 겨울철의 수피와 수형 또는 열매 등의 가치가 높은 조경수목들을 함께 모아 주로 낙엽 후의 가치를 즐길 수 있도록 만든 정원이다. 규모는 그리 크지 않으나 매우 아름다운 정원이다. 희귀식물원은 희귀식물의 보전에 대한 식물원의 중요성에 비추어 가장 최근에 조성한 정원이다. 이곳은 일반 대중을 위한 전시와 연구를 동시에 충족시키기 위한 것으로 세계자연보전연맹 IUCN 이나 잉글리시네이처English Nature 등의 기관과 긴밀한 협조관계를 맺고 있다. 주요 연구 분야는 분류학, 생태학, 자생종의 번식, 희귀 및 멸종위기식물의 보전 등이다.

데일리 스페셜 메뉴뿐 아니라 스프, 키시, 타르트를 맛볼 수 있는 가든카페의 테라스에서 정원의 식물과 나무, 꽃들을 감상할 수 있다. 식물원 가든숍에서는 정원과 관련된 문구

수련 잎처럼 생긴 7개의 원반으로 이루어진 분수와 온실 전경

연못정원과 온실

온실 내 다육식물원

류, 장난감, 선물 등을 판매한다. 피크닉 공간이 따로 마련되어 있는데 방문객과 단체가 주로 이용한다.

식물원의 운영 특성

모든 연령대 방문객들에게 생애주기 맞춤형 교육 프로그램이 제공된다. 다양한 수준의 그룹(유치원~대학생)을 대상으로 제공하는 공식적인 교육탐방 프로그램과 특별훈련 또는 식물원 전문관리 인력양성 프로그램 등이 있다. 모든 과정은 참가자들의 개인적인 요구에 따라 기획되며, 몇몇 프로그램은 전문적인 연수에 필요한 특별하게 기획되는 성인을 위한 과정 프로그램 등도 운영되고 있다.

특별 이벤트는 예약을 통하지 않고 특별한 주제를 가지고 개최되는데, 어린이와 어른 모두가 식물원을 마음 편하게 즐길 수 있는 프로그램이다.

해설가 안내 프로그램은 12명 단위로 해설가에 의해 그룹 투어로 진행하는데 1시간 30분 정도 소요되며, 저녁 또는 수요일 오전에 이용가능하다. 식물원 역사, 운영목적, 19~20세기 정원의 중요 특성, 특별히 흥미로운 계절별 식물에 대해 해설 안내를 해준다.

열매관찰 자료 전시

3월 1일부터 10월 31일 기간 동안에는 낮 시간에 가든카페에서 가벼운 다과가 제공되며, 피크닉 장소도 이용가능하다. 휠체어도 요청하면 이용할 수 있다. 특별하게 식물원의 겨울 경치를 즐길 수 있는 겨울 투어도 제공한다.

정원에 대해 더 자세히 알아보려면 가이드 동반 투어를 이용하면 된다. 가이드 동반 투어는 약 90분이 소요되며 계절별 주요 볼거리를 소개한다. 몇 주 전에 미리 예약해야 하며, 예약하지 않았을 때는 헨스로우 가든 산책Walking in Henslow's Garden 오디오 파일을 mp3 장치에 다운로드해서 둘러볼 수도 있다.

식물원은 매일 아침부터 늦은 오후까지 방문객에게 개방된다. 연휴 기간에 방문할 경우에는 크리스마스 무렵에 문을 닫는지 미리 확인해야 한다. 성인의 경우 소정의 입장료가 있으며 어린이는 무료로 입장할 수 있고 학생은 할인 혜택을 받을 수 있다.

Travel tip

주소 Cambridge University Botanic Garden, Broonside, Cambridge, CB2 1JE, UK

홈페이지 www.botanic.cam.ac.uk

전화 +44 0122 3336265

개원시기 및 시간 4월~9월은 10:00~18:00, 2월, 3월과 8월은 10:00~17:00, 1월, 11월과 12월은 10:00~16:00에 개원한다. 크리스마스와 연말에는 휴원(12월 23일 오후 4시부터 다음 해 1월 1일까지 휴원)하며, 다음 해 1월 2일 10:00에 재개원한다.

면적 16ha

14

친환경적 식물원 관리의 모범

하이드홀가든

RHS Garden Hyde Hall

다양한 수변식물을 관찰할 수 있는 연못정원

런던 남부 에섹스 지역에 아담하게 조성되어 있는 영국왕립원예협회 소속 식물원이다. 식물원 입구에 건조지역식물과 허브식물로 꾸며진 정원의 풍부한 색상의 조화가 아름다우며, 숙근초화원, 장미원, 연못정원 등이 식물원 주변의 에섹스 지방의 녹색 풍경과 어우러져 아름다운 정취를 자아낸다.

식물원의 역사

수세기 동안 농장으로 이용되면서 쓰레기더미가 쌓여 있고, 바람 많은 언덕 위에 여섯 그루의 나무만 있던 하이드 홀에 1955년 로빈슨Robinson 박사 부부가 처음 정원을 조성하기 시작하면서 하이드홀가든의 역사가 시작되었다. 이곳은 겨울이 춥고 바람이 많기로 유명한 지역이며 온통 자갈투성이의 정상부와 진흙으로 뒤덮인 사면이어서, 어느 누구도 식물원을 조성하겠다는 마음을 쉽게 먹을 수 없는 지역이었다. 지금도 사용하고 있는 주택은 전형적인 에섹스 지방 농가 형태이며, 주변에서 출토되는 벽돌 등의 유물을 통하여 이 농가는 기원이 튜더 시대에까지 거슬러 올라가는 것으로 밝혀졌다.

처음에 숙근성 초화류 화단과 집 주변에 채소정원을 조성하고 묘목 60주를 심는 등 식물원의 기본 틀을 만들기 시작하였다. 가시덤불을 제거하고 동물의 분뇨와 퇴비, 유기물 등을 지속적으로 투입하여 토양을 개량하였다. 그 결과 지금처럼 아름다운 식물원으로 발전하게 되었으며 영국 식물원 역사에서 놀랄만한 업적으로 평가 받고 있다.

식물원 입구의 가든숍

식물원의 구성

식물원은 총 14개 주제원과 구역으로 나누어져 있다. 우선 식물원 입구 매표소 부근에 2001년에 조성한 건조식물원이 방문객의 시선을 사로잡는다. 하이드 홀가든 지역은 연 강수량이 600mm 정도로 영국에서도 가장 건조한 지역 중의 하나이지만, 인위적으로 물을 공급하지 않고 자연 강우만으로 관리할 수 있도록 높은 광도와 건조에 강한 식물 400여 종류를 아름답게 식재하였다.

이 건조식물원의 조성은 바닥에 화성암의 일종인 반려암을 깔고 그 위에 잔자갈로 구릉을 만든 뒤 최종적으로 모래와 마사토를 혼합한 표토층을 덮었다. 식물을 심은 뒤에는 수분 보유와 광선 반사를 고려하고 지중해 지역의 암반노출을 연상할 수 있도록 바위로 장식하였다.

건조식물원을 지나서 오른쪽으로 발길을 돌리면 언덕위정원이 나타난다. 이곳은 약 3.3ha의 부지에 각종 관상식물을 심은 아름다운 정원으로 에섹스 지역이 한눈에 들어온다. 장미원, 섬화단Island Beds, 숙근초화원, 연못정원, 황금정원, 코티지가든, 숲정원 등으로 구성되어 있다. 섬화단에는 여러 종류의 관목이 혼식되어 있으며 숙근초화 등으로 조성된 여섯 개의 독립화단으로 구성되어 있다. 국가적 식물수집 계획의 일환으로 수행되고 있는 가막살나무속 식물 수집화단을 비롯하여 겨울에 수피를 감상할 수 있는 겨울섬화단Winter Island Bed은 원예적으로 아름다운 모습을 연출하기 위하여 숙근초나 관상용 그라스류를 혼식하고 있다.

왕립원예협회 가입안내문

숙근초화원은 장미원과 나란히 조성되어 있으며, 주목 생울타리가 정형적으로 다듬어진 5개 구역으로 구분되어 있다. 여

입구의 건조정원

기에는 꽃피는 관목, 숙근초, 일년초 등을 매년 유행에 따라 변화를 주면서 혼식하고 있다. 첫 구역에서는 빨간색, 오렌지색, 노란색 등의 원색적인 색상을 이용하여 화려한 분위기를 연출하고 있고, 다음 구역에서는 은색, 크림색, 적포도주색 등의 색상을 이용하고 있다. 그 다음 구역에서는 진한 분홍색으로 바뀌고, 마지막 구역에서는 진한 자주색 꽃으로 마무리를 하고 있다. 즉 화색의 자연스러운 변화를 식물을 통하여 표현하고 있다.

만개한 범꼬리와 붓꽃

연못정원은 버드나무를 비롯하여 큰 교목들이 늘어서 있는 연못으로 봄에는 보라색 풀모나리아 *Pulmonaria* 와 황금색 수선화 등이 만발하고 가을에는 단풍이 수면에 비치는 모습을 여유롭게 감상할 수 있다.

황금정원은 이름 그대로 황색 잎이나 꽃을 가진 식물들을 집중적으로 심어 놓은 정원이다. 2005년에 다시 조성되면서 짙은 청색 꽃을 피우는 꽃들을 주변에 배치하여 황색 꽃들이 더욱 돋보이도록 하였다.

숙근초화원

코티지가든에는 회양목이나 향나무 등이 기하학적으로 다듬어져 있으며 남쪽을 향하고 있다. 주로 밝은 오렌지색 또는 자주색 꽃을 식재하고 색상조화를 위하여 높은 광도에서도 시들거나 색이 바래보이지 않는 은색을 가진 향쑥속 *Artemisia* 식물을 보식하여 놓았다.

숲정원은 정원조성 초기부터 식재된 나무들이 큰 교목으로 성장한 모습을 볼 수 있는 곳으로 봄에는 목련, 서양만병초, 동백 등이 꽃피고 여름에는 고사리류의 청아한 잎을 감상하면서 더위를 식힐 수 있는 곳이다.

야생생태원은 하이드홀 수목림 둘레에 있는 자연 초지를 이용하여 2006년에 조성하였다. 디기탈리스*Digitalis*, 앵초류*Primula*, 곰취류*Ligularia*, 브리자*Briza* 등이 초지와 어울려 아름다운 자연경관을 형성하고, 각종 새들과 곤충들이 자연스럽게 어울려 살아가는 모습을 볼 수 있다.

로빈슨정원The Robinson Garden은 습지와 어울리면서 흔하지 않은 식물들을 사용하여 정원을 만들어 놓은 곳이다. 여기에는 헬레보레스*Hellebores*, 비비추류, 연령초류, 쥐손이풀류, 고사리류 등이 집중적으로 수집 식재되어 있다.

여왕모후정원The Queen Mother's Garden은 원래 축산 농장으로 사용될 때 '늙은 돼지의 공원'으로 불리어진 곳으로, 여왕이 1937년부터 2002년까지 65년간 왕립원예협회를 후원한 것을 기념하여 현재의 이름으로 바꾸었다. 이 정원은 비정형적 정원 양식을 띠고 있는데 정원의 소로를 따라 편안한 기분으로 산책하기에 알맞다. 특히 7월에 톱풀 군락 위로 삐죽삐죽 솟아 피어 있는 루피너스의 모습은 장관

여왕모후정원

군네라가 돋보이는 연못정원

이다. 그리고 다양한 장미 품종이 심겨져 있어 장미 애호가들에게 인기가 높다.

호주·뉴질랜드정원은 건조하고 메마른 '건조원'과 녹음이 우거진 '여왕모후정원'의 중간 분위기를 느낄 수 있는 정원으로 호주와 뉴질랜드 특산식물들이 주로 식재되어 있으며 2005년에 조성되었다.

연 강수량이 600mm로 영국에서 가장 건조한 지역에 속하는 식물원 전체에 안정적인 급수를 위하여 4천5백 만 리터의 물을 저장할 수 있는 저수지와 15분 단위로 모든 기상자료를 자동으로 관측 기록할 수 있는 기상관측소 등이 있다.

식물원의 운영 특성

이 지역은 매우 건조한 지역이기 때문에 환경별로 적합한 식물을 선정하여 적소에 식재하는 것에 주안점을 두고 있다. 그리고 화학비료를 거의 사용하지 않고 식물원에서 생산되는 유기물과 퇴비를 토양 개량에 활용하고 있어 지속가능한 농법을 활용한 식물원 유지관리의 모범사례가 되고 있다.

봄에 튤립, 수선화 등이 화려하게 필 때 봄꽃축제와 같은 이벤트를 개최하는 것을 비롯하여 이 식물원의 특징인 효율적인 수자원 이용에 관한 교육프로그램 등을 운영하고 있다.

Travel tip

주소 RHS Garden Hyde Hall, Creephedge Lane, Rettendon, Chelmsford, Essex, CM3 8ET, UK

홈페이지 www.rhs.org.uk/Gardens/Hyde-Hall

전화 +44 0845 2658071

개원시기 및 시간 크리스마스를 제외하고 연중 관람할 수 있다. 관람시간대는 월별로 다른데, 3월~10월까지는 10:00~18:00, 11월~2월까지는 10:00~16:00까지이다.

면적 145.6ha

15 환경친화적이며 지속가능한 정원 할로우카가든 RHS Garden Harlow Carr

이색적 풍경을 연출하는 그라스원과 사암기둥

영국 중부 북요크셔 할로게이트에 위치한 할로우카가든은 영국왕립원예협회에서 직접 운영하는 4개의 정원 중의 하나로 정원경관도 아름답지만, 환경친화적이며 지속가능한 정원을 조성하는 데 특별한 노력을 기울이고 있는 곳이다. 또 자연체험시설과 환경교육프로그램이 다양하여 연간 1만여 명의 어린이들이 이곳에서 자연체험교육을 받고 있다. 특히 2004년 '시간 속의 정원' Gardens Through Time 이라는 기치 아래 조성된 7개의 소정원은 영국왕립원예협회가 창설된 1884년 이후 영국에서 볼 수 있었던 대표적인 정원 양식을 재현한 것으로 정원의 나라인 영국의 정원 양식을 이해하는 데 도움이 된다.

식물원의 역사

지금의 할로우카가든의 부지는 원래 왕실 사냥터였다. 1571년 온천이 발견되어 주민들이 온천을 즐기는 곳으로 이용되다가 1844년 호텔과 온천탕이 들어서고 정원도 조성되었다. 1848년 철도도 부설되어 한때는 많은 사람들이 찾는 온천이었으나 1차 세계대전이 발발하면서 방문객의 발길이 줄어들고 온천사업은 쇠락의 길로 들어서게 되었다.

1946년 설립된 북부원예협회가 할로우카 지역의 12ha의 숲과 목초지 및 온천탕 부지를 사들여 잉글랜드 북부 내륙의 기후에 맞는 내한성 식물을 실험재배하기 시작했다. 4년여의 노력 끝에 1950년 일반에게 정원을 공개할 수 있었다. 그 후 더 많은 정원 용수를 확보하고 새로운 관상식물을 재배하고 정원 디자인을 곡선으로 바꾸는 등 많은 노력을 기울였으나 2001년에 이르러서는 재정난으로 거의 문을 닫을 지경이 되었다. 이를 타개하기 위해 북부원예협회는 영국왕립원예협회와 합병하여 영국왕립원예협회의 재정지원 하에 정원을 살려내고 이후 야생화초원, 겨울산책길, 키친가든, 고산식물온실 등을 조성하였다. 2004년에 조성된 7개의 소정원이 BBC 텔레비전에 소개되면서 회원이 늘고 관람객이 증가하게 되었으며, 기부금 모금도 수월해져 정원을 지속적으로 확장하고 단장할 수 있게 되었다. 개원 60주년이 되었던 2010년에는 어린이와 성인들을 대상으로 자연체험을 하고 환경교육을 할 수 있는 친환경건물인 브라말학습센터Bramall Learning Center를 개관하여 활발하게 자연교육 영역을 확장해 나가고 있다.

식물원의 구성

할로우카가든은 북서에서 남동 방향으로 긴 장방형 부지에 조성되어 있다. 정원 입구를 기준으로 보면 입구 앞쪽에 주요 정원과 온실, 건물 등 시설이 있고, 남동쪽의 여왕모후호수Queen Mother's Lake로부터 북서쪽 방향으로 흐르는 물줄기가 경계가 되어 그 뒤쪽으로 숲과 수목원, 야생화초원이 넓게 자리잡고 있다.

할로우카가든은 북동에서 남서 방향으로 길게 뻗은 중앙 꽃길을 중심축으로 다양한 정원과 아름다운 조망이 펼쳐진다. 중앙 꽃길을 따라가며 양편으로 영국왕립원예협회 가든에서 공통적으로 볼 수 있는 다채로운 색과 모양의 꽃을 피우는 다년생식물과 잔디가 조화를 이루며 눈이 부시도록 아름다운 풍경을 연출한다. 중앙 꽃길 주변에는 따듯한 기후와 배수가 잘되는 토양을 좋아하는 지중해성 식물들, 아가판서스, 유카, 유칼리투스와 같은 식물들이 남서면 햇빛을 받아 반짝거린다. 배수가 잘되도록 만든 자갈화단에는 라벤더, 후쿠시아, 샐비어가 제각기 선명한 색을 발산하고, 한때 속새가 번성하여 폐쇄되었다가 최근 새로 조성한 사암정

아담한 고산식물온실이 보이는 풍경

고산식물온실 내부

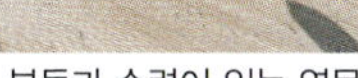
부들과 수련이 있는 연못

정원 곳곳에 놓인 재미있는 조형물

원Sandstone Garden에서는 양귀비와 팔랑개비국화가 번성하고 있다.

정원의 오른쪽 끝에는 2009년에 신축된 깔끔하고 아담한 고산식물온실이 있다. 온실과 온실 바깥쪽 사암자갈을 쌓아 만든 화단에는 약 2,000여 종의 고산식물이 전시되어 있다. 갖가지 모양의 작고 귀여운 고산식물들을 보면 종의 다양성이 새삼 실감되고 그 작은 몸체에 피운 예쁜 꽃모양에 감탄하지 않을 수 없다. 짚과 같은 누런색을 띠는 키 큰 억새류가 바람에 흔들리는 그라스원Grass Garden 가운데에 우뚝 솟아 있는 사암기둥은 주변 풍경과는 매우 색다른 원시적인 경관을 만들어 내면서 평면적인 정원에 수직의 변화를 준다.

이곳에는 각 가정에서 정원에 관심을 갖고 직접 정원을 가꾸어보도록 장려하기 위해 키친가든이 조성되어 있다. 할로우카의 키친가든에는 작은 규모의 채소원과 과수원이 있다. 채소원은 관상과 재배관리에 적합하도록 3m×3m 크기로 구획하여 밭을 북돋아 채소를 심

큰까치수염 *Lysimachia clethroides* 이 무리지어 피어 있는 화단

고, 퇴비를 주고 3년마다 윤작을 하여 채소들이 풍성하게 자라고 있다. 또 채소 사이사이 바이올렛, 메리골드, 한련화 등 먹을 수 있는 꽃과 허브를 심어 채소원 역시 아름다운 정원으로 손색이 없다.

나뭇잎이 떨어지고 꽃이 피지 않는 겨울에도 즐길 수 있는 곳이 겨울산책길이다. 이곳에는 자작나무와 같이 수피가 특이한 나무나 서양층층나무Red Dogwood 같이 줄기가 빨간색을 띠는 관목, 겨울철에도 빛깔 고운 열매가 오래 달려 있는 나무, 그리고 진한 향기를 내는 화목을 심어 겨울 정원을 찾는 사람들에게 아름다운 겨울 정취를 선사한다. 겨울산책길 나무 아래에는 초봄에 꽃을 피우는 크로커스와 수선화, 붓꽃을 심어 봄을 가장 먼저 불러들인다.

할로우카가든의 남동쪽 끝에는 2004년 영국왕립원예협회의 200주년을 기념하기 위해 조성한 7개의 소정원이 모여 있다. 1800년대 초부터 현대에 이르기까지 200여 년간 사회문화적 환경의 영향과 원예기술이 달라진 모습이 반영된 정원 양식을 보여주는 7개의 정원은 귀족들의 장원에서 볼 수 있는 대규모 정원이 아니라, 중산층의 꿈을 담은 소박한 소규모 정원이다. 새로운 식물과 아이디어가 정원에 도입되며 부상하는 중산층의 정원 양식을 보여주는 리전시 스타일Regency-style 정원(1811~1820년대), 다른 나라의 문화와 새로운 식물이 영국으로 들어오고 과학과 기술이 원예와 정원에 도입되는 빅토리아 중기(1850~1860년대) 정원, 암석원과 작은 온실 및 가족에게 신선한 채소를 공급하는 키친가든이 공존하는 절충적 혼합 양식을 보여주는 빅토리아 후기(1890년대) 정원, 예술과 공예운동이 최고조에 이르렀던 시기로 예술가와 장인의 작품이 설치된 화사한 정원과 연못을 볼 수 있는 에드워드 7세 시대(1901~1910년대) 정원, 전후 양식이 주류를 이루며 외국의 정원 양식들이 도입되는 새로운 경향을 볼 수 있는 1950년대 정원, 건조기후에서 사는 식물을 자갈화단에 심어 건조한 여름날의 정원을 보여주는 1970년대 정원, 그리고 마지막으로 현대적 기술과 재료를 활용하여 할로우카가든의 모토인 유지관리가 쉬운 현대식 정원이 있다.

2010년에 개원 60주년을 맞아 개관한 브라말학습센터 빌딩은 환경친화적 건물로 탄소배출이 거의 없도록 설계되었다. 태양과 풍력과 지열 등 자연에너지를 적극 활용하고, 지하수와 빗물을 재활용하며, 건물

관람객의 시선을 끄는 조형물

화려한 자태의 꽃양귀비

풍성한 아름다움을 볼 수 있는 꽃의 혼합식재

키친가든

지붕에는 돌나물류Sedum를 심는 등 에너지 사용의 효율성을 극대화하면서도 주변과 조화되는 아름다운 건물의 좋은 사례가 되고 있다.

식물원의 운영 특성

할로우카가든은 환경을 파괴하지 않고 자원이 고갈되지 않으면서 지속가능한 정원 조성에 많은 노력을 기울이고 있다. 강수량과 서리가 많은데 배수가 안 되는 강점토질 토양으로 이루어진 이 지역이 가지고 있는 문제를 극복할 수 있는 적절한 재료와 최신 원예기법을 찾아내어 이를 적용하고 있다. 모래를 섞어 배수를 좋게 하고 여기에 직접 만든 퇴비를 섞어 식물이 잘 자랄 수 있는 토양을 만들어주고 최적기에 식물을 손질하여 뿌리를 깊게 내리도록 해서 성장한 식물이 스스로 잘 자랄 수 있도록 함으로써 최소한의 개입으로 유지되는 정원의 모범사례인 것이다.

또 할로우카가든은 자연과 환경교육에 정성을 들이고 있다. 개관한 브라말학습센터Bramall Learning Center는 물론 도서관과 야외정원에서 1년 내내 교육프로그램이 운영되고 있다. 정원의 야생동물, 5월의 튤립축제, 가을 맛보기, 크리스마스 마술 등 다양한 주제로 각종 이벤트를 열어 학생들이나 가족들이 즐겁게 참여할 수 있도록 하고 있다.

Travel tip

주소 RHS Garden Harlow Carr, Crag Lane, Be ckwithshaw, Harrogate, North Yorkshire, HG3 1QB, UK

홈페이지 www.rhs.org.uk/gardens/harlow-carr

전화 +44 0142 3565418

개원시기 및 시간 크리스마스를 제외하고 매일 09:30부터 개원하며, 3월에서 10월까지는 18:00까지, 11월에서 2월까지는 16:00까지 관람이 가능하며 식물원 입장은 마감시간 1시간 전까지 가능하다.

면적 27.5ha

16 식물원을 중심으로 한 종합테마공원
그루가파크식물원
Botanischer Garten Grugapark

너도밤나무 수벽으로 둘러싸인 숙근초화원

그루가파크는 독일 노르트라인베스트팔렌 주 뒤셀도르프에 있는 루르 강 북쪽 에센에 위치하고 있다. 과거 150년 동안 철강왕 크루프사와 불가분의 관계에 있으며, 제2차 세계대전 말에는 연합군의 맹렬한 폭격으로 파괴되었으나 전후에 복구되어 독일 최대 공업도시의 하나로 발전하였다. 22개 수직갱도 광산, 7개의 코크스 제조공장, 라인베스트팔렌 발전소, 루르 가스회사 등이 있으며, 철강업을 비롯하여 무기·기관차·농업기계·화학·섬유 등의 공업이 발달하였다.

에센 남서부에 있는 그루가파크식물원은 루르 지방 최대의 공원으로, 1929년의 루르 지방 원예박람회 때 만들어졌다가 그 후 두 차례 확장되었다. 70ha에 이르는 면적으로 유럽에서 가장 크고 매력적인 놀이 공원 중 하나에 속한다. 오래된 나무와 가로수는 루르 지역 공원 중 가장 기억에 남는 놀라움 중 하나로 평가받고 있다.

식물원의 역사

1927년 식물원이 개원한 이래 여러 차례의 의미 있는 정원 관련 전시회를 개최하였다. 1929년 루르 조경원예전시회를 개최한 후 1930년 공공 공원으로 재개장하였으며, 1938년 독일 정원 쇼 등을 거치면서 식물원 전체 부지가 확장되었다. 제2차 세계대전 동안에 건물을 포함한 식물원 부지가 황폐화되었으나, 전쟁 후유증을 극복하는 노력으로 공원을 재구성하고, 1952년 제2회 루르 조경원예전시회를 개최하였다.

1965년 연방 가든 쇼를 개최하면서 식물원의 면적을 현재의 크기인 약 70ha로 확장하였다. 1985년에 식물원의 대표적인 건물인 열대우림 하우스 피라미드가 건설되었고, 1987년에는 유리로 된 오랑제리Orangerie 홀이 건립되었고, 1991년에 1,200석 규모의 음악당이 재건되었다. 1995년 자연학교 투르가 창립되면서 식물원 교육의 중요성이 한층 강화되는 계기가 되었다. 이후에도 식물원에 여러 요소들이 추가되면서 점차 식물원을 중심으로 한 종합테마공원으로 변모하였다.

식물원의 구성

그루가파크 전체에 다양한 식물원 요소들이 배치되어 있다. 몇몇 대표적인 식물원 요소 중에서 먼저, 훈데르트바서 하우스Hundertwassee Hauses 근처의 습지는 조류, 양서류와 습기를 좋아하는 식물의 천국이 되었다. 잡목림, 갈대, 버드나무, 노송나무와 대나무 등이 수많은 새들에게 서식지를 제공한다.

고산식물원 근처에 있는 침엽수원은 유럽에서 가장 큰 컬렉션 중 하나이다. 여기에 있는 나무들은 원래 산업화에 의해 오염된 공기의 영향을 조사하기 위해 1927년에 심은 것이다. 이곳은 공원의 다른 곳들보다 어둡고 조용하며 높은 침엽수들 속에서 매우 독특한 분위기를 낼뿐만 아니라 약초 냄새가 숲 전체에 퍼져 있기도 하다. 온화한 기후 덕에 칠레 남양삼나무, 유럽 측백나무, 중국의 은행나무, 미국 서부의 세콰이어, 피나스터 소나무 등과 같이 다양한 지역으로부터 수집된 식물들과 베스트팔렌 지역에서 가장 오래된 삼나무와 같은 외래종도 성공적으로 정착할 수 있었다.

독일 정원문화의 예라고 볼 수 있는 베스트팔렌 농부의 정원이 호손 헤지 울타리 뒤

꽃밭과 조화로운 음악당

다양한 품종으로 화려한 다알리아 수집 화단

에 잘 보존되어 있다. 베스트팔렌 농부 정원의 전형적인 특징은 바닥을 세심하게 자갈길로 조성하고 가장자리를 회양목과 화려한 여름꽃으로 마주하여 배치한 점이다. 약용 및 요리용 채소, 허브가 자라고 있으며, 남유럽의 채소들도 볼 수 있다. 여기에는 일찍이 1925년에 심은 '차폐'라는 두 개의 큰 주목이 있는데 각각 남성과 여성을 뜻하며 다산의 상징이라고 한다.

베스트팔렌 농부의 정원에서 조금 떨어진 곳에는 높은 울타리로 동화 속 분위기의 매혹적인 허브원이 있다. 작은 풀장은 중세시대의 수도원으로 방문자들을 안내한다. 약용식물들은 사용방법에 따라 다양하게 사용되며 독성이 있는 허브와 약용식물이 용도에 따라 심겨져 있다. 허브원에 있는 사람 크기의 테라코타 화병, 돌 벤치에 새겨진 원형구호 장식은 목가적인 분위기를 제공한다.

아시아식물수집원은 그루가파크식물원에서도 독특한 수집원으로 아시아에서 온 관목과 흰색에서 어두운 분홍색에 이르기까지 다양하고 풍성한 꽃을 피우는 목련이 있다. '중국의 비둘기'라고도 불리는 중국에서 온 '손수건나무'는 5월에 하얀 포엽이 피기 시작할 때의 모습이 손수건 같다고 한데서 붙여진 이름이다. 유럽에서 큰 문제가 되는 느릅나무병에 내성을 가져 웅장하게 자라난 일본 느릅나무, 아시아 호두나무와 단풍나무, 수국 등은 아시아 지역 식물 세계의 다양한 느낌을 제공한다.

고산식물원에서는 용담, 고산 제비꽃, 과꽃, 스위스 소나무 길을 따라 코카서스, 카르파티 산맥과 아펜니노 산맥 식물들에서 나는 향기와 흙냄새와 높은 산 위를 걷는듯한 느낌을 경험할 수 있으며, 유럽에서는 흔히 볼 수 없는 대만 삼나무를 발견할 수 있다. 계곡으로 쏟아지는 강력한 폭포도 장관을 이룬다.

마가렛 호수 근처 숲이 우거진 계곡의 북미산 풍나무sweetgum, 떡갈나무와 노송나무는 늦은 여름과 가을에 웅장하면서도 화려하고 다채로운 광경을 제공한다. 초원과 숲 계곡의 야생약초, 야생식물과 졸졸 흐르는 시냇물은 로맨틱한 분위기를 자아낸다.

감각정원에서는 평소와 전혀 다른 감각으로 자연을 체험할 수 있다. 장애인을 위해 다양한 재료로 배치된 경로와 장미와 허브 같은 향기가 강한 식물로 길을 찾아갈 수 있으며 바닥을 높여 심은 중국 단풍나무의 거친 잎과 가시장미의 다양한 촉감을 느낄 수 있다.

숙근초원의 보리수 아래에는 1964년에 심은 아시아, 미국, 유럽에서 온 수천 개의 광대한 다년생 관목들이 원형을 이루고 있다. 층층이부채꽃, 참제비고깔, 빨갛게 탄 부지깽이, 미국 노란앵초, 거대한 장군풀, 난초, 앵초, 카르파티아 산맥의 실잔대와 단지산호 등의 식물들이 체계적으로 특성에 따라 배치되어 있다. 꿀벌과 말벌의 둥지와 집게벌레 서식지, 수많은 나비들의 방문은 다년생 식물들이 성공적으로 심어져 있다는 증거들이다. 마른 강바닥이나 가뭄에도 강한 백합도 번성하고 있다.

1927년에 조성한 장미원은 공원의 핵심 정원 중 하나이다. 꽃의 여왕이라 불리는 장미는 6월부터 12월까지 화려하게 핀다. 흰색 아치가 조밀하게 배치되어 있는 장미, 관목과 관상용 장미, 작고 기본적인 장미, 연한 분홍색에서 강한 보라색을 띤 영국 장미까지 다양한 장미가 있다. 돌로 된 연못의 수련은 매혹적인 분위기를 한층 더한다.

수생식물 전시연못

꽃색의 유전 과정을 보여주는 화단

장미원과 진달래동산 사이에 있는 봄꽃정원에서는 희귀하고 묘한 매력이 있는 생강나무, 겨울에 꽃이 피는 인동, 풍년화 같이 일찍 꽃이 피는 향기로운 식물들에서 봄의 감각을 느낄 수 있다.

그루가파크식물원에서는 독일 최대의 덩굴식물원을 볼 수 있는데, 클레마티스, 인동 덩굴, 실버레이스 포도나무, 수국 덩굴과 구기자 등이 넓은 초원에 자라고 있다.

마가렛 호수 근처에 있는 진달래동산은 복잡한 경로가 마법의 미로 같다. 섬세한 분홍색에서 진한 분홍색으로 만개한 진달래는 3월부터 초여름까지 볼 수 있다. 500여 종류의 다양한 진달래가 3월 중순부터 6월 중순까지 가장 아름다운 광경을 연출한다.

독일의 고유한 지붕 구조를 가진 전시하우스인 지중해정원은 지중해에서부터 남유럽까지 분포하는 식물들을 보호한다. 겨울에는 유리 지붕 밑으로 대추야자, 월계수, 무화과나무와 오렌지 나무들로 눈부시게 빛난다. 이 지붕은 5월 중순부터 10월 말까지는 완전히 제거된다. 야자수, 천사의 나팔, 아카시아, 레몬 나무 등이 백 년 이상 오래된 올리브 나무 등의 지중해 주변 식물들과 함께 생장하고 있다. 여름에는 남쪽 오아시스에서 화분에 심은 화려한 꽃들이 피어난다.

그루가파크식물원의 대표적인 건물인 온실피라미드는 침엽수원과 활엽수원 사이의 작은 언덕에 자리잡고 있는 투명 유리 온실이다. 3개의 유리 피라미드 안에서 계절마다 적도를 비롯한 세계 여러 곳을 여행하는 듯한 경험을 할 수 있다. 지구의 특별한 서식지인 피라미드는 각각이 공중에 떠 있는 것 같아 보인다.

첫 번째로는 열대우림의 피라미드에서 매혹적인 세계에 몰입하게 된다. 30℃ 이상의 온도, 높은 습도의 땅, 깊은 정글, 고급스러운 식물의 향기가 방문객을 맞이한다.

두 번째로는 다육식물하우스의 유리로 덮인 산책로가 사막 지역의 열대 서식지를 재현한다. 온난하고 건조한 기후는 건조 지역에서 자란 식물, 다육식물이 자라는 조건을 제공한다. 여기에, 높이 15m까지 자랄 수 있는 거대한 북미 선인장, 황금 배럴 선인장이 번식할 수 있다. 큰 카나리아 섬등대풀과 알로에베라의 뾰족한 잎은 아프리카 사막의 외로움을 연상시킨다. 가장 아름다운 식물은 '밤의 여왕' 선인장이다.

세 번째 온실에는 호주와 열대동남아시아의 원시식물이 전시되어 있다. 이 식물들은 세계에서 가장 강수량이 많은 곳에서 자라는 것들이다. 상록수숲은 인공적으로 제공되는 잦은 안개 덕분에 울창하게 자랄 수 있다. 멋지고 아름다운 난초 등 착생식물은 큰 나뭇가지에 편안하게 뿌리를 내린다.

유리 피라미드 온실의 안뜰에는 단풍나무를 비롯한 여러 나무를 소재로 한 분재정원이 조성되어 있다.

식물원의 운영 특성

그루가파크식물원은 자연체험과 레저를 즐길 수 있으며 일상생활에서 휴식을 취할 수 있는 유럽에서 가장 매력적인 놀이 공원 중 하나이다. 아름답고 희귀한 식물이 있는 식물원, 매력적인 동물 공원, 놀이터, 스포츠 천국, 헬스 리조트와 스파, 거대한 잔디, 놀이 공간과

온실 피라미드 사이 공간에 조성된 분재 정원

바비큐 장소, 야외 활동 센터, 세련된 레스토랑, 야외 박물관과 콘서트 무대, 미식가 모임 장소 등 모든 세대들이 사계절 다양한 활동을 할 수 있는 공간이 그루가파크식물원에 있다. 뿐만 아니라 식물학적으로는 과학자들과 식물 애호가를 위한 식물학 교육을 하고 있으며 예술적으로는 루르 지역에서 가장 큰 야외 박물관으로 국제적인 조각품이 수집되어 있다. 그루가파크식물원에서는 연중 다양한 이벤트가 진행되는데, 여름 축제, 예술과 코미디, 록과 클래식 음악, 축제 및 전시회 등이 수시로 개최된다.

온실 피라미드 중 열대우림

식물원 지역의 지질층을 설명하는 독특한 조형물

그루가파크식물원에서는 모든 연령대를 위한 다양한 게임, 스포츠 및 건강 증진 활동 기회를 제공한다. 아이들에게 가장 인기 있는 볼 게임, 볼링, 체스 등 스포츠 시설을 무료 또는 적은 비용으로 이용할 수 있다.

Travel tip

주소 Botanischer Garten Grugapark, Virchowstraβe 167a, 45147 Essen, Deutschland
홈페이지 www.grugapark.de
전화 +49 0201 8883106
개원시기 및 시간 오전 9시에서 해질녘까지 일 년 내내 열려 있다. 정보 센터 오랑제리에서 보증금을 내고 무료로 휠체어를 대여할 수 있다.
면적 70ha

17 보덴 호수의 아름다운 정원 마이나우꽃섬 Blumeninsel Mainau

물과 꽃으로 폭포를 이루는 이탈리아식 캐스캐이드

독일 남부에 위치한 보덴 호수Bodensee는 '슈바빙엔의 바다'라고도 불리는 유럽에서 세 번째로 큰 호수로, 독일과 스위스 그리고 오스트리아 3개국에 면해 있다. 독일의 북쪽 연안에서 보면 호수 남쪽의 스위스와 오스트리아의 눈 덮인 산 정상이 멋진 배경을 이루어 아름다운 경관을 연출한다. 보덴 호수는 독일 쪽 연안의 관광지인 콘스탄츠의 이름을 따 콘스탄츠 호수라고도 한다. 마이나우는 콘스탄츠 호수 안에 있는 섬인데, 꽃섬Die Blumeninsel 이라는 어원적 의미 그대로 아름다운 정원과 바로크 양식의 성과 교회가 잘 어우러져 환상적인 아름다움을 자랑한다. 120m의 긴 다리로 콘스탄츠와 연결되어 있는 마이나우는 콘스탄츠 중심가에서 8km 떨어져 있다.

식물원의 역사

마이나우 섬은 1853년 스웨덴의 대공 프리드리히 1세가 이곳을 여름 별장으로 사용하기 시작한 이래 그의 후손인 레나르트 베르나도트 백작 가문이 대대로 소유해 왔다. 정원의 역사는 대공 프리드리히 1세에서 시작된다. 그는 이곳에 이탈리아식 장미원과 오렌지정원을 만들고, 해외여행을 통해 마이나우의 기후에 잘 적응할 수 있는 각지의 외래종 나무와 희귀한 나무를 수집하여 수목원을 만들었다.

그러나 1932년 프리드리히 1세의 증손자인 레나르트 왕자가 마이나우를 물려 받았을 때, 마이나우는 오랫동안 방치되어 온 탓에 성은 낡고 정원도 황폐해져 야생의 들판과 같은 상태였다. 평민 여성과 결혼했다는 이유로 작위와 후계권을 박탈당했던 레나르트 왕자는 1951년 신분이 회복되어 백작의 작위를 다시 받고, 1952년 마이나우로 돌아와 본격적으로 이곳을 개발하기 시작했다.

레나르트는 농학과 산림학을 전공했기 때문에 마이나우를 개발하는데 필요한 지식과 기술을 갖추고 있었다. 여기에 유능한 관리자들의 도움을 받아 섬을 자연미와 예술미가 조화를 이루는 지상의 낙원으로 바꾸어 나갔다. 레나르트는 마이나우를 식물을 보전하고 연구하는 학술적 기능보다는 식물을 아름답게 전시하여 많은 사람들이 즐기고 휴식하는 공간으로 가꾸고자 했다. 그는 전통을 보존하면서도 현대적인 것과 조화를 이루는 파라다이스를 만들고자 1974년 레나르트 베르나도트 재단을 설립하고, 꽃과 식물을 아름답게 가꾸는 데 그치지 않고 전 세계로부터 방문객이 찾아오는 관광명소로 만들어 놓았다. 그가 설립한 재단은 현재 마이나우 유한회사 The Blumeninsel Mainau GmbH로 탈바꿈하여 그의 자녀들이 대를 이어 관리하고 있다.

식물원의 구성

마이나우는 섬의 동남쪽에 위치한 바로크풍의 성과 성마리아 교회를 중심으로 다양한 정원이 조성되어 있다. 성마리아 성당은 1739년에, 바로크 성은 1746년에 완공되었다. 성마리아 성당에서는 지금도 주일예배를 드리고 있고 결혼식이 거행되기도 한다. 성의 왼쪽 날개 부분에는 레나르트 가족이 거주하고 나머지 부분은 콘서트나 회의, 페스티벌 등 여러 가지 행사 공간으로 사용되고 있다.

성당 뒤편에 있는 팜하우스는 한때 마이나우를 소유했던 헝가리의 니콜라스 에스터하

콘스탄츠에서 마이나우 섬으로 연결되는 다리

지Nikolaus Esterhazy 왕자가 남부 유럽의 식물을 심으면서 시작된 것이다. 그 이후 대공 프리드리히 1세가 이를 온실로 발전시키면서 많은 열대지방 식물들을 보유하게 되었다. 20종 이상의 야자수가 자라고 있는 온실에서 특히 눈에 띄는 것은 1888년 카나리 섬에서 들여와 심은 야자로 현재 15m 높이로 자랐다. 온실은 1997년 면적 1,279m², 높이 17.4m²로 확장 재건축하였다. 팜하우스에서 해마다 5월 둘째 주에 열리는 난 전시회에는 3,000그루 이상의 각종 난이 전시되어 전 유럽으로부터 관람객이 찾는다고 한다.

타워가든 화단

성의 건너편에는 16세기에 건축되어 30년 전쟁 때에는 감시탑으로 사용된 탑이 있는데 이곳에 조성된 타워가든은 오래된 성의 해자를 이용한 것이다. 이곳은 계절마다 아름다운 꽃들로 바뀌는 화려한 화단으로 가꾸어지고 있는데 성 앞에 펼쳐진 넓은 잔디밭과 함께 멋진 조화를 이루고 있다.

남쪽 경사면을 따라 서쪽으로 밤나무 숲을 지나면 분수가 있는 지중해 테라스에 이른다. 지중해식으로 조성된 이 정원은 남부 유럽의 분위기를 물씬 풍긴다. 분수 주변에는 극락조, 바나나, 천사의 나팔, 야자, 부겐벨리아 등 열대식물이 자라고 있고, 분수 중앙에는 레나르트 백작의 70세 생일을 기념하여 헌정된 새 조각상이 있다. 지중해의 식물들이 심어져 있는 이곳은 이탈리아식 장미원으로 이어진다. 장미원에 이르기 전 각양각색의 꽃들이 마치 폭포가 쏟아지는 것처럼 층층이 심어진 캐스캐이드가 있다. 캐스캐이드는 위에서 보나 아래에서 보나 아름다워 관람객의 발길을 오래 붙잡아놓는다.

마이나우꽃섬에는 2개의 장미원이 있다. 1871년에 대공 프리드리히 1세에 의하여 조성된 이탈리아식 장미원은 직사각형의 화단에 400종류의 다양한 장미 9,000여 그루가 심어져 있다. 이 정원과 장미의 길을 포함해 섬 전체에는 1,200종류의 다양한 장미 20,000그루

이상이 심어져 있다. 또하나의 장미원은 정원사들의 교육용으로 조성된 장미정보정원이다. 3,000m²가 넘는 이 정원에는 400여 종류의 서로 다른 장미들을 재배하여 교육용으로 사용하고 있다.

마이나우꽃섬에는 꽃만 있는 것은 아니다. 이곳에는 1,000여 종류가 넘는 다양한 나무가 있는데 아주 작은 나무에서부터 160년의 수령을 자랑하는 8m가 넘는 자이언트 세콰이어에 이르기까지 세계 각지에서 수집해 온 나무들이 성의 스카이 라인을 장식하고 있다.

섬 동쪽의 가파른 둑에는 철쭉정원이 있는데, 바로 옆의 콘스탄츠 호수를 통해 철쭉과에 속하는 식물들이 필요로 하는 습기가 제공된다. 5월이 되면 280종류가 넘는 철쭉이 일제히 꽃을 피워 화려한 장관을 연출한다.

철쭉정원 아래쪽, 콘스탄츠 호수를 동편으로 끼고 있는 해변정원에는 다른 지역에서는 서식하지 않는 여러 식물들을 볼 수 있다. 이곳에서 볼 수 있는 후크시아*Fuchsia*는 종처럼 생긴 꽃모양과 아름다운 색조로 관상용으로서의 가치가 높아 유럽 대부분의 식물원에서도 볼 수 있지만 이곳처럼 야외에서 보기는 어렵다.

마이나우의 다알리아정원 또한 인상적이다. 다알리아는 18세기에 스페인 사람들이 멕시코에서 마드리드로 가져와 유럽에 퍼진 꽃이다. 다알리아는 8월말부터 첫서리가 내릴 때까지 화려한 꽃을 피우므로 가을은 다알리아 시즌이라 할 수 있다. 다알리아정원은 섬 전체에서 태양광을 가장 많이, 가장 자유롭게 받을 수 있는 지역에 있다. 이곳에서는 매년 다알리아 쇼가 벌어지며 다알리아 여왕을 뽑기 위한 투표도 하는데 2015년이 60회라고 하니 그 역사가 깊다.

다알리아가 가을의 여왕이라면 봄의 여왕은 단연 튤립이다. 튤립이 없다면 마이나우에는 봄이 없다고 할 정도로 튤립은 마우나우에서 정성을 기울여 재배하는 꽃이다. 튤립성원은 마이나우 남쪽 초원에 가로처럼 긴 화단에 식재되어 있는데 약 400종의 튤립 10만 그루에서 꽃봉우리가 터지는 장면은 상상만으로도 감탄이 절로 나온다.

콘스탄츠 호수가 내려다보이는 지중해 테라스

1996년에 문을 연 나비온실은 1,000m²의 규모로 독일에서 가장 크다. 이곳에서 천여 마리의 나비와 함께 다양한 열대식물과 나비의 먹이가 되는 식물을 볼 수 있고, 나비알이나 애벌레 등

바로크식 계단과 장미원

을 가까이에서 관찰할 수도 있다.

허브원에는 약용허브와 식용허브가 심어져 있는데, 정원은 나선형으로 그 형태가 아름답다. 특히 허브에 대한 특성과 용도, 효과에 대한 자세한 설명이 표찰에 잘 되어 있다.

화려한 색의 베고니아로 만든 오리와 공작 토피어리가 있는 어린이정원은 놀이시설과 모형 기찻길 등이 있어 어린이에게 인기있는 곳이다. 그 옆에는 어린이를 위한 동물농장이 있다. 여기에는 토끼, 닭, 염소, 양, 당나귀, 망아지 등이 낮은 나무 울타리 안에 모여 있고, 염소 우리에는 직접 들어가 볼 수도 있다.

식물원의 운영 특성

마이나우꽃섬은 기업화되어 있는 만큼 관람객을 유치하고 이들이 시간을 보낼 수 있는 다양한 시설을 갖추고 각종 연회와 이벤트를 개최한다. 450여 명의 직원 중 220명이 연간 2만 명이 넘는 방문객들에게 식사를 제공하는 일을 할 정도로 여러 곳에 아름다운 레스토랑이 있다. 성 앞의 넓은 잔디밭에서는 대형 콘서트가 개최되기도 하고, 결혼식장으로도 활용되고 있다.

다양한 주제별 가이드 투어가 진행되며 체험프로그램도 다양하다. 또 마이나우 그린스쿨을 운영하여 다양한 주제로 식물에 관한 교육도 한다. 나비온실에서도 어린이를 위한 다양한 교육프로그램이 진행되고 있다.

Travel tip

주소 Blumeninsel Mainau, 78465 Insel Mainau, Deutschland
홈페이지 www.mainau.de
전화 +49 07531 3030
개원시기 및 시간 연중무휴로 매일 일출부터 일몰까지 개원한다.
성은 연중 오전 11시부터 6시까지 관람이 가능하다.
면적 45ha

18 아담하고 볼거리가 많은 뮌스터대학식물원

The Botanischer Garten der Westfaulische Wilhelms-Universität Müenster

식물분류원

독일의 서북쪽에 위치한 뮌스터 시는 인구가 약 30만 정도되는 작은 도시이다. 이 도시의 가장 큰 특징은 대학도시라는 점이다. 전체 인구의 1/3 정도가 학생이다. 이 중에서 베스트팔렌빌헬름뮌스터대학(줄여서 뮌스터대학으로 부른다) 학생은 4만 명이 넘는다. 이 대학에 오래되고 볼거리 많은 뮌스터대학식물원이 있다.

식물원의 역사

베스트팔렌빌헬름뮌스터대학식물원(이하 뮌스터대학식물원)은 1803년에 설립되었다. 초기에 내과의사인 베르네킨Franz Wernekinck 교수가 식물원 발전에 큰 기여를 하였는데, 1804년에 첫 유리온실을 건설하여 교육과 연구용으로 활용하였다. 뒤를 이어 레베르만Bernhard Revermann이 1827년에 처음으로 종자목록을 발간하고 상업적 묘목판매를 시도하였으며, 1840년에는 현존하는 감귤재배온실을 건축하였다. 1867년에 니츠케Theodor Nitschke 교수가 식물학자로서는 처음으로 식물원장에 부임하여 팜하우스 등을 조성하고 식물원의 대중화에 노력하였다. 1949년까지 5동의 유리온실이 건축되어 시민에게 개방되었다. 이후 여러 식물분류학 전공 원장들이 분류학적 관점에서 식물을 배치하고 연구하는 노력을 기울였다. 1984년에 코티지가든을, 1993년에는 오감으로 식물의 향기나 질감을 느낄 수 있는 감각정원을 조성하였다. 1990년부터 식물원발전후원회가 결성되었으며 모금운동을 하여 식물원 재정에 기여하거나 여러 식물원 업무를 도와주고 있다. 후원회 회원들이 운영하는 식물원 판매점에서 장갑과

같은 정원용품을 구입하면 소액이지만 적립금이 쌓이게 되는 형태로 모금운동을 하고 있다. 2003년에 개원 200주년을 맞아 식물원에 벤치 10개를 기증하기도 하였다.

식물원의 구성

빅토리아연꽃의 생육촉진을 위한 보광시설

다양한 꽃들이 만개한 암석원

이 식물원은 뮌스터 시 한복판에서 자연과 아름다운 정원을 동시에 느낄 수 있는 오아시스 같은 공간이다. 정문을 지나 조금 걸어가면 다양한 기후대의 식물들을 관찰할 수 있는 온실들을 만나게 된다. 1840년에 오렌지를 키우기 위해 만든 감귤재배온실이 오른쪽에 있다. 왼쪽으로 펠라고니움전시온실, 빅토리아수련온실, 다육식물온실, 카나리제도식물온실, 남아프리카공화국 남케이프식물온실이 모여 있다. 빅토리아수련온실에서는 우리나라에서 멸종위기식물로 지정하여 보호하고 있는 가시연꽃을 볼 수 있다.

다음에 규모는 그리 크지 않지만 세계 각지에서 수집한 많은 고산식물이 식재된 암석원을 볼 수 있으며, 고산식물원 좌측에는 비교적 최근에 조성한 감각정원이 있다. 오른쪽에는 지중해식물원이 깔끔하게 조성되어 관람객을 맞이한다. 지중해식물원 맞은편에는 뮌스터대학의 식물학과 건물과 식물원 사무실이 있으며, 주변에 파인애플과 식물

교육프로그램에 이용되는 야외 강의실

전시온실과 열대우림을 조성한 열대식물온실이 있다.

관람로를 따라 조금 걷다보면 초지가 나타나는데 인접한 연못으로 흘러들어가는 계류와 습지가 있어 다양한 곤충과 작은 동물 등이 서식하고 있다. 초원식물, 습지식물이 어우러져 생물다양성이 높은 하나의 생태계를 만들고 있다. 다음에는 거대한 너도밤나무가 인상적인 수목원이 조성되어 있고, 숲의 그늘에는 푸르게 자라는 고사리원이 보는 사람의 눈을 편안하게 만든다. 이 수목원과 암석원, 감각정원, 지중해식물원 사이에는 큰 연못이 있어 주변의 미세기후 형성에 기여하고 있다.

수목원을 지나 정문 방향으로 발길을 돌리면 현대적 감각으로 세련되게 조성한 식물분류원이 있다. 콘크리트 포장, 식재된 식물 사이의 파쇄목 멀칭 및 주변 잔디의 색상 구분이 뚜렷하여 식물분류도가 눈에 잘 들어오도록 조성되어 있다. 식물분류원 오른쪽에 약용식물원과 코티지가든을 마저 관람하면 다시 정문에 이르게 된다.

이 밖에도 식물원에는 농부의 정원, 뉴질랜드식물원 등이 있으며 전체적으로 약 3,000여 종류의 식물을 보유하고 있다. 그중에서도 특히 제라늄, 스타펠리아*Stapelia*, 호야

교차로의 초화화단

암석원

Hoya, 박주가리과 식물 등을 집중적으로 수집하고 있다. 뮌스터대학의 식물학과와 연계하여 종자은행, 식물표본실 및 조직배양실을 운영하고 있으며, 보유식물 목록집을 발간하고 있다.

식물원의 운영 특성

이 식물원은 뮌스터대학 연구시설로 조성되어 시민에게 개방하고 있지만, 일반 공원시설은 아니다. 과학적 연구와 학생들의 학습이 주목적이며, CBD, ABS, IPEN 등과 같은 국제 규약에 따른 연구활동을 활발하게 진행 중이다. 수집된 식물의 종보전, 유전적 다양성 및 과학적 이용, 교육 등에 관한 연구를 수행하고 있다.

원장, 큐레이터 1명, 원예담당(가드너) 23명, 교육담당 1명, 연구원 1명, 행정사무원 1명 등이 근무하고 있으며 연간 12만 명 정도가 방문한다고 한다. 별도의 비용을 받고 유치원생을 비롯하여 어린이부터 전문가 그룹까지 맞춤형 식물원 해설안내 프로그램을 운영하고 있다. 보통 25명 단위로 90분 정도 소요된다. 방문객센터로 이용되는 파빌리온이 있으며, 식

시민들의 휴식처인 연못

연못정원의 어린이들

물원 곳곳에 해설 안내판이 설치되어 있다. 이해를 돕기 위한 상세한 해설 자료집도 발간하고 있다.

오래된 온실과 분화

Travel tip

주소 The Botanischer Garten der Westfaulische Wilhelms-Universität Müenster, Schlossgarten 3, 48149 Münster, Deutschland

홈페이지 www.uni-muenster.de/BotanischerGarten

전화 +49 0251 8323827

개원시기 및 시간 연중무휴로 개원하고 있으며 입장료는 없다. 3월 31일부터 10월 7일까지는 08:00~19:00(유리온실은 08:00~16:45), 동계기간인 10월 8일부터 3월 30까지는 식물원 전체를 08:00~16:00까지만 개방힌다.

면적 4ha

19

원예기술과 식물관리가 뛰어난

뮌헨-님펜부르크식물원

Botanisher Garten Műnchen-Nimpenburg

수련연못

뮌헨은 독일에서 베를린과 함부르크에 이어 세 번째로 큰 도시이자 바이에른 주의 주도이다. 뮌헨-님펜부르크식물원은 도심에서 북서쪽으로 6km 떨어진 님펜부르크성 공원 북쪽에 자리잡고 있다. 뮌헨-님펜부르크식물원은 식물전시는 물론 식물관리 방식이 뛰어나고, 식물 생태교육과 식물관리 분야의 전문가를 양성하는 직업훈련기관이기도 하다. 또한 뮌헨대학에서 관리하는 유럽의 희귀식물을 보존하고 있고 특히 벌bee 보호에 많은 노력을 기울이고 있다. 유럽에서 가장 아름답다고 하는 님펜부르크성과 연계된 뮌헨-님펜부르크식물원은 식물애호가라면 놓쳐서는 안 될 멋진 곳이다.

식물원의 역사

뮌헨-님펜부르크식물원은 원래 1812년 도시 중심에 조성되었으나 점차 식물이 많아지면서 100년 후인 1914년 시 외곽지역 님펜부르크성 인근에 22ha의 넓은 부지를 확보하여 이전하였다. 1966년 뮌헨-님펜부르크식물원과 바이에른 주의 식물 수집부, 뮌헨대학의 식물연구소가 통합되고 뮌헨대학이 전체를 관장하게 되면서 식물원은 뮌헨대학의 부속 식물원으로 운영되고 있다. 뮌헨-님펜부르크식물원은 전 세계에서 수집한 16,000종의 식물을 보유하고 있으며, 연간 35만 명이 방문하는 독일에서 가장 중요한 식물원 중 하나로 발전하였다.

식물원의 구성

식물원은 크게 세 구역으로 구성된다. 첫째는 식물을 특별한 목적에 따라 구분하여 전시하는 야외정원이고, 둘째는 교목과 관목이 어우러져 자라는 수목원이고, 셋째는 열

꽃에 둘러싸인 테라코타 항아리

대와 온대 그리고 건조지역의 식물을 보호하고 전시하는 온실이다.

야외정원은 식물원 입구 오른쪽에 화려한 꽃들로 장식된 하경정원과 수련이 가득 피어 있는 연못에서 시작된다. 봄에는 주로 튤립이, 여름에는 화려한 색의 다알리아와 과꽃이 피는 모습을 볼 수 있다. 이 정원은 철따라 다양한 꽃들이 피어나도록 관리하여 늘 화사한 경관을 선사한다. 정원에는 유난히 벌이 많이 눈에 띈다. 바로 옆에 곤충 파빌리온이 있어서 벌들을 특별히 보호하기 때문이다. 이곳은 78종의 벌의 은신처이자 다른 곤충들이 함께 서식하는 곳이다.

하경정원 입구를 지키는 앵무새 조형물

멕시코 원산의 자카라티아 *Jacaratia mexicana* 가 만드는 아름다운 초록빛

생태 및 유전자 연구정원으로 오르는 길목의 소년조형물

1,600여 종의 식물을 체계적으로 식재한 식물분류원

수련연못을 중심으로 남쪽 전면에 생태 및 유전자 연구정원이 펼쳐져 있고, 장미원과 만병초동산이 길게 이어진다. 생태 및 유전자 연구정원은 다른 식물원에서는 보기 어렵다. 이곳에는 작물들과 함께 자라는 잡초들이 그대로 자라고 있고, 작은 연못이나 물웅덩이를 조성해 물이나 습지에서 자라는 식물들도 키우고 있다. 잡초라고는 하지만 이들이 군락을 이룬 모습도 아름다워 눈길이 오래 머문다. 이 구역에는 작은 식충식물 온실도 있다.

생태 및 유전자 연구정원 바로 옆에는 튤립과 붓꽃, 수선화 등 화려한 꽃을 피우는 화초와 라일락 등 봄에 꽃을 피우는 관목들이 어우러져 봄철에 특히 아름다운 봄정원이 있는데, 4월에 여러 가지 꽃들이 만개해서 제일 화사한 경관이 펼쳐진다고 한다. 그 남쪽으로는 유용식물정원이 있는데, 식용으로 쓰이거나 약용으로 쓰여 경제성이 있는 식물들을 구획하여 식재해 놓았다. 여기서는 곡물류, 오이, 호박 및 허브식물처럼 우리 생활에서 유용하게 쓰이는 식물들을 볼 수 있다.

유용식물정원 바로 옆, 식물원의 남동쪽 코너에는 식물분류체계에 따라 식재된 식물들을 볼 수 있는 식물분류원이 있다. 야외에서 자랄 수 있는 약 1,600종의 식물이 분류 원칙에 따라 배열되어 있고 각각의 구역에 안내판들이 설치되어 있어서 식물분류방식을 쉽게 이해할 수

세계 여러 나라의 고산식물이 자라는 암석원

있다. 방문객으로 하여금 식물 이해를 도모하도록 하는 교육프로그램의 일환인 셈이다.

식물원 중앙 남쪽에는 장미원과 만병초동산이 자리잡고 있고, 그 오른쪽으로 고사리 군락지와 연못, 암석원이 연결된다. 5월이면 장미꽃이 피어나고, 흰색부터 진빨강까지 다양한 색의 만병초가 활짝 피어 이 일대는 꽃들의 축제가 펼쳐진다. 이곳 암석원은 소박하면서도 아름답다. 나지막하지만 연못이 보이는 시원한 조경을 가지고 있는 암석원에는 지형학적 서식생태에 따라 세계 여러 나라의 고산식물이 자라고 있다. 좁고 구불구불한 길을 따라 키 작은 고산식물들이 오밀조밀 청초한 꽃을 피운 모습은 화려한 정원 못지않게 감동을 준다.

식물원 동쪽의 대부분은 나무가 울창한 수목원이 차지하고 있고, 여기에도 세계 여러 나라에서 수집한 수목들이 종에 따라 분류되어 식재되어 있다. 수목원에 있는 넓은 초지는 가꾸지 않고 그대로 두어 풀과 야생화들이 자연스럽게 자라고 있으며, 이는 인공적으로 가꾼 정원과 대비되는 아름다움을 선사한다.

살아있는 화석이라고 불리는 벨빗치아

정문 가까이 있는 복합온실에서는 열대, 건조기후를 체험해 볼 수 있다. 복합온실은 3개의 큰 온실을 중심으로 여러 개의 작은 온실들이 서로 연결된 형태로 구성되어 있는데 그 면적이 4,500m²에 이른다. 첫 번째 온실은 구대륙의 건조지역식물온실, 두 번째는 신대륙의 건조지역식물온실이며 이 두 온실 사이에는 열대온실이 있다. 작은 온실 중 하나인 난온실에는 2,000여 종의 난이 있다. 이외 온실로는 팜하우스, 수생식물온실, 다육식물과 선인장온실, 나무고사리온실, 소철온실, 브로멜리아드온실, 빅토리아수련온실, 식충식물온실, 아프리카와 마다가스카르온실, 멕시코온실 등 다양한 온실이 있다. 아프리카와 마다가스카르 온실에서는 2000년이나 산다는 희귀식물 벨빗치아 *Welwitschia mirabilis* 를 볼 수 있다.

참나무류를 감싸고 올라간 헤데라 Hedera

식물원의 운영 특성

식물원은 복합온실 8구역과 야외정원 8구역 등 모두 16개 구역으로 나누어 관리하고 있다. 각 구역은 수석 정원사의 책임 하에 약 100여 명의 정원사들이 팀을 이루어 관리한다. 수석 정원사는 10년 이상의 경력을 가진 전문가들이며, 이들은 일반 정원사와 보조 정원사 및 직업훈련생으로 구성된 팀을 지휘 감독한다.

또 뮌헨-님펜부르크식물원은 카체고산식물원 및 한국국립수목원과 파트너 관계를 맺고 식물의 보존과 유지를 위해 공동의 노력을 기울이고 있다.

Travel tip

주소 Botanisher Garten Mŭnchen-Nimpenburg, Menzinger Straβe 65, 80638 Mŭnchen, Deutschland

홈페이지 www.botmuc.de

전화 +49 089 17861316

개원시기 및 시간 11월~1월은 09:00~16:30까지, 2월~3월, 11월은 09:00~17:00까지, 5월~8월은 09:00~19:00까지 문을 연다.

면적 21.2ha

20 세계 3대 식물원 중의 하나
베를린-다렘식물원
Botanischer Garten und Botanisches Museum Berlin-Dahlem

중앙온실과 연못정원

베를린은 15세기 브란덴부르크 제국의 수도로 출발하여 오랫동안 여러 독일 왕국들의 정치와 문화의 중심지 역할을 해 온 곳이다. 따라서 베를린은 세계적인 관광지로 인정받고 있으며 볼거리도 많다. 특히 다양한 박물관이 있는데 다렘미술관을 비롯하여, 공예박물관, 국립회화관, 이집트박물관, 그리스·로마박물관, 그리스·로마미술관 등이 유명하다. 베를린-다렘식물원도 베를린을 방문한 사람이라면 시간적 여유를 갖고 반드시 들러봐야 할 명소 중의 하나다.

식물원의 역사

식물원의 역사는 300여 년 전으로 거슬러 올라가 1679년에 왕실 채소원과 허브원으로 사용하던 부지를 베를린 교외로 이전 확장하면서부터 시작된다. 1718년에는 빌헬름 I세가 식물원을 프러시안 과학원에 편입시키기도 하였다. 1810년 베를린대학식물원으로 확대 조성하면서 광범위한 식물학 연구가 진행되고 왕립식물표본관이 조성되는 등의 발전을 하게 된다. 1879년에는 식물에 대한 연구를 더욱 장려하기 위하여 식물박물관을 설립하였다.

그 후 베를린 시가지가 급속도록 팽창하면서 1910년에 유명한 식물분류학자인 엥글러A. Engler의 지도하에 현재 위치로 이전하였다. 2차 세계대전 중에는 폭격으로 크게 파괴되기도 하였지만 1968년에 유리온실을 재건축하였고, 1987년에는 식물박물관을 지금의 모습으로 완공하였다. 현재 43ha의 면적에 총 22,000종류의 식물을 보유한 명실상부한 세계 최대 최고 식물원 중의 하나가 되었다.

식물원의 구성

세계 3대 식물원 중의 하나로 불리는 베를린-다렘식물원에서는 고풍적 건물과 광대한 평원, 22,000종류의 식물이 식재되어 있는 미로같은 관찰로에서 오랜 역사를 온몸으로 느낄 수 있다.

식물원 전체 면적의 1/3을 차지하는 식물지리원에는 유럽, 아프리카, 아시아, 아프리카의 북반구 온대지역에 분포하는 식물들을 지역별로 구분하여 전시하고 있다. 특히 산악지역, 숲, 히스, 해변가 모래언덕 지역, 스텝 지역 등과 같이 각각 다른 식생지로부터 수집된 식물들이 12개의 암석원에 분산 식재되어 있다. 이는 식물원 원장이었던 엥글러(1844~1930)가 설계한 것으로 세계 제일의 암석원으로 꼽히고 있다. 여러 갈래로 난 관람로는 유럽에서 알프스와 히말라야 산맥을 넘어 중국과 일본의 식물들을 관찰할 수 있도록 자연스럽게 연결되어 있다.

중앙온실 앞 정원

매년 디자인을 달리하는 온실 앞 리본화단

봄에 독일너도밤나무 숲의 나뭇잎들이 나오기 전에 바람꽃, 설강화Snow drop가 화려한 꽃밭을 만들고, 여름에는 무성한 잎으로 시원한 미세기후를 조성하여 내서성을 높이고 있다. 일본식 정자 주변에는 중국, 한국, 일본에서 수집된 식물들이 자연 서식지처럼 자라고 있어 많은 사람들이 정원가꾸기 아이디어를 얻을 수 있는 곳이다.

식물지리원 못지않게 넓은 면적을 차지하는 수목원은 화려한 꽃밭으로 변신하는 초원과 약 1,800여 종류의 교목과 관목이 분류학적 유연관계에 따라 식재되어 있다. 관람로를 따라 학습과

고풍스러운 건물 주변의 여름화단

휴식을 동시에 추구하면서 걷기에 적합하다. 수목원 구역에 조성되어 있는 파골라 Gertrud-Schaub-Pergola에서는 덩굴성 목본식물들을 만날 수 있으며 수많은 장미 품종들도 이 수목원 내에 수집되어 있다.

암석원

온실은 총 16개의 구역으로 구성되어 있는데, 주로 열대 및 아열대지역 식물들이 수집되어 있어 보는 이로 하여금 열대지역에 와 있는 듯한 느낌을 갖게 한다. 온실은 세부적으로 열대대형식물원, 열대작물 및 야생식물원, 열대유용식물원, 난초원, 열대관엽식물원, 양치식물원, 열대산림원, 선인장원, 화목원, 남반구식물원, 오세아니아산림원, 동백원, 자이언트수련원, 지중해식물원, 대서양식물원 등으로 구성되어 있다. 특히 유리온실 입구 내부 벽면에 설치된 수족관에는 다양한 수생식물과 양서류 등을 전시하여 수생식물의 측면경관을 자연스럽게 느낄 수 있도록 하고 있다. 중앙온실은 길이 60m, 높이 23m에 이르는 세계에서 가장 큰 온실 중의 하나이다.

수생습지생태원에서는 황무지나 연못, 해안가, 내륙에 있으면서 소금기가 많은 지역

식물원 정문 앞 화단

등에서 수집한 식물들을 보존하고 있다. 도시가 팽창함에 따라 토지 수요가 증가하면서 수생습지식물들이 점점 사라지고 있는 현실에 대한 대책으로 조성하였다고 한다. 인접해 있는 이끼원은 프리데릭 슈만Friedericke-Schaumann의 기금으로 2006년 11월 8일에 준공하였다. 주변에 수생습지생태원과 너도밤나무 숲이 있어 이끼가 잘 자랄 수 있는 환경조건을 제공하고 있다. 식물원 안내센터에서 확대경을 빌려 이끼의 종류별 차이점을 확인해 보는 것도 식물원을 관람하는 흥밋거리가 될 수 있다.

식물분류원에는 1,000여 종류의 식물이 엥글러 분류체계에 따라 정리되어 있다. 비록 같은 과에 속하는 식물들이라도 색상이나 형태의 변이에 따른 차이점을 볼 수 있도록 세부적으로 분류되어 있는 점이 특징이다. 최근에 재조성된 약용식물원은 인체 모양으로 디자인된 화단에 약 230여 종류의 약용식물이 식재되어 있고 각각에 대한 약효, 화학적 성분에 관한 정보를 제공하고 있다.

이 밖에 시각장애인들이 손으로 직접 만져보고 향기를 맡으며 식물의 다양성과 인간생활에 유용함을 느낄 수 있도록 조성한 향기-촉감정원과 지중해 식물들을 관찰할 수 있는 이탈리아성원 등이 있다.

베를린-다렘식물원을 방문하게 되면 반드시 시간적 여유를 갖고 식물박물관을 관람하는 것이 좋다. 이 박물관은 중부 유럽에서 유일한 식물박물관으로 식물에 관한 방대한 자료를 전시하고 있다. 특히 노지에 식재된 식물체에서는 직접 확인할 수 없는 미세한 형태적 특징들을 구체적으로 설명하고, 고배율로 확대된 조류나 은화식물들을 비롯하여 꽃, 과실, 종자 등에 관한 사진이나 모형을 전시하여 교육자료로 활용하고 있다.

식물원의 운영 특성

이 식물원은 체계적이고 종합적인 식물계통분류학 연구를 통한 식물학 발전에 크게 기여하고 있는 세계적 식물원으로 평가받고 있다. 단체방문객을 대상으로 일요일에 무료 안내해설을 실시하며, 평소에는 방문 10일 전에 단체방문 예약접수하고 소정의 교육비를 지불하면 안내해설을 받을 수 있다. 식물박물관에서는 버섯에 대한 무료 해설이 제공된다. 연간 3,

아스클레피아스*Asclepias* 속 식물의 개화

암석표본

4만 점의 식물재료를 베를린대학에 연구용으로 제공하고 '멸종위기종에 관한 워싱톤 협약'을 지원하고 있으며 식물이나 원예에 관한 수천 건에 달하는 질문에 답해 주고 있다. 또 자원봉사자들의 아이디어와 재정적 도움을 받고 있기도 하다. "식물은 우리의 미래이다"라는 설립목적 아래 '식물의 다양성을 탐험하고, 기록하며, 보여주고 설명하고, 보존한다'라는 임무를 달성하기 위하여 노력하고 있다.

Travel tip

주소 Botanischer Garten und Botanisches Museum Berlin-Dahlem, Freie Universität Berlin, Königin-Luise-Straße 6-8, 14195 Berlin, Deutschland

홈페이지 www.bgbm.org/en

전화 +49 030 83850100

개원시기 및 시간 식물원은 크리스마스 이브인 12월 24일에만 문을 닫으며, 12월 31일에는 식물 박물관이 문을 닫는다. 식물원의 개원 시간은 오전 9시부터이지만 오후에 문을 닫는 시간대는 월별로 다르기 때문에 홈페이지를 통하여 미리 확인하여야 한다.

면적 43ha

21

넥카 강의 알람브라

빌헬마식물원

Zoologisch-Botanischer Garten Wilhelma

보색대비로 강렬한 색감을 주는 화단

빌헬마식물원은 독일 남부 슈투트가르트Stuttgart의 도심에서 4km 떨어진 곳에 있다. 독일에서 여섯 번째로 큰 도시인 슈투트가르트는 바덴-뷔르템베르크 주의 주도이고 벤츠와 포르셰, 보쉬의 본사가 있는 자동차공업의 중심지이다. 빌헬마식물원은 독일에서 유일하게 동물원이 함께 있는 곳이기도 하다. 28ha에 이르는 방대한 부지에 산재해 있는 역사적 건축물들과 어우러져 약 7,000종의 식물이 식재되어 있고, 함께 있는 동물원에는 1,000여 종의 동물 9,000여 마리가 있다. 바덴-뷔르템베르크 주의 역사유산으로 지정되어 있는 빌헬마식물원은 연간 2백만 명 이상의 관람객이 모여드는 명소이다.

식물원의 역사

빌헬마식물원은 뷔르템베르크 왕국의 빌헬름 1세가 건축한 무어양식의 온천탕과 왕실정원에서 시작되었다. 1842년 빌헬름 1세는 2개의 유리온실을 포함한 무어양식의 빌라를 세우고, 이어 1851년 연회용 건물을 짓고 또 전망이 좋은 로젠스타인 기슭에 벨베데레를 짓고 온실을 만들었다. 이 건물들뿐만 아니라 정원도 무어양식이어서 빌헬마는 '넥카 강의 알람브라'라는 별칭을 지니게 되었다.

왕실전용의 정원이었던 빌헬마는 왕국이 무너진 후 뷔르템베르크 주에 귀속되어 1919년부터 일반에게 공개되었다. 제2차 세계대전을 겪으면서 식물원은 큰 피해를 입어 무어정원, 무어빌라, 벨베데레 등 몇몇 건축물만 가까스로 파괴를 면했다. 전후에 건물과 정원을 복구하는 노력을 기울여 1949년 3월 철쭉 특별전을 열면서 식물원은 다시 문을 열었다.

식물원의 보호수처럼 우뚝 서 있는 거대한 플라타너스가 보이는 입구 풍경

1951년 '아프리카 스텝지역의 동물전'을 위해 기린, 얼룩말, 영양을 들여오면서 빌헬마에는 동물도 기르기 시작하였다. 1952년 '인도 정글의 동물전'을 열면서는 코끼리와 호랑이도 들어오게 되었으며, 전시회가 끝나자 동물을 없애고 본래의 식물정원으로 돌아가야 한다는 의견이 분분했으나 결국 1952년 독일에서는 처음으로 식물원과 동물원이 함께 있는 곳이 되었다.

식물원은 1955년부터 기업형 운영체계를 갖추고, 이듬해인 1956년에는 빌헬마후원협회가 설립되어 발전의 기반을 공고히 하였다. 이후 무어빌라가 온실로 개조되고 무너진 연회홀 자리에 아쿠아리움이 만들어지고 새로운 동식물들이 지속적으로 확충되면서 아름답고 내실있는 빌헬마로 발전하기에 이르렀다.

식물원의 구성

정문에서 보자면 앞부분이 식물원 구역이고 가장자리와 뒤쪽이 동물원 구역이다. 정문 역할을 하는 1843년에 지어진 파빌리온을 지나 식물원에 들어서면 형형색색의 꽃이 피어 있는 화단과 거대한 플라타너스*Platanus × hispanica* 나무가 먼저 눈에 들어온다. 식물원의 보호수인양 주변을 압도하며 서 있는 이 거목은 1670년 영국에서 들여온 것이라 하니 300년이 넘은 것이다.

왼편에는 선인장, 브로멜리아드, 난이 자라는 열대 및 아열대식물 온실이 있고, 이어 팜하우스, 철쭉온실, 동백온실이 들어서 있다. 8개의 온실 중 계절과 함께 꽃을 즐길 수 있는 온실은 철쭉온실과 동백온실이다. 3월부터 4월 사이 철쭉온실은 화려한 꽃무더기로 장관을 이룬다. 동백온실에서는 5월부터 9월까지 종 모양의 다양한 색과 크기를 가진 후쿠시아꽃이 만발한다. 후쿠시아꽃이 지고나면 동백이 개화를 준비한다. 빌헬마에는 약 200여 종의 동백나무들이 수집되어 있는데 그중에는 160년이 넘은 동백나무도 있다고 한다. 동백은 꽃이 드문 겨울철인 1월부터 3월 사이에 흰색부터 진홍색까지 다양하고 화려한 꽃을 피워 많은 사람들의 사랑을 받는다.

온실 앞쪽으로는 넓은 화단이 펼쳐지는데 그야말로 장관이다. 꽃의 바다라 할만큼 가지각색의 꽃들이 어우러져 화려한 빛깔의 만화경을 이룬다. 꽃 그 자체도 아름답지만 그 아름다움을 극대화하는 조경 기술 또한 감탄을 자아낸다. 화단을 지나 아쿠아리움을 통과하면 빌헬마에서 가장 아름답다고 하는 무어정원이 나온다.

무어정원은 파빌리온, 분수, 수로, 연못이 정원의 가운데를 가르며 일직선상에 위치하도록 하여 무어식 정원 조성의 원리를 그대로 따르고 있다. 정원 한가운데 위치한 650m² 넓이의 큰 원형연못은 크기도 크거니와 여기서 자라는 빅토리아수련과 인도연 등 여러 종류의 연꽃에 도취해 사람들은 이곳을 뜨기를 아쉬워한다. 이 연들은 열대산이기 때문에 연못의 수온을 항상 28~30도로 유지하고 겨울에는 실내로 옮겨 다음 해 봄까지 보존한다. 연꽃연못 주변은 화단과 수목과 조각상들로 채워져 있고 바깥쪽은 지붕이 있는 완만한 주랑이 원형을 이루며 둘러싸고 있다. 담과 같은 이 주랑으로 인해 무어정원은 다른 곳과 분리되는 안온한 공간감을 갖게 된다.

아름다운 무어정원을 지나 원숭이 우리를 통과하면 무어빌라로 올라가는 여러 층의 계단이 나온다. 각 층마다 좌우로 길게 이어진 공간 사이로 나무와 작은 원형분수, 그리고 벤치를 배치하여 잠시 화초의 현란함에서 벗어나 조용하게 휴식을 취할 수 있는 분위기로 바뀐다.

무어빌라는 빌헬름 1세가 여름철에 사용하던 거주공간인데, 양편으로 유리온실이 잇대어 있었다. 이제 온실로 완전히 개조된 무어빌라에는 350여 종의 식물 약 1,000그루가 5개의 온실에서 자라고 있다. 북쪽 출입구부터 둥근 지붕의 선인장온실, 그 다음은 파파야, 시나몬, 코코아, 바닐라, 커피, 후추 등 열매를 맺는 열대식물온실, 열대고사리온실로 이어지고 둥

무어빌라로 오르는 계단

작은 원형분수가 일렬로 배치된 무어양식 정원

근 지붕이 있는 맨 마지막 방은 키 큰 나무고사리를 위한 온실이다. 중앙온실에는 빌헬마에서 가장 유명한 시체꽃*Titan Arum*이 있다. 수마트라 원산인 시체꽃은 거대한 꽃을 피우는데 알줄기가 75kg 이상 되고 꽃대가 최대 2.94m까지 자랐다는 기록이 있다. 꽃에서 시체 썩는 냄새가 난다고 하여 시체꽃이란 이름이 붙었지만 크기도 하거니와 20년 만에 한 번씩 꽃을 피우기 때문에 이 꽃이 필 때는 화제가 되곤 한다. 온실 내에서는 새와 야행성 동물도 종종 눈에 띄는데 이들이 서식하는 공간이 위쪽에 있다.

무어빌라 뒤에는 아열대식물이 자라는 테라스가 있다. 이곳은 햇볕이 잘 들면서도 바람을 막아주는 지형이어서 겨울철 야외에서 지내기 어려운 400여 종의 지중해성식물, 예를 들면 상록목련, 무화과, 오렌지나무, 올리브 등을 키우고 있다. 매년 150여 종 10,000그루의 식

무어정원의 원형 주랑

무어빌라 내 선인장온실

무어식정원 Moorish Garden 중앙에 있는 큰 원형연못에 가득찬 수련과 연꽃

물로 아열대식물 테라스의 화단을 장식한다고 하니 그 아름다움을 상상할 수 있을 것이다. 아름다운 화단과 지중해성식물들 그리고 이탈리아식 분수가 있는 테라스 역시 수준 높은 원예기술로 가꾸었음을 한눈에 느낄 수 있다. 아열대식물 테라스 위에는 빌헬마에서 전망이 가장 좋은 벨베데레가 있고 그 뒤로는 울창한 수목 사이로 동물의 세계가 펼쳐진다.

식물원의 운영 특성

빌헬마에서는 식물 관리기술과 아름답게 전시하는 조원 기술을 교육하는 프로그램이 마련되어 있다. 이 훈련과정은 인기가 있어서 신청자가 늘 넘친다고 한다. 또 1~4주 기간의 학생 인턴십 과정도 운영한다.

Travel tip

주소 Zoologisch-Botanischer Garten Wilhelma, Wilhelma 13, 70376 Stuttgart, Deutschland
홈페이지 www.wilhelma.de
전화 +49 0711 54020
개원시기 및 시간 매일 08:15부터 열며 닫는 시간은 계절마다 다르다. 5월~8월까지는 18:00에 닫고, 4월과 9월은 17:30에 닫으며, 3월과 10월은 17:00에 닫고 11월~2월까지는 16:00에 닫는다.
면적 28ha

22

아우크스부르크 시민의 자랑거리

아우크스부르크식물원

Botanischer Garten Augsburg

280여 종의 장미가 피어나는 장미원

아우크스부르크식물원은 독일 바이에른 주의 남서쪽에 자리잡고 있는 아우크스부르크 시에서 운영하는 시립식물원이다. 고대 로마시대에 아우구스투스 황제에 의해 건설된 이 도시는 그의 이름을 따라 명명되었는데 로마시대에 깐 바닥돌이 여전히 거리에 남아 있다. 중세 시대에 국제적 상업도시로 번성하였던 아우크스부르크는 마틴 루터의 개신교가 공인된 '아우크스부르크 화의(1555년)'가 이루어진 곳으로도 유명하다. 이곳은 또 볼프강 아마데우스 모차르트의 아버지 레오폴드 모차르트가 태어난 도시여서 매년 5월에는 모차르트 축제가 개최되고 있다.

유서 깊은 도시이기 때문에 성당, 시청사, 부호들의 저택, 세계 최초의 임대주택단지 등 둘러볼 곳이 많은데다 거기에 아름다운 식물원까지 갖추어져 있어 아우크스부르크는 많은 사람들이 찾는 관광명소이다. 아우크스부르크식물원은 울창한 숲과 넓은 연못을 배경으로 식물의 세계가 펼쳐지는 다양한 정원이 있을 뿐만 아니라 어린이들이 마음껏 놀 수 있는 놀이 공간도 갖추고 있다. 게다가 맥주정원까지 겸비하고 있으니 아우크스부르크 시민들의 자랑거리로 부족함이 없다.

식물원의 역사

1936년 9월 시민들의 식물교육을 위해 시립식물원으로 개원했는데, 당시 면적은 1.7ha였다. 당시 야자수를 비롯한 열대식물을 전시하는 온실과 빅토리아수련을 위한 온실이 있었다. 그러나 1939년 전쟁이 일어나면서 사람들이 곡식과 채소를 무분별하게 재배하여 식물이 훼손되고 온실과 다른 시설도 파손되어 몇 년간 문을 닫았다. 전후

약초원

에 온실과 정원을 복구하고 1950년에 다시 문을 열었다. 이후 1970년대까지 부지를 5ha 더 확장하고, 여기에 하경정원, 허브원 등 여러 가지 전시정원이 들어섰다.

1981년 12월 아우크스부르크 시 수립 2천년을 기념하기 위해 1985년에 가든쇼를 개최하기로 하고 이를 위해 식물원을 10ha로 확장하였다. 1985년 4월 19일부터 10월 6일까지 가든 쇼가 개최되었는데, 이 기간 동안 100만 명 이상이 관람했다. 가든 쇼가 끝난 바로 다음 날 10월 7일에 새롭게 단장한 식물원이 정식으로 문을 열었다.

이후 식물원은 여러 주제 정원을 더 조성하고 다양한 행사와 세미나를 개최하고 방문객을 위한 투어가이드와 강의를 확대해 나갔다. 2003년에는 팜하우스를 허물고 그 자리에 새로운 온실을 지었고, 빅토리아수련온실은 나비정원으로 개조하였으며, 온실 앞에 있는 1937년에 만든 수생정원도 새롭게 단장하였다.

이제 아우크스부르크식물원은 1,200종 이상의 관목이 들어차 있고, 특색 있는 다양한 주제정원을 갖추고 백만 개 이상의 구근식물이 피어나는 아름다운 식물원이 되었으며, 매년 25만 명 이상이 방문하는 아우크스부르크의 자랑거리로 자리잡았다.

식물원의 구성

아우크스부르크식물원에는 하경정원, 장미원, 암석원, 수생정원, 일본정원, 농부의 정원등이 조성되어 있다. 뿐만 아니라 다른 식물원에서는 찾기 힘든 특색 있는 정원들도 마련되어 있는데, 도시의 역사와 함께하는 로마정원, 염색식물정원, 약초원 *Apothekergarten*, 생태정원, 세이지정원 등이 그것이다.

방문객에게 가장 인기 있는 곳은 농부의 정원이다. 농부의 정원은 중세의 수도원 정원과 비슷하다. 정원을 십자형으로 구분하고 가운데는 우물을 두고 중심부에는 중요한 과일나무나 의미 있는 나무를 심고, 가장자리에는 채소, 허브, 향료식물를 심는 것이 보통이다.

이 식물원에 있는 약초원은 다른 식물원의 허브원과 유사하지만 이런 이름을 갖게 된 이유는 1985년에 아우크스부르크의 약사들과 바바리아 주 약사연합회의 강력한 후원을 받아 만들어졌기 때문이다. 현재도 아우크스부르크의 약사들이 직접 약초원의 가이드 역할을 하

하경정원

고 있다. 약초원 한가운데는 십자형의 파빌리온이 있는데 여기에는 약초와 관련한 도형이 부착되어 있어 이를 이해하는 데 도움을 주고 있다.

장미원은 옆에 큰 연못이 있어 경치가 빼어나다. 장미원에는 280여 종의 다양한 장미가 있으며 장미원 한가운데는 파빌리온이 있다. 이곳에서 재즈와 현대음악 콘서트 등 다양한 행사가 열리기 때문에 파빌리온을 바라보는 방향으로 의자가 배치되어 있다. 장미가 피는 5월 저녁 무렵 이곳에서 열리는 콘서트에 와 있다고 생각하면 상상만으로도 행복한 기분에 잠길 수 있다.

아스틸베 Astilbe

꽃과 나비

과거 아우크스부르크는 유럽 섬유산업의 중심지였다. 그래서 섬유를 염색하는 데 쓰이는 식물을 키우는 것이 매우 중요한 일이었다. 염색

복합온실과 연못

식물정원은 과거 이 도시에서 섬유염색에 쓰이던 식물을 모아 정원을 꾸몄다. 이러한 식물들은 지금도 천연염색에 사용된다.

생태정원은 그야말로 자연 그대로 식물을 키우는 일종의 키친가든이다. 이 정원에서는 인공적인 비료나 약재를 사용하지 않고 자연퇴비를 사용하여 토양을 개선하고 토질을 향상시킨다. 또 지속가능한 재배를 위해 윤작을 한다. 정원 디자인 자체도 아주 자연스러워서 새나 벌레들이 그들의 보금자리를 튼다.

암석원은 식물원 북서쪽에 나지막한 높이의 둔덕처럼 조성했다. 여기에는 바바리아 지방의 암석들을 이용해 고산식물을 키우고 있다. 적색사암과 석회암 사이에 고산에서 자라는 키 작은 식물들이 소박하지만 아름다운 꽃을 피우고 있다.

덩굴식물을 얹어 그늘을 만든 파빌리온

이 식물원이 자랑하는 온실은 2003년에 새로 건축되었는데, 전면이 유리로 된 현대식 건물이다. 서로 다른 기후에 걸맞는 서식환경을 갖추고 식물을 키우고 있다. 입구에는 사바나 기후에서 자라는 선인장, 대극Euphorbia, 다육식물들이 전시되어 있다. 좀 더 안쪽으로 들어가면 온도도 더 높고 습도가 60% 이상 되어야 자랄 수 있는 식물들이 식재되어 있고, 그 안쪽으로는 열대지역의 식물들, 고무나무, 무화과, 난, 브로멜리아드 등이 자라고 있다. 또 파파야, 바나나, 아보카도 등 여러 가지 과일과 열매나무도 볼 수 있다.

다양한 수련과 빅토리아수련을 볼 수 있는 복합온실 내 연못

식물원의 운영 특성

식물과 환경교육을 위하여 초등학교와 중학교 학생들을 위한 교육프로그램을 운영하고, 초등학생 그룹을 위한 가이드 투어를 별도로 운영한다. 또 식물원 북동쪽 끝에는 제법 큰 면적의 어린이 놀이터가 있다. 이곳에는 아이들이 보고, 냄새 맡고, 만져보면서 자연을 체험할 수 있는 다양한 시설을 갖추어 놓아 놀면서 배울 수 있다. 또 전시, 콘서트, 세미나, 이벤트 등 연간 다양한 교육 및 문화 프로그램을 운영한다.

이 식물원에는 다른 식물원에서는 좀처럼 볼 수 없는 맥주정원이 너도밤나무 그늘 아래 있다. 맥주정원은 4월부터 10월까지 식물원이 열리는 시간부터 이용할 수 있지만, 식물원보다 1시간 30분 일찍 문을 닫는다.

Travel tip

주소 Botanischer Garten Augsburg, DR-Ziegenspeck-Weg 10, 86161 Augsburg, Bavaria, Deutschland

홈페이지 www.ausburg.de/freizeit/ausflugsziele/botanisher-garten

전화 +49 0821 3246038

개원시기 및 시간 매일 09:00에 문을 열고 일몰시간에 맞춰 문을 닫는다. 11월~2월은 17:00, 5월과 9월 중순~10월은 19:00, 4월은 20:00, 8월 중순~9월 중순은 21:00에 문을 닫는다

면적 10ha

23

화려한 꽃의 향연을 즐길 수 있는

쾰른식물원

Die Flora der Botanische Garten Köln

식물원 입구의 자수화단

쾰른대성당으로 유명한 쾰른은 독일에서 가장 오래된 도시 중의 하나이다. 유럽에서 가장 오래된 대학에 속하는 쾰른대학이 이곳에 있다. 쾰른에는 30개 이상의 박물관과 수백여 개의 화랑이 있어 볼거리가 풍부하다. 쾰른예술박람회, 쾰른무역박람회, 국제가구박람회, 포토키나Photokina 같은 수많은 박람회나 무역관련 쇼도 개최된다. 쾰른식물원도 쾰른의 중요한 볼거리 중의 하나이다.

식물원의 역사

레네Peter Josef Lenné가 1863년에 처음 플로라 구역Die Flora에 식물원을 조성하기 시작하였다. 여기에는 영국 런던의 수정궁Crystal Palace을 모델로 건축한 유리온실이 있었는데 겨울에 식당으로 활용하여 많은 사람들이 겨울정원을 보기 위하여 방문하였다. 이듬해 일반인에게 식물원으로 정식 개원한 후에는 주말 나들이 또는 사교장으로 많은 관람객을 끌어 모았다.

1890년에 쾰른 시의 남쪽에 연구를 목적으로 시립식물원을 조성하였으나 도로 확장에 수용되는 바람에 1914년 현 식물원 구역인 플로라 북쪽으로 이전하였다. 1920년에 사유지였던 플로라 구역이 시 소유로 바뀌면서 식물원에 통합되어 오늘에 이르고 있다.

식물원의 구성

쾰른식물원은 독일에서도 가장 아름답고 훌륭한 식물원 중의 하나로 인정받고 있다. 전 세계에서 수집한 10,000여 종류의 초화류와 관목으로 꾸며진 아름다운 화단은 시민들에게 정원 가꾸기에 필요한 실질

계단식 수로를 활용한 폭포

적인 정보를 제공하고 있다.

쾰른식물원은 플로라 구역과 식물원 구역으로 구성되어 있다. 플로라 구역에는 프랑스의 바로크 양식, 이탈리아의 르네상스 양식, 영국식 정원 양식을 잘 보여주고 있다. 식물원 정문을 들어서면 먼저 플로라 구역이 나타난다. 멀리 테라스가 있는 온실건물이 보이면서 중앙에 분수를 중심으로 초화류를 식재한 바로크 양식의 기하학적 문양화단을 볼 수 있다. 이어서 이탈리아정원에는 서어나무를 전정하여 만든 파골라와 계단식 폭포가 있다. 그 외 히스가든, 고사리원, 향기원, 지중해식물원 등과 큰 연못이 조성되어 있다.

1914년에 조성된 식물원 구역에서는 다양한 식물의 세계를 몇 시간에 걸쳐서 찬찬히 둘러볼 수 있다. 주요 주제원으로 늙은 농부의 정원, 약용식물원, 고사리원, 습지원, 연못정원, 백합원, 비비추원, 향기원, 전 세계에서 수집한 2,000여 종의 고산식물이 자라고 있는 고산식물원 등이 있다. 약용식물원에서는 전통 또는 현대 의료에서 많이 사용하는 약용식물에 관한 자세한 해설을 볼 수 있다.

식물원 전체적으로 볼 때, 목본류 중에서는 목련류, 단풍나무류, 만병초류, 침엽수류, 풍년화류 등을 집중적으로 수집하였고, 초본류에서는 미나리아재비류, 붓꽃류, 양귀비류, 바위취류 등을 주로 수집하고 있다.

온실은 기후대별로 크게 네 구역으로 구분하여 전 세계에서 수집한 5,000여 종류의 식물을 전시하고 있다. 작은 열대온실에는 파인애플, 커피나무, 코코아, 코코넛, 사탕수수와 같은 열대 농작물이 주로 전시되어 있다. 열대란과 같은 다양한 착생식물이 연중 화려한 꽃과 녹색을 제공하고 있으며, 벼, 토란, 수련, 연꽃 등의 수생식물들도 가열 수조 안에서 자라고 있다. 중앙의 큰 열대온실에는 열대우림을 조성하여 놓았다. 건조식물온실에는 사막이나 건조지대에 자라는 선인장과 다육식물이 수집 전시되어 있다. 특히 살아있는 돌로 불리는 리톱스lithops를 관찰하는 즐거움도 크다. 아열대온실에는 동아시아 지역에서 수집한 동백을 비롯하여 공룡시대에도 존재하였던 나무고사리 등 약 150여 종류의 난대 또는 아열대성 식물들을 만날 수 있다. 또 지중해 식생대 식물과 호주 및 뉴질랜드에서 수집된 식물 중 추위에 약한 식물들을 전시하고 있으며, 겨울부터 봄까지 동백 전시회를 개최하고 있다.

그 밖에 쾰른식물원에는 색상별로 화단을 조성한 것도 인상적이다. 예를 들면 장소별로 흰색정원, 붉은색정원, 노란색정원, 청색정원을 조성했다. 독일에서 처음 조성한 야자수 길을 기념하여 종려나무와 화려한 초화류를 이용하여 조성한 종려나무 화단도 볼만하다.

연못정원

벽정원과 의자

식물원의 운영 특성

자연체험, 식물학 교육, 학문적 연구, 휴식의 공간으로서 연간 백만여 명이 방문한다. 서식지외보전연구를 수행하고 있으며, 교육용 해설자료를 제작하여 어린이, 대학생 또는 시민 교육에 활용하고 있다. 1984년부터 '녹색학교'를 운영하여 매년 7,500명 정도의 학생들이 식물생태와 생활사에 대하여 반나절 코스로 교육을 받고 있다. 시민에게 무료로 개방하고 있으며, 1982년에 시민들로 구성된 후원회 및 자원봉사자 그룹에 현재 약 600여 명이 활동하고 있다.

Travel tip

주소 Die Flora der Botanische Garten Köln, Amsterdamer Straβe 34, 50735 Köln, Deutschland

홈페이지 www.freundeskreis-flora-koeln.de

전화 +49 0221 560890

개원시기 및 시간 연중 무료로 개방하고 있으며 개원시간은 오전 8시부터 해질 때까지이다. 온실은 10:00~16:00(겨울) 또는 18:00(여름)까지 관람이 가능하다.

면적 12ha

24 식물학과 원예기술이 조화를 이룬 팔멘식물원 Palmen Garten

복합열대온실

팔멘식물원은 중유럽의 중심지인 독일 프랑크푸르트 북서쪽에 위치해 있다. 마인 강가에 위치한 프랑크푸르트는 독일의 교통과 금융의 중심지일 뿐만 아니라 중부유럽의 허브이기도 해서 사람들이 많이 찾는 곳이다. 옛 시청사, 성당, 괴테하우스, 박물관 등 볼거리가 많은데 팔멘식물원도 그중의 하나이다. 팔멘식물원은 열대식물 수집으로 널리 알려진 곳이면서도 공원처럼 아름답게 조성되어 있어서 보트 놀이도 할 수 있고 멋진 관람열차도 타볼 수 있다. 프랑크푸르트 시민들의 관심과 지원으로 조성된 팔멘식물원은 대도시의 번잡함에서 벗어나 고요한 자연 속에서 식물과 환경을 배우고 조용히 휴식도 취할 수 있는 문화센터와 같은 역할을 하고 있다.

식물원의 역사

팔멘식물원 재단이 만들어진 것은 프랑크푸르트와 프러시아의 헤센-나소Hessen Naussau지역이 독일 제국 직속의 자유시로 탈바꿈되던 1868년이다. 프랑크푸르트의 조경 전문가였던 하인리히 지스마이어Heinrich Siesmayer가 시로부터 식물원 부지를 불하받고 여기에 아돌프 공작Duke Adolph von Nassau으로부터 사들인 열대식물을 심고 정원을 만들었다. 1869년 열대식물온실인 팔멘하우스를 짓고, 이듬해인 1870년 처음으로 플라워 쇼를 개최하였으며, 뒤이어 1871년에 공식 개원하였다. 초기에는 프랑크푸르트 시민들이 자발적으로 재정문제를 해결하고자 펀드를 조직해 비용을 제공하는 주식회사 형태로 운영되었으나, 후에 프랑크푸르트 시가 직접 운영하면서 열대식물의 분류와 정리 과정을 거쳐 대규모의 열대식물원으로 발전하였다.

식물원 입구와 수련연못

나무 줄기에 꽃이 핀 Pfeifenblume *Aristolochia arborea*

1차 세계대전 중에는 군인병원에 공급하기 위한 채소를 심어야 했고, 2차 세계대전을 치르면서도 심각한 손실을 입었으나 1960년 초에 재정비되었다. 1969년 식물원 개원 100주년을 맞아 상업과 문화의 세계적인 중심지로 발전하는 프랑크푸르트 시와 함께 세계적 식물원으로 발돋움하기 위해 펀드를 새로 조성하여 최신 원예기술을 도입하고 시설을 보완하여 식물연구뿐만 아니라 식물 전시에도 힘써 오늘날과 같은 아름다운 식물원으로 발전하게 되었다. 1990년대 초에는 장미원, 암석원, 철쭉원, 초본식물화단을 대대적으로 정비하고, 남극식물온실과 대규모 복합유리온실을 신축하였다. 2009년에는 고산식물을 전시하는 온실Haus Leonhardsbrunn 을 완공하였고, 2011년에는 어린이를 위한 물놀이장을 만드는 등 지속적으로 식물원을 발전시키고 있다.

식물원의 구성

팔멘식물원은 식물연구와 편의시설, 식물학과 원예기술이 조화를 이룬 식물원이다. 약 3천 종의 난과 1,600여 종의 선인장, 방향식물, 식충식물 등 수집된 식물의 규모나 식물종도 훌륭하지만, 전체적인 구성과 조형이 짜임새 있으면서 꽃과 식물을 아름답게 전시하는 솜씨도 훌륭하다.

팔멘식물원은 열대식물을 전시하는 팔멘하우스, 2개의 고산식물온실, 남극식물온실, 대형복합온실 등 5개의 온실과 장미원, 철쭉원, 선인장정원, 암석원, 히스원, 대나무 숲, 스텝초원 등으로 구성되어 있다. 팔멘하우스 서쪽에는 다양한 물고기와 물새가 서식하는 큰 호수가 있는데 봄, 여름에는 이곳에서 보트 놀이도 즐길 수 있다. 또 곳곳에 조형물과 분수가 있고, 각종 꽃이 만발하는 화사한 화단이 꾸며져 있어 관람객의 심미감을 충족시켜 준다.

식물원의 입구는 1905년에 지은 온실로 사용되던 건물에 연결되어 있다. 1층은 기념품점과 강의실, 식물원에서 운영하는 식물학교와 팔멘식물원 후원회 사무실이 있고, 2층은 식충식물과 브로멜리아드가 전시되어 있다. 또 입구에 들어서자마자 바로 수련이 가득 담긴 분수가 있는 공간이 마련되어 있어 관람객들은 여기에서 식물원 지도를 보며 탐방 루트를 짜거나 탐방을 끝내고 일행을 기다리면서 쉴 수도 있다.

분수 너머 곧바로 보이는 곳에는 장미원이 있다. 장미원 가운데에는 흰 대리석으로 지은 아름다운 파빌리온이 있고, 이를 빙 둘러싼 기둥과 곳곳에 세워진 조각상이 전형적인 유럽정원의 모습이다.

팔멘식물원에서 가장 눈에 띄는 복합유리온실은 5,000m²에 이르는 큰 규모로 여러 개의 유리온실이 수정결정체 모양으로 서로 잇닿아 있어서 건축미도 뛰어나다. 여기에는 열대우림, 산악우림, 무역풍지대, 준사막기후대, 사바나, 맹그로브, 몬순지역 등에서 볼 수 있는 식물을 생육지별로 나누어 전시하고 있다. 우리가 이곳을 방문했을 때 마침 전 세계에 100여 개체 밖에 없다는 커다란 시체꽃이 꽃을 피우고 있어서 많은 관람객이 꽃 주위에 운집해 있었다.

복합유리온실은 다양한 색과 모양이 조화를 이루는 화단이 둘러싸고 있어 온실을 더욱 돋보이게 하고 있고, 프랑크푸르트 시와 자매결연 50주년을 기념하기 위해 프랑스의 리옹 시가 기증한 8각형 분수가 시원한 정경을 연출한다. 복합유리온실 근처에 있는 선인장정원에는 선인장은 물론 여러 가지 종류의 다육식물들이 아메리카, 아프리카, 카나리 군도에서 들여온 이국적인 일년초 식물과 어우러져 자라고 있다.

복합열대온실에 피어 있는 시체꽃

팔멘식물원은 시작 당시부터 열대식물의 수집과 전시에 힘을 쏟았고 이들을 전시하기 위해 1869년에 팔멘하우스를 지었다. 팔멘하우스는 팜하우스 즉 야자나무집이란 뜻으로 온실의 의미로 쓰이는데, 유럽의 다른 식물원에서도 열

식물원 입구

대식물온실을 팔멘하우스란 명칭으로 사용하고 있다. 이 식물원의 팔멘하우스는 유럽에서 가장 큰 것 중의 하나이다. 여기에는 식물원을 개원할 때부터 있었던 아열대 야자수를 포함하여 많은 야자수 품종과 아열대식물은 물론 관상식물과 양치류식물을 볼 수 있다. 팔멘하우스의 갤러리에서는 플라워 쇼가 개최되기도 하고, 식물에 관련된 정보를 나누는 전시회가 열리기도 한다.

100년 전에 조성된 암석원은 북쪽 호숫가에 있다. 여기에는 전 세계에서 수집한 고산식물이 자갈, 빙퇴석, 토탄, 산성토, 석회암 등과 같은 토양별로 적합한 식생에 따라 분류되어 식재되어 있다. 특별한 것은 남극지역의 고산식물도 볼 수 있다는 것이다.

식물원의 북쪽에는 육묘장이 넓게 자리잡고 있고 그 옆에는 고산식물을 모아놓은 온실 2동으로 구성된 고풍스러운 느낌을 주는 파빌리온이 있다. 북쪽에는 태즈매니아에서 온 고산식물이 전시되어 있고, 남쪽에는 감귤나무가 전시되어 있다. 건물의 바깥쪽에는 엽침류의 고산식물이 가꾸어져 있고, 건물 앞쪽으로는 화려한 색색의 다알리아가 가로처럼 길게 가꾸어져 있어 천천히 걸으며 감상할 수 있다. 다알리아정원 앞쪽으로는 넓은 잔디밭이 조성되어 있어 식눌원을 일주하는 알록달록한 관람열차가 지나가는 모습이 마치 동화 속의 한 장면처럼 펼쳐진다.

스텝초원Steppe Medow에는 유럽, 아시아, 북아메리카의 건조한 토양에서 자라는 다년초 식물이 자라면서 또 다른 풍경을 연출한다. 스텝초원의 북동쪽 코너에는 남극지역의 한랭지역에서 자라는 식물을 모아놓은 온실Subantartic Haus이 있다. 왼쪽에는 파타고니아, 티에라델 퓨에고Tierra del Fuego, 파크랜드섬 원산의 식물들이, 오른쪽에는 뉴질랜드 남부에서 자라는 식물들이 식재되어 있다.

팔멘식물원은 다양한 식물을 보는 것도 흥미롭지만, 호수에서 즐겁게 보트놀이를 하거나, 튤립·히아신스·철쭉·수선화·장미 등이 화려한 경관을 연출하고 있는 화단을 감상하는 것도 즐겁고 유쾌하다. 곳곳에 특이하게 만들어진 작은 분수에서 어린이들이 물장난을 치는 모습이 유난히 기억에 남는다. 무엇보다 부러운 것은 프랑크푸르트 시민들의 참여와 관심 속에서 운영되어 온 점이다. 이곳 시민들은 팔멘식물원에 대해 남다른 자부심과 애착을 가지고 식물원 발전을 위해 경제적 지원을 아끼지 않고 있다.

식물과 환경의 가치를 설명하는 조형물

식물원의 운영 특성

팔멘하우스의 갤러리에서는 꽃 관련 행사와 각종 전시회가 개최되고, 음악당에서는 재즈와 클래식 음악회가 개최된다. 시민의 여가를 위한 활동도 활발하여 가이드 투어 및 여름 콘서트, 저녁축제 등 일일이 안내하기 어려울 정도로 다양한 프로그램이 운영되고 있어 가히 프랑크푸르트 교육문화센터라고 할 수 있다. 특히 어린이를 위한 물놀이터를 비롯한 다양한 시설이 있고 그들을 위한 식물교육프로그램이 다양하며, 어린이집과 연계하여 운영하는 '정원 속의 어린이' 프로젝트가 유명하다. 식물과 원예를 전공하는 학생을 위한 인턴십 프로그램도 있으며 교사가 되고자 하는 학생을 위한 교생실습, 교사교육, 성인을 위한 교육프로그램을 운영하는 식물학교도 팔멘식물원이 자랑하는 중요한 프로그램이다.

괴테와 식물에 관한 전시안내

Travel tip

주소 Palmen Garten, Siesmayer Straße 61, 60323 Frankfurt am Main, Deutschland
홈페이지 www.palmengarten.de
전화 +49 0692 1233939
개원시기 및 시간 연중무휴이며, 2월부터 10월까지는 09:00에 문을 열고 18:00에 문을 닫으며 11월부터 1월까지는 16:00에 문을 닫는다.
면적 20ha

25

식물원 전체가 거대한 꽃밭인

함부르크식물원

Botanischen Gartens Hamburg

전형적인 영국식 코티지가든

함부르크는 독일에서 베를린 다음으로 큰 도시로 항구와 함께 국제공항, 철도 등이 발달한 유럽의 교통요지이다. 함부르크의 상징인 132m 높이의 첨탑이 있는 장크트 미하엘리스 교회, 르네상스 풍의 시청사, 독일 연극관, 미술공예박물관, 레페르반의 번화가 등이 대표적인 관광명소이다. 고풍스러운 시가지를 구경하였다면 아름다운 꽃과 나무로 가득찬 함부르크식물원을 거닐어 보는 것도 독일 관광을 더욱 뜻깊게 할 것이다.

식물원의 역사

1821년에 독일 학술원의 한 기구로 만들어진 식물원은 이후 함부르크 시의 경제적 성장에 힘입어 크게 발전하였다. 1919년부터는 함부르크대학에 편입되어 연구와 교육용으로 사용되기 시작하였다. 그 후 더욱 많은 식물자원을 수집하고 전문 인력을 투입하여 식물원을 발전시켜 왔다. 현재 함부르크대학에서 운영 관리하고 있으며 함부르크 시에서 가장 오래된 공공연구기관으로 인정받고 있다.

식물원의 구성

이 식물원은 식물과 사람의 관계를 보여주는 다양한 주제원이 있는 구역, 대륙별 식물의 특징을 보여주는 식물지리원 및 식물세계의 유연관계를 보여주는 식물분류원 등 크게 세 구역으로 조성되어 있다.

식물원 입구의 왼쪽 편에 있는 파란색 건물이 눈에 띄는데 이 건물이 식물박물관(Loki Schmidt House로 부르기도 함)이다. 인간생활에 유용하게 사용되고 있는 식물들의 용법과 중요성을 직접 만지고 느낄 수 있도록 전시하여 놓았다. 특히 식물

암석원

의 이름이 알파벳 A로 시작되는 사과부터 Z로 시작하는 주키니zucchini호박까지 다양한 식물들에 관한 모형과 설명을 볼 수 있다. 식물 연구자이자 외교관이었던 슈미트Loki Schmidt의 일대기와 업적에 대한 설명도 있다. 식물원 입구와 식물박물관 주변에는 대나무밭이 넓게 조성되어 있다. 다양한 숙근초와 일년초로 식재된 화단과 직선으로 조성된 수로를 지나면 독초 식물원과 암석원이 나타나고 넓은 호수가 시원하게 펼쳐진다.

식물원 중앙 부분에 35,000m² 면적을 가진 식물분류원이 조성되어 있다. 분류원은 러시아 국립식물과학연구원에서 근무한 경력이 있는 탁타얀Armen Takhtajan이 1959년에 발표한 피자식물의 식물분류체계를 따랐다. 10개의 아강subclasses으로 나눈 뒤 다시 총 90개의 목orders으로 구분하여 조성하였다. 수집된 식물들의 지리적 위치가 다르고 생태학적인 특징이

독특한 수형으로 키운 가문비 나무 종류

꽃의 구조를 보여주는 모형

시각 장애인을 고려한 점자 식물원

달라도 계통분류학적인 유연관계를 중심으로 모아서 심어 놓았다.

식물지리원에는 세계 각지에서 수집한 식물들을 식물지리학 관점에서 자생지역별로 구분하여 전시하여 놓았다. 북아메리카, 아시아, 유럽, 남아메리카 등지에서 수집한 식물을 체계적으로 식재하였다. 아시아원에는 타 유명 외국 식물원과 마찬가지로 중국정원과 일본정원이 큰 규모로 조성되어 있다. 언젠가는 우리 한국정원도 당당하게 한자리를 차지하게 될 날을 기원하게 된다. 이어서 커다란 교목들로 조성된 숲속생태계를 지나게 되는데 고사리원, 숲속습지원, 작은 시냇물 등이 있고 히스원, 암석원 및 자작나무숲과 연결되어 있다.

다시 입구 방향으로 나오면 식물과 인간생활 간의 밀접한 관계를 보여주기 위한 농부의 정원, 성서식물원, 식용식물원, 약용식물원 등이 조성되어 있다. 그리고 장미, 서양만병초, 식량작물 등의 품종 선발 및 육종에 사용된 원종과 그 과정에 사용된 식물들을 볼 수 있다. 시골농가 주택정원을 재현한 코티시가든과 최근에 조성한 사막정원에서는 푸른색 유리로 만든 피라미드 모양의 온실과 선인장들을 볼 수 있다.

초화원

여름철 한련화 군락

식물원에 있는 온실은 모두 5개의 전시실에 총 2,500m² 의 면적으로 구성되어 있는데 1963년에 헤름케Hermkes가 설계한 것이다. 이 중 열대온실은 800m² 면적에 최고 높이는 13m이고, 주간에는 20℃에서 25℃, 야간에는 16℃ 이상, 상대습도는 70~90%를 유지하여 열대우림 지역의 생태계를 유지하고 있다. 소철을 같이 수집하여 놓은 팜하우스, 지중해성기후와 같이 덥고 건조한 여름과 비가 많이 오는 겨울을 가진 지역의 식물을 모아 놓은 난대온실, 고사리원, 선인장 및 다육원 등을 관람할 수 있다.

이 식물원은 다양한 주제원으로 구성되어 있지만 발길을 옮기는 곳마다 아름다운 초화류가 피어 있어 식물원 전체가 하나의 거대한 꽃밭이라는 인상을 준다. 공업국으로만 인식되던 독일이 원예와 정원문화 분야에서 영국 못지않게 발전하여 있음을 확실히 보여주는 식물원이다.

피라미드온실 주변의 계류

지질학 학습원

식물원의 운영 특성

약 10만m^2에 달하는 야외정원 및 2,500m^2 면적의 유리온실을 이용하여 생물학, 생태학, 식물의 분포와 상호관계, 인류문화사 등에 관한 종합적인 교육프로그램을 수행하고 있다. 세계적으로 멸종위기에 처한 식물의 연구와 증식 및 보전에도 적극적으로 참여하고 있다. 어린이부터 성인을 대상으로 하는 다양한 교육프로그램을 운영하여 환경보전의 중요성, 식물의 역할 등에 관한 중요성을 고취하고 있다. 또 멸종위기식물의 서식지 내·외 보전사업을 국내외 여러 기관들과 공동으로 수행하고 있다. 자원봉사자 단체인 '함부르크식물원 친구들협회'에서 식물원 안내, 전시회 등과 같은 업무를 돕고 있다.

Travel tip

주소 Botanischen Gartens Hamburg, Hesten 10, D 22609 Hamburg, Deutschland
홈페이지 www.bghamburg.de
전화 +49 040 82 293161
개원시기 및 시간 식물원 입장은 무료이며, 오전 9시부터 일몰 1시간 30분 전까지 관람할 수 있다(12월 24일과 31일에는 휴원하고, 겨울 동안에 길이 얼어붙어 미끄러울 때에도 문을 닫는다).
면적 10.1ha

26

바로크 정원문화의 정수

헤렌호이저가든

Herrenhäuser Gärten

여름 화단과 어우러진 대정원

헤렌호이저가든이 있는 하노버는 매년 개최되는 세계적 IT박람회인 세빗CeBIT과 2006년 독일 월드컵 당시 우리나라와 스위스의 경기가 열린 곳으로 우리에게 친숙하다. 독일 니더작센Niedersachsen의 주도州都로 두 차례의 세계대전으로 도시 대부분이 파괴되는 아픔을 간직한 곳이기도 하다. 하지만 독일의 중앙에 위치하고 독일어의 표준어가 이 지역 언어라는 점과 바로크 정원문화의 정수를 보여주는 헤렌호이저가든이 있어 자부심이 대단한 도시이기도 하다.

식물원의 역사

헤렌호이저 성과 정원은 1696년부터 1714년 사이 왕후인 조피Electress Sophie에 의하여 하노버 왕가의 여름 별장지로 조성되었다. 조피 왕후는 "이 정원이 내 삶이다"라고 이야기할 정도로 정원조성에 강한 애착을 가졌다고 한다. 그녀의 아들이 영국 왕 조지 2세인데, 평소 영국의 영향을 많이 받았던 조피 왕후는 프랑스에 견줄만한 아름다운 정원을 가지는 것이 소원이었는데 이 헤렌호이저가든을 통하여 자신의 꿈을 이루었다고 한다. 1819년부터 1821년 사이에 라베즈Laves에 의해서 재설계되어 벨프Welf 가문의 여름별장지로 이용되어 오다가, 2차 세계대전 기간인 1943년에 대부분의 시설이 파괴된 것을 하노버 시에서 매입하여 현재 모습으로 다시 재건하였다.

식물원의 구성

헤렌호이저 왕궁의 정원은 크게 그로세 가르텐Grosser Garten, 베르그 가르텐Berg Garten, 게오르겐 가르텐Georgen Garten 등 3구역으로 나누어진다. 원예적으로 아름답게 조성되어 있고 볼거리가 많은 곳은 그로세 가르텐과 베르그 가르텐 두 곳이다.

게오르겐 가르텐의 비스타정원

70m까지 치솟는 대분수

우선 그로세 가르텐 진입로에는 대형 용기화분에 심겨진 야자수와 하와이무궁화가 관람객을 맞이한다. 왕궁의 앞마당에 해당되면서 대정원이라고도 불리는 그로세 가르텐은 베르사이유 궁전과 더불어 바로크정원 양식의 전형으로 알려져 있다. 잘 전정된 키 낮은 생울타리와 규칙적으로 서 있는 새하얀 조각상이 인상적이다. 조각상 사이에 다양한 초화류로 아름답게 장식되어 있는 정원을 여유롭게 거닐며 과거 유럽왕국의 왕이 된 듯한 착각에 빠져보는 것은 여행자의 자유이다. '정원은 내 인생의 전부이다'라고 한 헤렌호이저 가든의 설계 및 시공자인 조피 왕후가 어디에선가 걸어 나올 것 같기도 하다. 그로세 가르텐은 전형적인 바로크양식정원으로 곳곳에 설치되어 있는 조각상

대정원 전경

과 분수 사이에 회양목이나 주목을 이용하여 기하학적으로 조성한 자수화단이 압권이다. 관람로를 따라서 철마다 새롭게 조성하는 화단도 매우 아름답다.

그로세 가르텐은 작은 여러 주제원으로 구성되어 있다. 미로 같은 관람로를 따라서 차근차근 곳곳을 둘러보아야만 장미원과 같은 주제원을 찾아낼 수 있다. 또 한때 유럽에서 가장 높이 물줄기를 쏘아 올렸던 대분수Große Fontäne의 분출장관을 놓치는 실수를 하지 말아야 한다. 높이가 70m를 넘는 거대한 분수를 보고 있으면 가슴이 시원해지면서 스트레스가 확 날아가는 느낌이 든다. 프랑스 예술가인 니키Niki의 화려한 스테인드글라스 모자이크 작품이 전시되어 있는 그로토Grotto 갤러리에서는 현대적 분위기를 느낄 수 있다.

베르그 가르텐은 과거 궁전의 후정後庭 역할을 하였던 곳으로 그로세 가르텐을 나와 도로를 건너야 입장할 수 있다. 통합 입장권을 구입하지 않았다면 별도로 입장권을 구입하여야 한다. 베르그 가르텐은 전형적인 식물원 형태로서 독일의 자생식물과 외국의 다양한 식물을

회양목을 이용한 문양화단

그로토 갤러리 내부

수집, 전시하고 있다.

온실은 크게 선인장온실, 열대식물온실 및 난온실로 구성되어 있다. 난온실은 전 세계에서 난과 식물을 가장 많이 보유한 것으로 유명한데, 3,400여 종류의 난을 수집하고 있다. 또 선인장과 식물 2,400여 종류와 아프리칸 바이올렛으로 알려져 있는 세인트폴리아*Saintpaulia* 원종 20여 종류를 보유하고 있다. 온실 외부에는 숙근초화원, 습지원, 모델정원 등을 비롯하여 다양한 주제원이 조성되어 있다.

여름철에는 바로크 양식의 불꽃놀이와 헨델의 음악을 연주하는 이벤트가 열린다. 필자들이 방문하였을 때에도 음악회가 열리고 있었는데 관람객이 아름다운 꽃과 음악을 즐기면서 맥주를 마시는 광경이 매우 인상적이었다. 베르그 가르텐 입구 왼쪽에 씨 라이프Sea Life라는 해양생물관이 있는데 별도의 입장권을 구입해야 한다.

입장료 없이 공원처럼 자유롭게 이용할 수 있는 게오르겐 가르텐은 19세기에 조성된 영

음악과 맥주가 있는 베르그 가르텐

사각모양 정원수 전정

국식 정원으로 독일의 역사와 문화를 만날 수 있는 박물관Wilhelm-Busch Museum이 있다. 길이가 2km에 달하는 비스타정원 형태로 조성된 피나무lime tree 길은 하노버 시의 중심지까지 연결되어 있다.

식물원의 운영 특성

특별한 식물보전 프로그램을 수행하고 있지 않으며, 연구기능과 교육프로그램이 없다. 그로세 가르텐, 그로토 갤러리, 베르그 가르텐 등 3곳을 모두 볼 수 있는 통합 관람권을 구입하는 것이 편리하다.

Travel tip

주소 Herrenhäuser Gärten, Herrenhäuser Straße 4, 30419 Hannover, Deutschland
홈페이지 www.hannover.de/Herrenhausen
전화 +49 0511 16834000
개원시기 및 시간 그로세 가르텐 및 베르그 가르텐에는 연중 오전 9시부터 일몰 1시간 전까지 입장이 가능하다. 박물관은 계절과 요일에 따라서 개원시간이 다르다.
면적 50ha

27

동부 알프스 고산식물의 전시장

네베갈벨루노식물원

Giardino Botanico Alpino delle Alpi Orientali Nevegal Belluno

고산 암석지대 식물 관찰로에서 바라본 식물원 전경

네베갈벨루노식물원은 몬테 파베게라Monte Faverghera 자연보호구역 내 해발 1,400~1,600m에 위치하며 약 6.25ha의 면적을 차지한다. 식물원 내에는 고산 및 아고산 관목 숲, 늪, 습지, 목초지, 계곡, 절벽과 석회암 지대가 포함되어 있다.

빙하기에도 높은 파베게라 산이 장벽으로 작용하여 다양한 식물이 보존되어 이탈리아 북동부 산맥의 특이한 풍토와 함께 개화시기에 화려한 경치를 보여준다.

식물원의 역사

1957년, 자연주의자 프란체스코 칼다르트Francesco Caldart는 알프스 산기슭에 작은 식물원을 만들 생각을 했다. 1969년에 식물원이 설립되었으며 알프스와 동쪽 기슭의 고산지역 자연 식물을 재현하는 것까지 확대할 수 있을 것으로 기대했다. 그러나 오늘날 이 지역은 국가 임업부가 관리하는 자연보호구역이 되었다.

식물원의 구성

식물원이 위치한 곳은 교목이 자라는 곳을 벗어나 고원의 초지지대가 나타나는 곳으로서, 만병초류Rhododendron 등의 관목 숲이 이 지역 식물상을 대표한다. 습도가 높은 기후지역에서는 주로 버드나무가 우위를 점하고 있다.

식물원이 자연보호구역 내에 위치하여 동물도 자라고 있다. 이곳은 동부 알프스의 복잡한 환경임에도 덤불진 관목 숲에 특이한 동물들이 자란다. 블랙 그라우스*Black Grouse*, 링까마귀*Ring Ouzel*, 나무할미새*Tree Pipit*, 화이트 할미새*White Wagtail*, 말똥가리*buzzards*, 난쟁이올빼미*Pygmy Owl*들이

꽃밭을 연상시키는 고산 암석지대의 식생

집을 짓고 있으며, 작은 연못이 있어 여러 양서류들이 서식한다.

석회암 지대에 자연적으로 형성된 카르스트 연못을 활용한 식물 전시

식물원 내부는 자연보호구역과 다양한 고산식물 서식지를 방문할 수 있도록 여러 개의 동선을 내었다. 식물원 입구를 조망할 수 있는 언덕에 경치 좋은 동선을 내고, 이 길은 동부 알프스 식물 중에서 가장 재배가 많이 되는 대표적인 종들을 볼 수 있는 중심 동선에 연결된다.

보호구역 내에서 몬테 파베게라 산 식물의 가장 자연스러운 모습을 볼 수 있는 길도 냈다. 이 길에서는 석회암 동굴, 카르스트 연못, 싱크홀, 주름진 지층 등 지질연대상으로 상백악기 중기에 형성된 전형적인 카르스트 지형의 요소들을 볼 수 있다.

식물원에는 벼룩이자리류 *Arenaria huteri*, 개벼룩류 *Moehringia glaucovirens*, 진흙풀류 *Paederota Bonarota*, 피소플렉시스 *Physoplexis comosa*, 로도탐누스 *Rhodothamnus chamaecistus* 등과 동부 알프스의 고유식물 등 약 800종의 식물들이 자라고 있다.

식물원 입구와 관리용 건물

목가적인 식물원 풍경

아고산대의 숲, 습지와 고산 온천, 목초지와 고산 초원, 자갈, 눈덮인 계곡과 절벽 등 각각의 환경에서는 앵초류 *primrose*, 범의귀류 *saxifrage*, 봄맞이꽃류 *androsaci*, 용담류 *gentians*, 에델바이스 등 다양한 식물을 볼 수 있다. 또 식물 생육에 매우 불리한 고산 환경에서 민감한 메커니즘으로 생존하고 있는 동부 알프스의 중요한 고유종들을 볼 수 있다.

식물 수집은 식물 종의 생태환경 및 분포에 근거한 식물지리학적 고려에 따라 배치되어 있다. 각각의 식물들이 원래 자라던 자연스러운 환경과 가능한 한 비슷한 환경을 제공하기 위해 노력하고 관리한다.

식물원의 운영 특성

식물원은 식물에 관한 교육과정을 운영하며 가이드 투어도 제공한다.

Travel tip

주소 Giardino Botanico Alpino delle Alpi Orientali Nevegal Belluno, Via Gregorio XVI, No.8, 32100 Belluno, Italia

홈페이지 adorable.belluno.it/nevegal/giardino-botanico-nevegal/

전화 +39 0437 941904

개원시기 및 시간 6월~9월까지만 개원하며, 주중에는 10:00~17:00까지, 토요일과 일요일에는 18:00까지 개원한다.

면적 6.3ha

28 고산 초원의 느낌을 그대로 살린
장지오로렌조니고산식물원
Giardino Botanico Alpino "Giangio Lorenzoni"

암석원 전경

장지오로렌조니고산식물원은 이탈리아의 벨루노 주, 피안 디 칸시글리오Pian di Cansiglio에 위치해 있다. 칸시글리오 고원은 베네치아 공화국이 함대를 만들기 위해 목재를 벌채하던 유명한 숲이 있던 곳에서 아주 가까운 곳으로 주변 자연환경이 매우 아름답다.

이탈리아 북부의 중심도시 밀라노에서 자동차를 타고 북쪽으로 고산 지대를 관통하는 산길을 따라 거의 한나절을 달려야 식물원이 있는 고원지대에 도착한다. 이곳은 칸시글리오-카발로Cansiglio-Cavallo고산군의 산기슭에서 눈에 띄는 가장 중요한 장소이기도 하다.

식물원의 역사

식물원은 파도바대학 교수 지오반니 장지오 로렌조니Giovanni Giangio Lorenzoni와 국가 산림 관리자였던 지오반니 자나르도Giovanni Zanardo 박사에 의해 1972년에 설립되었다. 1994년에는 파도바식물원의 450주년을 기념하며 공식적으로 식물원의 이름을 로렌조니 교수에게 헌정하였다. 1995년에 일반에 개방하고 최근 몇 년 동안 확장을 계속했다.

식물원의 구성

화단과 암석원으로 가는 동선에 눈덮인 계곡의 초원, 숲, 절벽, 자갈에서 자라는 희귀종과 정원의 상징이 되는 쥐손이풀*Geranium argenteum* 등 다양한 식물들이 자라고 있다.

식물원에 주로 칸시글리오-카발로 고원에 분포하는 식물들, 예를 들어 용담꽃*Gentiana symphyandra*, 가래*Potamogeton natans*, 루드베키아*Rudbeckia laciniata* 등의 희귀 고산식물 등 700종 이상의 식물들이 자라고 있다.

주변의 풍경이 아름답게 반사되는 연못

멀리 주변의 고산들이 보이는 식물원의 초원

입구에서 보이는 식물원의 전경

그 밖에도 중요한 약용식물, 독성식물, 습지에 사는 식물들도 수집되어 있다. 식물원 내에서 재미있는 것은 깊이가 너무 깊어 식물이 자랄 수 없는 카르스트 지형에서만 볼 수 있는 싱크홀이 있다는 것이다.

생태박물관으로 사용하기 위해 또는 환경 교육을 위해 설립된 센터는 교육활동과 지역의 희귀 및 멸종위기식물의 보급과 보전에 중요한 역할을 하게 될 것이다.

식물원의 운영 특성

식물원은 독특하게도 따뜻한 계절인 6월부터 9월까지만 개장한다. 방문객들이 식물의 특징을 관찰하고 환경에 따른 식물 분포의 특성을 이해하며 아름다움을 즐길 수 있는 기회를 제공한다. 아울러 복합적인 생태학적 관계에서

분홍바늘꽃이 하늘거리는 초원

식물의 여러 측면을 연구하고 보전하는 장소로서뿐만 아니라 지역 주민들의 모임 장소가 되기도 한다.

또 특이한 점으로 식물원은 '칸시글리오 고산식물원의 친구들'이라는 후원협회의 자발적인 기부금에 의해 운영된다.

식물원에서는 가이드를 동반한 자연환경 주제 워크숍에 참여하거나 지역의 역사박물관을 방문할 수 있고, 식물원 입장을 자유롭게 할 수 있는 등 지역의 다양한 활동에 참여할 수 있는 칸시글리오 카드를 발행하고 있다. 가이드 투어는 6월부터 9월까지 매주 일요일(15:30), 8월은 토요일(15:30), 일요일 오전(10:30)에 가능하며 비용은 입장료에 포함되어 있다.

Travel tip

주소 Giardino Botanico Alpino "Giangio Lorenzoni", Pian del Cansiglio, 32010 Tambre, Italia
홈페이지 www.ortobotanicoitalia.it/veneto/cansiglio/
전화 +39 0438 581757
개원시기 및 시간 6월 첫째 주 일요일에서 9월 셋째 주 일요일, 평일(수요일~금요일)은 10:00~12:00, 13:00~17:00(월요일과 화요일은 폐장)까지 문을 연다. 8월은 매일 개원하며, 토요일, 일요일, 공휴일은 10:00~13:00, 14:00~18:00까지 개원한다.
면적 2.5ha

29

마리타임 알프스의 축소판

발데리아식물원

Giardino Botanico Alpino Valderia

나리꽃이 화사한 식물원 풍경

해발 1,400m 높이에 있는 발데리아식물원은 마리타임 알프스Alpi Marittime의 게소 계곡 Gesso valley 상부에 있는 발디에리에 자리잡고 있다. 마리타임 알프스는 이탈리아와 프랑스 국경에 걸쳐 있는 알프스 산맥의 일부로 리비에라 해안 가까이까지 뻗쳐 있다. 마리타임 알프스는 지형적으로나 지질학적으로 다양한 양상을 가지고 있어 약 2,000종 이상의 식물들이 서식하고 있다.

발데리아식물원은 전체 면적이 1ha에 불과한 작은 식물원이지만 이곳에는 마리타임 알프스에서 사라져가는 멸종위기식물 28종을 포함하여 마리타임 알프스에서 서식하는 450종의 식물을 집중 수집관리하는 중요한 역할을 하고 있다.

식물원의 역사

18세기에 발디에리 인근에 온천이 개발되자 삼림이 무성한 이 지역에 방문객이 많아졌다. 이들을 위해 영국식 정원을 조성하고 산책로와 보도를 조성하였으나 온천이 시들해지자 정원은 가꾸지 않은 채 버려졌다. 1990년 마리타임 알프스 자연공원이 지정되면서 영국정원이 있던 자리에 새로운 식물원을 조성하게 되었다.

발데리아라는 식물원의 이름은 1780년 이 지역에서 처음 발견되어 멸종위기식물로 분류된 '발데리아제비꽃' *Viola valderia* 에서 따왔으며 발데리아제비꽃은 현재 이 식물원에서 집중 수집하여 보존하는 식물 중의 하나이다.

식물원의 구성

발데리아식물원은 크게 두 지역으로 나뉜다. 하나는 식물원을 빙 둘러싸고 있는 전나무 숲 사이로 오솔

식물원 내 작은 습지

길을 내어 자연 그대로의 이곳 생태를 볼 수 있는 식물원 외곽 산책로이다. 이 산책로는 약 1km 정도로 1시간 정도면 돌아볼 수 있다. 이곳에서는 전나무와 단풍나무, 가문비나무, 잎갈나무, 너도밤나무들이 자라고 있으며, 나무 아래에는 이끼류, 버섯, 고사리가 자라는 모습을 볼 수 있다.

다른 하나는 산책로 안쪽에 마리타임 알프스에서 서식하는 초화류와 관목을 모아 인공적으로, 그러나 식물의 서식환경에 맞추어 조성한 식물보존 지역이다. 높은 산과 물이 힘차게 흐르는 게소 계곡의 풍광에 감탄하며 다리를 건너자마자 시작되는 이곳은, 마리타임 알프스에 서식하는 식물들 약 450종을 14개의 그룹으로 나누어 서식 특성에 따라 구분하여 심어 관리하고 있다.

식물원으로 건너가는 다리에서 본 게소 계곡

이곳도 알프스 주변에 있는 다른 고산식물원처럼 석회암이나 규산암이 쌓인 나지막한 돌무더기 틈에서 작고 가냘픈 식물이 자라고 있다. 그러나 해발 1,400m이므로 수목도 자라고 또 작은 습지와 맑은 물이 흐르는 도랑이 식물원을 관류하고 있어 여러 종류의 습지식물도 볼 수 있다.

알프스가 주로 석회암으로 이루어져 있으므로 가장 많이 볼 수 있는 식물은 석회질을 좋아하는 식물들이다. 크고 작은 석회암 돌무더기가 쌓인 곳에서는 알프스 주변의 다른 고산식물원에서 흔히 볼 수 있는 패랭이꽃 *Dianthus neglectus*, 수레국화 *Centaurea triumfetti*, 용담 *Gentiana lutea*, 솜다리

Leontopodium alpinium 등을 볼 수 있다. 그러나 규산암과 그 부스러기가 쌓인 곳에서는 마리타임 알프스에서만 발견되는 고유종들이 자란다. 여기서는 톱풀 *Achillea herba-rotta*, 나리 *Lilium bulbiferum*, 동자꽃 *Lychnis viscaria* 등을 볼 수 있다. 이끼나 고사리 같이 물에 젖은 곳을 좋아하는 식물은 도랑가나 습지 주변에서 자라고, 습하지만 시원한 곳에서는 큰 잎을 가지고 있는 식물들이 자라고 있다. 식물원을 둘러싸고 있는 전나무 숲에는 은전나무가 많은데 이 나무는 영양분이 풍부하고 습한 토양을 좋아한다. 은전나무와 함께 가문비나무와 낙엽송도 같이 자라고 있는 모습을 볼 수 있다.

석회암과 규산암에서 자라는 고산식물들

만개한 금사슬나무

식물원의 운영 특성

식물원의 방문객센터는 따로 없고, 여름철에만 운영하는 공원의 방문객센터에서 안내해준다. 식물원 입구의 매표소는 비어 있을 때가 많으므로 입장권도 공원의 방문객센터에서 구입해서 들어가면 된다. 예약하면 가이드투어가 가능하다.

Travel tip

주소 Giardino Botanico Alpino Valderia, Giardino Botanico Alpino Parco naturale Alpi, Maritime, Corso Dante Livio Bianco 5, 12010 Valderia, Italia

홈페이지 www. parcoalpimarittime.it

전화 +39 0171 978616

개원시기 및 시간 6월 15일~9월 15일까지 매일 열며, 오전에는 09:00~12:30, 오후에는 14:30~18:00까지 문을 연다.

면적 1ha

- 식물원 자체에는 아무 시설이 없으므로 공원 안내센터를 이용하거나 마을의 카페나 식당을 이용해야 한다.

30

이탈리아의 고산식물원 중 가장 오래된

비오테고산식물원

Giardino Botanico Alpino Viotte di Monte Bondon

작은 습지가 보이는 식물원 풍경

고산식물원으로는 이탈리아에서 가장 오래되었고, 가장 큰 규모의 비오테고산식물원은 이탈리아 북부 트렌토의 남서쪽 본도네 산에 자리잡고 있다. 인근에 볼거리가 많아서 이들 명소와 연계하여 식물원을 찾는다면 더욱 즐거운 탐방이 될 것이다. 북쪽으로 1시간 30분 정도 차로 달리면 온천과 스키로 유명한 휴양지 메라노가, 남쪽으로 1시간 정도의 거리에는 로미오와 줄리엣의 도시이며 여름철 야외 오페라 축제로 유명한 베로나가 있다. 메라노에서 온천욕을 하고 그곳의 트라우트만스도르프성가든을 보고 이곳 비오테식물원을 거쳐 베로나로 가서 오페라 축제를 관람하는 여정은 환상적이다.

식물원의 역사

1938년 개원하였는데 2차 세계대전을 치르면서 파괴되었다가 1958년에 복구되었다. 트렌토의 자연사박물관에서 식물원을 관리하고 있다.

식물원의 구성

비오테고산식물원은 해발 1,540m에 위치한다. 연평균 온도는 4.9℃로 낮으며 식물원이 개원하는 기간인 여름철 평균 온도는 19.2℃로 고산식물의 생육조건에 좋다. 이곳은 남향이며 토탄습지가 포함되어 있어서 물이 풍부하므로 다양한 식물들이 자생하고 있다. 비오테고산식물원은 3,000종 이상의 고산식물을 보유하고 있는데, 대표적인 식물군은 히말라야와 북아메리카 식물군으로 약 1,000여 종이 있다. 식물원은 크게 중앙의 암석원과 그 오른편으로 연결되는 넓은 초원과 숲, 그리고 토탄습지로 구성되어 있다.

중앙의 암석원은 0.8ha의 규모

히말라야 청양귀비 *Meconopsis betonicifolia*

꽃피는 모습이 특이한 산토끼꽃류 Dipsacus

인데 경사가 제법 큰 편이다. 여기에는 피레네 산맥, 코카서스 산맥, 알프스 산맥, 이탈리아 아펜니노 산맥의 식물들을 지역별로 구분하여 심어 놓았다. 또 북아메리카의 고산식물을 모아 전시한 암석원과 일본 등 아시아의 고산식물을 모아 전시한 아시아암석원도 있다.

암석원 왼쪽과 아래쪽에는 나무가 울창한 수목원이 있으며, 크고 작은 연못과 이들이 연결되는 개울이 있고 입구 아래쪽에 바둑판처럼 가지런하게 만들어 놓은 육묘장도 있다.

수목원과 목초지는 자연 생태 그대로 보존되고 있는 구역으로 약 10ha이며, 자연 산책로를 따라 이를 둘러보자면 약 1km 거리가 된다. 여기에서 자연 상태의 야생화들이 넓게 펴져 피어 있는 모습, 너도밤나무, 스코틀랜드소나무, 마가목, 알로라Allora 소나무, 잎갈나무, 자작나무 등이 이루는 숲, 무성한 관목 숲, 그리고 토탄습지 등을 자연 상태 그대로 볼 수 있다. 넓게 자리잡은 토탄습지를 둘러싸고 있는 울창한 가문비나무 숲에서는 청량한 공기가 흘러나온다. 이곳에는 여기에 서식하는 식물에 대한 상세한 설명이 곳곳에 설치되어 있어서 그 식물의 특성과 세계적인 분포까지 알 수 있다.

경사가 완만한 초원에는 분홍바늘꽃을 비롯한 여러 가지 야생화가 무리지어 피어 있어 아름답고 평화롭기 그지없다. 잔잔한 야생화 초원 너머 멀리 돌로미테산맥의 3,000m가 넘는 눈 덮인 연봉이 보이는 풍경은 그림엽서 같다.

대부분 암석으로 이루어진 식물원 전경

식물원의 운영 특성

식물원이 열려 있는 여름 동안 전 연령층을 위해 다양

식물원을 둘러싼 초원과 멀리 보이는 돌로미테 산맥의 연봉

한 주제로 교육적이면서도 재미있는 프로그램이 운영된다. 밤에는 별과 별자리를 관찰하는 '별이 빛나는 하늘'이란 프로그램도 운영된다.

알프스 고산식물원에서 볼 수 있는 어수리

또 이탈리아 동부 알프스에서 사라져가는 멸종위기식물을 보호하고 이들의 종자를 수집하여 보관하는 종자은행을 운영하고 있다. 이를 국제적 네트워크를 통해 공유하여 종의 다양성이 보존되는 데 기여하고 있다.

Travel tip

주소 Giardino Botanico Alpino Viotte di Monte Bondone, località Viotte, Monte Bondone, 38100 Trento, Italia

홈페이지 www.ortobotanicoitalia.it/trentino-alto-adige/trento

전화 +39 0461 948050

개원시기 및 시간 6월 1일부터 9월 30일까지는 09:00~17:00까지 열며, 7월과 8월에는 18:00까지 연장 운영한다.

면적 10ha

31

이탈리아에서 가장 아름다운

빌라타란토식물원

Giardini Botanici Villa Taranto

긴 수로와 대칭적 화단이 아름다운 테라스정원

빌라타란토식물원은 이탈리아 북부 롬바르디아 주의 마조레 호숫가에 있다. 롬바르디아 북부에는 10여 개의 호수가 있지만 그중에서도 가장 크고 아름다운 호수가 마조레 호수이다. 마조레 호수를 따라 가는 차도의 풍경이 매우 아름답다. 오른쪽으로는 푸른 마조레 호수가 이어지고 왼쪽으로는 17, 18세기에 지어진 성당과 적색 지붕의 이탈리아식 건축물들이 다채롭게 이어진다. 마조레 호수 연안의 중심이라 할 수 있는 스트레사Stresa에서 호숫가를 따라 북쪽으로 14.6km를 가면 빌라타란토에 다다른다.

이탈리아가 1544년 유럽 최초로 피사식물원을 만들고 뒤이어 파도바식물원을 조성하여 식물원 역사가 길기는 했으나 장원이나 저택에 딸린 정원을 제외하면 규모가 크고 아름다운 식물원은 많지 않다. 빌라타란토식물원은 이 책에서 소개되는 이탈리아 식물원 중 가장 아름답고 훌륭한 식물원이다.

식물원의 역사

빌라타란토의 역사는 이곳에 평생을 바친 닐 맥에찬 선장Captain Neil McEacharn과 함께한다. 맥에찬 선장은 스코틀랜드의 부유한 집에서 태어났다. 아버지는 오스트레일리아를 오가는 선박회사의 설립자였고, 어머니는 오스트레일리아에 있는 철과 석탄이 풍부한 광산의 소유주였다. 그는 16세에 세계여행을 했을 정도로 견문이 넓었다. 명문 이튼스쿨과 옥스퍼드대학을 마치자 그의 관심사였던 정원 가꾸기를 본격적으로 시작했다. 1910년 아버지가 돌아가시자 스코틀렌드에 있는 큰 저택인 갤로웨이 하우스를 물려받고 부속 정원을 현대식으로 개조했다.

갤로웨이 하우스의 정원에 만족하지 못한 그는 기후가 좋은 이탈리아에 더 멋진 정원을 만들 계획을 세웠는데, 때마침 팔란자에서 나온 매물을 보고 1931년 그 부지를 매입하였다. 부지 앞으로는 마조레 호수가 펼쳐져 있고 뒤로는 멀리 알프스 연봉이 솟아있는 전망 좋은 곳이었으나 밤나무가 꽉 들어차 있고 다듬어지지 않은 상태여서 식물원을 만들기 위해서는 많은 노력이 필요했다.

그는 영국식으로 자연스러운 풍경을 연출하는 한편, 기하학적 대칭 형태의 고전적 테라스 정원 등 전형적인 이탈리아 정원 디자인을 채용하였다. 그의 꿈을 현실화하기 위해 관개 시스템을 새로 구축하고 식물원에 구배를 주며 자연스러운 동선을 만드는 대대적인 공사를 하였다.

새로운 정원을 조성하기 위해서 원래 부지에 있던 밤나무와 침엽수를 베어내고 세계 각지를 다니며 희귀하고 아름다운 식물의 씨와 모종을 수집하였고 특히 중국, 일본, 인도네시아 등 아시아에서 많은 식물을 수집하였다.

1935년 테라스정원을 완성하였고, 1936년부터 1937년까지 7km에 이르는 넓은 가로수 길과 분수, 연못, 온실과 골짜기를 건너가는 아치형 다리를 건설하였다.

맥에찬 선장은 2차 세계대전 기간 동안 불가피하게 영국으로 돌아가야 했기 때문에 정치적으로나 경제적으로 식물원은 어려운 상황에 직면하기도 했다. 전쟁이 끝나자 다시 빌라타란토로 돌아온 맥에찬 선장의 노력으로 빌라타란토는 다시 옛 모습을 되찾았다. 지인들과 관계당국으로부터 식물원을 개방하라는 권고가 잇따르자 맥에찬 선장은 이에 부응하여 마조레 호숫가 쪽으로 방문객 출입구와 주차장을 만들고 1952년부터 식물원을 일반에게 공개하였다.

맥에찬 선장은 1964년 80살에 눈을 감았고 그의 소망대로 식물원 내의 성 안토니오 영묘성당에 묻혔다. 그는 사후 원활한 식물원 운영을 위해 1963년 트러스트 'Ente Giardine Botanici Villa Taranto'를 설립하였고, 빌라타란토를 이탈리아 정부에 기증하였다.

식물원의 구성

빌라타란토식물원은 다양한 종의 식물을 수집하여 이들을 보존하고 번식시키고 있다는 점에서, 그리고 이들을 아름답게 전시하여 사람들로 하여금 식물을 이해하고 사랑하게 하고 심미적 수준을 높인다는 점에서, 또 식물표본을 모아 허바리움을 만들고 대학 및 타 식물원과 정보를 교류하고 꾸준히 식물을 연구하고 있다는 점에서, 유럽에서 가장 훌륭한 식물원 중의 하나라고 꼽을 수 있다.

빌라타란토는 세계 각국에서 수집한 20,000주의 식물을 보유하고 있다. 아마 유럽에서 외래종 식물을 가장 많이 보유한 식물원 중의 하나일 것이다. 식물종도 많고 다양하지만 이들이 어우러져 있는 정원과 화단, 가로, 연못, 숲이 서로 조화를 이루며 눈길을 사로잡는다.

꽃베고니아로 장식한 이탈리아정원

식물원은 입구에 들어서자마자 하늘을 찌를 듯 높이 솟아 있는 침엽수가 줄지어 있는 가로를 축으로 경사지인 좌측과 평지인 우측 구역이 구분된다. 평지 쪽으로 침엽수 가로숫길 뒤편에는 살아있는 화석이라고 일컬어지는 나무고사리 30여 종이 있는 숲, 조각달 혹은 직사각형 모양의 화단이 로마식 기둥을 둘러싸고 있는 이탈리아정원과 튤립과 다알리아 미로, 빅토리아온실, 단풍나무 길과 목련숲, 그리고 맥에찬 선장이 묻힌 성 안토니오 영묘성당이 있다.

이곳은 수목 외에 구근식물과 초화류가 특히 아름답게 전시되어 있는 지역이다. 침엽수 가로를 따라 만들어진 화단에는 후쿠시아, 베고니아, 아게라툼, 제비꽃 등 초화류 들이 다양한 색의 꽃과 잎으로 아름다움을 과시하는데 그 화려함이 짙은 녹색의 침엽수와 대비되어 더욱 돋보인다. 이곳에 있는 튤립과 다알리아 미로 역시 초화류의 아름다움을 보여주는 곳이다. 4월부터 65종이 넘는 튤립 24,000그루가 가지각색의 화려한 꽃을 피우고, 6월부터 10월까지는 350종이 넘는 1,500그루의 다알리아가 강렬하고 탐스러운 꽃을 피워 관람객을 매혹시킨다. 분수가에는 토란처럼 큰 잎을 가진 코끼리귀*Colocasia antiquorum* 가 분수에서 튀기는 물을 받아 싱싱한 초록빛을 반사한다.

8각형으로 지어진 아담한 영묘성당에는 맥에찬 선장과 그의 충실한 비즈니스 매니저인 안토니오 카펠레토 박사DR. Antonio Cappelletto와 그의 가족들의 화강암 석관이 놓여 있고 예배를 드릴 수 있는 제단과 의자도 마련되어 있다. 성당 7면의 창에는 장미, 수선화, 튤립, 다알리아, 나리, 백합, 수련, 연, 붓꽃, 백일홍, 만병초 등 아름다운 꽃을 그려넣은 스테인드

성 안토니오영묘성당 내부

글라스가 장식되어 있다. 영묘성당 앞에는 잔디길이 길게 뻗어 있고 그 끝에 분수가 있어 원근감을 주며 고요하고 경건하다.

성당에서 빌라 쪽으로 올라가는 오르막길의 오른쪽에는 목련숲이, 왼쪽에는 만병초숲이 있다. 빌라타란토에는 30종 이상의 목련과 수십종의 변종이 있어 봄철에 흰색부터 자주색까지 목련이 만개한 모습이 아름답기 그지없다. 왼쪽 언덕 아래는 빌라타란토가 특히 자랑스럽게 여기는 수백 종의 만병초숲이 있다. 2월부터 6월말까지 흰색부터 산호색, 주홍색, 분홍색, 붉은색, 심홍색, 노란색, 심지어는 파란색까지 다채로운 만병초가 만개하여 이 일대를 아름답게 만든다.

테라스정원의 빅토리아수련 연못

언덕 위에 오르면 경사면에 조성된 식물원의 모습이 드러난다. 언덕 바로 위에는 넓은 잔디밭에 맥에찬 선장이 거주하던 빌라가 있다. 이 빌라는 전통적인 노르만디 건축양식을 따른 것으로 1996년부터 the Prefecture of Verbano Cusio Ossola로 지정되어 지금은 출입이 금지되어 있다.

빌라의 왼편 아래쪽으로는 습지를 좋아하는 식물들을 위해 1935년 인공적으로 만든 골짜기가 있는데, 이 습지식물정원으로 인해 식물원의 또 다른 깊이를 느낄 수 있다. 이 골짜기 위에 놓인 돌다리를 건너면 식물원의 상부에 해당하는 지역에 들어가게 되는데 여기에는 연꽃연못, 수련연못, 테라스정원, 히스원, 적도에 사는 다육식물이 있는 겨울정원, 파고라, 전망대와 숲이 있고 이들이 경사면을 내려가는 운치 있는 계단으로 이어져 있다. 이곳의 테라스정원은 아마도 유럽에서 가장 아름다운 정원 중의 하나일 것이다.

맥에찬 선장이 살던 빌라

테라스정원은 긴 수로와 대칭적으로 구성된 넓은 화단과 빅토리아수련 연못, 그리고 수련연못으로 구성되어 있다. 상부의 중앙에서 흐르는 긴 수로에 단차를 두어 4개의 작은 폭포를 빅토리아수련 연못 쪽으로 떨어지게 하고 수로 양쪽에는 대칭적으로 화려한 사각형 화단을 여러 개 조성하였다. 화단마다 다른 색의 꽃을 심고, 화단과 화단 사이 또는 폭포가 흘러

영묘성당 앞 긴 잔디길 끝에서 물을 뿜는 분수

빌라타란토식물원을 설립한 맥에찬 선장 동상

내리는 곳에 역시 대칭적으로 화분을 두어 그 정교한 기하학적 화단의 모습과 아름다운 색의 조화가 황홀경에 빠지게 한다. 테라스정원 가장자리 왼쪽에 있는 중국 중부에서 가져온 26그루의 야자나무가 빅토리아수련 연못에 비치는 모습도 환상적이다.

빌라타란토의 경사면은 자연스럽게 아래 방향으로 연결되는 구불구불한 동선을 이루고 있어서 힘들이지 않고 관람을 이어갈 수 있다. 길을 따라 수목들을 종별로 풍성하게 조성한 숲과 꽃을 피우는 관목들, 그리고 작은 화단같이 꾸민 꽃을 담은 큰 토기화분들이 잇달아 전개되어 이를 즐기며 편안하게 걸음을 옮길 수 있다.

식물원의 운영 특성

별도의 교육프로그램을 운영하거나 이벤트를 개최하기보다 다양한 종류의 식물을 수

영묘성당 앞 작은 연못

클레로텐드론 clerodendron 속 식물의 개화

연꽃 연못

집하고 보호하며 이를 아름답게 전시하는 데 집중하고 있다. 4월부터 10월까지 다양한 구근식물과 초화류 그리고 화목들이 피우는 아름다운 꽃의 축제가 바로 이 식물원의 이벤트인 셈이다.

다알리아 미로

Travel tip

주소 Giardini Botanici Villa Taranto, Via vittorio veneto III, 28922 Verbania Pallanza, Italia
홈페이지 www.villataranto.it
전화 +39 0323 556667
개원시기 및 시간 매일 문을 열며, 3월~9월까지는 08:30~18:30까지 개원한다.
면적 16ha

32

이탈리아의 알프스

사우수레아고산식물원

Giardino Botanico Alpino Saussurea

뿌연 석회성분의 물이 고인 고산습지

알프스의 최고봉 몽블랑(4,807m)의 남쪽 기슭, 해발 2,175m의 고지에 위치한 사우수레아고산식물원은 이탈리아에서 가장 높은 곳에 위치한 고산식물원이다. 이곳에 가려면 이탈리아 북부 아오스타 주의 유명한 산악 휴양지 코르메이어에서 몽블랑행 케이블카를 타고 올라가 첫 정거장인 파빌리온 드 몽프레티에서 내리면 된다. 등산을 원한다면 케이블카가 출발하는 곳인 라 플라우드에서 등산트레일을 따라 올라갈 수도 있다. 등산을 하게 되면 초입의 울창한 삼림지역에 이어 고산초원이 펼쳐지는 약 2.5km의 등산로를 따라 걸으면서 상쾌한 공기를 마시며 아름다운 알프스의 풍경을 즐길 수 있다.

사우수레아고산식물원은 가는 길도, 형형색색의 고산식물이 만발한 식물원 그 자체도 아름답지만, 흰눈 쌓인 알프스 고봉을 올려다보는 경치와 아래 계곡 쪽으로 산들이 이어지는 경치는 그야말로 절경이다.

이탈리아의 알프스라고 불리는 아오스타 지역에는 샤노우시아(2,170m, 1897년), 파라디시아(1,700m, 1955년), 사보이(1,350m, 1990년), 그리고 사우수레아(2,175m, 1984년) 등 4개의 고산식물원이 있는데, 이 책에서는 사우수레아고산식물원과 샤노우시아고산식물원을 소개한다.

식물원의 역사

이 식물원은 몽블랑의 아오스타 지역의 고산식물 보존과 보호를 위해 아오스타 주 산림청과 지역자치 단체의 후원으로 1984년에 설립되어, 1987년부터 개방하였다.

식물원의 이름은 분취속 식물인 사우수레아Alpine Saw-wort 또는 Snow Lotus, *Saussurea alpina* 라는 식물의 이름에서 따온 것이다. 사우수레아

알프스 고봉을 배경으로 한 암석원

는 규산을 다량으로 함유한 바위가 많은 경사진 목초지에서 자라는 희귀한 고산식물로 약 300여 종이 있다. 이들은 아시아, 유럽, 북아메리카의 고도 2,000~3,000m의 높은 산에 분포되어 있으며, 키가 5~10cm 정도의 작은 종에서부터 3m의 큰 키를 가진 종까지 다양하다. 사우수레아는 약초로 이용되는데, 티베트에서는 이질이나 궤양의 치료에 사용하고, 중국에서는 류머티즘이나 감기기침에 사용해 왔다고 한다.

그런데 사우수레아란 이 식물의 이름도 알프스 연구의 아버지라 불리우는 소쉬르(프랑스식 발음) Horace Benedict Saussure를 기리기 위해 그의 이름을 딴 것이므로 이 식물원은 알프스 연구의 역사와 함께하고 있다고 할 수 있다. 소쉬르는 알프스의 지질 구조를 처음으로 규명한 스위스의 과학자인데 그는 지질학뿐만 아니라 기상학, 빙하학, 천문학 등에도 조예가 깊었다. 그는 몽블랑 탐험비용도 상당 부분 부담하여 1786년 최초로 몽블랑 정상에 등정하는 결과를 이끌어냈다. 그 이듬해에 그도 과학자로서는 최초로 몽블랑을 등정하였고, 그가 만든 기압계를 이용해서 1787년 8월 3일 몽블랑이 유럽에서 가장 높은 봉우리라는 것을 밝혀냈다.

식물원의 구성

사우수레아고산식물원의 면적은 0.7ha로 넓지 않은 규모이나 주변에 삼림이 없고 고산초원이 넓게 펴져 있으면서 멀리 계곡과 높은 산봉우리가 있어 시야가 확대되는 시원한 풍경

식물원의 이름이 유래한 사우수레아

엉겅퀴에서 꿀을 모으는 여러 종류의 곤충들

자연 그대로의 생태를 보여주는 식물원 풍경

을 즐길 수 있다. 이 지역은 강설량이 많아서 연간 8, 9개월은 눈에 덮여 있고 6월 말이나 되어야 눈이 사라지지만, 주변의 높은 봉우리는 한여름에도 흰눈이 덮여 있다.

식물원은 크게 두 부분으로 구성되어 있다. 알프스는 물론 전 세계 고산지대 식물을 수집하여 키우는 암석원이 그 하나이고, 자연생태 그대로 아오스타 지역 고산지대의 지질과 기후에 따라 자생하는 식물이 자라고 있는 암석원 주변 지역이 다른 하나이다.

암석원에는 아오스타 계곡은 물론 세계 곳곳에서 수집한 식물들이 자리잡고 있다. 여기에는 아오스타 계곡과 알프스 동·서쪽 지역에 서식하는 식물과 스페인과 포르투갈을 포함하는 이베리아 반도의 고산지대 식물, 발칸과 코가서스 등 유라시아 고산지대 식물 그리고 히말라야, 중국, 북아메리카, 뉴질랜드 등 세계 곳곳의 고산지대에 사는 식물을 지역별로 구분하여 전시하고 있다.

암석원에 있는 식물에 부착된 표찰의 색이 식물의 특성을 쉽게 알 수 있도록 도와준다. 노란색은 자생종임을 나타내고, 흰색은 외래종, 빨간색은 약용식물임을 나타내는데 빨간색 표찰에 빨간 해골이 그려진 것은 독성이 있는 식물인 것을 나타낸다.

아오스타 계곡에서 볼 수 있는 식물들은 식물원 입구 가까이 배치되어 가장 먼저 만나 볼 수 있다. 알프스를 상징하는 꽃인 솜다리 *Leontopodium alpinum* 도 이곳에서 볼 수 있는데 관광객들의 무차별적인 수집으로 멸종위기에 처해 있다고 한다. 솜다리보다 덜 알려졌지만 귀족같은 모습의 마르타곤 나리 *Lilium martagon* 와 정열적인 색을 자랑하는 오렌지 나리 *Lilium bulbiferum* 의 아름다운 모습도 이곳에서 볼 수 있다.

아오스타 정원에 핀 정열적 색조의 오렌지 나리

헤브론봉(3,462m)에서 몽프레티로 내려오고 있는 케이블카

작은 규모의 샬레 뒤쪽에는 식용식물로 널리 알려진 식물과 약용식물들이 모여 있다. 꽃에서 추출한 오일로 피부의 염증을 가라앉히는 데 쓰이는 아니카*Arnica montana*, 진통 효과가 있는 것으로 잘 알려진 기름나물*Peucedanum ostruthium*, 소화불량, 위염 등 위장병과 염증과 통증 해소에 효과가 있는 용담류도 볼 수 있다. 용의 쓸개라는 이름처럼 용담의 뿌리는 매우 쓴맛을 내는데 알프스 지역의 다른 고산식물원에서도 볼 수 있지만 이곳에서는 자주색과 노란색의 용담을 많이 볼 수 있다.

식물원의 또 다른 정원이라 할 수 있는 암석원 주변과 산자락은 자연 그대로의 지형과 지질에 따라 자생하는 식물로 가득하다. 이 부분은 눈이 쌓인 기슭과 퇴적암사면, 진달래-산앵도원, 고산초원, 두메오리나무원, 고산습지로 나뉘는데 여기에는 아오스타 지역 고산지대에 자생하는 식물들이 자라고 있다.

알프스 고산지대에서는 눈이 녹은 후 7월부터 꽃이 피기 시작하여 9월까지 3개월 동안 온갖 식물들이 꽃을 피운다. 이때는 다채로운 꽃들이 만개한 아름다운 풍경에 감탄이 절로 나온다. 짧은 기간 동안 집중하여 꽃이 만발하니 이 꽃 저 꽃에서 꿀을 빠느라 정신없는 꿀벌과 알록달록한 무늬의 뒤영벌, 아름다운 날개를 가진 꽃등에, 작은 딱정벌레 등 예쁘고 다양한 곤충들이 바삐 날아다니는 모습이 귀엽다.

식물원을 마음껏 즐기고 난 후 몽프레티 카페에서 우뚝우뚝 솟은 알프스 봉우리를 바라보며 한 잔의 따뜻한 커피를 즐기는 것은 행복한 추억이 될 것이다.

구름을 배경으로 개화한 고산식물

식물원의 운영 특성

암석원 형태의 식물원

대개의 고산식물원이 그렇듯 정원 외에 큰 건물이나 시설이 없고, 약 3개월 동안만 짧게 개방하므로 관람객을 위한 특별한 프로그램은 운영하지 않는다. 국제고산식물협회에 가입하여 고산식물원에 대한 정보를 교환하고, 식물을 말려 표본을 만들고, 종자를 받아 저장하는 등의 식물원 운영에 필요한 기본적인 활동에 충실하고 있다.

Travel tip

주소 Giardino Botanico Alpino Saussurea, Pavillon du Mont Fréty, 11013 Courmayuer, Ao, Italia

홈페이지 www.saussurea.net

전화 +39 0333 4462959

개원시기 및 시간 6월말부터 9월 30일까지 3개월만 개원한다. 7월과 9월은 09:00~16:30까지, 8월은 09:00~17:00까지 개원한다.

면적 0.7ha

33

바위산의 지형과 지질을 잘 활용한

피에트로펠레그리니식물원

Orto Botanico delle Alpi Apuan, 'Pietro Pellegrini'

고산 초본식물의 생육 모습

피에트로펠레그리니식물원은 해발 900m의 피안 델라 피오바Pian della Fioba에 위치한다. 마사Massa, 산 카르로 테르메San Carlo Terme, 안토나Antona, 아르니Arni 등을 거치며 강과 산이 어우러지는 경치가 좋은 길을 따라서 식물원에 이르게 된다. 이곳은 아푸안 알프스 지방공원Apuan Alps Regional Park이란 이름의 보호구역 안에 해당한다.

이 식물원은 1966년 7월 22일에 아푸안의 식물들을 보전 연구하기 위한 목적으로 설립되었으며 교육활동과 지역 사회에 대한 봉사를 통해 대중들에게 알려졌다. 식물원은 마사 시에서 소유하고 있으며 피사, 플로렌스, 시에나 등의 대학들이 공동 운영한다.

해발 850~950m 사이의 뾰족뾰족한 바위산에 1.2ha 정도의 면적을 차지하고 있다. 자생식물이 풍부하고 고산식물 생육에 적절한 환경이며 다양한 지층이 형성되어 있고 접근성이 좋다.

식물원 지역에서 1998년에 후기로마시대의 도자기 파편이 발견되어 마사 시의 고고학적 유적지에 포함되기도 하였다.

식물원의 역사

피에트로펠레그리니식물원은 지역의 수많은 식물을 연구한 의사이자 식물학자인 펠레그리니(1867~1957)의 헌신적인 노력을 기려 조성되었다.

제2차 세계대전 후 이탈리아 전역에 많은 수의 공공 식물원과 사립 고산식물원이 설립되었는데, 알프스 지역에만도 20개 정도의 식물원이 생겼다. 그중 하나로 루카Lucca 및 마사 카라라Massa Carrara 지역에는 아푸안 알프스 피에트로펠레그리니식물원이 1966년에 설립되었다. 열정적인 자연주의자들이 마사 시와 지역 기관들의 후원을 받아

경사로를 따라 조성된 관람로

서 식물원에 숙소를 지었다.

2003년에 아푸안 알프스 지방 공원은 약 250,000유로의 지역 기금을 기부 받아 식물원을 대대적으로 재정비하였다. 출입문과 울타리를 만든 후에 오솔길 같은 통로를 만들어 접근하기 어려웠던 곳과 자연적 관점에서 매우 흥미로운 곳에 접근할 수 있게 되었다. 진입통로를 만듦으로써 이동성 문제와 통로의 연결성 문제를 해결했고 방문이 쉽게 되었다.

한편 자연친화적인 작은 건물을 보호소와 방문객센터로 사용하였으며 야외박물관과 방문객센터 안에 미디어 시설을 갖춘 작은 워크숍 룸을 만들었다.

또 식물과 숲을 유지하고 자연 상태로 회복시키기 위해 울타리 시스템이 개조되었는데 이로 인해 현존하는 식물과 새로운 수집시설의 가치를 높이게 되는 성과를 얻었다.

숙소, 방문객센터, 세미나실 등 여러 용도로 쓰이는 건물

식물원의 구성

피에트로펠레그리니 식물원을 구성하는 식물은 대개는 자생식물이다. 식물원이 경사지에 위치하고

있어 둘러보려면 약간의 하이킹이 요구된다. 경사로를 따라 아푸안 알프스에만 살고 있는 다수의 고유종을 포함한 많은 식물들을 관찰할 수 있다.

이 식물원은 아푸안 알프스 여러 구역의 다양한 지형과 지질을 반영하고 있다. 각각의 다른 구역, 즉 규산질 토양인 낮은 지대는 수목원 지역으로 밤나무숲, 연못이 있고, 석회암 토양 기반인 더 넓은 지역은 바위 및 바위에 자라는 식물들로 덮여 있다.

수목원 구역에는 설립 당시에 심어진 나무들이 주를 이루는데 현재는 키가 크게 자라서 표본 식물들이 되었다. 대부분 구과식물로 오스트리아 흑송이 주를 이루고 백송, 전나무, 아틀라스시다, 측백나무, 미송, 오리나무, 단풍나무 등이 있다.

규산암이 많은 낮은 지역에는 밤나무 군락지가 형성되어 있는데 산성토양에서 잘 자라는 식물, 밤나무*Castanea sativa* Miller 재배품종들이 바위 장미Rock Rose (*Cistus salvifolius* L.), 헤더Heather (*Erica arborea* L.), 곽향*Teucrium scorodonia* L., 디기탈리스*Digitalis lutea* L., 고산초롱꽃*Phyteuma orbiculare* L. 등과 함께 식재되어 있다.

블루베리원으로 불리는 구역에는 규산암 토양에 아푸안 알프스의 고산지대에 나타나는 블루베리*Vaccinium myrtillus* L. 등이 자라고 있다.

식물원 중간의 저지대에는 연못이 조성되어 있는데 아푸안 알프스의 고산 습지에 자생하는 습지식물을 보호 연구하기 위하여 만들어진 것이다.

식물원 입구

식물원에 넓게 자생하는 국화과 식물

습지식물이 자라는 연못

식물원에는 넓은 백운암 토양층이 있는데 이 지역에는 새우나무 *Ostrya carpinifolia* Scop., 터키참나무 *Quercus cerris* L., 물푸레나무 *Fraxinus ornus* L., 마가목 *Sorbus aria* (L.) Crantz 등이 드문드문 자란다.

식물원의 높은 곳에 위치한 석회암 지대나 식물원 중간의 습지는 많은 이탈리아 고유종의 서식지로 이상적인 곳이다. 이들 고유종 중에는 아푸안 알프스에만 서식하는 것이 많으며 그중 하나인 글로불라리아 *Globularia incanescens* Viv.는 식물원의 상징이다.

현재 출입이 제한되어 있는 몇몇 구역은 과거에 몇 차례 불이 난 적이 있다. 안타깝게도 결과적으로 이들 구역은 자생식물 식생이 파괴되고 고사리 *Pteridium aquilinum* (L.) Kuhn와 산딸기류 *Rubus* sp.를 포함한 몇몇 가시 있는 관목 종류들과 식물지리학적으로 가치가 없는 침입종들로 뒤덮여 있다.

곳곳에 설치된 식물해설 안내판

식물원의 운영 특성

식물원은 1년에 약 석 달간만 일반에 공개하는 매우 특이한 운영 방식을 가지고 있다. 매년 6월 23일부터 개장하는데 주중에는 매일 9시부터 12시와 오후 3시부터 6시까지만 관람이 가능하다. 7~8월 두 달간은 매일 개장이 확실하지만 9월부터는 주말에만 열거나 단체로 예약하는 경우에만 개장하기도 한다.

식물원 내 작은 보호구역 주변을 순환하는 전체 코스는 가이드 동반하에 이용할 수 있으며 좁고 가파른 통로로 인해 한 그룹 당 최대 20명까지만 입장하는 것을 권장한다. 호텔과 캠핑장을 이용하는 고객은 입장료가 면제된다.

식물원의 다양한 기반암 유형 중 하나인 석회암 지대

Travel tip

주소 Orto Botanico delle Alpi Apuan, 'Pietro Pellegrini', Via dei Colli, 54100 Massa MS, Italia
홈페이지 www.parcapuane.toscana.it/orto/
전화 +39 0340 4660271
개원시기 및 시간 매년 6월 23일부터 개원하며, 주중에는 09:00~12:00와 15:00~18:00까지만 관람이 가능하다. 7~8월은 매일 개원이 확실하지만 9월부터는 주말에만 열거나 단체로 예약하는 경우에만 개원하기도 한다.
면적 1.2ha

34

씨씨의 슬픈 사연이 깃든

트라우트만스도르프성가든

Giardini di Castel Trauttmansdorff

트라우트만스도르프성이 보이는 식물원 전경

트라우트만스도르프성은 티롤 남부의 메라노에서 북쪽으로 3km 지점에 위치해 있다. 티롤은 유럽 중앙부의 알프스 산맥 산간지대로 북쪽은 독일, 동쪽은 오스트리아, 남쪽은 이탈리아에 속해 있다. 티롤 남부 지역은 한때 오스트리아 령이었기 때문에 지금도 메라노에서는 독일어가 이탈리어와 병행 사용되고 있다. 티롤 남부 지방이 오스트리아의 영토였던 시절 트라우트만스도르프성은 오스트리아 엘리자베스 황후의 별궁으로 이용되었는데, 그 자취가 메라노와 식물원에 남아 있어 역사적 의미가 있는 곳이다. 오랜 역사를 가진 트라우트만스도르프성은 여러 차례 주인이 바뀌고 세계대전을 겪으면서 황폐해졌다. 이곳에 1994년부터 가든이 조성되었고 2001년 개원하여 지금은 티롤에서 가장 유명한 관광명소가 되었을 뿐만 아니라, 전 유럽에서도 가장 아름다운 정원 중의 하나로 손꼽힐 정도로 발전하였다.

식물원의 역사

트라우트만스도르프성의 역사는 길다. 이 성이 문헌에 나타난 것은 1327년이지만 확실한 역사는 1543년 니콜라우스 트라우트만스도르프가 이 성을 구입하면서부터 시작된다. 그가 이 성을 사들인 후 2세대가 지나자 물려받을 아들이 없어 성은 방치되었다. 1846년 니콜라우스의 친척인 조셉 트라우트만스도르프 백작이 나서서 황폐해진 성을 네오 고딕 양식으로 재건축하였다. 1870년과 1871년에는 오스트리아 제국의 요셉 1세의 왕비 엘리자베스가 따뜻한 이곳에서 겨울을 보내고 그녀의 병약한 작은 딸의 건강이 호전되었다는 소문이 퍼지면서 메라노는 귀족들 사이에 선망의 휴양지로 명성을 얻었다. 1897년 독일의 도이스터 남작Baron von Deuster이 성과 부지를 사들이고 성의 동쪽 부분을 네오 로코코 양식으로 개조하였다. 그러나 1차 세계대전 중인 1921년 성은 독일 정부에 몰수되었고, 성의 이름도 노바 성으로 개칭되었다. 1939년 2차 세계대전 중에는 독일군의 병참창고로 쓰였는데, 그 와중에 대부분의 시설이 파괴되고 부지는 여러 가구의 소유로 분할되었다. 1977년 황폐해진 성과 부지는 티롤 남부의 볼자노 지방정부에게 넘겨졌고, 그 후 1994년부터 정원 조성이 시작되었다.

7년여의 준비 끝에 2001년 개원한 신생 가든이지만 트라우트만스도르프성가든은 이탈리아에서 가장 아름다운 가든 중의 하나로 꼽히고 있다. 2007년 전 유럽에서 여섯 번째로 가장 아름다운 가든으로 선정되기도 했다. 가든에는 현재 각종 식물 5,800종이 자라고 있고 나무도 70만 그루에 이를 정도로 규모가 크다. 트라우트만스도르프성가든은 보행로가 7km나 되고 고도 차이가 100m 이상이어서 전체를 관람하려면 꽤 많은 시간이 소요된다.

식물원의 구성

트라우트만스도르프성을 중심으로 태양정원, 수변 및 테라스정원, 티롤 남부 풍경, 세계의 삼림, 네 부분으로 나뉘어 조성되어 있다. 이 네 구역에 크고 작은 정원 80개가 지역적 특성 혹은 식물 특성별로 식재되어 다양한 볼거리를 제공하고 있다.

가든 중앙에 위치한 성의 가파른 남쪽 사면은 태양정원 구역으로 여기에는 감귤나무, 올리브나무, 호랑가시나무, 포도나무, 사이프러스나무 등 지중해 지역의 식물들이 자라고 있다. 아래쪽으로 내려가는 보도에는 포도나무덩굴이 덮인 파고라가 이어져 시원한 그늘과

포도나무덩굴 길

유럽식 정원의 수련연못

함께 지중해의 정취를 느낄 수 있다. 사면에는 봄에는 붉은 양귀비가, 여름에는 해바라기가 무리지어 피어나고 라벤더와 로즈마리, 타임 등 허브식물이 퍼져 있어 지중해 요리의 향취도 느낄 수 있다. 또 지중해식 건축양식을 모형화한 파빌리온에 올라가면 유럽식 정원을 조망할 수 있다. 성을 바라보는 방향에서 오른쪽 언덕에는 건조지역에서 자라는 선인장과 알로에, 아가베 등을 볼 수 있는데 여기에는 거대한 선인장 모형의 철제 파빌리온이 있어 이탈리아의 따가운 햇살을 피해 휴식을 취할 수 있다.

수변 및 테라스정원 구역에는 수련이 피어 있는 연못과 그 둘레에 조성된 유럽식 정원, 장미원과 난온실이 조성되어 있다. 이탈리아의 정형식정원과 미로정원, 사계절 꽃을 피울 수 있도록 다년생 식물로 아름답게 가꾼 영국식 정원을 통해 국가별 정원의 전형을 알 수 있다. 수련연못가에는 동백나무와 야자나무들이 모여 있고, 그 가장자리에 수생식물을 상징화한 파빌리온이 있어서 관람객들이 잠시 쉬면서 연못가의 아름다운 풍광을 즐길 수 있다.

기이하게 생긴 관상용 호박 *Cucurbita pepo*

티롤 남부 풍경 구역은 이 지역의 자연 생태 그대로 보존하고 있는 구역과 과일과 열매

트라우트만스도르프성의 2층 난간에 서 있는 씨씨 인형

선인장 모형 조형물 내부의 휴식공간

를 얻기 위해 재배하는 식물 구역이 있다. 자연생태구역은 동편으로 넓게 펴져 있는데, 여기에는 참나무숲, 너도밤나무숲, 오리나무와 활엽교목숲, 충적토에서 자라는 '나무들의 숲'이 있고, 식물원 제일 아래 남쪽의 연못가에는 강기슭에서 자라는 식물군락을 볼 수 있다. 티롤 남부지방에서 재배하는 식물들은 수련연못 아래쪽에 있는데 여기에는 포도밭, 과수원, 곡물을 재배하는 밭, 울타리, 농부의 정원 등이 있다.

성의 북쪽 구릉과 사면을 차지하고 있는 삼림구역은 북아메리카와 남아메리카, 그리고 일본에서 수집한 수목들이 주종을 이루고 있다. 경사지의 내리막길에는 벼가 자라고 있는 자그마한 논이 있고 차밭도 보인다. 그 사이로 얕은 개울이 흐르고 있는데 주변에 일본식 정자가 세워져 있다.

식물원 전경과 주변이 한눈에 보이는 전망대

트라우트만스도르프성 가든의 매력적인 특징은 식

물을 주제로 한 파빌리온과 조형물이다. 거대한 선인장 모형의 파빌리온, 가을철 낙엽더미 모형의 녹슨 철색으로 만든 돔형의 파빌리온, 봄철 새순과 구근이 돋아나는 것을 표현한 조형물, 티롤 남부의 대표적 수목인 참나무로 만들어진 파빌리온, 티롤과 트렌티노 지역의 지리와 지질을 모자이크한 조형물, 수생식물을 형상화한 수련연못가의 파빌리온 등은 조형미도 뛰어나고 휴식 장소로도 유용하다.

식물원의 가장 높은 곳에 위치한 전망대에서는 널따란 포도밭과 주변의 전경이 한눈에 들어온다. 여기에는 빨강, 노랑, 주홍, 초록색의 화려한 깃털을 가진 큰 잉꼬류의 새들이 있어서 어린이들의 관심을 끌고 있다.

식물원의 운영 특성

식물원은 안내 가이드를 제공할 뿐만 아니라 잠자리 관찰 또는 구근 관찰과 같이 주제가 있는 가이드 프로그램도 운영되고 있다. 또 '티롤 사람들의 정원과 와인', '티롤 사람들의 요리 역사' 등 티롤 지방의 역사와 문화를 체험할 수 있는 다양한 패키지 프로그램도 운영되고 있고, 메라노와 알프스 빙하나 온천을 체험할 수 있는 패키지 프로그램도 있다.

야간에도 여러 종류의 프로그램이 운영되고 있는데 대표적인 것이 '식물의 지하세계' The Botanical Underworld라는 탐험 프로그램으로 산쪽으로 200m 가량 지하 탐험로를 만들

새순과 구근이 돋아나는 것을 표현한 조형물

성의 북쪽 사면 아래 습지

어 신비한 지하세계를 보여준다. 여기에는 동굴도 있고, 지상에서는 볼 수 없는 식물의 뿌리나 싹을 볼 수 있는데, 조명과 멀티미디어 자료를 활용하여 신비한 분위기를 연출한다. 6월부터 8월까지 금요일에는 야간 개장을 하며 입장료도 깎아준다. 또 음악회와 문화 이벤트도 다양하게 펼쳐진다.

이 성에 머물렀던 엘리자베스 황후와 관련된 프로그램도 눈에 띈다. 예컨대 황후의 별칭을 딴 '씨씨Sissi 산책로 걷기', '씨씨 테라스에서의 아침식사'와 같은 프로그램이 그것이다. 그녀는 시어머니와의 불화 그리고 오스트리아 왕가의 엄격함을 견디기 어려워 도피성 여행을 자주 떠났다고 하는데, 이러한 도피성 여행 때문에 씨씨신드롬이란 용어까지 생겼다 한다. 그녀와 얽혀 있는 슬픈 사연을 소재로 독일의 여배우 로미 슈나이더를 주연으로 한 '씨씨'라는 영화가 만들어지기도 했고, 우리나라에서도 뮤지컬로 공연된 바 있다. 트라우트만스도르프성이 여행박물관을 겸하게 된 것은 아마도 씨씨의 여행벽과 무관하지 않을 것이다. 1889년 그녀의 아들 루돌프 황태자가 31세의 나이에 권총 자살을 한 후 이 성에 머문 씨씨의 슬픈 모습은 성의 2층 베란다에 검은 상복을

티롤 남부 구역의 화단

티롤과 트랜티노 지역의 지질을 보여주는 조형물

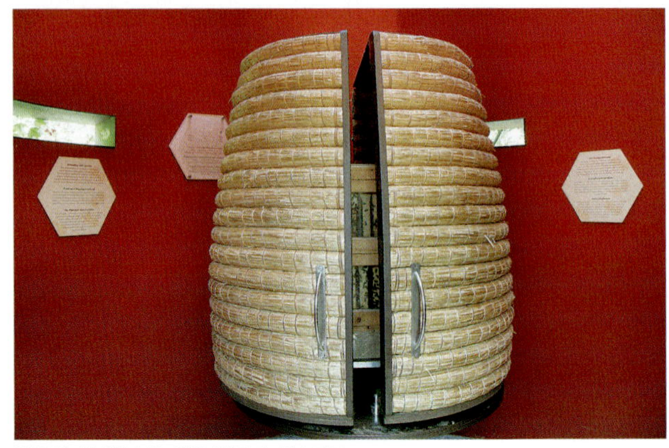

벌들의 생태학습을 위한 벌통과 학습자료

여행박물관으로 쓰이는 트라우트만스도르프성으로 넘어가는 길

입은 씨씨의 인형으로 재현되어 있다. 여행박물관에는 20개의 전시실이 있는데 티롤지방의 여행 역사를 보여주며, 씨씨가 사용하던 방과 가재도구도 볼 수 있다.

식물원 입구

Travel tip

주소 Giardini di Castel Trauttmansdorff, Via San Valentino, 51, 39012 Merano BZ, Italia
홈페이지 www.trauttmansdorff.it
전화 +39 0473 255600
개원시기 및 시간 매일 09:00~19:00까지 열지만 11월 1일~15일까지는 09:00~17:00까지 열며, 6월~8월까지 매주 금요일에는 09:00~23:00까지 개원한다.
면적 12ha

35

500년 전 식물원 원형이 보존되어 있는

파도바대학식물원

Orto Botanico dell Universita di Padova

원형정원을 둘러싼 담장 밖 풍경

베네치아의 명성에 가려 지나치기 쉬우나 베네치아에서 기차로 30분 정도만 가면 운하로 여러 강들과 연결되는 교통의 요지 파도바가 있다. 상업도시로 이름이 났었던 파도바는 경제적으로 풍요로웠고, 15세기 이후 베네치아 공화국의 지배를 받으면서부터 르네상스 문화가 풍미했던 역사를 가지고 있는 유서 깊은 도시이다.

파도바에는 볼로냐대학에 이어 이탈리아에서 두 번째로 오래된 대학이자 베네치아 공화국의 유일한 대학이었던 파도바대학이 있다. 1222년에 설립된 파도바대학은 단테와 갈릴레이, 페트라르카가 강의를 했으며, 지동설을 주장한 코페르니쿠스가 공부하였고, 세계 최초로 해부학 강의가 개설되었을 정도로 의학과 자연과학 분야의 연구로 명성을 떨친 대학이다. '파도바의 성인'이라고 추앙되던 성 안토니오를 기념하기 위해 13세기에 지은 성 안토니오 성당은 파도바에 가면 꼭 들르는 명소이고 성당 정면의 왼쪽에 있는 기마상은 르네상스를 대표하는 조각가인 도나텔로의 작품이다. 여기에서 걸어서 5분 정도의 거리에 1997년 유네스코 세계문화유산으로 등재된 파도바대학식물원이 있다.

식물원의 역사

르네상스시대의 의사들은 약초를 이용하여 질병을 치료하였으므로 베네치아공화국 원로원에서는 약초(고어로 simples) 연구의 중요성을 인식하고 1533년 파도바대학에 식물학장을 임명하였다. 1545년에는 보다 효과적으로 약용식물의 재배와 연구, 교육을 위하여 파도바대학식물원을 설립하였다. 파도바대학식물원은 식물을 수집하여 아름답게 전시하는 정원이 아니라, 식물을 연구하고 교육하는 기능을 가진 세계에서 가장 오래된 학술적 식물원botanic garden이다. 설립연도로는 피사대학식물원이 1544년에 만들어져 세계 최초의 식물원이라고 하나 이 식물원은 설립 이후 두 번이나 자리를 옮겨 현재의 위치에 자리잡은 것이 1591년이므로, 처음 설립된 장소에 그대로 보존되고 있다는 측면에서는 가장 오래된 식물원이라고 할 수 있다.

파도바대학식물원은 본래의 설립목적에 맞추어 약용식물을 키우고 연구하여 병을 치료하고 학생들을 교육하는데 주력했을 뿐만 아니라 희귀식물과 멸종위기식물을 보호하고자 노력하였다. 또 유럽 여러 나라에 외래종 식물을 소개하고 식물연구를 선도하는 중요한 역할도 하였다. 1561년 멕시코에서 들여온 아가베, 1565년 라일락, 1568년 해바라기, 1590년 감자와 히아신스, 1662년 튤립 등이 파도바식물원을 통해 유럽에 퍼지게 된 식물들이다. 이는 16세기부터 17세기까지 세계적 무역시장의 거점이었던 베네치아와 무역을 하는 여러 나라로부터 들여오면서 지속적으로 다양한 식물종을 보유하게 되었고 새로운 외래종 식물에 대한 연구도 활발해졌기 때문이다. 이러한 파도바대학식물원의 학술적 명성은 식물원이 만들어진 이후 400년이 넘은 지금까지도 이어지고 있고 이런 점 때문에 식물원의 모델로 종종 선양되고 있다.

이 식물원은 베네치아 학자이자 귀족인 다니엘 바바로Daniele Barbaro가 설계하였고 건축가인 안드레아 몰로니Andrea Moroni가 축조하였는데 지금까지도 거의 원래의 설계에 가깝게 보존되고 있다. 식물원은 원형을 기본으로 사방의 네 꼭짓점을 연결한 사각형을 4구역으로 나누고 이를 다시 기하학적 문양으로 구획을 지어 식물을 심고 중앙에 분수를 배치하였다. 처음부터 벽을 둘러친 폐쇄적 형태로 설계했는데 이는 엄한 벌에도 불구하고 출몰하는 식물도둑을 막기 위한 것이었다.

멀리 괴테팜하우스가 보이는 분수

식물원은 원래의 디자인을 거의 그대로 유지하면서 필요 시설을 추가하였는데, 남쪽과 동쪽에 있는 수벽과 동상으로 둘러싸인 분수는 16세기 후반에 설치된 것이고, 철제로 된 거대한 4개의 문은 1704년에 만들어졌다. 19세기에는 원형정원을 둘러싸는 해자를 만들어 정원에 물을 대는 한편 식물 도난도 막고자 하였다. 또 이 시기에 온실 등 연구를 위한 시설과 식물원의 발전에 기여한 식물학자의 초상화가 걸린 강당도 들어섰다. 최근에는 원예기술과 학문의 허브로서의 식물원의 명성을 확고히 하기 위해 식물

성안토니오성당의 첨탑이 보이는 식물원 중앙의 연못

표본관, 도서관, 실험실을 추가했다.

유네스코에서는 이 식물원이 1545년에 만들어진 원형을 잘 보존하고 있을 뿐만 아니라 식물에 대한 과학적 연구를 최초로 시작했고 원예와 연구를 연계하여 발달시켰으며, 식물, 생태, 의약, 화학을 포함하여 르네상스에 태동한 학문 발달에 기여했다는 점을 높이 평가하여 1997년 세계문화유산으로 지정하였다.

식물원의 구성

파도바대학식물원은 약 6천여 종의 식물을 보유하고 있는데 주요 수집식물은 약용식물과 식충식물 및 독극식물, 육식성식물carnivorous, 난, 수생식물, 고산식물, 지중해식물, 그리고 식물원 주변 지역에 자생하는 식물과 희귀식물과 멸종위기식물이다.

이러한 식물들은 식물분류학, 유용성, 생태환경, 역사적 기준 등에 따라 구분하여 둥글게 둘러싼 담장 안쪽과 중앙에 열대수련이 떠 있는 작은 연못을 중심으로 배치된 사각형 안의 기하학적 문양의 화단에 전시되어 있다.

원형화단 중심부의 열대수련이 있는 자그마한 연못에서부터 살펴보면, 연못을 중심으로 북동쪽 사각형 화단은 그 중심에 위성류Tamarix가 자라고 있어 타마릭스 구역이라 불린다. 여기에는 일찍 꽃이 피는 단자엽식물Monocotyledon 등 250여 종이 있다. 북서쪽의 사각형 화단은 1750년에 심은 유럽에서 가장 오래된 은행나무가 있어 은행나무 구역이라 하며, 여기에는 약 250종의 초본류와 관목이 자라고 있다. 남서쪽 사각형 구역에는 산협과 미나리

16세기 후반에 만들어진 동문분수와 솔로몬 동상

1545년 설계된 식물원 원형도판

과 등 초본류 200여 종이 전시되어 있고 그 중심에는 이탈리아에서 가장 오래된 목련나무가 있다. 남동쪽 사각형 구역에는 자귀나무가 눈길을 끌며, 미나리아재비과를 비롯한 250여 종이 넘는 다양한 초본식물이 전시되어 있다.

동문 주변의 바깥 원화단에는 이 식물원의 설립목적이기도 한 역사적 의미를 지니고 있는 약용식물이 넓게 자리잡고 있다. 서문 쪽에는 독극식물이 전시되어 있는데 독성 정도를 X의 개수로 표시한 표찰이 인상적이다. 북문쪽 화단에는 이탈리아 북동지역에서 자라는 식물로 희귀하거나 사라져가고 있는 종들을 수집하여 키우고 있다. 북문 오른쪽에는 이 식물원에서 가장 오래된 나무인 1585년에 심은 야자수가 있는 온실이 있다. 1786년 이곳을 찾은 괴테가 이 야자수를 보고 진화에 대한 생각을 정리하여 그의 에세이『식물의 변형』*Metamorphosis of Plant* 에 소개한 연유로 '괴테의 야자수'라고 불린다.

담으로 둘러싸인 원형정원 바깥쪽에는 연구와 교육용 건물과 온실, 암석원, 수목원 등이 있다. 화려하게 꽃을 피운 능소화가 늘어져 있는 북문 주변에는 식물원 발전에 기여한 파도바대학의 식물학과 의학 분야 교수들의 이름이 새겨진 대리석판을 볼 수 있고 그 뒤로 성 안토니오성당이 보인다. 그 옆에 수많은 열대 난과 고사리류 그리고 육식성식물이 전시되어 있는 난온실이 있다. 난온실 왼쪽에는 오렌지온실이 있지만 현재 오렌지나무는 없고 다른 식물들이 전시되어 있다. 첫 번째 방에는 다육식물들이, 두 번째 방에는 철쭉류, 펠라고니움 등이 전시되어 있고, 세 번째 방에는 육식성식물과 환경에 민감한 난 종류가 전시되어 있다.

나머지 부분은 대부분 수목원으로 거대한 나무들이 숲을 이루고 있어 쾌적하게 휴식을 취할 수 있다. 1680년에 심은 플라타너스, 1828년에 이탈리아에 처음 소개된 삼나무와 1836년에 심은 흑송 등 오래된 나무들이 있고, 그 외에도 플로리다에서 들여온 낙우송과 100년이 넘은 세콰이어가 유명하다.

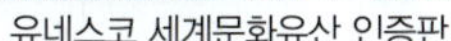
유네스코 세계문화유산 인증판

남문 밖 분수에서 바라본 풍경

보기 드문 색과 모양의 쥐방울덩굴

동문과 남문에는 수벽에 둘러싸인 분수와 동상이 있어 고즈넉하고 편안한 분위기를 만들어주고 있다. 동문에는 솔로몬상과 4계절을 나타내는 대리석 동상이 있고, 남문에는 고대 그리스의 의사이자 식물학자로 알려진 테오프라투스 Theophratus 동상이 있다.

이 식물원은 한 시간이면 다 돌아볼 수 있을 정도로 작은 규모이다. 또 화려한 색감의 조화로 감탄을 자아내는 전시 정원도 보여주지 않는다. 그러나 식물원의 역사를 배우고 아주 오래전에 심은 고목을 보면서 인류의 탐구정신과 노력을 새삼 느끼게 되는 식물원이다.

식물원의 운영 특성

파도바대학식물원에는 그 흔한 카페도 기념품점도 찾아볼 수 없다. 다만 입장권을 팔고 식물원 팸플릿을 나누어주는 조그만 안내소만 눈에 띌 정도로 식물의 연구와 교육에 치중하는 식물원이다. 따라서 별도의 프로그램 운영이나 이벤트는 거의 없고 파도바대학의 관리하에 다양한 실험실과 식물표본실에서 연구가 이루어지고 있다. 대학의 여러 학과 학생들에게 식물원은 교육의 현장 그 자체이다.

Travel tip

주소 Orto Botanico dell Universita di Padova, via Orto Botanico 15, 35123 Padova, Italia
홈페이지 www.ortobotanico.unipd.it
전화 +39 049 8273939
개원시기 및 시간 4월~9월은 09:00~19:00까지, 10월은 09:00~18:00까지 개원하며, 11월~3월은 09:00~17:00까지 개원한다.
면적 2.2ha

36

최초의 학술적 식물원

피사대학식물원

Orto Botanico dell Universita di Pisa

1890년에 심은 칠레야자와 1891년 완공된 신고전주의 양식의 건물

이탈리아 중부의 비옥한 토스카나 주의 중심지인 피사는 기울어진 사탑과 갈릴레이의 고향으로 유명한 관광명소이다. 사탑은 대성당의 종탑으로 1173년에 짓기 시작하였으나 곧 기울어져 그 원인을 찾고 이를 보완하느라 오랜 시간이 걸려 1350년에 완공하였다. 1990년부터 10년간 출입을 막고 보수하여 현재는 기울기 5.5도 상태에서 일반에게 공개되고 있다. 종탑 꼭대기에 이르는 나선형 대리석 계단은 오랜 시간 수많은 사람들이 한 방향으로 오르내려 오른쪽 면이 파여 있어 기울어진 사탑 못지않게 세월을 실감할 수 있다. '기적의 들판'이라 불리는 넓고 푸른 잔디광장에 앉아 로마네스크 양식의 장엄하고 아름다운 대성당과 세례요한에게 바쳐진 웅장한 세례당, 그리고 기울어진 사탑을 바라보면 역사의 유장한 흐름을 느낄 수 있다.

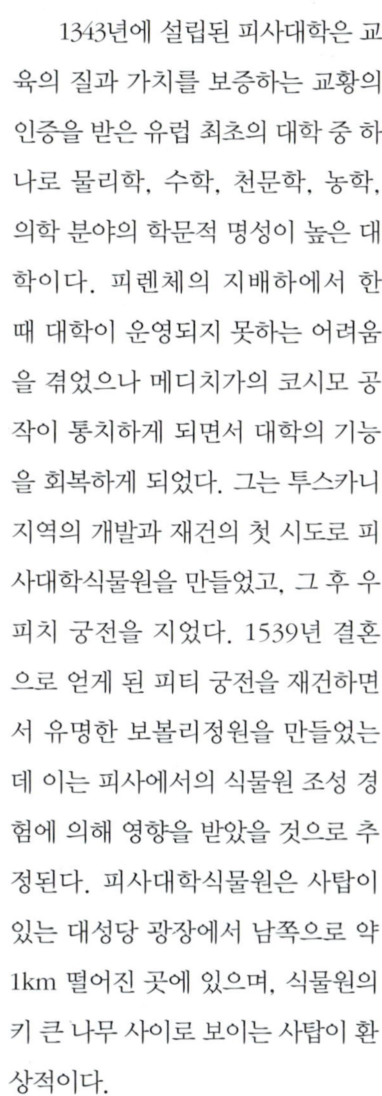

1343년에 설립된 피사대학은 교육의 질과 가치를 보증하는 교황의 인증을 받은 유럽 최초의 대학 중 하나로 물리학, 수학, 천문학, 농학, 의학 분야의 학문적 명성이 높은 대학이다. 피렌체의 지배하에서 한때 대학이 운영되지 못하는 어려움을 겪었으나 메디치가의 코시모 공작이 통치하게 되면서 대학의 기능을 회복하게 되었다. 그는 투스카니 지역의 개발과 재건의 첫 시도로 피사대학식물원을 만들었고, 그 후 우피치 궁전을 지었다. 1539년 결혼으로 얻게 된 피티 궁전을 재건하면서 유명한 보볼리정원을 만들었는데 이는 피사에서의 식물원 조성 경험에 의해 영향을 받았을 것으로 추정된다. 피사대학식물원은 사탑이 있는 대성당 광장에서 남쪽으로 약 1km 떨어진 곳에 있으며, 식물원의 키 큰 나무 사이로 보이는 사탑이 환상적이다.

조촐한 식물원 입구

식물원의 역사

피사대학식물원은 1544년 메디치가의 코시모 공작에 의해 설립되었다. 코시모 공작은 루카 지니Luca Ghini를 볼로냐에서 피사대학으로 불러 식물학부 학장으로 임명하고 그에게 식물원을 만들도록 하였다. 이는 유럽에서 학술적 센터와 정원을 연결하여 대학에 부속시킨 식물원의 효시로 오늘날 식물원botanic garden이라는 개념으로 이해되는 최초의 식물원이다. 루카는 식물생태에 관한 연구와 교육을 식물원의 핵심적 지향점으로 강조하고, 약효가 있고 약리작용의 특성을 가지고 있는 약용식물 재배에 초점을 맞추어 식물원을 구성하였다.

피사대학식물원은 최초의 대학식물원이라는 권위를 파도바대학식물원과 공유하는데, 이는 피사대학식물원이 설립된 이듬해인 1545년에 만들어진 파도바대학식물원은 원래의 부지에 지금까지 그대로 있으나, 피사대학식물원은 1563년 산비토성당 근처로 이전하였고, 1591년에는 대성당 근처인 현재의 부지로 이전하였기 때문이다.

빅토리아수련온실

식물원은 원래 정형식정

원으로 설계되었는데 여러 세기에 걸쳐 변형되었지만 화단중앙의 연못이나 돌로 만든 화단 모서리 등에는 르네상스적 요소가 지금도 남아 있다. 또 식물원 남쪽 부지에는 자연과학박물관과 도서관, 식물표본실, 생물학과 등의 건물이 들어섰는데 그중 일부는 현재도 남아 있고, 수집품의 일부는 피사대학의 박물관과 도서관이 소장하고 있다.

식물원의 구성

1723년에 발간된 카탈로그에 의하면, 피사대학식물원은 본래 8개의 장사방형 화단으로 구성되어 있었다. 8개의 화단은 각각 천문학 또는 종교적 특성을 상징하는 기하학적 문양으로 설계하여 주로 약용식물을 식재하였고 각 화단의 중앙에는 원형 또는 8각형의 분수를 배치하였다.

이러한 구성은 지오르지오 산티 Giorgio Santi 에 의해 1783년 대대적으로 개조되었다. 그는 이명식분류법 Binomial Taxanomy 으로 식물을 분류하여 두 줄로 만들어 재배치하면서 이에 맞추어 화단을 장방형으로 바꾸었다. 또 화단 바깥쪽에는 수목원을 만들고 1787년 은행나무와 목련나무를 심었는데 그 나무는 피사에서 가장 오래된 나무로 지금까지 살아 있다.

장방형화단과 르네상스식 원형연못

현재의 식물원은 18세기 식물원의 구성과 유사하여 남쪽에는 장방형의 화단이 자리잡고 있고 북쪽에는 수목원이 있다. 식물원 입구에 들어서면 오른쪽에 1891년에 완공된 신고전주의 양식의 연분홍색 건물이 보이는데,

현재는 식물학과의 부속건물로 사용되고 있다. 이 건물 전면 양쪽에는 1890년에 심은 야자나무가 장승처럼 푸른 하늘로 쭉 뻗어 자라고 있다. 이 건물 남쪽 방향에는 설립 당시는 약초를 중심으로 식재하였으나 현재는 이탈리아의 자생식물을 심은 장방형 화단으로 구성된 식물교실이 있다. 화단에는 16세기에 만들어진 원형 분수 6개가 지금도 남아 있다.

북쪽의 수목원은 1841년 식물원의 북쪽 부지가 확장되면서 원래의 자리에서 이곳으로 옮겨졌다. 수목원에는 녹나무, 반얀나무, 주목, 왜성당종려 등의 고목이 보존되어 있으며 19세기에 만들어진 언덕과 연못, 암석원도 있다.

식물원에는 여러 개의 온실이 있는데, 그중에서 250여 종의 다육식물이 있는 다육식물 온실과 산타크루즈 수련을 볼 수 있는 빅토리아온실, 열대온실 등이 볼 만하다.

피사대학식물원은 영국의 큐가든이나 베를린의 다렘식물원 혹은 미국의 뉴욕식물원과 같이 규모가 크고 다채로운 식물종의 위용을 갖춘 아름다운 정원과 화려한 꽃무리를 보기 어려워 실망할 수도 있다. 피사대학식물원은 1시간이면 다 돌아볼 수 있을 정도로 규모가 작을 뿐만 아니라 온실과 건물도 낡았다. 지중해성기후에서 자라는 식물의 생태 그대로 시들어 보이는 식물이 화단에서 성글게 자라고 있고 연못에는 초록색 이끼가 짙게 끼어 있다. 그러나 식물의 연구와 교육이라는 식물원 본래의 기능과 당초 설립목적을 충실히 수행하고 있어, 오늘날과 같은 연구와 교육과 휴식이 이루어지는 식물원을 탄생시킨 식물원의 원형으로 기려지고 있다.

오래된 온실 창턱에 놓인 선인장

1842년에 심은 장뇌나무

북쪽 수목원의 연못

식물원의 운영 특성

피사대학식물원은 피사대학의 생물학부에 소속되어 있다. 따라서 연구와 교육 중심의 대학식물원으로서의 특성이 식물원 운영에 반영되어 있다. 일반인에게 식물원을 공개하고 있고 때로 특별전시회를 개최하고 세미나도 열고, 공개행사도 하지만 무엇보다도 피사대학의 교수와 생물학, 자연과학, 환경과학, 농학, 약리학을 전공하는 학생들이 주기적으로 수업과 실험을 진행하는 데 운영의 초점을 맞추고 있다.

Travel tip

주소 Orto Botanico dell Universita di Pisa, via Luca Ghini 5, 56126 Pisa, Italia
홈페이지 www.ortobotanicoitalia.it/toscana/pisa
전화 +39 050 2211310
개원시기 및 시간 월요일부터 금요일까지 08:00~17:30까지 개원하며(겨울철에는 17:00까지), 토요일에는 13:00에 문을 닫는다.
면적 3ha

37

이탈리아 바닷가의 아름다움을 더해주는

한버리식물원

Giardini Botanici Hanbury

꽃대의 모습이 특이한 아가베

식물원이 위치한 벤티미글리아는 이탈리아 북쪽에 위치하는 도시이자 지역자치구이다. 이 도시는 제노아 지역으로부터 남서쪽으로 130km, 이탈리아와 프랑스의 국경으로부터는 7km 떨어져 제노아 만에 위치하고 있다. 또, 이 도시는 이탈리아 북쪽의 로이아 강의 입구에 위치하며 작은 항구를 끼고 있는데 프랑스 니스나 모나코처럼 물가가 비싸지 않아 현지인들 사이에서는 잘 알려진 휴양지이다. 이곳에 한버리식물원이 위치해 있어 아름다운 해변을 한층 더 아름답게 해 준다.

식물원의 역사

토마스 한버리Thomas Hanbury에 의해 조성된 한버리식물원은 지중해 남쪽 해발고도 103m에서 해안을 바라보며 입구가 시작해서 바닷가까지 펼쳐져 있다.

한버리는 수십 년에 걸쳐 약리학자인 동생 다니엘 한버리Daniel Hanbury와 식물학자이며 조경설계가인 루드히비 윈터, 구스타프 코로네메이어, 커트딘테, 알윈버거와 함께 팔라조 오렝고Palazzo Orengo 땅을 구입 후 확장하였다.

식물원 카탈로그 '호투스 모르톨렌시스'Hortus Mortolensis에 따르면 이미 1912년에 5,800여 종류의 식물이 수집되었고 현재도 식물원에는 계속 식물들이 수집·보존되고 있다.

한버리는 1907년 세상을 떠났지만, 세계 1차대전 이후 그의 딸인 도로시 한버리Dorothy Hanbury가 열정적으로 식물원을 발전시켰다. 세계 2차대전 때 심각한 피해를 입고 재정난에 허덕이던 중 1960년에 이

점심을 먹거나 음료를 즐길 수 있는 바닷가 카페의 풍경

탈리아 정부에 식물원을 매각했다.

식물원은 그 아름다움을 인정받아 2006년 6월 1일 유네스코 세계문화유산으로 지정되었다.

식물원의 구성

18ha의 면적에 9개의 정원이 만들어져 있는데, 전 세계의 여섯 군데 지중해성기후 지역으로부터 수집한 다양한 지중해성기후 식물들이 자라고 있다.

주요 수종으로는 용설난, 아가베, 알로에, 살비아, 1832년에 심은 아라우카리아, 1867년에 심은 화이트 사포테, 올리브나무, 올메디엘라, 1870년에 심은 카나리소나무Pinus canariensis 등 오래된 나무들이 있다. 희귀 과일이 수집된 과수원에는 다래, 감, 마카다미아 등 아시아로부터 수집된 종류들도 많다.

한버리 저택의 모습

입구에서 식물원으로 내려오는 계단길

또, 다육식물, 감귤 등도 수집되어 있다. 특히, 실거리나무, 국화, 측백나무, 유칼리나무, 시계꽃, 유카 등 세계 각지로부터 수집된 다양한 식물들이 살고 있다.

한버리 저택에서 바다가 보이는 풍경

식물원의 운영 특성

식물원의 이벤트로는 가이드 투어, 아름다운 자연환경에서 번식한 희귀식물 소개, 식물표본, 과학용 희귀식물 수집 소개 등이 있다. 식물원 관람 소요시간은 최소 1시간에서 1시간 30분 정도가 소요된다. 보통 식물원들과 마찬가지로 동물 출입은 제한하고 있다.

전형적인 이탈리아정원 양식인 캐스케이드

바닷가의 좁은 길 아래로 식물원이 위치하고 있어 주차 공간이 없는 점은 방문 시 유의해야 한다. 한편, 바다 근처에서 점심을 먹거나 음료를 마실 수 있는 작은 카페가 있으며 몸이 불편한 사람에 한에 사전 예약 시 전동카트를 이용할 수 있다.

Travel tip

주소 Giardini Botanici Hanbury, La Mortola Corso Montecarlo, 43, 18039 Ventimiglia, Italia
홈페이지 www.giardinihanbury.com
전화 +39 0184 229507
개원시기 및 시간 9월 30일까지 매일 개원하며, 11월~2월까지 월요일은 휴원한다. 개원시간은 3월 1일~6월 15일, 9월 16일~10월 15일까지는 09:30~18:00, 6월 16일~9월 15일은 09:30~18:00, 10월 16일~2월 28일까지는 09:30~17:00까지 개원한다.
면적 18.8ha

38 프랑스 4대 식물원에 속하는 낭트식물원 Jardin des Plantes de Nantes

초화류전시원 뒤로 보이는 오래된 열대식물온실

프랑스 서부의 항구도시 낭트는 '작은 파리'라는 별명이 있을 정도로 도시의 구조나 분위기가 파리와 비슷하다. 1598년 앙리 4세가 유명한 '낭트칙령'을 발표한 곳도 바로 이곳이다. 제2차 세계대전 중에는 반나치 지하운동을 활발하게 하는 바람에 집중적인 공격을 받아 시가지의 피해가 컸지만, 미술관이나 대성당, 15세기에 축성된 성 등과 같은 고건축물이 많이 남아 있다. 또 낭트는 영화제로도 유명하여 '천년학' 등과 같은 우리나라의 영화가 입상한 바 있다. 낭트 시 테제베 기차역 맞은편에 낭트식물원이 있다.

식물원의 역사

낭트에 식물원이 처음 만들어진 것은 1688년 원예 발전에 큰 공헌을 한 루이 14세가 낭트 시에 식물원을 세울 것을 명령하면서부터이다. 이때 왕은 식물원의 교육적인 목적 외에 낭트 시 전체를 아름답게 꾸미는 것도 식물원의 임무로 부여하였다. 1711년에 목련의 일종인 태산목*Magnolia grandiflora* 을 처음으로 도입하였으며 이것이 시의 기후에 적합한 것으로 판명되자 시 전체에 대규모로 식재하기도 하였다. 그러나 1720년까지는 자금 부족으로 식물원은 잡초가 화단자리를 차지하고 관리부족으로 나무가 쓰러지는 등 황폐화되었다. 이후 식물원을 살리기 위한 여러 사람들의 노력이 있었고 1726년에 루이 15세가 식물원을 지원하기도 하였다.

혼란스러운 프랑스 혁명기간을 거쳐 1795년에는 외래종을 포함하여 600여 종류의 식물을 확보하였다. 당시에는 약 조제에 많이 사용되면서 경제성이 높은 한두 가지 식물을

반전과 평화를 의미하는 대형 군복이 있는 화단

집중적으로 대량생산하는 데 노력하였다.

1807년에 드셀Decelles 지사는 낭트에도 파리식물원Jardin des Plantes de Paris에 필적할 만한 식물원을 조성하라는 칙령을 내린다. 이것이 현 낭트식물원이 실질적으로 탄생하는 출발점이다. 약제사이자 식물학자인 헥토Jean Alexandre Hectot가 시내 중심부 즉 현재의 위치에 식물원 조성을 시작하였다. 이후 느와제트Noisette 등을 거쳐 1836년에 에코샤드Jean Marie Ecorchard 박사가 식물원의 책임을 맡아 식물원 확장과 발전에 크게 기여하였다. 1865년에 이르러 현재와 같은 식물원의 틀이 완싱되어 시민에게 공개하였다. 그 당시 유행했던 영국 자연풍경식 정원형식에 2,500여 종류의 식물을 보유하였다고 한다. 1879년부터 1880년에 발생한 강추위로 영하 16℃까지 온도가 내려가 245주의 교목과 600여 주의 관목이 얼어 죽는 일도 있었다.

꽃으로 장식한 신사복장의 조형물

1882년에 에코샤드 박사가 세상을 떠나고 시의 재정이 악화되면서 식물원은 다시 10년 동안 쇠락의 암흑기에 접어들게 된다. 1893년에 마르미Paul Marmy가 원장으로 부임하여 엉망이 된 식물원을 정비하고, 로이드Lloyd 식물분류체계에 따른 식물수집, 외국의 유명 식물원들과의 교류를 활발하게 추진하였다. 가온이 되는 유리온실을 신축하여 이국적인 외래 식물들을 전시하였으며, 특히 장미 수집에 열정을 보여 1895년에 600여 품종을 확보하였다.

이후에도 식물학자 또는 원예학자 출신이 낭트 시장으로 부임하면서 식물원은 지속적인 발전을 하게 되었다. 현재 11,000여 종류의 살아있는 식물과 800m² 면적의 온실 및 매 계절마다 7만

주의 초화류를 심는 식물원으로 시민들의 사랑을 받고 있다.

식물원의 구성

낭트 시의 심장부라고 볼 수 있는 한복판에 자리잡고 있으며 프랑스 4대 주요 식물원 중의 하나이다. 219년이나 된 태산목을 비롯하여 150년 된 튤립나무와 세쿼이아, 140년 된 플라타너스 등이 웅장한 자태를 뽐내고 있는 역사 깊은 식물원 중의 하나이다.

바닷가에 위치한 낭트 시의 온화한 기후와 석회 성분이 없는 양질의 토양 때문에 외국으로부터 도입한 대부분의 식물들이 식물원에 잘 적응하여 살고 있다. 북미 원산의 풍향수 *Copalm*, 사사프라스 *Sassafras*, 세쿼이아, 동백 등이 대표적인 예이다.

낭트식물원도 다른 프랑스 식물원과 마찬가지로 공원 같은 분위기로 조성되어 있다. 식물원 내에 호수를 만들기 위해서 파낸 흙을 이용하여 만든 인공 구릉지 몽테뉴언덕, 프랑스 중부 브리타뉴 지역의 다양한 야생식물과 보호식물이 식재되어 있는 생태식물원을 비롯하여 팜하우스, 선인장온실, 열대성 식물의 월동용 온실 등과 같은 시설물이 주요 구성 요소이다.

이 중에서 온실은 식물학 학교와 연계되어 교육에 주로 활용되고 있다. 식물분류학적 또는 생태학적 유연관계에 따라서 식물을 분류 및 배치하고 있다. 즉 온실의 동쪽 부분에는 북위 18°~23° 아프리카 지역에 서식하는 식물들을, 서쪽 온실에는 12°~19° 사이에 서식하는 아시아의 열대성식물들, 특히 난들을 전시하고 있다. 온실의 중앙 부분에는 열대 아메리카

연못정원

지역 식물들을 관리하고 있다. 오래된 온실은 선인장이나 다육식물들을 중심으로 겨울에 추위에 약한 식물들의 월동용으로 이용되고 있다.

이 식물원의 특징 중의 하나가 초화류 품종 전시원이다. 바둑판 모양으로 구획된 넓은 잔디밭에 최신 화단용 초화류를 종류별 또는 품종별로 식재하고 이름과 특징 등을 설명하여 놓았다. 많은 시민들이 전시된 꽃들을 찬찬히 둘러보고 각자의 정원에 필요한 원예정보를 가져가는 모습을 볼 수 있다. 또, 낭트식물원은 동백 품종을 많이 수집한 식물원으로 유명하다. 총 600여 품종이 수집되어있는데 옛 품종은 클레망소고등학교 쪽에 식재되어 있고 최신 품종들은 카일라우 도로 쪽에 심어져 있다고 한다.

입장료가 없는 넓은 식물원은 많은 시민들이 자유롭게 거닐거나 휴식을 취하는 공원 같은 모습이었지만 곳곳에 다양한 초화류를 사용하여 화려한 화단을 조성하여 놓았다. 초화류를 대형 군복바지와 조합하여 반전·평화를 의미하는 조형물을 조성하거나 초화류로 양복을 입은 신사 모형을 만들어 놓기도 하였다. 화단도 다양한 초화류로 색상의 조화를 고려하여 아름답게 조성하여 놓았다. 5월과 6월 사이에 100여 종류, 75,000주 이상의 초화류가 5개의 모자이크 화단에 심겨진다. 또 가을, 겨울, 봄 화단을 위해서 65,000주 이상의 추식구근류와 계란풀wallflower 등이 식재된다. 각종 동상, 조각상, 정자, 다리, 분수, 폭포, 호수 등이 아름답게 가꾼 관목, 숙근초, 교목 등과 어울려 연구중심 식물원보다는 아름다운 시민의 휴식처 같은 느낌을 갖게 한다.

식물원 내에는 소규모의 수영장과 모래밭이 있어 여름철에 어린이들에게는 즐거운 놀이터가 되기도 한다.

화려한 색상의 철판을 이용한 화단

식물원의 운영 특성

선인장온실과 연못

잔디광장의 조형물

낭트식물원도 프랑스의 다른 식물원처럼 교육적 역할을 강조하고 있다. 식물원 초기 원장인 에코샤드는 교육 활동을 식물원의 가장 중요한 기능으로 여겨 과일 학교, 숲 학교, 조경 학교, 식물학 학교 등을 차례대로 개설하였다. 현재는 프랑스 서부 지역의 식물상을 연구하고 보존하는 것을 포함하여, 서식지의 토양과 기후적 요소를 갖춘 비오톱을 조성하고 관리하는 일, 약용식물 또는 독성식물의 이용법 연구, 세계 식물원과의 체계적인 종자교환 등 활발한 활동을 벌이고 있다. 최근에 자생지에서는 멸종된 튤립 원종을 자생지에 복원(재도입)하는 사업을 수행하였다.

또, 온실을 이용한 열대지방의 생태에 관한 교육프로그램을 운영하고 수집된 식물들을 원예적으로 아름답게 전시하면서 시민들에게 정원조성에 관한 정보도 제공하고 있다. 연간 120만 명이 방문하고 있다.

Travel tip

주소 Jardin des Plantes de Nantes, Rue Stanislas Baudry, 44000 Nantes, France
홈페이지 www.jardins.nantes.fr/Traduction/Anglais/defaulta.htm
전화 +33 02 40419000
개원시기 및 시간 연중 개원하며 봄과 가을에는 08:30~06:30, 여름에는 08:30~20:00, 겨울에는 08:30~17:30까지 관람이 가능하다. 온실은 요일마다 관람가능 시간대가 다르다.
면적 7.3ha

39 프랑스 알프스에 숨어 있는 보석 로따레고산식물원

Jardin Botanique Alpin du Lautaret

고산 준봉에 둘러싸인 식물원 풍경

유럽에서 가장 아름다운 고산식물원 중의 하나로 꼽히는 로따레고산식물원은 프랑스 남부 알프스 산맥의 중심지 그레노블Grenoble에서 동쪽으로 약 90km 떨어진 로따레 고개Lautaret Pass(2,056m) 위에 자리잡고 있다. 로따레 고개는 알프스의 북부지역과 남부지역, 그리고 건조한 내부지역과 다습한 외부지역이 교차하는 곳이다. 이러한 환경적 특성 때문에 이 지역에는 1,500종이 넘는 다양한 식물들이 살고 있는데 이것은 프랑스 전역에 분포한 식물종의 3분의 1에 해당하는 것이다. 이들의 보존과 관리를 위해 해발 2,100m 고지에 조성된 로따레고산식물원은 주변을 둘러싸고 있는 에크렝 산(4,200m), 메이주 산(3,983m)과 같은 눈 덮인 고봉들의 장엄한 모습을 배경으로 형형색색의 아름다운 꽃들이 피어 있어서 환상적인 풍경을 연출한다.

식물원의 역사

이 지역에는 원래 그레노블에 가까운 샤르므루스에 식물원이 있었으나 접근로가 불편하여 곧 폐쇄되었다. 그 대신 등산객들에게 잘 알려진 로따레 고개에 그레노블대학의 라치만Jean Paul Lachmann 교수가 프랑스 관광클럽과 이 지역 호텔리어인 보나벨M. Bonnabel의 협조를 받아 고산식물원을 1899년에 개원하였다. 18세기부터 이 지역은 식물종이 풍부한 것으로 널리 알려져 있었다. 더욱이 로따레 고개는 2,000m 이상의 고봉들을 등정할 수 있는 몇 안 되는 접근로이기도 하다. 로따레 고산식물원은 처음에 로따레 고개의 도로변, 나폴레옹 I세의 후원으로 지어진 나폴레옹대피소 근처에 있었지만 1919년에 그보다 조금 더 높은 2,100m의 현재 위치로 옮겼다.

로따레 고개에 호텔과 레스토랑이 들어서고 찾는 사람들이 많아지면서 식물원도 함께 발전하였으나 제2차 세계대전의 발발과 더불어 관리 부족으로 식물원은 한때 퇴락의 길을 걸었다. 뤼피에 랑쉬R. Ruffier-Lanche가 원장으로 부임한 1950년 이후로 식물원의 재건 사업이 본격화되면서 식물종 수가 한때 5,000여 종류에 이르렀을 정도로 황금기를 구가하였으나 1974년 그가 사망한 이후 또 다시 방치되다시피 했다. 1980년 그레노블 대학에서 새로운 관리자를 임명하고 식물원을 재구성하는 등 적극적으로 식물원의 재건에 나서면서 오늘날과 같은 명소로 거듭날 수 있게 되었다.

식물원의 구성

로따레 고개 지역의 연평균 기온은 2℃이고, 최저온도는 영하 40℃에 이르러 식물원은 1년 중 반 이상이 눈에 덮여 있다. 식물원에 식재되어 있는 대부분의 식물은 이런 고산지역의 추운 환경에 적응된 것들이다. 이 식물들은 기온 변화나 자외선을 조절할 수 있는 엽침형태인 경우가 많아 차가운 눈 속에서도 생장할 수 있다. 종자로 번식되는 식물의 경우 고도가 낮은 그레노블에서 파종하고, 싹이 트면 식물원 종묘실로 옮기고, 여기서 어느 정도 자라면 식물원 노지에 내다 심는다.

만개한 피레네 나리

발칸 지역의 수레국화와 붉은뱀무

로따레고산식물원은 세계 전 지역에서 서식하는 2,500종류가 넘는 고산식물을 보유하고 있다. 여기서 말하는 고산식물이란 나무가 살 수 있는 수목한계선 이상의 지역에서 자연 상태로 자라는 식물을 의미한다. 수목한계선은 지역의 기온에 따라 다르기 마련이다. 가령 프랑스 알프스 지역의 경우 해발 2,300m가 한계선이지만 적도 부근에서는 약 4,000m가 된다. 로따레고산식물원에서는 초본류뿐만 아니라 나무들도 볼 수 있는데, 이는 이 지역이 수목한계선 바로 아래인 아고산한계선Subalpine Belt에 속하기 때문이다.

식물원으로 오르는 언덕에서 내려다본 로따레 패스

로따레고산식물원에는 가까이는 유럽의 산악지대에서 서식하는 고산식물부터, 아메리카 대륙의 로키 산맥과 안데스 산맥의 식물들, 아시아의 대표적인 산맥인 히말라야 산맥의 식물들, 극지방의 식물들, 남반구의 식물 등 다양한 지역의 고산식물을 지역, 생육지, 고유특성, 식물분류체계 등을 기준으로 54개 구역으로 나누어 배치하고 있다.

소박한 식물원 입구를 통과하여 동선을 따라 왼쪽으로 가면 시베리아, 코카서스 산맥, 중동, 피레네 산맥, 스페인의 고산식물들이 식재되어 있는 구역이 먼저 방문객을 맞는다. 시베리아 지역은 대부분 해발은 낮지만 북극에 가깝기 때문에 기후가 로따레와 매우 흡사하여 그 지역의 식물종들이 잘 자라고 있다. 아시아와 유럽을 가로지르는 코카서스 산맥에서 볼 수 있는 키가 큰 초본식물의 군집도 이곳에서 볼 수 있고 세계에서 가장 큰 미나리과 식물인 자이언트 하귀드*Heracleum mantegazzianum* 도 눈에 띈다. 피레네 산맥의 식물들은 재배하기 까다로운데, 이는 높은 고도이면서도 따뜻한 열대성 기후대에 속하는 기후적 특성 때문이다. 그러나 로따레고산식물원에서는 노란색 피레네나리와 같은 피레네의 식물들도 잘 자라고 있다. 또 이곳은 에크렝 평원의 일부분인 메이주 평원이 가장 아름답게 보이는 곳이기도 한데, 특히 1세기 때부터 밀려 내려오는 빙하가 장관이다.

식물원 남쪽에서는 히말라야, 일본, 중앙아시아, 카르피아 산맥의 고산식물들을 발견할 수 있다. 히말라야 산맥의 식물들 가운데 해발 3,500m 아래에서 자라는 식물들만이 여기에 심어져 있는데 투명한 종이 같은 꽃잎을 가진 청양귀비의 청초한 모습이 특히 인상적이다. 일본의 고산식물로는 후지산에 자생하는 것들이 주종을 이루고 있는데 조약돌을 재료로 하여 일본정원 풍으로 조성한 곳에 식재되어 있다. 중앙아시아 지역의 정원에는 중앙아시아와 중국에 서식하는 용담, 앵초, 철쭉 등과 같은 식물이 있으며, 유럽 남부에 위치하는 카르피아 산맥 구역에는 산 위 계곡에서 흘러내려 온 얼음같이 찬물이 고여 있는 작은 못과 그 주변에서 자라는 수변 식물종들을 볼 수 있다.

아메리카 대륙의 고산식물군을 지나면 서부 알프스의 고산식물들이 등장한다. 알프스는 프랑스, 이탈리아, 스위스, 오스트리아, 슬로베니아 등과 같은 여러 나라에 걸쳐 활 모양으로 펼쳐져 있는데 알프스의 서부와 동부는 서로 다른 기후로 인해 아주 다른 형태의 식물종 군락을 이루고 있다. 서부 알프스의 고산식물 정원 가운데에는 남극에서 사망한 남극탐험대 스코트 대장Robert Falcon Scott을 기념하는 기념비가 서 있다. 그는 남극으로 떠나기 전에 최신 실험장비들을 극한 환경에서 시험해 보기 위해 로따레에 들렸었다. 이 기념비는 스코트 대장이 죽은 뒤에 그의 탐구정신과 업적을 기리기 위해 후인들이 세운 것이다.

길을 따라 위쪽으로 올라가면 동부 알프스의 고산식물과 발칸 반도, 코르시카 섬, 북극, 남반구 등 다양한 지역의 고산식물들을 볼 수 있다. 예컨대 알티코 고산식물종과 같이 특수한 식물들도 이곳에서 찾아 볼 수 있다. 아펜니노 산맥과 코르시카 섬, 발칸 반도 등지에 제4기 빙하기 때에 퍼졌을 것으로 추정되는 고산식물들과 현재의 지중해성 기후에 영향을 받아 형태가 달라진 다양한 식물들도 이곳에서 볼 수 있다.

식물원 동편에는 식물에 관한 교육과 전시를 하는 샬레 로따레 연구소가 자리잡고 있는데, 건물의 형태가 알프스 지역의 독특한 주택양식으로 되어 있어서 알프스의 전형적인 풍

샬레가 보이는 알프스 풍경

경이 펼쳐진다. 연구소 옆에는 종묘실이 있고, 위쪽으로는 전망대 역할을 하는 정자가 있다.

길을 따라 아래쪽으로 내려가면 아메리카 대륙의 고산식물들을 만날 수 있다. 이 지역은 북아메리카 대륙의 로키 산맥, 애팔래치아 산맥, 남아메리카의 안데스 산맥에서 자생하는 식물들이 모여 있다. 로키 산맥이나 안데스 산맥은 알프스 산맥과 기후가 비슷하지만 그 지역에서만 자라는 식물종이 많다.

식물원으로 오르는 사면을 뒤덮은 야생화

로따레고산식물원은 이처럼 고산식물의 다양성을 알리고, 멸종위기의 식물을 보존하고 교육하는 한편, 고산생태환경과 고산식물과의 상호관계에 대한 연구를 활발히 하고 있다. 이렇게 교육과 전시 등 식물원의 본래 목적에 충실한 로따레고산식물원은 1년 중 약 4개월만 개방됨에도 불구하고 연간 25,000명의 관람객이 찾아오고 있는 명성 높은 식물원이다.

식물원의 운영 특성

로따레고산식물원은 그레노블대학에서 관리하고 있다. 그런 만큼 고산식물의 보호와 보존을 위한 연구가 활발하며 국제적으로 종자를 교환하는 프로그램이 잘 되어 있다. 이 지역에서 자라는 식물의 종자를 1,000여 종 이상 확보하고 이를 세계 50여 개 나라에 있는 300여 개가 넘는 식물원과 종자를 교환하고 있을 뿐만 아니라 이에 대한 정보를 종자목록에 실어 세계의 식물원과 자료를 공유하고 있다. 또 원예나 조경을 전공하는 학생들이 이 식물원에서 실무경험을 쌓을 수 있도록 인턴십 프로그램도 운영하고 있다.

Travel tip

주소 Jardin Botanique Alpin du Lautaret, Le Lautaret, 05480-Vilar-d'Arene, France
홈페이지 www.jardinalpindulautaret.fr
전화 +33 0492 244162
개원시기 및 시간 매년 기온과 날씨에 따라 조금씩 달라지는데 2012년에는 6월 2일부터 9월 24일까지 개원하였다. 개원 시간은 10:00~18:00이며, 7, 8월에는 10:30, 14:30, 16:00에 가이드 투어가 있는데 미리 예약을 해야 한다.
면적 2ha

40

후크시아 육종의 메카

루앙식물원

Jardin Botanique de la Ville de Rouen

식물원 본관 주변의 여름화단

프랑스에서는 '노는 것은 파리에서, 사는 것은 루앙에서'라는 말이 있다. 루앙이 노르망디 지역의 중심지로 문화적, 산업적, 역사적 환경이 뛰어나다는 말일 것이다. 영국과 프랑스의 오래된 영토 분쟁지인 루앙은 파리 북서쪽 123km 지점에 있으며, 센 강이 시내를 통과한다. 신의 계시를 받고 위험에 처한 프랑스를 구한 잔다르크가 마녀, 이교도, 우상숭배의 죄를 뒤집어쓰고 19세의 꽃다운 나이에 생을 마감한 곳이 바로 루앙이다.

식물원의 역사

식물원의 역사는 1691년 카를Louis de Carel 경이 이 부지에 개인정원을 조성하고 정자를 만들면서부터 시작되었다. 그 후 정원의 소유주가 여러 번 바뀌는 과정을 거치면서 1811년에는 나폴레옹이 이 정원을 구입하기도 하였다. 1820년에 영국인 원예사인 칼버트Crac Calvert가 다알리아 재배를 위한 유리온실을 건축하였다. 1832년에 루앙 시가 구입하여 대대적인 정원 개보수 과정을 거쳐 1840년에 공식적인 식물원으로서 시민에게 개방하였다. 이때 수집하여 보유한 식물의 종류가 6,000여 종류에 달하였다고 한다. 즉 루앙식물원은 1832년을 정식 개원연도로 보고 있다. 1800년대 후반에 식물원 면적은 크게 늘어났고 1938년에는 열대온실이 준공되는 등 꾸준히 발전해 왔다. 루앙식물원은 다른 식물원에 비하여 늦었지만 2004년에 프랑스 식물원협회에 공식 가입하였다.

식물원의 구성

루앙 시의 남쪽에 위치한 루앙 식물원은 가족이 야외활동을 하기

제라늄과 꽃베고니아를 이용한 화단

식물원 진입로 전경

에 적합한 공간이어서, 처음 식물원을 방문하면 시민들이 조용하게 산책을 하거나 조깅을 하는 공원 느낌이 든다. 시민들의 휴식공간으로도 이용되고 있지만, 오랜 역사를 자랑하는 루앙식물원에는 1896년에 건축된 감귤온실을 비롯하여 장미원, 열대온실, 암석원, 약용식물원, 과수원 등과 같은 식물원 구성요소를 고루 갖추고 있다. 식물원에는 1842년에 완공된 중앙 유리온실을 비롯하여 1938년에 지은 열대식물 유리온실과 오래된 조각상 등이 있다.

정문을 들어서면 중앙 관람로가 1850년에 건축된 파빌리온까지 일직선으로 뻗어 있다. 이 중앙 관람로에는 분수와 작은 연못이 조성되어 있고 좌우에 주요 주제원들이 조성되어 있다. 루앙식물원은 화단조성이 매우 아름답게 되어 있다. 적근대와 관상용 피마자 등을 다양한 초화류와 혼합 식재한 화단과 메리골드와 루드베키아를 주로 사용하여 전체적으로 노란색 색조를 띠는 화단이 깔끔하게 조성되어 있다. 특히 중앙 관람로 주변과 오른쪽의 1690년에 조성된 파빌리온 주변에 집중적으로 조성되어 있다. 또한 다육식물을 이용하여 관람로 교차로에 조성한 자수화단도 인상적이다.

봄에는 동백, 서양만병초 등과 함께 오래된 등나무가 화려한 꽃으로 식물원을 장식하고 여름에는 따가운 햇살 아래 초화류들이 화단을 장식한다. 식물원 내에는 오래된 은행나무, 올리브나무, 미국참나무, 벽오동나무, 너도밤나무, 밤나무, 호두나무, 세쿼이아 등이 있어 가을에는 화려한 단풍이 자태를 뽐낸다. 겨울에는 난방이 되는 온실에서 다양한 열대식물들을 만날 수 있다.

루앙식물원은 현재 약 5,600여 종류의 식물을 보유하고 있는데, 그중에 후크시아가 991종류를 차지하고 있어 국가주요수집식물군으로 인정받고 있다. 이러한 후크시아 유전자원을 활용하여 지속적으로 새로운 품종을 육성하기 때문에 세계적 후크시아 육종의 메카로 인정받고 있다. 다른 주요 식물 수집군에는 노르망디 지역에 자생하는 식물을 중심으로 목본식물 1,600여 종, 과수 품종 249종류, 셈페르비붐*Sempervivum* 110종류, 난류 500여 종류, 칼라디움, 베고니아, 크로톤 등이 있다. 그 외 암석원, 붓꽃 및 원추리정원, 장미원 등이 대표적인 주제원이다. 2013년에는 루앙 시와 노르망디벌보호협회의 도움으로 벌정원Bee Garden을 조성하였다. 민트, 로즈마리 등과 같은 밀원식물이 식재된 초지에 3개의 벌통과 20개의 관찰원이 조성되어 있어 지역 어린이들의 자연학습에 활용되고 있다.

장미원

생울타리를 배경으로 돋보이는 조각상

식물원의 운영 특성

루앙 시에서 운영하여 후크시아 및 아프리칸 바이올렛 등과 같은 관상식물의 육종과 번식, 멸종위기식물의 종보전에 관한 연구를 수행하면서 종자은행을 운영하고 있다. 루앙식물원은 식물원의 연구기능을 수행하면서 루앙 시민들에게 무료로 개방하여 사색과 휴식 및 운동의 공간으로 활용하고 있다.

Travel tip

주소 Jardin Botanique de la Ville de Rouen, 114 ter, avenue des Martyrs de la Résistance, 76000 Rouen, France
홈페이지 www.rouen.fr/jardindesplantes
전화 +33 02 35088745
개원시기 및 시간 겨울에는 08:30~17:15까지, 여름에는 08:30~19:45까지 개원한다.
면적 8.5ha

41

프랑스 식물과학의 저력

리옹식물원

Jardin Botanique de la Ville de Lyon

연못에 둘러싸인 암석원

리옹식물원은 프랑스 남동부에 손 강Saone Riviere과 혼느 강Le Rhone의 합류 지점에 위치한 프랑스 제2 도시 리옹의 시립식물원이다. 식물원은 혼느 강변의 멋진 녹지인 드 라 떼뜨 도르 공원을 포함한다.

식물원 면적은 8ha로 그다지 넓지 않은 것으로 생각되지만 다양한 광장과 정원이 조성되어 있는 전체 공원과 연결되어 있기 때문에 식물원을 거닐다 보면 굉장히 큰 규모로 느껴진다. 특히, 6,500㎡ 면적의 큰 온실이 있어 규모감이 더해진다. 식물 수집량도 방대해서 약 15,000종류를 보유하고 있다.

식물원의 사명은 교육, 보존 및 연구이다. 이를 위해, 식물 학교, 각기 다른 온도의 온실, 오랑제리, 서비스 건물로서 감독 및 수석 정원사의 숙소, 식물 수집을 위한 장소, 문화활동 공간 등이 있으며 수목재배를 위한 식물학 과정을 운영해 왔다. 따라서 식물원의 역사는 리옹의 식물학과 자연 과학 역사와 많은 부분이 일치한다.

식물원의 역사

리옹식물원은 200년이란 오랜 역사를 가지고 있으면서 많은 변화를 겪었었다. 리옹식물원의 전신은 1763년에 설립되었는데 이 식물원 설립의 중심에는 호지Rozier 원장이 있다. 그는 식물원을 설립하면서 그의 친구이자 식물학자인 클라렛 드 라 뚜렛Claret de la Tourette으로부터 600개의 일반적인 식물과 1,200개의 외국 식물을 받아 키우기 시작했다. 그는 유럽 전역에서 식물을 가져왔으며 정원은 곧 유명해졌고 지역 및 국가 차원에서 빛나는 존재가 되었다. 식물원은 장 자크 루소를 포함한 많은 식물학자를 배출하기도

1860년부터 1880년까지 지은 열대온실

했다.

200년의 역사에서 주요 변화를 보면, 1763년 개원 시에는 수의학 학교의 식물원Le Jardin Botanique de L'ecole Veterianire, 18세기 후반까지는 브호토 식물원Le Jardin Botanique des Brotteaux(18세기 후반의 프로젝트), 1793년부터 1857년까지는 식물원Le Jardin des Plante, 1857년부터는 파크 드 라 테트 도르 식물원Le Jardin Botanique au Parc de la Tête d'or으로 명칭이 변경되었다. 명칭의 변경 외에 실제적인 변화도 많았는데, 식물원으로서의 면모는 1796년에 경사진 언덕에 남아 있던 황폐한 수도원 크로-루스Croix-Rousse의 정원을 식물원으로 개원하겠다고 결정하면서 시작되었다.

1803년 6월 9일, 시립식물원이 되면서 4,000종의 자생식물 및 이국적인 식물을 재배하겠다고 발표했다. 창립, 경영 및 디자인은 유명한 식물학자이자 의사인 장 엠마누엘 질리베르(1741~1814) Jean-Emmanuel Gilibert가 맡았다.

리옹식물원의 실제 실현을 위해 1857년까지 건립하기로 하고, 미래의 공간 프로젝트로서 론의 외곽 105ha 면적의 부지에 드 라 떼뜨 도르 공원을 만들기 시작했다. 디자인은 빛과 그림자, 그리고 물, 산책로를 기본으로 했다.

1856년 리옹에서, 드 라 떼뜨 도르 공원 완공 후, 식물원의 역사는 공원과 밀접하게 연관되었다. 드 리옹 호스피스 구역에 속하는 117ha의 광대한 습지를 개발하는 데 5년이 소요되었다. 계획은 조경 건축가 데니스 뷜러Denis Bühler에게 위탁했다.

식물원의 식물 수집은 1860년부터 1880년 사이에 큰 온실을 건립하면서 열대와 적도 식물까지 수집 대상을 확장하며 빠른 속도로 진행했다.

식물분류원 해설판

식물원의 구성

식물원은 야외정원과 온실 두 개의 큰 영역으로 구분된다. 수목원을 포함한 야외정원에는 식물 학교, 고산 정원, 꽃의 정원, 대나무 스탠드가 있으며, 온실은 난대온실, 온대온실, 아열대온실 등 크게 3구역으로 구성되어 있다.

식충식물 수집 온실

야외 공간은 총 9개 구역으로 나뉘어져 있다. 1구역에는 암석원, 십자가 정원, 세인트 피에르 궁전 정원 등이 있다. 2구역은 자모jammot 광장, 3구역은 주시우Jussieu 광장, 에디슨 정원 등 다양한 정원이 자리하고 있다. 4구역에는 니논 발랑Ninon Vallin 광장, 귀스타브 페리Gustave Ferrie 정원 등 다양한 광장과 정원이 조성되어 있다. 6구역이 드 라 떼뜨 도르 공원이며 동물원이 이곳에 자리하고 있다.

유럽 각 고산지역의 식생을 재현한 고산식물원

이 밖에도 7구역의 혼느 강 공원, 8구역의 이탈리아 프랑스 원정 군단의 광장, 9구역의 세인트 램버트 마을 회관의 정원 등 다양하고 특색있는 광장, 정원들이 전형적인 프랑스의 정원 또는 공원 풍경을 보여준다.

식물원의 정원 외에도 연구와 교육을 위한 시설도 조성되어 있는데, 종자식물의 수집과 보전에 관한 실험연구를 수행하는 실험실이 있다. 또 식물표본실에 213,000점의 표본을 보유하고 있는데, 17세기부터 리옹 지역에서뿐만 아니라 뉴칼레도니아, 프랑스령 기아나 같은

야외 계절 정원에서 뛰어노는 아이들

먼 곳에서 수집된 표본들까지 다양하다.

수많은 자료를 보유하고 있는 도서관도 운영하고 있는데 연구자와 전문가 및 관람객들이 식물 재료 및 관련된 모든 정보에 쉽게 접근할 수 있도록 하는 것이 목적이다. 특히 500권 이상의 고문서가 수집되고 전산화되어 있는데, 200권 정도는 18세기 이전의 자료들이기도 하다.

오래전 사용하던 정원도구들을 보여주는 전시

식물원의 운영 특성

리옹식물원에서는 각 방문객 유형별로 특색있는 프로그램들을 진행하고 있다. 가족들을 위한 보물찾기와 같은 프로그램도 있으며 성인들을 위한 워크숍과 무료로 참가가 가능한 가이드 투어 등이 진행된다.

교사들을 위한 특별한 서비스가 있는데, 식물원은 교과 과정과 연계한 교육 활동의 카탈로그를 작성하여 교사들에게 제공하여 자연스럽게 교사들이 학생들을 인솔하여 식물원 내에서 교육을 할 수 있도록 도와주고 있다.

식물원은 수집 식물을 이용하여 정기적으로 전시회를 개최하는데, 주로 오랑제리나 방문객센터에서 전시회를 연다. 교육용 패널, 예술 작품의 형태로 전시하게 된다.

유카 종류 *Yuca linearifolia*의 꽃

리옹식물원은 풍부한 식물 수집으로도 유명한데, 11개 컬렉션이 국가 전문식물 컬렉션CCVS, National Collection으로 인정받고 있다. 예를 들어 736 생체 도입accession이 있는 천남성과 식물 수집Araceae, 889 생체 도입이 있는 베고니아Begonia 수집, 610 생체 도입이 있는 브로멜리아과Bromeliaceae 식물 수집, 66 생체 도입이 있는 으아리속Clematis 식물 수집 등과 다알리아, 서부 유럽 지역의 고사리류, 네펜데스, 페페로미아, 작약, 트로펠룸 등이 국가 전문식물 켈렉션으로 지정받고 있다.

위와 같은 방대한 식물 수집은 꾸준한 연구와 보전 노력을 통해 이루어지고 있다. 지금도 식물원은 식물 연구와 수집을 위해 지역이나 해외의 식물 전문가에게 식물탐험을 요청하여 진행하기도 한다.

Travel tip

주소 Jardin Botanique de la Ville de Lyon, 69205 Lyon Cedex 01, France
홈페이지 www.jardin-botanique-lyon.com
전화 +33 04 72694760
개원시기 및 시간 야외정원은 10월에서 3월까지는 09:00~17:00까지, 4월에서 9월까지는 09:00~18:00까지 개원한다. 고산식물원은 3월~10월까지는 09:00~11:30까지, 온실은 10월에서 3월까지는 매일 09:00~16:30까지, 4월에서 9월까지는 09:00~17:30까지 개원하며, 일요일은 휴무이다.
면적 8ha

42 원예적 아름다움과 자연이 공존하는 몽떼식물원 Jardins Botaniques du Montet

고산식물원

독일과 국경지대인 프랑스 북동쪽 로렌지방의 주도인 낭시는 18세기에 유행하던 건축양식이 고스란히 남아 있는 오래된 작은 도시이다. 정사각형의 스타니슬라스 광장을 중심으로 둘러선 오페라하우스, 호텔, 미술관, 시청 등은 모두 유네스코 세계문화유산으로 등록되어 있다. 도시 전체에 오래된 건축물과 아름다운 정원이 많아 파리와 같은 대도시에서 느낄 수 없는 아기자기하고 낭만적 분위기가 있다. 몽떼식물원은 낭시 시의 중심으로부터 약 7km 거리에 있다.

식물원의 역사

낭시 지역의 첫 식물원은 1758년 6월 19일 세인트 카트린Sainte-Catherine에 처음으로 개원하였으며 바가르Bagard가 책임을 맡았다. 1768년에는 지역 대학식물원인 퐁 무송Pont-à-Mousson 식물원으로부터 많은 식물을 기증받아 바가르가 15년 동안 정성스럽게 가꾸었다. 1792년까지는 왕립 의과대학 총장의 관리하에 있었으나, 이후 수년 동안 관리책임자가 없는 경우도 있었다. 1805년에 조세핀 왕비의 방문으로 다시 활기를 찾게 되었다. 왕비가 기증한 수많은 희귀식물들을 온실에서 재배하고 '식물학교'를 운영하면서, 린네의 식물분류체계에 따라서 식물을 분류하고 식재하였다. 1833년에는 화학자인 브라코노Braconnot를 포함한 운영위원회가 만들어져 황폐해진 식물원을 복원하는데 노력하였다. 저명한 식물학자인 고드롱Godron이 1870년까지 원장으로 재직하면서 식물학교를 활성화하고 열대식물 재배를 위한 온실을 건축

식물원 입구

하였다. 현재의 고산식물원 위치에는 그 당시에 지어진 신고딕 양식의 작은 성채가 아직도 남아 있다. 그러나 불행하게도 1930년부터 1935년 사이에 농업연구소와 동물박물관이 조성되면서 온실을 포함한 식물원의 일부 시설들이 철거되어 오를리공원The Park Olry으로 이전되기도 하였다. 그 당시 낭시식물원은 시의 공원관리국 소속이었다. 1975년에 현재의 위치에 식물원을 새롭게 조성하면서 몽떼식물원으로 개명하였다. 현재는 27ha 면적에 12,000종류 이상의 다양한 식물을 보유하고 있으며, 열대지방의 숲속같이 자연스럽게 조성되어 있는 2,500m²의 온실에서는 다양한 열대식물들을 만날 수 있다.

식물원의 구성

낭시 시가지를 굽어보는 몽떼 영지에 세워진 250년의 역사를 가진 식물원은 정형적으로 조성된 장미원을 제외하고는 전체적으로 자연스럽게 조성되어 있으며, 낭시식물원으로도 불려진다. 식물원 입구를 지나면 크지 않은 연못이 눈에 들어온다. 여러 수생식물과 수중식물들이 식재되어 있고 작은 계곡이 넓어지면서 연못에 합쳐지는 부분에 습지가 있어 생태학적 변화를 관찰하기에 적합하다.

연못에서 오른쪽 방향으로 걸어가면 다섯 개의 현대식 온실로 구성된 큰 유리온실이 나타나는데, 충분한 시간적 여유를 갖고 식물세계의 다양성을 즐길 수 있는 곳이다. 다섯 개의 온실은 서로 연결되어 있어 관람로를 따라서 자연스럽게 이동하면 된다. 첫 번째 온실에서는 이 식물원의 자부심으로 여겨지는, 거대한 빅토리아수련을 포함한 수생식물과 착생식물을 만날 수 있다. 두 번째 온실에서는 카카오와 같은 열대성 경제식물들을 볼 수 있으며, 이어서 열대우림 온실, 선인장과 다육식물 온실이 연결되어 있다. 마지막 온실은 열대지역에서 멸종위기에 처한 식물을 수집하여 보존하는 역할을 수행하고 있는 온실이다.

온실을 나오면 화려한 여름꽃을 즐길 수 있는 원추리 수집원과 아이리스 수집원으로 연결된다. 다시 작은 시내 건너편으로 올라가면 암석원이 나타난다. 세계의 여러 고산지대에서 수집된 식물들이 식재되어 있어 계절별로 아름다운 경관을 만들고 있다. 고산식물원 옆에는 식물분류원이 조성되어 있다. 피자식물을 현대적 분류체계에 따라서 식재하여 관련 대학 학생들의 학습에 활용되고 있다. 봄철의 화려한 붓꽃을 비롯하여 사시사철 푸른 침엽수 등과 같은 다양한 식물들이 있어 일반인들도 관람시간을 아끼지 않는 이 식물원의 자랑거리 중의 하나이다. 식물분류원 위쪽으로는 수목원과 만병초원이 조성되어 있다. 또 신석기 시대에 재배하였던 식물을 포함하여 서로마제국 시대, 중세, 르네상스 시대 및 18~19세기에 재배하였던 식물들을 연대순으로 식재한 식물역사 전시원도 볼만하다.

여름 초화원

몽떼식물원의 여러 식물 수집군 중에서 다알리아도 유명하다. 분류원에서 약초원으로 가는 중간 위치에 3,500주 이상의 다알리아가 식재되어 여름과 가을에 화려한 경관을 이룬다. 천남성과, 난과, 다육식물, 식충식물, 파인애플과 등도 세계적으로 인정받는 식물 수집군들이다. 다양한 주제원이 비교적 넓은 면적에 조성되어 있어 여유로운 느낌이 들지만 식물원을 관람하고 나면 시간을 투자할 만한 가치가 충분히 있다는 만족감이 드는 식물원으로 기억된다.

식물원의 운영 특성

몽떼식물원은 살아있는 식물박물관으로서 모든 사람에게 개방되어 있지만 특히 학생들을 적극적으로 환영하고 있다. 학생들에게는 실습 재료를 무료로 제공하고 원하는 모든 교사들을 대상으로 사전 교육을 실시하고 있다.

도서관에 있는 6,500여 권 이상의 도서를 활용하여 환경교육과 식물보전에 관한 교육을 실시함으로써 식물의 세계를 이해할 수 있도록 노력하고 있다. 또, 지구상의 종다양성의 중요성을 인식하고 식물원이 지속가능한 발전에 기여할 수 있도록 힘을 기울이고 있다. 1975년부터 낭시대학과 낭시식물원보존협회가 식물원의 관리 및 학문적 측면에서 공동으로 운영하고 있다.

Travel tip

주소 Jardins Botaniques du Montet, 100 rue du Jardin Botanique, 54600 Villers-lès-Nancy, France

홈페이지 www.jardinbotaniquedenancy.eu/jardin-du-montet

전화 +33 03 83414747

개원시기 시간 5월 1일, 12월 25일 크리스마스 및 1월 1일을 제외하고는 연중 개원한다(온실의 관람시간은 계절별로 다르다).

면적 27ha

43

이탈리아와 프랑스 국경 고산지대에 숨어 있는

샤노우시아고산식물원

Giardino Botanico Alpino Chanousia

식물원 전경

샤노우시아고산식물원은 프랑스의 사보이와 이탈리아의 아오스타 벨리 사이의 리틀 세인트 버나드 고개Little Saint Bernard Pass의 해발 2,170m 고도에 자리잡고 있다. 이탈리아와 프랑스 국경으로부터 800m 밖에 떨어져 있지 않은 이곳은 원래는 이탈리아 영토였으나 2차 세계대전 이후 프랑스 영토로 귀속되었고 두 나라가 인접해 있어 이탈리아어와 프랑스어가 모두 통한다. 이 지역은 서유럽에서 가장 높은 몽블랑(4,807m)과 몬테로사(4,685m) 등 4천 미터 이상의 고봉에 둘러싸인 험준한 고산지대로 국경 근처에 있는 몇몇 레스토랑과 기념품점 외에는 주택이나 건물을 찾아 볼 수 없다. '이제부터 프랑스'라는 간단한 팻말 외엔 아무런 표시가 없는 국경 지역을 통과절차도 없이 넘어 이탈리아 쪽 경사진 대로를 10여 분 걸으면 샤노우시아고산식물원에 다다른다. 고요하고 평온한 대자연 속에서 오랜 기간 꽃피우기를 갈망했다는 듯 한꺼번에 색색의 꽃을 피운 아기자기한 고산식물을 보며 깊이 숨을 들이쉬면 가슴 속까지 시원해지고 행복감에 젖어든다.

식물원의 역사

샤노우시아고산식물원은 인근에 있던 빈민과 병자를 위한 수용소의 원장이었던 아보트 피에르 샤노우Abbot Pierre Chanoyx 신부가 1897년에 설립하였다. 그는 사라져가고 있는 아름다운 고산식물을 가꾸고 보존하여 그 아름다움을 사람들이 완상할 수 있도록 식물원을 만들고자 했다. 그는 꿈의 실현을 위해 얼마 안 되는 봉급을 모아 투르 시로부터 땅을 사들이고 직접 땅을 갈고 돌을 추려내어 식물원을 가꾸었다. 그가 1909년 81세의 나이로 세상을 뜨자 성모리스 교단에서 식물원 운영을 맡았고 베네치아 출신의 자연과학자이며 알프스 식물전문가인 리노 바카리Lino Vaccari 를 원장으로 초빙하였다. 바카리는 전 세계로부터 고

국경 근처에 서 있는 식물원 설립자 피에르 신부 동상

산식물을 들여와 보유 식물종을 늘리고 연구소 겸 숙소로 쓰이는 작은 석조건물을 지어 관련 사진과 자료를 보관하는 등 식물원의 발전에 큰 기여를 하였다.

고산식물원을 예쁘게 장식하는 나리

2차 세계대전 중에 식물원은 폭격을 맞아 건물은 잿더미가 되고 식물과 수집된 자료도 거의 유실되었다. 전쟁이 끝나고 식물원 부지는 성모리스 교단과 투르시의 소유로 남아 있었으나 이 지역이 프랑스 영토로 편입되는 바람에 식물원을 재건하는 데 어려움이 많았다. 30여 년간 그대로 방치되었던 식물원은 1970년에 이르러서야 복원 노력이 본격화되면서 재건을 위한 조직이 만들어졌고 1976년에 복원작업이 시작되었다. 1988년에 현재 연구소로 사용되는 작은 건물까지 완전히 복구했으나 2,500여 종의 고산식물을 보유하고 국제적으로 명성을 떨치던 이전만은 못한 상태이다.

식물원의 구성

식물원 입구에 들어서면 언덕 위에 연구소 겸 관리동으로 쓰이는 작은 석조건물과 그 주변 경사면에 형형색색의 고산식물이 청초한 모습으로 반겨준다. 청량하고 맑은 공기와 쌀쌀한 날씨는 옷깃을 여미게 하지만 이곳저곳에 무리지어 피어 있는 꽃들을 좇아다니다 보면 천국에 온 것 같은 기분이라 해도 지나치지 않을 정도이다.

샤노우시아고산식물원은 연평균기온이 ±1℃로 항상 추운 편이며, 겨울철에는 4~8m의 눈이 쌓이는데 이 눈은 7월 중순까지 녹지 않을 때도 있다. 따라서 샤노우시아에서 선택하여 키우는 식물들은 고산이나 설원에서 자라는 식물들로 모진 기후에서 약 3개월이라는 짧은 기간 동안 생장하는 특성을 지닌 것들이다. 현재 약 1,200여 종의 고산식물을 보유하고 있는데,

알프스 고산에 아름답게 핀 분홍빛 엉겅퀴

양귀비꽃 너머로 보이는 연구소

히말라야 원산의 빨간 양지꽃 *Rotentilla nepalensis*

석회암, 규산암 등 암석 틈에서 자라고 있는 식물들

이들은 대부분 7월 말경부터 9월 중순 사이에 꽃을 피우므로 이 시기에 맞추어 식물원을 관람객에게 개방한다.

샤노우시아고산식물원은 거무스름한 이판암이 드러나 보이는 비교적 완만한 경사면에 조성되어 있긴 하지만 고산초지와 개울이 흐르는 습지를 제외하면 대부분의 부지가 경사지이고 지질 또한 작은 돌이나 자갈로 되어 있어서 식물원 전체가 암석원에 가깝다.

식물원은 지질과 식물의 생태에 맞추어 식재되어 있다. 입구 오른쪽의 무수규산 구역부터 시작하여 경사진 고산초원 구역, 석회암 구역, 연못과 습지 구역, 규산암 구역, 규산암빙퇴석자갈 구역, 석회암자갈 구역, 개울가 구역으로 구분되어 각각의 토질에 걸맞는 식물이 심어져 있다. 이렇게 구역을 나누어 식물이 자라고 있지만 식물원 전체 면적이 1ha에 불과한데다 경사져 있어 각 구역이 자그마하니 아기자기한 느낌을 준다. 또 바위와 자갈로 된 척박한 땅에서 자라는 식물들이 애처롭기도 하지만 하나하나의 줄기와 잎은 싱싱하고 고운 색깔이다. 식물원을 빙 둘러싼 나지막한 돌담이 문득 집 생각을 나게 하지만 멀리 보이는 설산과 발밑의 청초한 꽃들에 끌려 떠나기가 아쉬울 뿐이다.

알프스 고산에서 흔히 볼 수 있는 용담속 식물 *Gentiana lutea*

식물원의 운영 특성

고산식물원은 도시 인근의 규모가 큰 식물원들처럼 다양한 프로그램이 운영되기 어려운 여건인 바, 샤노우시아도 마찬가지이다. 식물원 개방 기간 중 7월 15일부터 8월 30일까지는 10시에 무료가이드 투어가 제공되는 것 외에는 방문객을 위한 특별한 프로그램이 운영되지는 않는다. 다만 오랫동안 식물원과 야생지에서 채취한 종자의 카탈로그를 만들고, 보유한 종자를 다른 고산식물원들과 교환하는 일은 지속적으로 해오고 있다.

현재 샤노우시아는 프랑스 영토에 있지만 주소지는 이탈리아로 되어 있고, 전화도 여름철에만 프랑스 전화번호를 사용한다.

Travel tip

주소 Giardino Botanico Alpino Chanousia, Via Marcello Collomb, 3, 11016 La Thuile(AQ), Italia
홈페이지 www.chanousia.org
전화 +39 342 8252189 여름 +33 04 79074332 겨울 +39 338 2714269
개원시기 및 시간 7월 초부터 9월 셋째 주 일요일까지 개원하며, 개원하는 동안은 매일 09:00~18:00까지 문을 연다.
면적 1ha

44

100년의 세월이 빚어 놓은 알프스 고산식물의 보금자리

제시니아고산식물원

La Jaÿsinia, Jardin Botanique Alpin

식물원에서 조망되는 사모앙 시내의 모습

제시니아고산식물원은 프랑스 동남부 스위스 국경에 인접한 사모앙 시 해발 700~775m의 고산지대에 위치한 식물원이다. 사모앙 시의 약 300km 남쪽으로는 몽블랑이 있다. 알프스 지방 특유의 신선한 공기와 평화롭고도 아름다운 풍광 속에 알프스 고산식물들로 특화된 유니크한 곳으로서, 사모앙 시내에 위치하여 접근성이 좋다. 이 식물원의 목표는 교육과 연구 및 휴양 기능을 제공하는 것이다. 현재 프랑스의 '중요정원' The Notable Gardens 의 하나로 지정되어 있다.

식물원의 역사

사모앙 지방 출신으로서 파리의 사마리땅 백화점의 창업자였던 설립자 마리 루이즈 코냑 제이Marie-Louise Cognac-Jaÿ가 설립하였으며, 1906년 그의 고향에 기증하였다. 현재 코냑제이 재단 The Cognacq-Jay Foundation 소속이며, 1936년부터 자연사 박물관의 식물과학부에서 관리하고 있다.

식물원의 구성

이 식물원은 구릉의 서남쪽 경사지에 조성되었다. 5대륙의 대표 수목들과 더불어 약 5,000종, 총 8,000주 정도의 고산식물과 내한성 식물들이 식재되어 있다.

식물들은 석회암 지역과 습지 등을 제외한 전 지역에 주로 지리적 분류에 따라 5대륙과 국가별로 구분 배치되어 있다. 부지의 아래쪽부터 위로, 오스트레일리아 지역, 지중해 지역, 발칸 지역, 스페인 피레네 지역, 알프스 지역, 중국 히말라야와 일본 지역, 아메리카 지역, 시베리

청정한 연못과 고색창연한 교회

아 지역, 아프리카 지역, 소아시아 지역들로 구분되어 있다. 이외에도 묘포장, 기상관측소, 암석실험실, 채소생태연구소 등의 시설이 있다.

산마루로부터 좁은 계곡을 따라 내려오는 물줄기는 작은 폭포와 연못을 이루고, 연못을 벗어난 물은 다시 낮은 곳으로 흘러 아기자기한 실개울을 만든다. 관람객들은 언덕을 구비도는 미로같은 좁은 관람로를 따라 천천히 정상으로 오르게 된다. 가끔은 푸른 이끼로 뒤덮인 고색창연한 바위들을 만나 그윽한 운치도 느끼고, 가끔은 실개울 위에 물기 스민 앙증맞은 나무다리도 건너면서, 작은 폭포들이 일으키는 하얀 물거품과 청정한 실개울들이 만들어내는 재잘거림 속에서 카타르시스를 느낄 수도 있다. 또, 장구한 세월의 풍상 속에서 살아남은 이곳 알프스 꽃들과 나무의 선연한 모습 속에서, 끈질긴 생명력을 발견하고 그 에너지를 전이받는 것은 이곳에서만 누릴 수 있는 호사이다. 부지의 정상에는 교회가 있어 웅장한 알프스 준령과 계곡을 감상하며 명상의 시간을 가질 수도 있다.

원형 잔디 광장

관람로 주변의 꽃들과 침엽수

암반 사이의 작은 폭포 위에 걸친 나무다리

식물원의 운영 특성

코냑 제이 재단 소속으로 1936년부터 자연사 박물관의 식물과학부에서 관리하고 있다. 개인 관람객들을 위하여 식물원 팸플릿의 평면 스케치에는 대표적인 103종의 식물들의 위치가 표시되어 있다.

또, 식물원은 개인은 무료이나 단체는 유료이다. 여름의 월요일 오전 10시에서 12시까지 최소 35명 예약시 안내관람이 가능하며 관람시간은 약 1시간 30분이 소요된다. 예약용 전자우편은 chauplan@mnhn.fr 이다.

Travel tip

주소 Jardin Botanique alpin de la Jaÿsinia, 74340 Samoëns, France

홈페이지 www.parcsetjardins.fr/rhone-alpes/haute_savoie/jardin_botanique_alpin_de_la_jasinia_1235.html

전화 +33 04 50344986

개원시기 및 시간 5월 1일~10월 31일까지는 08:00~12:00, 13:30~19:00, 11월 1일~4월 30일까지는 08:00~12:00, 13:30~16:30까지 개원하며, 적설기는 휴원한다.

면적 3.7ha

45 피레네 산맥의 숨은 보석 뚜말레식물원

Jardin Botanigue du Tourmalet

피레네 산의 계곡을 따라 조성된 뚜말레식물원의 모습

지중해부터 대서양까지 이르면서 프랑스 남부에 스페인과의 국경을 이루는 피레네 산맥이 길게 놓여 있다. 이 산맥의 핵심을 이루는 피레네 국립공원의 좁고 굽이진 산길을 따라 산안개를 헤치며 오르다보면 뚜말레식물원을 만나게 된다.

매년 여름이면 피레네 산은 수많은 꽃들이 장관을 이루어 자연이 만든 커다란 정원으로 변하게 된다. 이런 꽃밭의 한가운데, 해발 1,500m에 위치한 뚜말레식물원은 2ha의 면적에 바위, 잔디, 황무지, 숲으로 이루어져 있다. 이곳에서 피레네 야생 식물의 무한한 다양성을 발견할 수 있다.

1982년까지는 중앙 피레네 산맥에 더 많은 산지식물원이 있었다. 그러나 많은 식물원들이 폐쇄되는 상황을 맞이하게 되었다. 이런 상황에서 뚜말레식물원은 다음과 같은 미션을 설정하였다. 첫째, 문화와 교육이 본래의 임무인 식물원을 만듦으로써 많은 식물원이 폐쇄되는 상황을 해결하는 것이다. 둘째, 사람들로 하여금 프랑스의 각기 다른 지역의 식물과 외국산의 식물을 비교하도록 하여 피레네 산의 식물에 대해 광범위한 관심을 가지게 하는 것이다. 셋째, 필요한 사람들에게 식물을 제공하는 것이다.

식물원의 역사

오숑Ossun의 원예가인 당시 36세의 세르쥐 히유드베뜨Serge Rieudebat는 1996년부터 6년간의 노력을 기울인 끝에 뚜말레Tourmalet의 경사면에 식물원을 만들어 자신의 꿈을 실현했다.

2ha의 자연적인 환경에 1,500종 이상의 중요한 식물들과 일부 멸종위기에 처한 식물들로 식물학 정원

식물원 내로 흘러내리는 피레네 산의 맑은 계곡물

을 완성한 것이다.

식물원의 구성

식물학적으로는 잎이 두껍고 털이 있으며 마치 아프리칸 바이올렛 같은 꽃이 피는 피레네제비꽃 *Ramonda myconi*, 스위스 알프스 지역에서도 장관을 이루는 리나리아 알피나 *Linaria alpina*, 쥐손이풀류 *ash Geranium*, 알프스 동자꽃 *Alps Lychnis*, 긴잎바위떡풀 *Longleaf Saxifage*, 솜다리 등의 아름다운 꽃들이 여름철 식물원을 수놓는다.

뚜말레식물원에 있는 피레네 식물을 발견할 수 있도록, 각 식물들은 숲, 황무지, 초원 등 환경별로 그룹화하여 주제원을 조성하였다. 또한 지역과 고도별로 그룹화하였고, 사진과 패널을 통해 꽃에 대해

고산의 분위기를 더해주는 다양한 식물들

규산암 돌더미에 자라는 에델바이스

더 많은 지식을 배우게 한다.

식물원에서 고도별로 분포하는 식물들을 보면, 먼저 낮은 산(900~1,700m)에서는 일부는 목초지로 되어 있고, 너도밤나무와 전나무 숲이 우세하다. 아고산대(1,700~2,300m)에는 소나무, 황무지, 목초지, 바위와 돌더미 및 여기에서 살아가는 식물들이 차지하고 있다. 고산지(2,300~3,000m)에는 주로 초지와 바위 및 바위틈에서 살아가는 식물들이 산재한다.

바위와 절벽 지역에 사는 식물들은 적어도 바위틈에 뿌리를 고정할 수 있는 혜택을 누릴 수 있다. 앞에서 언급한 피레네제비꽃, 긴잎바위떡풀 등이 점차 분포지를 확산하면서 석회암 절벽을 뒤덮는다.

돌더미 지역은 주로 규산질의 돌더미가 널려 있다. 여기에서는 규산질 돌더미에 자라는 또 다른 종류의 바위떡풀 *Saxifrage réluse*, 석회질 돌더미에 자라는 알프스골무꽃 Alps Skullcap 같은 몇몇 식물들이 줄기를 감거나, 낮은 줄기

바위에 붙어 자라는 돌나물류의 꽃

식물원 입구의 안내소

를 만들며 환경에 적응해가고 있다.

히스 Heath들은 아관목의 형태로 토양 위를 덮으며 확산하는 것이 특징이다. 피레네의 드리아드버드나무 Dryad Willow 도 석회암 바위 표면에 정착했고, 만병초류 Rhododendron 는 밝은 분홍색 꽃으로 북쪽의 규산질 황무지를 장식한다.

초지는 아고산대에서 경사, 토양 종류, 습도에 따라 다양한 형태로 넓은 표면을 점령한다. 여기저기 짙은 파랑색 반점은 석회질 바위 잔디 위에 피어 있는 피레네 아이리스 Pyrenees Iris 의 존재를 보여준다. 높은 고도에서는 규산질 초지 위에서 국화와 비슷하게 생긴 아니카 Arnica 가 산을 노란 황금색으로 물들인다.

식물원에서 기른 식물들을 판매용으로 전시한 모습

키가 큰 허브류 식물들이 유기 물질이 풍부한 토양과 다소 가파른 습한 계곡을 차지한다. 피레네의 나리들과 쥐손이풀들이 숲을 풍부하게 한다.

습지 Wetlands 와 이탄습지 Bogs 가 식물원 내에 많이 나타나는데, 습지는 아고산대에 자주 나타날 뿐만 아니

전세계의 유명 지역까지의 거리를 나타내는 이색적인 이정표

자석놀이를 통해 식물의 구조를 이해할 수 있도록 한 교육판

라 경사면이나 호수에도 지속적으로 나타난다. 규산질 습지에는 일반적으로 앵초류가 관찰되고 석회질 습지에는 습지바위떡풀이 자란다.

이탄습지는 화강암 단층 위 오래된 빙하의 침식 분지에 자리하고 있는데 물이끼층이 방수 역할을 함으로써 부드러운 깃털이 있는 리나이그레테Linaigrettes, 식충식물인 끈끈이주걱 등 원래 한대지방에 자라는 식물들에게 피난처를 제공한다.

식물원의 운영 특성

원하는 경우 방문자는 많은 지식과 경험을 가진 가이드와 함께 식물원을 산책할 수 있다. 매일 오후, 가이드와 함께 식물의 비밀을 탐색할 수 있는 기회가 제공된다. 한편, 식물원 내에서 기른 식물들을 적극적으로 관람객들에게 판매하고 있다.

Travel tip

안타깝게도 이 글을 완성하던 시점에서 식물원에 대해서 다시 한 번 자료조사를 하던 차에 뚜말레식물원이 경영난으로 인해 폐쇄되었고 매물로 나와 있는 것을 발견했다. 많은 피레네식물원들이 폐쇄되는 것이 안타까워 이 식물원을 만들었지만 결국 뚜말레식물원도 그들과 같은 길을 걸을 수밖에 없는 상황에 처한 것이 너무 가슴 아프다.

46

프랑스 식물원 역사의 출발점

파리식물원

Jardin des Plantes de Paris

박물관 앞으로 펼쳐진 식물원 주정원

파리를 가장 잘 표현하는 말은 '파리는 그 자체가 하나의 거대한 박물관이다'일 것이다. 에펠탑을 비롯하여 노트르담 대성당, 개선문, 몽마르트 언덕, 세느 강을 가로지르는 32개의 아름다운 다리, 상젤리제 거리 등 어느 것 하나 빠뜨릴 수 없는 볼거리이다. 또 파리는 꽃의 도시라고 불릴만큼 아름다운 공원과 정원이 많다. 그중에서 파리식물원은 역사가 가장 오래되었을 뿐만 아니라 프랑스 식물원들의 모델이기도 하다. 같은 구역에 있는 국립자연사박물관과 함께 관람하면 좋다.

식물원의 역사

1577년에 식물학자이자 약제사였던 호엘Nicolas Houel이 최초로 파리에서 식물원을 조성하였다. 이 식물원은 1624년까지 1,000종 이상의 식물을 보유할 정도로 발전하였다. 그러나 현 파리식물원의 모태는 1626년에 루이 13세의 수석 주치의였던 헤로르Jean Heroard의 권유로 약제사인 브로스Guy de La Brosse가 왕실의 약용식물 재배원을 조성한 것으로 1640년까지는 일반인에게 공개되지 않았다. 이후 식물원은 쇠락의 길을 걷다가 1693년에 파곤Guy Crescent Fagon 박사가 식물원 관리자로 부임하여 당대의 유명한 식물학자들을 영입하고 부흥에 노력하여 식물원을 비약적으로 발전시켰다. 1739년부터 1788년까지는 뷰퐁Comte de Buffon이 현재까지도 남아있는 미로를 만드는 등 식물원 발전에 기여하였다. 프랑스 혁명 후에 공식적인 명칭이 식물원으로 변경되었고 1793년 6월에 자연사박물관이 건축되었다.

식물원의 구성

세느 강변 왼쪽 28ha 면적에 조성되어 있는 파리식물원은 오늘날 프랑스에서 가장 인기 있는 식물원이다. 식물원은 크게 열대식물원온실, 고산식물원, 장미원, 약용식물원, 아이리스 및 덩굴식물원, 생태원 등으로 구분되어 있다.

식물원 정문을 들어서면 식물원의 중앙에 길이 480m, 면적 22,000m²에 달하는 직사각형모양의 화단이 나타난다. 이 거대한 화단은 다시 여러 개의 작은 직사각형 화단으로 나누어져 있고 4월부터 가을까지 여러 꽃들이 피고 진다. 이곳에는 계절에 따라 대대적인 초화류 식재가 이루어진다. 가을(11월)에 추식구근과 월동성 2년초들을 식재하여 봄에 화려한 꽃밭이 만들어지도록 한다. 5월에는 칸나, 다알리아, 후크시아, 메꽃, 관상용 그라스, 세이지 등을 심어 여름과 가을화단을 조성한다. 연중 총 650여 종류의 초화류가 식재되고 이들은 모두 이름과 학명을 표기한 표찰을 부착하여 세심하게 관리한다. 이 중에서 한 구역은 매년 특별 전시용으로 사용되는데, 예를 들어 세이지, 잔디, 맨드라미, 회전초 Umbleweed 같은 특정 식물군(속 또는 과 단위)의 새로운 품종 전시회가 열린다. 원예가, 식물학자 및 육종가들의 협력으로 관리되어 식물원을 찾는 많은 시민들에게 하나의 야외 식물도서관 역할을 하고 있다. 양쪽에는 잘 다듬어진 플라타너스 가로수 산책로가 형성되어 그늘을 만들고 있다.

멕시코 온실로 불리는 건조지역식물온실

다음에 오른쪽을 향하면 8,200m² 면적의 생태원이 있다. 1938년에 조성되었는데 참나무류, 서어나무류, 느릅나무류, 단풍나무류, 너도밤나무류 및 여러 관목과 초본류가 식재되어 있다. 해설자의 안내를 받는 경우에만 관람이 가능하다. 생태원 관람을 마치고 앞으로 나아가면 파리식물원의 자랑거리 중의 하나인 '식물학교' 정

수생식물 전시원

원이 나온다. 이 정원은 1635년에 처음 조성되어 교육에 활용되어 왔는데, 현재 10,000m²의 면적에 약 4,000여 종류의 식물이 분류체계에 따라서 식재되어 있다. 약 400년 동안 중단없이 교육에 활용되어 왔으며, 1954년에 완전히 새롭게 재조성하여 현재의 모습을 갖게 되었다. 학생, 원예가, 취미 식물학자들을 주 대상으로 식물의 진화, 환경에 대한 적응, 수분방법, 확산방법, 기후식물학 등과 같은 다양한 교육을 실시하고 연구를 수행하고 있다.

Buffon Alley로 불리는 플라타너스 산책로

1836년에 건축된 온실은 길이 20m, 폭 18m, 높이 15m로서 당시에는 세계에서 가장 큰 유리온실로 다른 나라에서 모델로 삼기도 하였다. 연중 평균 온도를 22℃로 유지하고 멕시코 식물을 중심으로 남아프리카, 마다가스카르와 같이 건조한 지역에 자생하는 선인장, 유포르비아, 알로에, 용설란, 유카 등과 같은 식물을 수집하여 전시하고 있다.

식물학 학교로 이용되는 화단

다음으로 지하통로를 지나면 고산식물원이 나타난다. 이곳에는 프랑스의 프로방스, 알프스, 피레네 등과 같은 산악지역에 자생하는 식물을 포함하여 세계 각지의 고산식물 2,000여 종류가 식재되어 있다. 피트모스습지Peat Bogs와 같은 특수 고산환경도 조성되어 있다. 최근 지구온난화로 인하여 파리에 눈이 적게 내려 고산지대와 같은 겨울 환경 조성이 어려워져 식물관리에 큰 어려움을 겪고 있다고 한다. 겨울에 부직

장미원 입구

포로 식물을 덮어 유사한 환경이 조성되도록 노력하고 있다.

식물원 안쪽 박물관 부근에 조성되어 있는 장미원에는 수많은 품종의 장미들이 식재되어 있어 장미의 역사와 다양성을 한눈에 알 수 있게 한다. 1990년에 조성된 장미원은 장미 재배의 역사를 표현하고자 하였으며, 옛 품종과 최근 품종을 모두 보유하고 있다. 봄에는 장미전정 시범을 시민들에게 보여주고 있다. 중앙 통로에는 덩굴성 장미로 아치를 만들고 주변에는 향기가 좋은 장미품종들을 심어 놓았다.

화석발물관과 식물전시실 사이에 1964년에 조성한 아이리스 및 숙근초화원은 2,500m² 면적에 150여 품종의 아이리스, 450여 종류의 숙근초들이 식재되어 있다. 생울타리로 둘러싸여 있어 복잡한 파리 시의 한복판에서 고즈넉한 분위기를 느낄 수 있는 공간이다. 아이리스가 만개하는 5월에는 봄꽃 축제가 열린다.

솔리다고 Solidago 류 식물의 개화

이 밖에 파리식물원에는 정문 오른쪽 부분에 암석원 및 작약원이 조성되어 있고, 식물원에서 가장 깊숙한 위치에 1788년에 만들어져 오

식물원의 역사를 보여주는 동상

암석원

랜 역사를 자랑하는 미로원도 둘러 볼 만하다.

식물원의 운영 특성

파리식물원은 국립자연사박물관의 한 부분으로 구성되어 있어 사람들은 식물원과 진화, 화석, 광물, 곤충 등을 전시하고 있는 자연사박물관을 동시에 관람하기 위하여 식물원을 찾는다. 식물원 구역에는 수백 종류의 소동물을 보유한 동물원도 같이 운영되고 있으며, 방대한 자료를 소장한 도서관이 있어 그야말로 종합적인 박물관 역할을 하고 있다. 식물원 전체가 역사유적지로 지정되어 있다.

Travel tip

주소 Jardin des Plantes de Paris, 57 rue Cuvier, 75005 Paris, France
홈페이지 www.jardindesplantes.net
전화 +33 01 40795601
개원시기 및 시간 식물원은 연중 개원하며 07:30~20:00까지 이용이 가능하다. 박물관 등의 관람시간은 계절에 따라 다르다.
면적 28ha

47

산티아고 순례자 길에서 만나는 아름다운 휴식처

리오하식물원

Jardin Botanico de la Rioja

오래된 올리브 나무

스페인 북부의 유명한 순례길 카미노 데 산티아고Camino de Santiago가 통과하는 리오하La Rioja 지역은 알베르와 마드리드, 바스크와 카탈루냐 다음으로 순례자들이 방문하는 곳이다. 리오하식물원은 리오하 지역의 나헤라Nájera와 아조프라Azofra 사이의 순례길 옆에 자리하고 있어 순례자들이 새벽에 떠나기 전, 휴식을 취하면서 식물원에 수집된 식물들을 감상하고 배울 수 있는 기회를 제공하기도 한다. 식물원은 해발 1,500m에 위치하고 있지만 고원지대의 평야에 펼쳐진 넓은 농지들 사이에 자리하고 있어 높이감이 느껴지지 않는다.

식물원의 역사

스페인에서 가장 역사가 짧은 식물원이기도 한 리오하식물원은 1994년 2월 민간의 기부로 설립된 문화재단으로 시작되었다. 이 재단은 식물 재단에 관한 법률에 따라 문화부의 감독을 받는 비영리 재단으로, 리오하식물원을 운영하고 있다. 설립자이자 대표이사인 안토니오 바르톨로메 페르난데스Antonio Bartolomé Fernández가 식물원 운영을 총괄하고 있다.

식물의 연구 특히 나무의 종과 관련한 연구를 장려하는 것이 재단의 목적이며, 축적된 지식은 민간이나 공공단체에도 제공한다. 또 식물학 및 생태학 관련 서적 등 자료를 모으고 출판하며 새로운 식물 종을 수집하고 보존하는 활동을 하고 있다. 식물원의 이 모든 활동의 목표는 '보전'Conservation 이다.

식물원의 구성

식물원은 향기존, 자연식생존, 아르세리아Arceria존, 침엽수존, 사

향기존에 핀 아름다운 라벤다

과나무존, 장미목존, 석호존, 올리브 숲 등으로 구성되어 있다.

먼저 향기존은 소유자와 관리위원회가 기부한 땅에 허브 및 약용식물을 주로 심은 구역이다. 맨발로 걸을 수 있도록 길에는 잔디를 심었으며, 안내 없이도 자연스럽게 박하나 산톨리나, 세이지, 로즈마리와 같은 종들이 심겨진 곳에서 걸음을 멈추고 향기를 맡으며 새로운 분위기를 경험할 수 있다.

자연식생존은 향기존 다음으로 전혀 새로운 경험을 하게 되는데, 이 구역에는 아름다운 석호가 중심이 되고 성숙한 올리브가 심어져 있으며, 강둑, 해변, 지중해스크럽, 참나무 숲 같은 자연식생을 볼 수 있다. 주요 식물로는 털가시나무, 세쿼이아, 마가목류, 옻나무류, 가시자두, 위성류, 스트로베리 트리, 베스카딸기 등의 식물을 볼 수 있다.

아르세리아존은 북반구 전체에 서식하고 있는 단풍나무속Acer과 디프테로니아속Dipteronia 등의 단풍나무과 식물 2속 200종으로 구성되어 있다. 크고 작은 단풍나무 컬렉션들이 장식 효과를 주고 있으며, 아틀라스 시다Atlas Cedar가 이 구역의 절반 이상을 차지하고 있다. 큰 퍼골라 위로 파란 꽃을 주렁주렁 매달고 있는 등 *Wisteria sinensis* 이 감고 올라 자라고 있다.

침엽수존에는 세계 각지로부터 다양한 침엽수 종류가 수집되어 있는데, 새로운 환경에 적응할 수 있도록 특수하게 개발된 용기에 식재되어 방문자들이 관람할 수 있도록 하고 있다.

사과나무존은 오래된 과수원에서 기원한다. 레드우드와 향나무, 마가목과 피스타치오 등이 방문자에게 기쁨을 준다. 전체 관람로는 낮은 울타리로 되어 있고, 포럼센터로 이어진다. 중간에 작은 연못이 나타나고, 서어나무가 나란히 심어져 성 프란시스 망루까지 방문자를 안내하고 있다.

성 프란시스 망루를 지나면, 언덕 위에 환상적인 곳이 나타나는데 이곳이 장미목존이다. 높낮이가 있는 풀밭 길을 걷다 보면 삼나무와 버드나무가 가지를 늘어뜨리고 서 있고 그 뒤로 다양한 색깔들을 느낄 수 있다. 이것들은 주변 지역으로부터 수집된 토종의 꽃들 특히 헤더heather, *Erica australis* 와 같은 식물학적으로 '장미목'에 속하는 다양한 식물들로 계절마다 다른 색깔을 내며 자라고 있다.

장미목존을 지나면 석호가 있는데, 이곳에서는 과학과 생명의 환상적인 세계를 만나게 된다. 겨울에는 수선화, 튤립, 히야신스를, 여름에는 다알리아, 글라디올러스 등을 볼 수 있으며 분재를 수집하고 있기도 하다.

열려진 문으로 레오나르도 다빈치의 그림이 보이는 나무로 된 작은집 옆에는 키위가 감고 올라가는 배롱나무가 있다. 주목과 녹나무 앞에는 입구로 가는 안내문이 있다. 오래된 올리브나무 주변에는 의자가 있어 휴식할 수 있다.

맨발로도 걷기 좋은 관람로

시설로는 알라메다 La Alameda 라는 이름의 건물이 있고 내부에는 2억년 된 세 종류의 공룡 표본이 마치 살아있는 것처럼 자리잡고 있다. 이와 함께 공룡과 같은 시대를 살던 울레미소나무 *Wollemi nobilis* 의 표본을 볼 수 있으며 유럽 사람들에게는 독특한 느낌을 주기에 충분한 은행나무와 같은 식물 화석을 볼 수 있다.

해설센터는 전시회가 열리는 장소로도 활용된다. 같은 공간에 있는 오디토리움에서는 콘서트, 회의, 전시, 워크숍, 퍼레이드, 춤 등 이벤트를 할 수 있다. 또 소박하고 작은 가게가 있는데, 향신료, 그림, 사진이나 일시적으로 전시하는 상품을 판매하고 있다. 그 옆에는 좋은 와인을 한 잔 마실 수 있는 바도 있다.

카페가 있는 정원으로 안내하는 문

평온한 식물원의 모습

실내 전시공간인 알라메다 내부의 각종 표본 전시

식물원의 운영 특성

식물원은 문화부에서 '문화 및 자선홍보'의 성격을 부여하고 적절한 활동, 기부금과 보조금의 사용, 정보공개의 적절성 등을 직접적으로 감독 받는다. 설립자이자 대표이사인 안토니오 바르톨로메 페르난데스는 보수를 받지 않으며 일부 법률에서 정한 직위 외에 대부분의 다른 근무자들도 무급이다.

식물원의 모든 시설은 법적으로 매매될 수 없도록 되어 있으며, 재단이 해체될 경우 모든 자산은 정부기관이나 유사한 재단에 귀속되도록 하고 있다.

많은 기업과 공공 또는 민간단체가 프로그램을 후원하며, 방문자들이 환경에 대한 관심을 촉진시키기 위해 안내판을 만드는 일들을 공

석호존의 풍경

동작업하거나 후원하는 등 거의 모든 식물원 운영이 자원봉사를 통해 이루어지는 것이 특징이다.

유지 보수를 위한 보조금의 부족을 해결하기 위해 다양한 형태의 프로젝트를 수행하여 부족한 부분을 보충하고 있기도 하다.

식물원에는 북부 스페인을 비롯한 전국에서 오는 방문자를 맞이하고 있는데, 학교, 워크숍, 컨퍼런스, 이벤트, 단체 등의 많은 사람들이 방문하고 있으며 다양한 국적을 가진 순례자들 역시 중요한 방문객들이다.

Travel tip

주소 Jardin Botanico de la Rioja, LR-423, 26323 Azofra, La Rioja, España

홈페이지 www.jardinbotanico.net

전화 +34 617 363648

개원시기 및 시간 매일 오전 10시부터 오후 2시까지 개원하며 4월 15일부터 9월 15일까지 주중 야간에 개원(17:00~20:00까지)한다. 토요일, 일요일 및 공휴일 오후에는 알라메다, 해설센터 등의 시설물은 문을 닫는다.

면적 5ha

48

도심 속에 살아 있는 스페인 식물원의 역사

마드리드왕립식물원

Real Jardin Botanico de Madrid

야자수를 배경으로 한 연못정원

18세기 카를로스 3세는 마드리드에 왕궁을 비롯하여 프라도 미술관, 식물원 등을 건설하여 에스파냐 수도로서의 모습을 갖추는 데 핵심적인 역할을 하였다. 마드리드왕립식물원은 이때 조성된 식물원으로 프라도 미술관 맞은편에 있다. 3만여 종의 식물이 약용식물, 향기식물, 열매 맺는 식물, 장미원 등 주제별로 꾸며져 있고 열대식물을 볼 수 있는 온실이 있다. 마드리드 시내의 고색창연한 유적을 돌아보며 지친 다리도 쉴겸 휴식하기에 좋은 식물원이다.

식물원의 역사

마드리드왕립식물원은 식물수집이 왕실의 필수적인 취미활동처럼 여겨지던 18세기 중반인 1755년에 페르디난드 6세의 명령으로 만자나헤 강변에 세워졌다. 1774년에 카를로스 3세가 식물원을 이전할 것을 명령하여 1781년에 현재의 위치에 완공하였다. 왕실 건축가인 사바티니Francesco Sabatini와 프라도 박물관을 설계한 빌라누에바Juan de Villanueva가 식물원의 전체적인 모양을 디자인하였다.

이 식물원은 1939년에 스페인과학연구협회에 소속되기도 하였고, 1942년에는 예술적으로 아름다운 식물원으로 발전할 계획을 추진하기도 하였다. 1981년에 과학적 연구보다는 시민을 위한 식물원 대중화에 더욱 충실한다는 것을 목표로 재개원하였다.

식물원의 구성

웅장한 식물원 정문을 지나면 바둑판 모양으로 구획된 식물원이 한눈에 들어오는데 전체적으로 기하학적 양식을 보이는 정형식 스타일로 조성되어 있다. 5개 대륙으로부터 수집한 식물들이 식물원 전체에 식재되어 있으며, 특히 남아메리카와 필리핀으로부터 수집된 식물이 많다. 봄에 형형색색의 튤립과 화목류가 꽃을 피우면 식물원은 말 그대로 꽃밭천지가 된다. 식물원의 중앙축은 정문인 왕의 문에서 빌라누에바원Villaneueva's Pavilion까지 이르는 길이며 중앙축의 십자로에는 원형 분수가 일정하게 배치되어 있다.

헬레니움 *Helenium* 속 식물의 개화

식물원은 3개의 구역으로 구성되어 있는데, 정문을 지나면 처음 나타나는 구역에는 관상용식물, 약용식물, 방향식물, 민속식물, 유실수 등이 식재되어 있다. 남쪽 끝부분에 식물원의 중앙을 알리는 바위가 하나 있다. 중국에서 온 작약, 한국과 일본에서 수집한 철쭉류, 남아프리카의 아이리스, 칠레산 킬라하 나무Soapbark Trees 등을 볼 수 있다. 석류나무, 일본 건포도나무 등과 같은 이국적인 식물들이 보는 즐거움을 더해주고, 봄에는 식물원 전체가 화려한 색상으로 물든다. 다양한 야생 장미의 색상과 향기를 느낄 수 있고 유실수, 채소, 허브 등도 있다.

다양한 선인장

두 번째 구역Terraza de las Escuelas Botánicas은 식물분류학적 관점에서 식물 세계를 이해할 수

전시온실 내부의 열대우림온실

있는 곳이다. 즉 식물을 과별로 전시하고 그들의 유연관계를 알 수 있도록 배치하였다. 가장 원시적인 식물로부터 가장 진화된 식물 집단으로의 변이과정을 한눈에 알 수 있도록 되어 있다.

세 번째 구역Terraza del Plan de la Flor은 식물원의 가장 안쪽에 해당하는 구역으로 편안한 휴식을 취할 수 있는 곳이다. 야자수를 비롯한 관상수와 관목이 주변의 연못과 어울려 아늑한 분위기를 만들고 있다. 19세기 중반 그라엘de Mariano de la Paz Graells의 지도하에 리모델링되었다. 식물학 발전에 큰 공헌을 한 린네의 흉상이 있으며 중앙에는 초기 식물원 설계에 공헌한 빌라누에바를 기념하는 정자가 있다. 고풍스럽게 조성된 로맨스정원은 식물원을 방문하는 사람들에게 가장 인기 있는 공간이다. 주변 시민들이 점심 도시락을 먹고 오리가 한가롭게 노니는 연못가의 벤치에서 느긋하게 휴식을 즐기기도 한다.

여름철에 큰 꽃을 피우는 아티초크 *Cynara scolymus*

마드리드왕립식물원에는 2개의 온실이 있는데 최근에 지어진 전시온실은 열대, 온대 및 사막 기후형 등으로 구분되어 있으며 각 실별로 적합한 환경을 조성하고 있다. 선인장, 용설란과 같은 다육식물, 열대 관엽식물 등이 아름답게 식재되어 있다. 이 온실은 에너지 절감 시스템과 컴퓨터를 이용하여 친환경적인 관리를 하고 있는 것을 매우 자랑스럽게 생각하고 있다. 실제로 온실 입구에는 에너지 관리체계에 대한 상세한 설명도를 부착하여 놓고 있다. 그라엘스 온실은 19세기에 지어진 것인데 열대식물과 수생식물 및 선태류를 전시하고 있다.

숙근초 화단

식물원 정문 앞 격자모양의 제라늄 화단

식물원 중앙 산책로

식물원의 운영 특성

마드리드왕립식물원은 초기부터 식물을 전시하고 교육하는 기능과 새로운 식물을 발견하고 분류하는 학문적인 면을 동시에 추구하여 왔다. 백만 점 이상의 식물표본을 소장한 표본관, 32,000권 이상의 도서를 소장한 도서관을 비롯하여 식물학연구센터로서의 역할을 충실히 수행하고 있다. 스페인과 아메리카 대륙의 식물에 관하여 집중적으로 연구하고 2,400여 종, 3,300여 종류에 달하는 종자를 보유한 종자은행을 운영하고 있다. 그리고 오랜 식물원 역사만큼이나 풍부한 문헌과 자료들을 디지털 자료로 만들어 제공하는 디지털 전자도서관을 2005년에 구축하여 일반에게도 공개하고 있다.

Travel tip

주소 Real Jardin Botanico de Madrid, CSIC. Plaza de Murillo, 2, Madrid E-28014, España

홈페이지 www.rjb.csic.es/jardinbotanico/jardin

전화 +34 914 203017

개원시기 및 시간 성탄절과 1월 1일을 제외하고는 매일 오전 10시부터 오후 6시까지 관람이 가능한데, 문 닫는 시간은 계절에 따라서 조금씩 다르다.

면적 8ha

49

바다와 식물이 어우러진 지중해의 보석같은 곳

마리무트라식물원

Jardi Botanic Marimurtra

린네 전망대로 가는 노단식 정원길

이베리아 반도 동북쪽 바르셀로나 인근의 브라바 해안Costa Brava의 해발 30m 절벽 위에 조성되어 지중해의 시원한 풍광을 자랑하는 곳이다.

카를 파우스트 트러스트Karl Faust Trust에서 관리하고 있는 사립식물원으로 수집된 식물들과 종자 및 식물표본들의 유지관리뿐만 아니라 향토수종과 멸종위기식물들의 보존과 식물세계에 관한 방대한 지식의 전파에도 힘쓰고 있다. 또, 자연사의 이해를 통한 지중해 문화 고양에 큰 기여를 하고 있는 곳이다. 식물원 관람은 절벽의 가장자리 길을 따라 지중해를 배경으로 각종 수목과 화초들이 만들어내는 조화롭고도 아름다운 경관을 감상하며 걷게 되며 약 2시간 정도 소요된다.

식물원의 역사

설립자는 독일의 열정적인 식물 애호가였던 카를 파우스트Karl Faust로서 유럽의 여러 식물학자들의 도움을 받아 블라네스Blanes 지방에 과학 연구의 국제적 중심지를 만들기 위하여 조성하였다. 현재 카탈루냐 지방 주 정부에서 관리하고 있는 국가문화자산으로, 1918년 개발 당시엔 포도밭이었으나 현재는 연 관람객 50만 명에 이르는 유럽의 가장 선구적이고 중요한 식물원의 하나가 되었다.

식물원의 구성

온화한 지중해성기후에 속하는 지역으로, 지중해성 산림지역의 중심부에 약 5ha의 면적에 조성되어 있다. 식물원의 구성은 크게 세 지역으로 나뉘어진다. 아열대지역, 온대지역 그리고 지중해지역으로서 약 3,000종의 식물들이 육성되고 있다. 식물수는 약 12,000주, 배양 중인 식

다육식물원

물군은 60종류에 이른다. 특별 수집 종으로는, 열대와 지중해 지역의 만경식물류와 야자식물들, 선인장류 등의 다육식물들과 대나무류, 약용식물들과 방향식물들이 있다. 고유 수종 뿐만 아니라 오대륙 각지에서 수입된 수종들이 식재되어 있다.

설립자 칼 파우스트 추모상 주변 모습

장소별로 몇 개의 휴게 시설과 수공간을 배치하였으며, 멘델, 괴테, 린네 등의 이름을 딴 작은 광장이 조성되어 관람객에게 휴식을 제공한다. 또, 지중해변 깎아지른 절벽 위 둘레길을 따라 천천히 걸으며 지중해의 파노라믹한 풍광 속에서 갖가지 꽃과 나무들을 감상하는 맛이 일품이다. 이 길의 끝에 아름다운 린네 전망대가 있다. 푸른 지중해의 바닷바람과 수많은 수목과

식물원에서 보이는 지중해의 경관

식물원 내부 모습

화초들이 자아내는 특유의 분위기 속에서 오감이 깨어나는 신선한 체험을 할 수 있는 인상적인 곳이다.

해변 절벽의 새들

식물원의 운영 특성

카를 파우스트 트러스트에서 관리하고 있는 사립식물원이다. 이 단체에서는 국제 지중해 생물학 연구소 운영도 지원하고 있다. 또, 여러 가지의 자연학습교실을 운영하고 있으며, 멘델의 법칙 연구, 식물의 운동과 계통발생학 및 역사적 진화에 대한 연구와 교육 등을 수행하고 있다.

Travel tip

주소 Jardi Botanic Marimurtra, Passeig de Carles Faust, 9, 17300 Blanes, Girona, España
홈페이지 www.Marimutra.cat
전화 +34 972 330826
개원시기 및 시간 6월에서 9월까지는 09:30~20:00, 4월, 5월, 10월은 09:00~18:00, 11월에서 3월까지는 10:00~17:00까지이다. 휴원일은 12월 25일~26일, 1월 1일, 1월 6일이다.
면적 5ha

50

지중해 식물의 보고

바르셀로나식물원

Jardi Botanic de Barcelona

올림픽 경기장이 보이는 야자수 언덕

여행을 좋아하는 사람치고 스페인 여행을 꿈꾸지 않는 사람은 없을 것이다. 스페인 하면 가우디의 구엘공원, 파밀리아 성당이 있고 역사와 현대가 뒤섞여 살아 숨쉬고 있는 바르셀로나를 빠뜨릴 수 없을 것이다. 또 바르셀로나는 황영조 선수가 마라톤 금메달을 목에 건 1992년 하계 올림픽 개최지이기도 하다. 바르셀로나 몬주익 올림픽공원에 가면 황영조 기념비를 볼 수 있고 인근에 바르셀로나식물원이 있다.

식물원의 역사

1723년에 바르셀로나 시가 속해 있는 카탈루냐 지역에 식물원다운 식물원이 처음으로 설립되었다. 그 후 스페인의 식물원은 식물학자와 그들을 후원하는 부유한 가문들에 의하여 상업적으로 가치 있는 식물들을 수집하는 형태로 19세기까지 발전하여 왔다. 그때 수집된 식물들의 일부는 현재 바르셀로나 자연사박물관 구역에 심겨져 연구에 이용되고 있다.

그러나 현 바르셀로나식물원의 직접적인 모태는 1930년에 쿠에르 Pius Font i Quer 박사에 의해서 몬주익 언덕에 세워진 식물원이라 할 수 있다. 1986년에 올림픽 개최에 필요한 시설물을 시공하면서 심하게 훼손되는 바람에 식물원의 일부를 이전하여 2.4ha 면적의 식물원역사정원을 조성하였다. 이와는 별개로 시의 자존심 차원에서 지중해성 식물을 보존하고 연구하는 제대로 된 현대적 식물원을 만들기로 결정하고 공사에 착수하여 1999년 4월 18일에 바르셀로나식물원을 공식적으로 개원하였다. 공사비는 유럽연합의 보조금과 바르셀로나 시의회의 지

원으로 충당되었다.

식물원의 구성

바르셀로나식물원은 건축학, 조경학, 원예학, 식물학 분야의 권위자들이 협력하여 공동으로 설계한 것으로 유명하다. 설계 시 다음 두 가지를 중요하게 고려하였다고 한다. 첫째, 세계의 지중해성기후 지역을 5개 권역으로 나누고 이들과 유사한 생태 및 경관을 조성한다. 둘째, 식물원이 위치한 산의 경사진 지형을 그물망 모양으로 71개로 세분하여 각 식물의 특성별로 배치한다.

육중한 철문이 인상적인 입구

관람로 주변의 초화화단

지중해성기후는 봄과 가을의 우기, 뜨겁고 건조한 여름, 온화한 겨울로 뚜렷한 계절성을 드러낸다. 이런 계절적 특성은 호주, 캘리포니아, 남아프리카, 칠레, 지중해안 지대의 위도 30~40도 지역에서 볼 수 있는데 바르셀로나 지역도 이러한 지중해성기후대에 속하고 있다.

바르셀로나식물원 정문은 육중한 철판으로 만들어진 현대식 건물로 매우 인상적이다. 식물원에 들어서면 세계의 지중해성기후대를 호주, 캘리포니아, 카나리 섬, 서지중해, 동지중해, 북아프

식물원 입구의 수생식물원

리카, 남아프리카, 칠레 등 8개 구역으로 구분하고 각각의 지역에서 자생하는 식물을 수집한 전시원을 볼 수 있다. 전시원에는 각 지역을 대표하는 식물들이 뜨거운 스페인의 여름 햇볕 아래에 조화롭게 자라고 있다.

관람로는 직선과 곡선이 적절하게 조화된 콘크리트 포장길인데 따가운 햇살을 받으며 하얗게 빛나고 있다. 식물원에서 가장 높은 구역은 동지중해 식물 식재지역으로, 시원한 바람을 즐기면서 멀리 보이는 바르셀로나 시내를 조망할 수 있다.

서지중해 구역에서는 참나무류, 소나무류, 인동류, 단풍나무류, 마가목류, 회양목류 등의 식물을 볼 수 있으며 바르셀로나식물연구소가 자리잡고 있다. 북아프리카 구역에서는 전나무류, 향나무류 및 참나무류 등이 식재되어 있다. 북아프리카 구역에서는 유도화가 군락을 이루면서 붉게 만개한 모습은 높이 솟은 야자수와 어울려 지중해의 따가운 햇살에 지친 방문객들의 탄성을 자아내게 할 정도로 아름답다.

카나리 섬 구역을 지나 정문 방향으로 내려오면 수생식물원을 만나게 된다. 이곳에서는 부처꽃, 골풀류 등과 같은 다양한 수생식물을 볼 수 있으며 직선으로 놓여 있는 목재 데크에서 식물원을 올려보면 야자수와 각종 지중해 식물로 어우러진 바르셀로나식물원의 아름다움이 한눈에 들어와 카메라 셔터를 연신 누르게 된다.

전체적으로 볼 때 수집된 식물들을 원산지별로 분류하여 몬주익 언덕의 자연 상태에서 나타나는 경관이나 환경에 적합하도록 식재되어 있다. 예를 들어 지중해성 숲을 이루는 교목을 식물원의 상단부에 조성하고 관목성 식물들은 언덕의 중간이나 저지대에 조성하였다.

그늘을 만들어 주는 야자수

초기에는 약 4,000여 종의 지중해성 식물들을 수집하여 식재하였지만, 온도나 습도와 같은 기후와 토양 차이에 의하여 많은 식물들이 죽고 2008년 기준으로 약 1,492종만이 생존하고 있다고 한다.

바르셀로나식물원은 희귀종이나 특별한 종을 가시적으로 전시하려는 노력은 하지 않는다. 반면에 자연적인 모습을 그대로 보여주고, 수집된 지중해성 식물들을 몬주익 언덕의 경관과 어울리는 자연 생태계를 보여주려고 노력한다. 화려하지는 않지만 자연스러운 경관을 보고 느낄 수 있다.

식물원의 운영 특성

바르셀로나식물원은 사회봉사 측면에서 설립된 시립식물원으로 전 세계에 분포하는 지중해성 식물들을 수집하여 전시하고 있다. 동시에 스페인 카탈루냐 지역의 자연유산을 보존하고 연구하는 임무도 수행하고

독특한 모습의 건조지역 식물들

식물원 정상에서 바라본 바르셀로나 시가지

있다.

식물과 자연에 관한 다양한 활동과 지식을 일반 시민뿐만 아니라 전문가 그룹, 학생들에게 전파하여 식물과 자연에 대한 문화적 인식을 증진시키고자 노력하고 있다. 학문적 측면에서는 '바르셀로나식물연구소'의 지원을 받고 있으며 카탈루냐 지역에서 가장 큰 도서관과 표본관을 보유하고 있다. 또 지중해성 기후에 처음으로 도입된 식물들에 대한 연구를 시산하 여러 관련 기관들과 협력하에 진행하고 공원 등에 적용하는 사업도 수행하고 있다.

바르셀로나식물원의 설립목적은 '생물학적, 기록학적, 역사적 및 조경적 유산과 가치를 증진하는 것'이다. 연구, 보전, 가드닝, 지속 가능한 발전 등과 같은 분야에서도 활발한 운동을 벌이고 있다.

Travel tip

주소 Jardi Botanic de Barcelona, Carrer del Doctor. Font i Quer, 2, 08038 Barcelona, España
홈페이지 www.jardinbotanic.bcn.cat
전화 +34 932 564160
개원시기 및 시간 1월 1일, 12월 24일 및 25일에만 휴원하며, 10월부터 3월까지는 10:00~18:00, 4월부터 9월까지는 10:00~17:00까지 관람할 수 있다.
면적 2.4ha

51

오래된 자연 숲을 보존하는 대서양 해안의

아틀란티코식물원

Jardin Botanico Atlantico de Gijon

아가판서스가 아름답게 핀 숲속 관람로

아틀란티코식물원은 스페인 북부 아스투리아스 지역의 히혼Gijon에 위치하고 있다. 식물원의 이름에서도 알 수 있듯이 히혼은 대서양에 접해 있는 해안 도시로, 스페인의 다른 지역에 비해서 시원한 여름 날씨를 나타내기 때문에 휴양지로 각광 받고 있다.

식물원은 바로 히혼대학 캠퍼스 구역을 가로지르는 식물원길Av. del Jardin Botanico 을 사이에 두고 캠퍼스 구역의 맞은편에 위치하고 있다. 식물원은 이 지역에 있던 150년 이상의 역사를 가진 섬 정원El Jardin del La Isla 에 수집되어 있던 컬렉션을 포함하고 있다. 그뿐만 아니라, 천연기념물로 지정된 트라가몬 카르바예다el Monumento Natural de La Carbayeda de El Tragamón 도 포함하고 있는데, 이곳은 최고 400년의 나이를 가진 나무들이 자라고 있는 뛰어난 자연 숲이다.

식물원의 역사

히혼에서 식물원을 만드는 아이디어는 20세기의 마지막 해에 시의회에 의해 고려된 프로젝트이다. 몇 년간의 노력을 통해 유럽연합, 아스투리아스와 히혼 시로부터 자금을 제공받고 약 25ha의 부지를 확보하였으며 총괄계획이사를 선출했다.

2003년 4월에 처음으로 각종 전시원과 흥미로운 구역 등 총 16ha에 이르는 구역을 1차로 일반에 개방하였다.

식물원의 구성

식물원은 네 개의 구역으로 나뉘는데, 칸타브리아환경Cantabrico Environment, 식물공장Factoria Vegetal, 섬정원Jardin de La Isla, 대서양여행계획Itinerario Atlántico 등으로 구분된다.

먼저 칸타브리아환경구역에서는 스페인 칸타브리아 지역의 식물이 주로 수집되어 있다. 식물원의 기

린네 파빌리온 주변 전경

박물관으로 이용되는 퀸타나 데 히온다의 입구

본 목표가 칸타브리아 지역의 식물 자원의 보존, 연구 및 보급을 보장하는 것인데, 이를 위해 칸타브리아 환경의 전형적인 식물군을 수집하고 있다.

식물공장구역은 대서양 북부에서 인간사회가 어떻게 식물을 이용해 왔는가에 초점을 맞추고 있다. 식물들이 어떻게 주방의 모양을 바꾸어 왔는가 등등 각 문화별 다양성도 보여주는 동시에 농경지대의 풍경을 재현하는 데에도 초점을 맞추고 있다. 식물공장구역에서는 길을 따라 구대륙과 신대륙의 과일, 구대륙과 신대륙의 정원, 단순 정원, 잡초 및 침입식물 수집원 등의 특별한 주제원들이 조성되어 있다.

섬정원은 150여 년의 역사를 가진 의미 있는 정원으로 1870년부터 플로렌시오 발데스 Florencio Valdés에 의해 만들어졌다. 이 정원은 초기 정원의 기초를 바탕으로 풍경식 정원의 낭만적인 형태를 유지하고 있다. 이 독특한 정원에서 산책하며 휴식을 갖거나 아름다움을 즐기고, 식물의 위엄과 향기를 느낄 수 있다. 섬정원에는 단풍나무, 피어리스, 단풍버즘나무, 벚나무, 주목, 태산 등 멀리 아시아에서 도입된 식물들이 많이 자라고 있다.

아이들이 좋아하는 바닥분수

마지막으로 대서양여행계획구역에서는 북대서양 식물들이 보여주는 풍경과 유로존의 다른 생물군계, 즉 한대와 온대의 전형적인 식생을 재현한 풍경을 경험할 수 있다.

식물원이 위치한 지역은 북미지역의 같은 위도의 해안지역보다 더 따듯한데 그 이유는 북미의 걸프해류Gulf Stream 때문이며 그 결과 독특한 식생대를 형성한다. 식물원에서 볼 수 있는 대표적인 식생으로 가문비나무숲, 소나무숲, 고산자작나무숲 등이 있다.

식물원의 운영 특성

식물원은 지속 가능한 환경 개발과 식물 다양성 보전에 최선을 다하기 위해 충분히 준비된 젊고 역동적인 시기를 맞고 있는 것으로 자평하고 있다.

아가판서스와 수국이 어우러진 대서양여행계획구역의 오래된 숲

식물섬유박물관 입구의 화단

식물원에는 퀸타나 데 히온다Quintana de Rionda, 린네 파빌리온Pabellon Carlos Linneo, 식물섬유Fibras Vegetales 등 몇 개의 박물관이 있다. 퀸타나 데 히온다는 오스트리아의 전형적인 사냥집을 재현한 것으로 식물공장 구역에서 수집된 식물을 바탕으로 전시를 진행한다.

린네 파빌리온은 식물분류학의 아버지로, 흔히 린네라고 줄여 부르는 스웨덴의 카르로스 린네우스Carolus Linnaeus (1707~1778)를 기념하여 스웨덴의 유명한 가구 유통회사인 IKEA의 후원으로 2007년에 건축된 건물이다. 건물의 내부와 주변에 1730년대 린네가 식물탐사를 다닐 때의 환경을 재현하고 있어 린네와 관련된 많을 것을 이해할 수 있는 기회를 제공한다.

식물섬유라는 이름을 가진 전시공간에서는 인간이 식물섬유를 이용하는 다양한 방법과 제품을 알아볼 수 있다. 특히 덩굴성 식물들의 섬유질을 많이 이용하고 있는 점을 알 수 있는데 다양한 교육프로그램과 연계하여 운영되고 있다.

한편 식물원에서는 연중 다양한 전시회가 개최되는데 특히 식물과 관련된 다양한 문화

식물공장구역의 정원

식물섬유라는 이름이 붙은 박물관의 내부 전시

를 보여주는 데 집중한다. 또, 전시회는 각각의 구체적 목표를 제시하는데 예를 들어 아타란타르 Atalantar 라는 전시회는 지속 가능한 농촌 문화 개발을 이루기 위한 전시회를 표방하고 있다. 스페인의 생물다양성과 같은 전시회는 생물다양성 보존 필요성에 대한 지역 시민들의 인식을 높이기 위한 목적으로 개최된다.

식물원에서는 다양한 교육프로그램도 진행되는데 '어린이 숲'과 같이 숲에서 다양한 체험을 하는 프로그램 외에도 토양 실험실, 뿌리와 퇴비, 꽃가루받이와 벌집 교실, 바이오 마커 모듈(이끼), 숯을 만들어 그림을 그리는 활동 등 다양한 과학교육프로그램도 진행된다.

Travel tip

주소 Jardin Botanico Atlantico de Gijon, 2230 Av. del Jardin Botanico, 33203 Gijón, Asturias, España

홈페이지 botanico.gijon.es

전화 +34 985 185130

개원시기 및 시간 6월~9월까지는 10:00~21:00까지 문을 열며, 10월~5월까지는 10:00~18:00까지 개원한다. 매주 월요일은 휴원한다. 가이드 투어는 성인이나 학교 단체를 대상으로 화요일부터 일요일까지 10시, 12시, 14시에 2시간 동안 진행되며, 투어 후 개별적으로 식물원을 계속 관람할 수 있다. 오디오 가이드는 스페인어, 프랑스어, 영어 세 가지 언어로 제공되며 유료로 운영된다.

면적 25ha

52

현세에 코란 속의 천국을 실현코자 했던 이슬람 정원

알람브라궁전-헤네랄리페정원

Alhambra-Generalife Gardens Jardin

파르탈정원

스페인 남부의 역사 도시 그라나다의 유적 중에서도 압권은 단연 알람브라궁전이다. 그와 인접한 헤네랄리페Generalife는 알람브라의 이궁으로서 알람브라와 작은 협곡을 사이에 두고 조금 높은 곳에 조성되어 있다.

그라나다는 연중 온화한 지중해성기후 지역으로 비옥한 농업지대가 형성되어 있고 식생이 풍부한 곳이다. 하지만, 강수량은 연 400mm 정도로 여름은 35℃를 넘나드는 매우 덥고 건조한 지역이다. 이러한 자연 환경 속에서 사방을 굽어 보는 바람이 잘 통하는 구릉 위에 조성된 알람브라와 헤네랄리페에는 이슬람 정원 양식의 전형을 보여주는 몇 개의 아름답고 은밀한 정원들이 있다. 이곳에 무슬림들은 코란 속의 천국의 모습을 구현하여 현세에 지상낙원을 건설코자 하였다.

식물원의 역사

알람브라궁전 건설은 9세기 이전에 로마의 유구 위에 이미 시작된 것으로 추정된다. 그 후 12세기에서 15세기까지 이베리아Iberia 반도의 마지막 이슬람 왕조였던 나스리Nasrid 왕조 시기에 약 300년간 집중적으로 건축되었다. 이 시기에 알람브라와 헤네랄리페의 관개 시설도 완비되어 왕궁 도시로서의 면모를 갖추게 되었다. 이후 알람브라는 1492년 그리스도교 연합군에 의해 훼손 없이 재정복되었으나, 오랜 세월 동안 상당 부분 개조 변형되었다. 그 후 수세기 동안 방치되었던 알람브라는 19세기에 이르러 현재의 모습으로 복원되기 시작하였다. 알람브라는 거의 그대로 보존된 유일한 중세 이슬람식 궁전이며, 스페인 이슬람 양식 건축의 최고의 걸작으로 꼽히고 있다. 알람브라는 1984년 세계문화유산으로 최초 지정되었고,

1994년 확장 지정되었다. '붉다'는 뜻을 가진 알람브라는 축성에 사용한 붉은 진흙색에서 유래되었다는 설과 나스리 왕의 이름에서 유래되었다는 설이 있다.

헤네랄리페는 '건축가의 정원' 혹은 '가장 높은 곳의 과수원' 등의 어원을 갖고 있는데, 12세기에서 14세기에 건설되었다. 1492년 이후 가톨릭 왕조는 관리인을 두어 헤네랄리페를 관리하고 개선시켰다. 1621년부터는 그라나다 베네가스 가문The Granada-Venegas family에서 관리하였고, 1921년 이후 그라나다 주에서 관리하고 있다. 기존의 헤넬랄리페궁과 알람브라 사이에 대중을 위한 공원으로 개발된 로워 가든Lower Garden은 1931년, 장미 아치 정원과 사이프러스로 식재된 미로형 정원으로 조성되었으나, 1951년 이슬람 양식의 정원으로 통합 확장되었다.

식물원의 구성

알람브라는 궁중 소속의 요새 도시로서 다로Darro 강과 헤닐Genil 강 사이의 사비카Sabikah 구릉지대에 위치하고 있다. 이곳은 총 연장 1.4km의 견고한 성벽으로 둘러싸여 있고 벽을 따라 여러 개의 탑이 현존하고 있다. 그 규모는 최대 길이 740m, 폭 205m이며 외부 구릉지는 풍부한 식생으로 둘러싸여 있다. 자연 지형을 잘 살리며 조성된 알람브라는 여러 왕들과 고위직 관료들, 근위대, 그리고 궁중 공직자들의 거처로 쓰였던 곳이다.

알람브라 왕궁 내부에는 건물에 둘러싸인 아름다운 중정Patio들과 파르탈정원Jardines del Partal이 있다.

헤네랄리페의 술탄정원

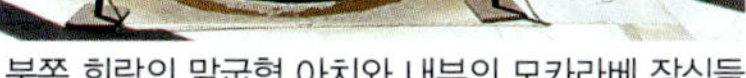

북쪽 회랑의 말굽형 아치와 내부의 모카라베 장식들

아라야네스 중정

파르탈정원은 아름다운 꽃들과 수목들로 둘러싸인 넓은 사각형 풀의 수면 위에 한 편에 서 있는 고아한 외양의 '귀부인의 탑' Torre de las Damas 이 비치고 있는 한 폭의 그림같은 곳이다. 햇볕이 잘 들고 바람이 잘 통하도록 평지로 조성되었으며, 알람브라 내부에서 가장 아름다운 정원 경관이라고 할 정도로 수경관과 식물들, 그리고 이국적인 이슬람 건물이 잘 어우러진 화사하고도 정취있는 공간이다.

아라야네스 중정Patio de los Arrayanes은 알베르카Alberca(물을 담는 '인공 연못' 혹은 '수영장'을 의미) 중정, 혹은 코마레스 중정Patio de Comares 이라고도 한다. 아라야네스는, 이곳에 식재된 방향성 상록 관목인 은매화 *Myrtus communis* 를 의미한다. 이곳은 당시 외국사절을 영접하던 중요한 장소로 추정되고 있다.

이 정원은 장방형 형태로서 길이 42m, 폭 22m이다. 이 정원은 건축물로 둘러싸인 중정으로, 공간의 중앙에는 남북 35m, 동서 7m의 커다란 장방형 연못이 있다. 그 장축 양 가장자리로, 좁고 긴 직육면체 형태로 반듯하게 다듬어진 은매화 생단이 낮게 경계 식재되어 물빛과 조화를 이루고 있다. 이 중정 속에서 유일한 생명체인 은매화들이 극도로 정제된 물리적 공간을 살아 숨쉬게 만드는 것 같다. 연못의 남북 회랑 쪽에 배치된 작은 수반의 노즐nozzle에서 솟아 나온 물은 거의 낙차없이 살며시 수면으로 스며든다. 이 연못의 잔잔한 수면 위에 주변 회랑의 모습과 코마레스Comares탑이 비쳐지며, 마치 이들이 물 위에 떠 있는 것 같

헤네랄리페 로워 가든

은 신비롭고 환상적인 반영미를 느끼게 한다. 당시 막대한 자금력과 고도의 기술력이 필요했던 이러한 연못은 왕의 권력의 상징이기도 하였으며, 모든 이슬람 정원에서 활용된 물이 그렇듯이, 미적인 기능에 더하여 종교의식을 위한 욕장으로서의 기능과 높은 온도를 낮추는 실용적 기능도 있었다.

남북 양측의 주랑식 회랑은, 이슬람 양식의 진수인 말굽형 아치들과 화려한 타일들tile, 모카라베Mocarabe 등으로 장식되어 미적 가치와 품격을 더한다. 이곳은 인간적 규모의 건축과 중정이 만드는 완벽한 대칭적 균제미를 보여주는 곳으로서, 세련되고 절제된 미려함이 돋보이는 공간이다.

헤네랄리페는 알람브라의 동쪽 '태양의 언덕'에 위치하였던 많은 농가와 정원 중 유일하게 보존된 곳이다. 이곳은 왕실의 휴식을 위한 이궁으로, 비상시를 대비하여 알람브라궁전 가까이 배치되었으며, 하계 별장과 작물 재배를 위한 왕실농장 겸 정원으로 쓰였다. 외주부는 방목과 사냥을 위한 초지로 조성되어 있다. 알람브라보다 60m 정도 더 높은 언덕에 노단식으로 조성되어 있어, 알람브라, 알바이신Albayzin 지역과 멀리는 시에라 네바다Sierra Nevada 산맥까지 조망할 수 있다.

알람브라 매표소를 지나 양편에 키 큰 사이프러스가 도열한 길을 따라 가면 곧 로워 가든Lower Garden을 만나게 된다. 일반 대중을 위한 공원으로 재탄생된 이 정원은 옛 과수원 자리에 중세시대의 이슬람 정원 설계 개념을 일부 도입하여 새롭게 조성되었다. 애초의 이슬람 정원의 설계 개념은, 물소리를 들으며 꽃을 감상하고 향기를 맡고, 과수 밑을 거닐며 과일을 따서 만지고 맛보는 등 오감을 충족시키는 것이었다. 이는 모든 것이 부족한 사막에서 발원한 이슬람교가 그리는 천국의 모습-물과 식물과 과일과 그늘이 풍부한 곳-을 지상에 재현코자 했던 무슬림들의 염원을 반영하는 것이었다. 이러한 지상낙원을 만들기 위하여 많은 종류의 과수와 화훼류가 도입되었다. 외부환경과의 차단을 위한 생울타리용으로서 사이프러스, 회양목과 도금양, 파고라를 덮기 위한 덩굴장미 같은 만경류와 협죽도 등, 그리고 오렌지나무, 자두나무, 서양모과나무와 목련나무 등 약 160종의 식물이 식재되었다. 원로는 인근의 다로 강에서 가져온 백자갈과 헤닐 강에서 가져온 흑자갈로 아름답게 모자이크 포장되어 있다. 수로는 사방으로 십자형으로 배치되어 이슬람 양식의 특징을 보이며, 십자 수로의 중심과 끝에는 작은 연꽃형 수반과 제트 분수들이 설치되어 있다.

키 큰 사이프러스로 만들어진 성벽같은 푸른 수벽 사이로는 미로같은 좁은 원로들이 이어진다. 이 길을 따라, 수벽을 뚫어 놓은 것 같은 중첩된 아치문들을 지나가며, 수벽 사이에 숨겨진 화단들을 발견하게 된다. 이 사각형 화단의 아름다운 화목들과 수경을 감상하며 천천히 거닐면서, '차폐된 은밀함'이라는 또 하나의 이슬람 양식의 특징을 발견하는 즐거움을 느낄 수 있다.

이 정원을 지나 올라가면, 건축물로 둘러싸인 안뜰인 아세키아 중정Patio de la Acequia이 나온다. 아세키아는 '관개용 수로'라는 뜻이다. 이 정원의 동쪽은 높은 벽, 서쪽은 아케이드arcade, 남북쪽에는 전망과 휴식이 가능한 개방적인 2층의 파빌리온으로 되어 있으며, 1층은 아름다운 주랑식 회랑으로 조성되어 있다.

이 정원에는, 전체 길이 50m, 폭 1.2m 정도의 좁고 긴 직사각형 수로가 있고, 그 주변에

아세키아 중정

헤네랄리페에서 보이는 알람브라의 원경

작은 제트 분수들이 둘러싸고 있다. 그 옆으로는 화단이 조성되어 있고, 수로의 장축 양쪽에는 작은 수반 분수가 있다.

많은 개조가 있었지만, '닫혀진 낙원' A Closed Paradise 이라는 설계 개념에 충실하였던 이 지방의 중세 스페인 이슬람 정원의 원형을 가장 잘 간직하고 있는 곳이라 할 수 있다. 당초 서측 벽에는 창도 없었으며 외부에서의 관망이 불가능하게 되어 있었다고 한다. 이는 이러한 독립된 닫힌 공간 속에서 잔잔한 수면을 바라보며, 조용히 관조할 수 있는 시간을 갖기 위한 것이었다. 이러한 정적인 공간은 18세기 이후 변형되기 시작하였으며, 현재 이 서측 벽은 정원 조망이 가능한 말굽형 아치창들이 있는 단층의 아케이드로 변형되었다. 1958년 화재 이후 최초의 모습으로 복원 공사가 진행되었다. 인위적인 아치형 수자를 보이는 현재의 제트 분수도 도입되는 등 조금은 동적인 공간으로 탈바꿈하였다.

헤네랄리페의 장미꽃들 배경으로 보이는 알람브라

하얀 벽을 뒤덮은 덩굴, 아치창들과 가는 기둥들, 햇빛에 반짝이는 각양각색의 꽃들, 정돈된 관목과 몇 개의 키 큰 나무들, 작은 분수들이 만드는 아담한 아치가 푸른 수면에 떨어져 일으키는 물보라와 소소한 물소리들, 이 모든 것들이 조화롭게 어우러지는 정겹고 아름다운 곳이다.

잘 정돈된 사이프러스 수벽

식물원의 운영 특성

식물원은 알람브라 헤네랄리페 후원회에서 관리하고 있다. 이곳은 보존부, 연구부, 교육부, 보급부, 보도부, 관리부 등으로 구성되어 모든 업무를 총괄하고 있다. 알람브라와 헤네랄리페, 카를로스 5세 궁전의 전 지역과 시설에 대한 보안, 보존과 행정업무를 담당하며 동시에 이곳의 보존과 보전, 복원, 발굴과 조사에 관한 사업의 수립과 개발도 담당하고 있다.

또, 전문가를 위한 안내 프로그램과 교수들에 의한 무료 안내 프로그램 등 다양한 교육 프로그램들이 대학생과 대학원생, 성인, 그리고 어린이 등으로 구분하여 진행된다. 아울러, 교사를 동반한 어린이들을 위하여 전문가에 의한 안내 견학을 진행하며 매년 20,000명 정도의 유럽 학생들이 참가하고 있다. 7~14세 어린이 대상의 여름방학을 활용한 프로그램도 마련되어 있다. 아울러 국제 박물관의 날 행사 등을 진행한다.

Travel tip

주소 Alhambra-Generalife Gardens Jardin, Patronato de la Alhambra y Generalife C/ Real S/N 18009 Granada, España

홈페이지 www.alhambra-patronato.es/

전화 +34 958 027971

개원시기 및 시간 주간 관람은 3월~10월은 매일 08:30~20:00(매표 시간 08:00~19:00), 11월~2월은 매일 08:30~18:00(매표 시간 08:00~17:00)까지이다. 티켓 종류는 오전표(08:30~14:00), 오후표(14:00~20:00)로 나뉜다.
야간 관람은 나스리 궁은 3월~10월은 화요일~토요일은 22:00~23:30(매표 시간 21:30~22:30)까지이다. 11월~2월은 금, 토요일 20:00~21:30(매표 시간 19:30~20:30)까지이다. 헤네랄리페는 3월~5월, 9월~10월은 22:00~23:30(매표 시간 21:30~22:30), 11월은 20:00~21:30(매표 시간 19:30~20:30)까지이다.

면적 14.2ha

53

자연미와 조형미가 어우러지는 곳

콘셉시옹식물원

Jardin Botanico-Historico 'La Concepcion'

주변 식생의 그림자가 아름다운 호수

스페인 남부 안달루시아 Andalucia 지방의 지중해 연안에 산과 바다로 둘러싸인 도시 피카소의 생가로도 유명한 말라가 Malaga 시의 북부에 넓게 조성된 식물원이다. 이 식물원의 목표는 '삶과 식물을 사랑하는 이들에게 식물세계의 아름다움과 과학, 그리고 역사를 배우고 즐길 수 있는 공간을 제공하는 것'이다. 식물원은 150년 전통의 유서 깊은 '역사 정원' 인근에 위치하고 있다. 이 '역사 정원'은 야자수와 다양한 수목들이 서식하고 있는 유럽 최고 수준의 열대식물원 중 하나이다.

식물원의 역사

19세기에서 20세기에 걸쳐 오랜 세월 동안 조성된 이 식물원은, 부호 로링 후작 부부Jorge Loring Oyarzabal and Amalia Heredia Livermore가 1855년 매입한 부지에 조성되기 시작했다. 그 후 이들의 50여 년에 걸친 노력으로, 당시 감귤나무, 올리브 나무, 아몬드 나무와 포도나무 등으로 뒤덮인 산이었던 이곳은 유럽에서 인정받는 풍부한 수목을 갖춘 아름다운 정원으로 재탄생되었다. 부지 매입 몇 년 전에 이미 신혼여행을 하며 유럽 각국을 여행하였는데, 이때 유럽의 수준 높은 정원들을 탐방하며 얻은 선구자적 혜안과 식견, 세련된 취향과 문화에 대한 사랑, 경제적 여유를 바탕으로 무역업을 하며 전 세계로부터 수집된 외국 식물들을 보존 육성한 것이 오늘의 이 식물원을 만든 원동력이 되었다. 또, 19세기 말 탁월한 정원사로 수차례 수상한 바 있는 프랑스의 샤무스트Chamousst는 수종의 선정과 식재 전반에 걸쳐 크게 기여하였다.

또한 이들 부부는 수년 동안 고고학적 가치가 높은 유물의 수집에도 진력하였다. 이 유물들은 식물원 내의 도리아식 건물인 로링 박물관에 보관되어 있으며, 이는 식물원의 명성을 높이는 데 기여한 바 크다. 설립자 부부의 타계 이후 이 가문의 경제적 쇠퇴로 1911년 빌바오Bilbao의 에체바리아 가문Echevarria-Echevarrieta family에게 매도되었으며, 이후 이들도 식물원 내 새로운 장소의 신설과 확장에 주력하였다.

'역사 정원'과 주변의 농업 및 산림지역을 포함하여 총 49ha에 이르는 광대한 이 지역은 1990년 말라가 시의회가 360만 유로에 매입하여 시유화되었으며, 시에서는 말라가 시 식물원 트러스트를 조직하여 이 부지를 관리하고 있다. 이후 저수지 건설에 따라 개설된 도로로 양분되어 26ha는 그린벨트로 지정되었으며, 도로 내부에 위치한 나머지 23ha가 현재의 식물원이 되었다. 이후 재정비 작업을 거쳐 1994년 6월 20일 공식 개원하였다. 당시의 개원 목표는 '역사 정원'의 보존과 개선, 그리고 세계의 식물종을 육성 전시하여 문화·교육·과학의 중심지가 되는 식물원으로 새롭게 창조하는 것이었다.

정제된 조형미를 보이는 역사전망대

식물원의 구성

부지는 동서방향으로 길쭉한 타원형 형태를 이루고 있다. 부지의 중심부에 집중적으로 식물원 전시공간이 조성되어 있고, 요소에 7개소의 휴게소와 3개소의 화장실이 배치되어 있다. 남쪽 입구에 들어서면 수생식물원이 있고, 동선을 따라 가면, 버즘나무길, 로링 박물관, 아말리아 헤데리아 광장Amalia Hederia Square, 트리톤 연못Triton Pond, 로링 주택, 등나무원, 몬스테라Monstera 폭포, 에체바리아 폭포, 님프 수로Stream of the Nymph, 곤잘레스 가든Gonzalez Andreu Garden 등을 만나게 된다. 이 숲속 같은 집중 조성 지역을 벗어나면 개활지로 나서게 되며 야자수길, 호수, 원시림길, 연지, 대나무원, 세계의 수목 80종이 있는 길, 소나무 조망소, 말라가 지역 만경식물원, 올리브나무 광장, 자생식물원, 묘포장, 다육식물원, 레몬나무 숲 등이 조성되어 있어 다양한 식물을 흥미롭게 감상할 수 있다. 북쪽 외곽의 숲길이나 전망관람로를 지나면 부지의 가장 높은 곳에 이른다. 여기에는 에체바리아 부부에 의해 건축된 역사전망대가 있으며, 이곳에서는 부지 외곽의 성당과 성곽 및 말라가 지역의 산들, 그리고 배후의 바다와 산림지역도 원경으로 조망할 수 있다. 또, 전망관람로는 지중해성 숲 구역을 통과하는 산책로로서 몇 개의 휴게공간과 전망대를 배치하여 '역사 공원'과 말라가 시도 전망이 가능하다, 특히, 대형목들의 수관 상부를 감상하는 특별한 시각적 즐거움을 선사한다.

수생식물원

사이프러스 가로수로 조성된 관람로

세 개의 원으로 이루어진 연지

이곳의 특별 수집종으로는 유럽, 아메리카, 아시아, 아프리카, 오세아니아 등지에서 수집된 약 1,000종의 열대 아열대 수종, 100여 종의 야자수, 대나무류, 무화과나무류, 소철류, 아라우카리아*Araucaria*, 극락조화, 관상용 식물, 생강류 등이 있다. 관상용 수목으로는 태산목, 용혈수, 감나무, 반얀Banyan 나무, 회양목, 미모사 등이 있다. 이외에 200여 종의 자생종 등도 육성되고 있다.

또, 관람 동선은 네 경로가 있다. 이 중 두 경로는 일반 관람객들에게 공개되어 기존 정원을 돌아보는 로맨틱한 경관을 제공하며, 다른 두 경로는 교육적이고 과학적 목적으로 새로 조성되었다. 최근 관람객의 흥미를 끌기 위하여 선사시대 지역, 다육식물 지역, 대나무 지역 등 세 곳의 테마 지역을 확장하였다. 관람객의 편이를 위하여 관람 동선은 걷기 쉬운 길, 약간 힘든 길(1,200 m), 장애인을 위한 휠체어 길 등으로 구분되어 있다.

사이프러스와 제트분수가 있는 호수의 모습

대나무원

식물원의 운영 특성

식물원의 관리운영은 말라가 시 보태니칼 트러스트에서 맡고 있다. 교육활동으로는, 워크숍, 목공, 정원만들기와 지역의 학생들을 위한 교육 프로그램을 제공하며, 식물 연구를 위한 실험실과 표본실, 그리고 종자 은행이 운영된다. 또, '식물원의 친구들 협회'는 1995년 식물원 홍보 및 지원, 말라가 지역의 풍부한 식물상을 보호 발전시킬 목적으로 결성된 비영리 조직으로, 현재 1,200명의 회원이 활동하고 있다.

Travel tip

주소 Jardin Botanico-Historico 'La Concepcion', Camino del Jardin Botanic, 3, 29014 Malaga, España

홈페이지 laconcepcion.malaga.eu/

전화 +34 951 926179

개원시기 및 시간 4월~9월은 09:30~20:30, 10월 1일~3월 31일은 09:30~17:30까지이다. 휴원일은 월요일, 12월 25일, 1월 1일, 종료시각 90분 전까지 입장 가능하다.

면적 23ha

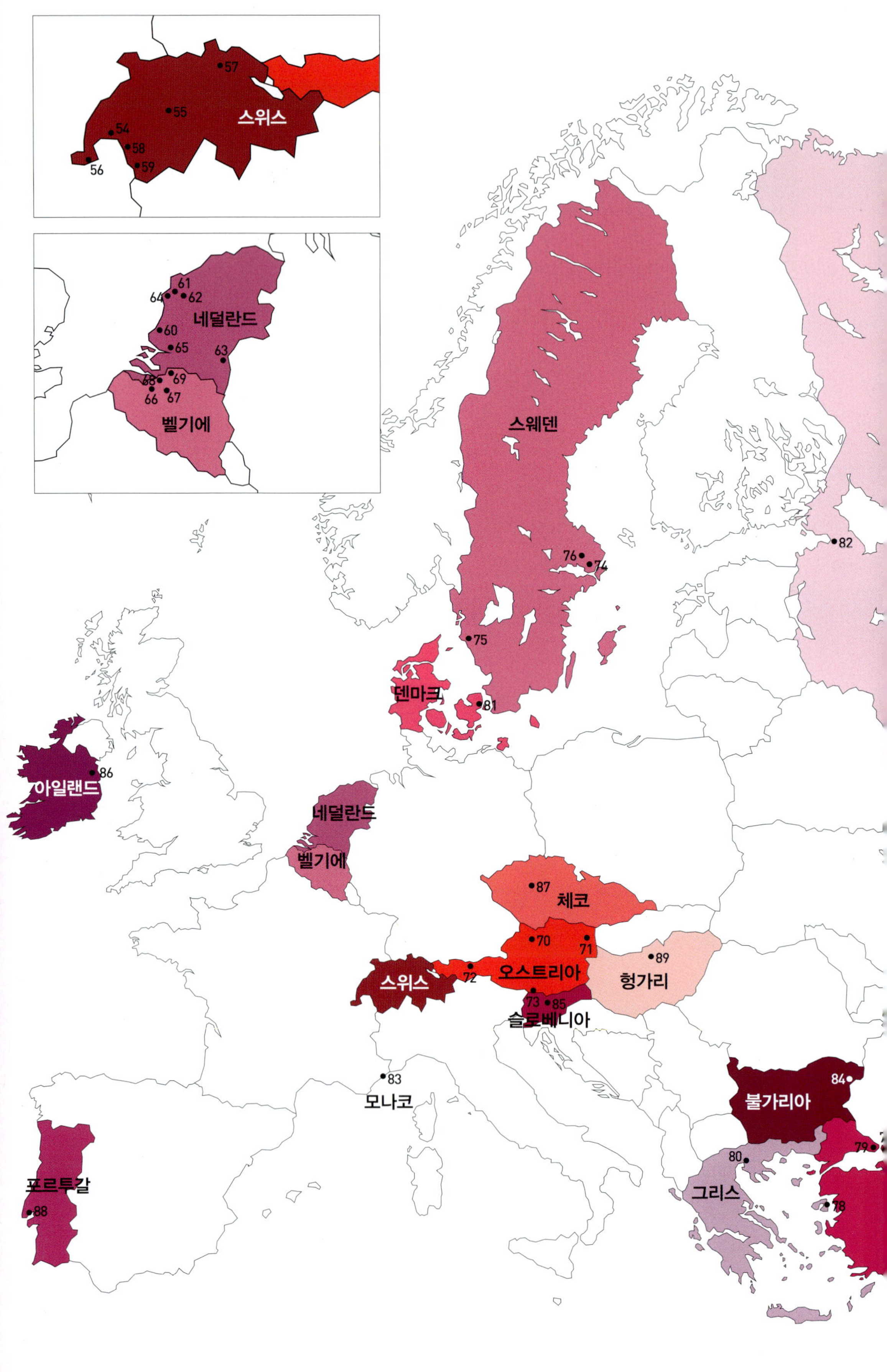

57
55
스위스
54
58
56
59
61
64
62
네덜란드
60
65
63
68
69
66
67
벨기에
스웨덴
76
74
82
75
덴마크
81
86
아일랜드
네덜란드
벨기에
87
체코
70
71
89
72
오스트리아
헝가리
스위스
73
85
슬로베니아
83
모나코
84
불가리아
79
80
그리스
78
포르투갈
88

유럽 Ⅱ

스위스

54 람베르씨아고산식물원
55 시니게플라테고산식물원
56 제네바식물원
57 취리히대학식물원
58 토마시아식물원
59 플로라알프스가든

네덜란드

60 레이던대학식물원
61 암스테르담식물원
62 위트레흐트대학식물원
63 카스텔투이넨아르센
64 큐켄호프정원
65 트롬펜부르크수목원

벨기에

66 헨트대학식물원
67 벨기에국립식물원
68 안트베르펜식물원
69 캄토우트수목원

오스트리아

70 린츠식물원
71 빈대학식물원
72 파처코펠고산식물원
73 필라허고산식물원

스웨덴

74 베르기우스식물원
75 예테보리식물원
76 웁살라대학식물원

터키

77 네자하트고키기트식물원
78 에게대학식물원
79 이스탄불대학식물원

그리스

80 스타브로우폴리식물원

덴마크

81 코펜하겐대학식물원

러시아

82 코마로프식물원

모나코

83 모나코가든

불가리아

84 발칙식물원

슬로베니아

85 류블랴나대학식물원

아일랜드

86 아일랜드국립식물원

체코

87 프라하식물원

포르투갈

88 아주다식물원

헝가리

89 바크라토트식물원

54

알프스 절벽의 암석원

람베르씨아고산식물원

Jardin Alpin des Rochers-de Naye "La Rambertia"

바위틈에서도 예쁜 꽃을 피우고 있는 고산식물들

람베르씨아고산식물원은 알프스 지방의 최대 호수인 제네바 호수(일명 레만 호수)에 면해 있는 호반도시 몽트뢰에 있다. 몽트뢰는 아름다운 풍광과 11세기에 지어진 시옹 성과 같은 역사적 명소 때문에 예로부터 시인과 예술가들이 많이 찾았던 곳인데 최근에는 매년 열리는 재즈페스티벌로도 유명하다. 해마다 몽트뢰를 찾았다는 록그룹 퀸의 리드보컬로 활동했던 프레드 머큐리의 동상도 호숫가 산책로에서 볼 수 있다. 몽트뢰 역에서 열차로 1시간이면 오를 수 있는 해발 2,042m 높이의 로쉐 드 네이Rochers de naye의 절경을 보기 위해 몽트뢰를 찾는 관광객도 많다. 산악열차를 타고 오를 수 있는 로쉐 드 네이 정상에서 쾌청한 날에는 알프스의 고봉 아이거와 몽블랑이 보이고, 제네바의 유명한 제트분수도 보인다고 한다. 람베르씨아고산식물원은 로쉐 드 네이 정상 부근의 두 개의 큰 바위봉우리 사이의 가파른 경사면 해발 2,000m에 조성되어 있는 암석원이다.

식물원의 역사

람베르씨아고산식물원은 1892년 제네바 호수 근처에서 시작되었으나 1896년 로쉐 드 네이로 이전하게 되었다. 식물원명은 19세기 몽트뢰의 시인이자 작가이며 스위스 알파인클럽 창단멤버인 유진 람베르트(1830~1886) Eugène Rambert의 이름을 딴 것이다. 람베르트는 알프스에 관한 역사적 이야기와 관찰기를 담은 방대한 저서 『스위스 알프스』 The Swiss Alps를 출간하기도 하였다.

람베르씨아식물원은 초기에는 알프스의 고산식물이 주종을 이루었으나, 100주년이 되는 1996년에 네팔과 히말라야 식물을 들여 온 것을 계기로 식물종을 확장하여 세계 전역의 고산지역의 식물을 수집하여 키우고 있다. 현재 600여 종류의

가파른 절벽에 조성된 관람로

로쉐 드 네이로 올라가는 열차에서 내려다본 몽트뢰의 시옹성

알프스 지역 자생식물을 포함하여 1,000종류 이상의 식물이 거친 잿빛 석회암 틈 사이에서 자라고 있다.

식물원의 구성

몽트뢰 역에서 산악열차를 타고 수목림지대를 통과하여 에델바이스와 같은 초본류가 넓게 퍼져 있는 초원지대를 지나 1시간 가량 올라가면 로쉐 드 네이 종착역에 도착한다. 역에서 식물원 안내 표지판을 따라 초본류 식물이 무성한 경사지 옆길을 따라가다 보면 옅은 보라색의 범꼬리류가 군락을 이루고 있는 모습을 볼 수 있다. 또 비탈길의 이곳저곳에 넓은 잎을 가진 식물이 풍성하게 퍼져 있는 모습도 눈에 띈다. 이 고산식물종은 로따레고산식물원이나 시니게플라테고산식물원에서도 볼 수 있는 것들인데 여기에서 더 무성하게 자라고 있는 것을 보면 생육에 더 적합한 환경일 것으로 여겨진다. 식물원 가는 길은 한 사람이 겨우 통과할 수 있을 정도의 좁은 경사로이기 때문에 주변의 아름다운 풍광에만 빠져 있으면 실족할 수도 있다. 식물원으로 가는 도중에 신선한 공기를 마시며 알프스의 풍경을 즐기며 쉴 수 있는 벤치도 있고, 식물원 개원 100주년을 맞아 히말라야에서 도입한 식물들과 잘 어울리는 네팔 전통 양식의 불탑도 볼 수 있다.

알프스 바람꽃

람베르씨아고산식물원은 멀리서 보면 두 개의 우뚝 솟은 바위 사이에 있는 것처럼 보인다. 식물원은 가파른 절벽의 사이사이 바위틈에서 식물이 자라는 자연스러운 암석원 형태이다. 조촐한 입구의 건물을 제외하고는 바위와 식물뿐 아무것도 없다. 우리가 방문하던 날은 7월인데도 가는 비가 내려서인지 관리하는 사람도, 방문객도 없이 고적했다. 그러나 색이 유난히 선명하고 향기가 짙은 작은 꽃들이 이곳저곳에 피어 있는 모습에 기분은 오히려 고조되었다.

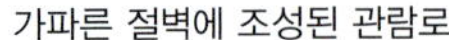

짙은 안개비를 맞고 있는 고산식물들

여기서 자라는 식물들은 키가 작고 지면에 밀착되어 있다. 높은 산의 가혹한 자연환경에 적응하기 위해 대부분의 식물이 지상부보다 지하부가 발달되어 있기 때문이다. 이들 식물의 잎은 대개 작고 바늘이나 비늘 모양의 털이 나 있는 경우가 많고, 짧은 개화기 동안 벌과 나비를 불러들여 수분을 해야 하므로 꽃색이 화려하고 향기도 진하다.

람베르씨아에는 2종의 에델바이스를 포함하여 패랭이꽃, 앵초, 복수초, 용담, 나리, 솜다리, 양지꽃, 아니카, 으아리, 골무꽃 등 600여 종의 이 지역의 자생식물이 자라고 있다.

우리가 방문한 날은 가는 비가 뿌리고 안개가 짙게 깔려 있어서 안타깝게도 몽트뢰와 제네바, 융프라우까지 멀리 보인다는 아름다운 조망은 감상할 수 없었으나, 이 높은 산 위에 자연 상태 그대로의 절벽과 바위틈에서 작고 예쁜 식물들이 싱싱하게 자라고 있는 모습에 도취되어 그런 아쉬움은 상쇄하고도 남았다.

로쉐 드 네이 역에는 이 지역에서 볼 수 있는 마르모트를 판넬로 전시하고 있는 마르모트 파라다이스Marmottes Paradis가 있고 기념품점도 있다. 스위스 음식을 즐길 수 있는 큰 레스토랑도 있어 아름다운 알프스 풍경을 감상하면서 식사를 할 수 있다.

식물원의 운영 특성

람베르씨아고산식물원은 식물표본을 1,000종 정도 보유하고 있으며 종자은행이 있다. 관람객을 위한 특별한 프로그램은 운영되지 않으나 연간 12,000명이 이 식물원을 찾으며 25명 정도의 자원봉사자가 식물원을 돌보고 있다.

Travel tip

주소 Jardin Alpin des Rochers-de Naye "La Rambertia", Jardin Alpin, 1820 Veytaux, Switzerland

홈페이지 www.rambertia.ch

전화 +41 021 98981810

개원시기 및 시간 6월부터 8월 중순까지 매일 09:00~17:00까지 개원한다.

면적 1ha

55 알프스 고산식물의 보고 시니게플라테고산식물원 Alpen Garten Schynige Platte

평화롭기 그지없는 식물원 전경

스위스 중부의 인터라켄은 융프라우(4,158m)와 묀히(4,107m), 아이거(3,970m) 봉우리가 지척에 보이는 전형적인 산간도시이다. 빙하를 깎아 만든 얼음궁전과 흰 눈에 덮인 알프스 봉우리와 계곡, 알레취 빙하가 펼쳐지는 장관을 관람할 수 있는 유럽의 지붕이라고 일컫는 융프라우요흐(3,454m)도 인터라켄 동부역에서 출발하는 산악열차를 타고 오를 수 있다. 알프스의 시니게플라테고산식물원은 융프라우 행 산악열차 노선의 중간 역인 빌더스빌Wilderswil(584m)에서 출발하는 시니게플라테 행 열차로 갈 수 있다. 시니게플라테 행 노선이 개설된 것은 1893년으로 오랜 역사를 자랑하는데, 빌더스빌에서 열차를 타고 가는 동안 주위의 들판과 계곡, 멋진 호수의 풍경을 보는 것만으로도 마음이 설렌다. 시니게플라테 종착역 바로 옆, 해발 1,967m에 자리한 식물원은 알프스의 세 영봉을 마주보며 알프스 산지에서 자라는 형형색색의 꽃과 식물의 파노라마를 제공한다.

식물원의 역사

시니게플라테고산식물원협회가 설립된 것은 1927년이며 베른대학의 지원을 받아 1928년부터 식물원이 조성되기 시작하여 1929년에 개원하였다. 식물원이 설립된 후 바로 베른대학의 베르너 루디Werner Ludi는 실험포장에서 식물원에 있는 5개 식물군의 46개 묘포를 만들어 이들을 관찰하고 기록하는 등 과학적 연구를 수행하고, 그 결과를 정리하여 1936년과 1940년에 출간하였다. 1931년에는 숙소와 연구동을 건립하였다. 1932년에는 베른대학에 처음으로 고산식물전공코스가 개설되었고 1932년부터 꽃달력을 만들기 시작했다. 2007년에는 식물원 관리 매뉴얼을 발간했고 2008년

융프라우, 묀히, 아이거 북벽이 보이는 식물원 풍경

에는 일본의 로코고산식물원과 교류협약을 하는 등 활동 영역을 넓히고 있다. 시니게플라테고산식물원의 개원과 발전은 대학의 연구기반과 관광산업 그리고 자연보호 분야의 적극적인 참여와 팀워크를 기반으로 이루어진 것이다.

식물원의 구성

시니게플라테 기차역에서 내리면 눈앞에 펼쳐지는 조망에 감탄을 연발하게 된다. 멀리 흰 눈 덮인 알프스의 장엄한 연봉들이 보이고 그 앞에 검은색을 띤 가파른 산, 그리고 가까이에 보이는 녹색의 산, 발밑에 펼쳐지는 드넓은 초지와 아기자기한 꽃과 식물, 여러 계절을 한꺼번에 느낄 수 있는 자연 환경에 감탄사가 저절로 나온다.

식물원 동선과 휴식시설

이 식물원은 알프스에 조성된 최초의 고산식물원이자 몇 안 되는 고산식물원이라는 점에서 소중하기도 하지만, 스위스 수목한계선 상부 지역에서 살고 있는 식물들을 자연 상태 그대로 볼 수 있다는 점에서도 의의가 크다.

여기에 있는 대부분의 식물들은 탄산칼슘이 다량 함유된 알프스 지역의 토양에서 자생하는 것들로 자연 상태에서 그대로 자라고 있다. 물론 알프스 안쪽 계곡에서 자라는 식물들은 이곳 토양과는 다른 조건을 필요로 하기 때문에 이들을 위해서는 인공 토양을 만들어 그들이 필요로 하는 환경을 만들어 주고 있다. 이곳에는 시니게플라테 인근에서 발견할 수 있는 180여 종의 식물을

식물원에서 가장 넓은 면적을 차지하고 있는 초지

주축으로 그 밖의 다른 알프스 지역의 식물을 망라하여 총 600여 종의 식물이 자라고 있다.

식물원 전체의 직선거리는 약 500m이고 고도차도 40m 정도로 규모는 크지 않지만 지형적 위치로 인해 다양한 식물군을 볼 수 있다. 식물원에는 푸른 세스레리아 Blue sesleria와 사초초원 Rusty sedge, 갯봄맞이군락 Sea milkwort pasture이 가장 넓은 면적을 차지하고 있는데 식물원 주변 역시 마찬가지로 이 식물군들이 넓게 퍼져 있다. 식물생태환경에 따라 모두 15개의 구역으로 나누어지는데 각각의 생태에 적합한 식물들이 자라고 있다. 식물생태환경별로 구분된 15개 지역은 세스레리아초원Blue Sesleria-Meadow, 사초초원Medow of Rusty Sedge, 고산초원Alpine Pasture, 매트그래스초원Mat-Grass Meadow, 바람부는 봉우리Windy Ridge-Tops, 석회암지대Calcareous Scree, 왜성관목숲Dwarf Shrub Heaths, 오리나무덤불Scrub of Green Alder, 광엽초원Tall Forbs, 호질소식생Nitrophilous Vegetation, 약용식물 Medical Plants, 규산토식생Vegetation on Siliceous Soil, 설전雪田 Snowbeds, 고산늪Alpine Swamp 등이다.

시니게플라테고산식물원의 기온은 연평균 ±1℃로 연중 추운 편이고, 식물들의 개화기에도 8~9℃ 정도에 머물러 있다. 눈이 오지 않는 날은 6월 중순부터 8월말까지 연중 150일에 불과하다. 따라서 6월이 되어야 눈이 녹고 봄이 시작된다. 6월이 되어 가장 먼저 피는 꽃은 크로커스이며 뒤이어 초롱꽃이 군락을 이루며 꽃을 피운다. 7월이면 알프스 장미와 알프스 양귀비, 알프스 과꽃, 철쭉이 빨강, 노랑, 파랑, 흰빛으로 초록빛 초원을 장식하게 된다. 에델바이스가 피는 8월에는 화려함을 자랑하는 마르타곤 백합*Lilium martagon*, 용담*Genetiana lutea*, 과 푸른 세스레리아가 만발한다. 9월에는 보라색의 에린지움*Eryngium alpinum*, 칼리나*Calina acaulis*

식물원에서 보이는 파울혼 하이킹 코스

시니게플라테 역

가 피어나지만 일찍 가을이 찾아오고 곧 눈이 쌓이게 되므로 식물원은 문을 닫게 된다.

식물원을 관리하는 사람들은 식물원 입구의 숙소에 거주하면서 매년 봄 1,200여 개의 라벨을 붙이고, 종자를 발아시켜 식물원 노지에 옮겨 심는다. 또, 속성으로 자라는 잡초를 제거하고, 숙성된 종자를 채집하고, 외국의 식물원들과 종자를 교환하는 일을 하고 있다. 아침 일찍 출발하면 시니게플라테고산식물원 관람 후 인근의 알프스 하이킹 코스를 답파할 수 있다. 시니게플라테고산식물원 옆에 있는 베르그 호텔 테라스에서 바로 눈앞에 펼쳐지는 장엄한 알프스 절경을 바라보면서 식사를 할 수도 있다.

융프라우를 감싸고 도는 흰 구름을 바라보며 마시는 한 잔의 맥주 맛은 정말 시원하고 달다.

베르그 호텔 테라스 레스토랑

식물원의 운영 특성

시니게플라테고산식물원은 알프스 식물의 수집과 전시를 통해 그 아름다움과 다양함을 알려 관람객으로 하여금 식물과 자연의 소중함을 일깨우는 교육적 기능을 우선시하고 있지만, 알프스 고산식물에 관한 데이터베이스를 구축하고 모니터링하는 등 지속적인 연구를 통해 알프스 식물을 보존하고 발전시키는 역할도 충실히 수행하고 있다. 매년 연간보고서를 만들고 국제적으로 종자교환도 한다.

관람객을 위하여 유료 가이드 투어도 하고 있는데 반드시 예약을 해야 한다. 식물원과 인근의 베르그 호텔, 그리고 산악열차 운행을 패키지로 한 다양한 프로그램과 이벤트가 마련되어 있다. 아침 일찍 산악열차에 탑승하여 베르그 호텔에서 아침 햇살을 받으며 식사를 하고 식물원을 둘러보는 패키지와 오후 5시 50분에 윈드밀에서 출발하는 산악열차에 올라 석양의 시니게플라테를 감상하고 저녁식사를 하는 패키지도 있다. 하이킹을 하는 사람들을 위한 '달밤의 하이킹 가이드프로그램'도 운영한다. 시니게플라테 행 열차표에는 식물원 입장권이 포함되어 있다.

Travel tip

주소 Alpen Garten Schynige Platte, Alpengarten 3800 Interlaken, Switzerland
홈페이지 www.alpengarten.ch
전화 +41 033 8287376
개원시기 및 시간 시니게플라테 행 열차는 일반적으로 5월 말부터 10월 말까지 운영된다. 식물원은 대개 6월부터 9월 중순까지 문을 여는데, 개원시간은 08:30~18:00이다.
면적 0.83ha

56 살아있는 자연 학습과 관찰이 가능한 제네바식물원

Conservatoire et Jardin botaniques de la Ville de Genève

유용식물학습원 전경

제네바는 누구나가 한번쯤 방문하기를 희망하는 여행지이다. 수많은 국제기구들이 자리잡고 있어 세계의 다양한 문화를 자연스럽게 접할 수 있는 곳이기도 하다. 레만 호수 부근에 자리잡고 있는 제네바식물원은 오랜 역사와 더불어 세계적인 식물원으로 발전하고 있는 곳이다. 멀리 눈 덮인 알프스의 아름다운 경관을 보면서 번잡한 도심과 팍팍한 일정으로 지친 여행객의 피로를 여유롭게 해소할 수 있는 곳이다.

식물원의 역사

18세기에 자연주의 정신이 팽배해지면서 형성된 폭넓은 사회적 지원을 바탕으로 1817년에 칸돌A.-P. de Candolle이 현재의 바스티온 공원Parc des Bastions 부지에 식물원을 처음으로 조성하기 시작하였다. 그 후 1904년에 부족한 식물원의 공간문제를 해결하기 위하여 아리아나Parc de l'Ariana 공원지역에 새로운 식물원 부지 7.5ha를 마련하여 이전하였다. 1908년에 열대식물 재배용 온실을, 1911년에는 과수재배용 온실을 각각 재건축하였다. 1971년부터 1974년까지 식물원 옆을 지나는 철로 주변에 도서관과 표본실용 건물을 완공하였다. 또, 주변의 토지들을 꾸준히 합병하여 현재는 28ha의 면적을 갖고 있다.

식물원의 구성

제네바 레만 호수 부근에 자리잡고 있어 멀리 알프스의 아름다운 경관을 보면서 식물과 자연의 세계를 마음껏 즐길 수 있는 곳이다. 향기와 촉감정원, 유용식물학습원, 겨울정원, 철도주변 온실, 암석원, 수

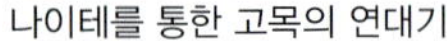
나이테를 통한 고목의 연대기

암석원의 다육식물

목원 등이 조성되어 있으며 총 12,000여 종류의 식물이 수집되어 있다.

향기와 촉감정원은 맹인과 장애인들이 손으로 만지고 향기를 맡으면서 식물의 세계를 경험할 수 있도록 조성된 곳이다.

철로를 따라서 건설되어 있는 온실에는 열대 야자나무와 수생식물들이 방대하게 수집되어 있다. 수족관에서 자라고 있는 조류로부터 고사리류, 소철류, 야자류, 천남성과 식물 등을 체계적으로 수집하여 놓았다. 수많은 기생성 식물과 남아메리카 원산으로 일년생이면서 거대한 잎을 보여주는 빅토리아수련을 감상할 수도 있다. 이 온실은 지붕에서 모아진 빗물을 지하의 물탱크에 저장하였다가 온실 내의 식물에 관수하고 있다.

다양한 형태의 해설판

제네바식물원에서 특징적으로 볼 수 있는 것 중의 하나는 철로를 따라 세워진 담장을 활용하여 다육식물이나 건조에 강한 식물들을 식재한 월가든이다. 온실 앞의 연못 주변에는 화려한 숙근초와 일년초를 사용하여 아름다운 화단을 조성하였다.

유용식물학습원에서는 밀, 채소, 과일, 독초 등과 같이 인간의 일상 생활에 밀접한 500여 종류의 식물을 심어 놓았다. 각 식물의 재배법, 성분, 활용법, 가공품 등에 관한 자세한 해설과 가공품 모형을 배치하여 관람객들이 스스로 학습할 수 있도록 조성하였다. 인간이 이용하는 식물의 모든 것에 대하

수련연못과 화단

여 스스로 학습할 수 있는 야외 박물관과 같은 역할을 하고 있다고 볼 수 있다. 식물원 입구에서 설명집을 빌려 관람하면 더욱 학습효과가 높을 것이다. 풍부한 민속식물학 자료와 체계적인 학습 도구의 전시에 감탄하고 사진을 찍느라고 발길을 돌릴 수 없을 정도이다.

겨울정원은 식물원에서 가장 오래되고 흥미로운 건축물로 1913년에 다른 지역에 세워졌던 것을 1935년에 현재의 자리로 이전하여 사용하다가 1997년에 복원한 것이다. 크로톤, 하와이무궁화, 야자수, 바나나, 커피나무, 파파야, 바닐라 등과 같은 열대식물들을 볼 수 있다. 이 온실의 남쪽 날개 부분에는 열대식물 중에서 향신료, 음료수용 과일, 공예품으로 만들어지는 식물 등 경제적 가치가 높은 유용식물들을 집중적으로 배치하여 놓았다.

온실과 연못 주변에 조성된 화려한 화단

유용식물학습원에서 레만 호수 방향으로 가면 암석원을 만날 수 있다. 제법 넓은 면적에 인공적인 요소를 최소한으로 제한하여 자연스러운 분위기를 느낄

날개를 단 사람 형상의 조각

수 있도록 조성하였다. 필자들이 방문하였을 때는 여름이라 초화류가 화려하게 피어 있지는 않았지만 교목, 관목, 잔디밭, 암석이 아담한 연못과 어울려 편안한 느낌을 주고 있었다.

이 밖에 제네바식물원에서는 스위스, 발칸반도, 코카서스, 아시아, 히말라야, 극동지역, 뉴질랜드, 아메리카, 유럽 등지의 고산식물을 집중적으로 수집하고 있으며, 스위스 자생식물, 아이리스와 같은 숙근초, 관상용 원예식물 품종 등의 수집 전시에도 노력하고 있다.

식물원의 운영 특성

지난 200여 년 동안 초기의 설립 취지를 충실히 지켜오면서 식물을 탐험하고 연구·보존·교육하며 식물다양성 보호에도 노력하고 있다. 또한 식물수집에 계속 투자하여 보유 종수를 확대하고 있으며 표본실에는 6백만 점의 식물표본을 소장하고 있다. 세계에

수직벽에 조성한 담장정원

암석원

서 최초로 식물학연구소를 개설하여 현재까지 운영하여 살아있는 식물박물관임을 자부하고 있다. 전 세계 800여 식물원과 상호 종자교환도 실시하고 있다.

특정 지역의 식생 연구 및 식물계통분류학 연구뿐만 아니라, 최신 유전공학기술과 같은 첨단기술을 이용한 연구 프로그램을 제네바대학의 식물학과와 연계하여 수행하고 있다. 또, 관람객들에게 아름다움과 휴식을 제공하고 자연환경의 보존에 대한 경각심을 일깨우는 역할을 동시에 수행하고 있다. 식물원의 설립목적은 '식물에 대한 훈련과 교육, 보존, 교환을 실시한다'이다.

Travel tip

주소 Conservatoire et Jardin botaniques de la Ville de Genève, Chemin de l'Impératrice 1, 1292 Chambésy, Genève, Switzerland

홈페이지 www.ville-ge.ch/cjb/Jardin.php

전화 +41 022 4185100

개원시기 및 시간 식물원은 연중 개원하는데 4월 1일부터 10월 24일까지는 08:00~19:30, 10월 25일부터 3월 31일까지는 09:30~16:30까지 관람이 가능하다. 온실이나 기념품 판매점 등은 운영시간이 다르므로 미리 확인하여야 한다.

면적 28ha

57

연구와 교육 중심의

취리히대학식물원

Botanicher Garten der Universität Zűurich

멀리 온실이 보이는 식물원 풍경

취리히대학식물원은 취리히대학의 캠퍼스 구내에 조성되어 있다. 취리히는 스위스에서 가장 큰 도시이자 상업과 문화의 중심지이다. 취리히대학은 1833년에 설립된 주립대학으로 스위스에서 가장 규모가 크고 유명한 학자와 노벨상 수상자를 다수 배출한 대학이다.

대학식물원인 만큼 식물학을 위한 연구와 교육적 목적이 가장 크지만 일반 시민에게도 무료로 연중 개방하고 있다.

식물원의 역사

대학 캠퍼스 내에 현재의 식물원이 만들어지기 전에는 샨첸그라벤 Schanzengraben에 식물원이 있었다. 지금도 이전의 식물원은 그대로 유지되고 있으나 일반적인 공원으로 활용되고 있다.

현재의 식물원은 1976년에 조성되었고, 대학의 식물학연구소에 속해 있다. 식물에 대한 연구와 교육에 중점을 두고 운영하고 있으며, 학생들이나 시민의 아름다운 휴식의 장소이자 식물 교육의 장으로 활용되고 있다.

식물원의 구성

식물원으로 사용되는 면적은 5ha이며 약 8,000종의 다양한 식물이 자라고 있다. 대학 구내에 있지만 식물원 주변을 수목이 둘러싸고 있어서 독립적인 공간같이 안정감을 준다. 식물원으로는 넓은 면적이고 또 경사지 아래로 식물원 전경이 넓게 펼쳐지므로 조망이 상쾌하고 시원하다. 일반 식물원에서 볼 수 있는 아름다운 꽃들로 가득 찬 화려한 전시정원은 볼 수 없지만, 있는 그대로의 자연 상태에서 자라는 식물들의

습지구역 식생

물을 활용한 조경시설

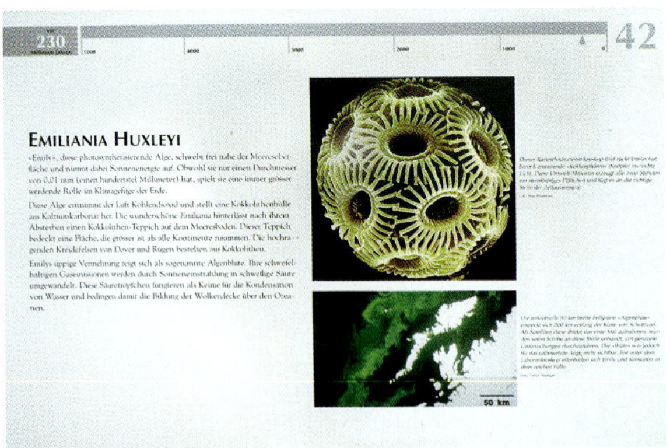

식물의 생태와 환경에 관한 상세한 안내판

모습은 오히려 소박하고 친근한 느낌을 준다.

식물생물학과 식물분류학연구소가 있는 건물 앞쪽으로는 지중해식물과 건조지역식물, 오스트레일리아와 남아프리카식물, 꽃을 피우는 식물, 만병초 등이 식재된 구역이 넓게 자리를 차지하고 있다. 연구소 건물 주변의 바위와 잔돌 틈에는 작은 고산식물들이 살고 있다. 히말라야, 스위스, 아메리카, 베루카노의 고산식물들이 꽤 넓은 면적을 차지하고 있다.

연구소 뒤 경사면 아래에는 실개천과 연못이 있고, 주변 평지의 넓은 잔디밭 가장자리에는 약용식물, 유용식물, 자생식물 재배 구역이 있다. 연못 주위에서는 습지식물이 자라고 있고, 수조에서는 수생식물과 수련이 자라고 있다.

열대와 아열대식물을 위한 원형온실 3동에는 야자나무, 카카오, 바나나, 나무고사리, 식충식물이 있다. 모든 온실 입구에는 정보를 제공하는 터치스크린이 있다. 여기에서 식물원의 각종 데이터베이스에 접근하여 식물원에 관한 정보를 얻을 수 있다. 또 희귀식물과 식충식물은 야외의 유리진열장에 전시하여 관심을 끌고 있다.

대학식물원답게 식물표식이 상세하게 되어 있으며, 식물의 생태와 환경에 대해 설명한 여러 종류의 안내판이 곳곳에 설치되어 있어 그것만 보아도 학습이 이루어질 수 있도록 한 점도 눈에 띈다.

계단식 광장 멀리 보이는 식물원 풍경

식물원의 운영 특성

봄꽃이 화려하게 피는 4월에는 봄 축제를 개최하고, 6월에는 식물원 주간을 정하여 특별전시를 하고 세미나를 연다. 9월에는 열대식물 특별전시를 하고, 야간에 음악회를 여는 등 다양한 행사를 진행한다.

또, 6세~10세까지의 어린이를 대상으로 매달 다른 주제로 식물교실을 열고, 성인 대상으로는 식물재배나 정원 가꾸기 등 5개 강좌를 열며, 야간에도 강좌를 개설하고 있다.

천인국 Gaillardia 류

Travel tip

주소 Botanicher Garten der Universität Zűurich, Zollikerstraβe 107, 8008 Zürich, Switzerland
홈페이지 www.bg.uzh.ch
전화 +41 044 6348461
개원시기 및 시간 3월에서 9월은 월요일부터 금요일까지는 07:00~19:00, 토요일, 일요일은 08:00~17:00까지 개원하며, 10월에서 2월까지는 월요일부터 금요일까지는 08:00~18:00, 토요일과 일요일은 08:00~17:00까지 개원한다.
면적 5ha

58

알프스 고산 속 화사하고 소박한 꽃들의 향연

토마시아식물원

Jardin alpin "La Thomasia"

식물원 내의 맑은 연못

토마시아식물원은 알프스 지역에 위치한 광대한 목초지인 퐁 드 낭트Pont de Nant 지역의 일부에 조성되어 있다. 연 강수량 1,800mm에 이르는 해발 1,260m의 고산식물원으로, 주변 800m 지역에 펼쳐진 장대한 그랜드 무베란 산Grand Muveran(해발 3,051m)의 서측 사면 지역에 위치한다. 멀리 보이는 웅장한 알프스 설산들과 주변의 깎아지른 듯한 거대한 고산 절벽들, 그리고 검푸른 침엽수들로 둘러싸인 식물원의 주변 경관은 시야를 압도하는 장관을 이룬다. 장방형의 내부 식물원 조성지역은 작은 바위나 돌들, 연못, 그리고 좁은 실개울과 원로를 따라 고산식물들이 배식된 암석원의 형태를 띠고 있다.

식물원의 역사

18, 19세기 동안, 벡스Bex 지역의 토마스Thomas 가문의 여러 구성원들은 식물 재배에 명성을 쌓았으며, 식물원은 이들의 이름을 따서 토마시아Thomasia로 명명하였다. 1891년 개원 이래 로잔박물관 및 타 식물원들과의 과학 인프라를 통해 지속적으로 식물 수집을 계속하며 풍부한 식물원 조성에 노력하고 있다.

식물원의 구성

이 식물원은 알프스 고산들 사이에 작은 골짜기로 이루어진 낭트 자연 보호 구역의 입구 평지에 약 1ha의 면적에 장방형으로 조성되어 있다. 계곡 남북을 따라 상류 쪽의 빙하로부터 발원된 충분한 수량이 제공되어 고산식물들과 동물들의 서식지로서 천혜의 완벽한 조건을 갖추고 있다. 식물들은 알프스와 피레네 산맥, 발칸 지역과 기타 고산 지역의 고산대 식물들과 아고산대

원경의 알프스 설산과 고산 절벽으로 둘러싸인 식물원 전경

식물들 약 2,000종으로 구성되어 있다.

식물원은 주로 암석원의 형태와 특징을 보인다. 또, 좁은 물길을 따라 작은 폭포와 연못이 조성되었고, 동선은 나지의 소로와 목재 데크들로 이루어진다. 작은 구획으로 나뉜 식재지 요소요소에 수종별로 식물들이 배치되어 있다. 전 세계 약 2,000종의 각종 산악 식물들의 모양과 꽃을 감상할 수 있다. 관람객들은 경관을 보며, '마치 반짝이는 작고 예쁜 형형색색의 미니어처 전시장'에 온 것 같은 느낌을 받게 된다.

다른 꽃색을 보여주는 같은 종류의 잔대 Adenophora

무공해의 청정한 알프스의 대자연 속에서, 화려하고도 소박한 고산식물의 세계에 대한 학습뿐만 아니라 주변을 병풍처럼 둘러싸고 있는 알프스 고산들의 풍요로움과 수려한 아름다움을 만끽할 수 있는 공간이다. 작은 폭포와 연못들과 좁은 실개울 옆, 작은 바위들 사이에 옹기

관람로를 따라 조성된 아기자기한 화단들

식물원 내부의 목재 데크 관람로

종기 모여 있는 아기자기한 꽃들을 감상하며 소로를 따라 청량한 물소리를 들으며 느긋하게 거닐다 보면, 시간이 멈춘 듯한 고즈넉함 속에서 정신은 명징해지고 심신이 정화되는 느낌을 받는다. 대자연의 거대한 에너지장 속에서 도시의 번잡을 피하여 사색과 휴식, 그리고 치유를 희망하는 이들은 꼭 한번 들를 만한 곳이다.

식물원의 운영 특성

식물원의 입장료는 무료이다. 한편, 각종 이벤트와 전시회도 개최된다. 2012년의 이벤트로는 전시회와 식물원 가이드 투어를 시행한 바 있다. 당시 전시회는 5월 11일부터 9월 23일까지, 오전 11시부터 오후 6시까지 '씨앗과 열매의 분산'이라는 주제로 식물원과 로잔박물관에서 열렸다. 또, 이 전시에 대한 가이드 투어는 6월 16일과 17일, 23일, 24일 오후 2시에서 3시 반, 오후 4시에서 5시 반까지 2회 무료로 진행하였다.

Travel tip

주소 Jardin Alpin de Pont de Nant 'La Thomasia', 1880 Les Plans-sur-Bex, Switzerland
홈페이지 www.musees.vd.ch/fr/musee-et-jardins-botaniques/jardin-de-pont-de-nant/accueil
전화 +41 024 4981332
개원시기 및 시간 5, 6, 9, 10월은 11:00~18:00(월요일 휴원). 7, 8월은 매일 11:00~18:00까지 개원한다. 겨울은 문을 닫는다.
면적 10ha

59

바람, 물, 꽃, 조각 - 자연과 예술과 과학이 만나는 곳

플로라알프스가든

Jardin Botanique Alpin Flore-Alpe

식물원에서 보이는 샹펙스 호수와 원경의 알프스 설산

플로라알프스가든은 스위스 레만 호수의 동남쪽 약 40km 지점에 있는 샹펙스 호수 Champex-Lac 인근에 위치하고 있다. 해발 1,520m의 경사지에 자리잡은 고산식물원으로 4,000종의 식물로 조성되어 있다. 멀리 남쪽으로는 알프스의 몽블랑과 마터호른 산 등의 태산 준령들이 첩첩이 둘러싸고 있고 흰눈 덮인 설산들이 눈부시다. 가까이는 아름답고도 청량한 느낌의 샹펙스 호수가 조감된다.

식물원의 역사

이 식물원은 사립으로, 산업자본가였던 장 마르셀 오베르(1875~1968) Jean-Marcell Aubert에 의해 1925년~1927년에 조성되었다. 현재의 모습은 1997년까지 40여 년간 근무했던 수석 정원사 에지디오 아시지Egidio Achisi가 설계했으며, 1967년 제네바 시와 뇌사텔 칸톤canton of Neuchâtel의 도움을 받아 재단으로 설립되었고, 2007년까지 제네바식물원과 뇌사텔대학 식물학 연구원에 의해 운영되었다. 1991년에는 발레 캔톤Canton du Valais과 오흐시에 시의 재정 지원을 받아 '알프스 식물지리학 센터'를 개소하였다.

장 마르셀 오베르 재단은 1967년부터 40년 동안 지속적으로 정원을 소유하고 유지해왔으나, 재원 부족으로 현재는 발레 캔톤과 오흐시에 시에서 관리하고 있다.

또, 2007년 이 식물원은 조경 관련 예술과 과학을 이상적으로 연결하여 정원 문화와 역사에 남을 만한 독특하고 흥미로운 표본을 제공한 공로로 스위스 문화유산협회로부터 스위스 문화유산 정원상을 수상하였다. 이 식물원의 소유자인 장

실개울과 징검다리

마르셀 오베르 재단에게는 30,000 스위스 프랑의 상금을 수여하였다.

식물원의 구성

이곳에는 유럽과 타 대륙의 고산식물들 약 4,000종이 식재되어 있다. 식물의 다양함과 풍부함으로 명망이 높은 곳으로, 알프스를 대표하는 고산식물원 중 하나이다. 화강암 지역인 캐톤 산mt.catogne 남사면에 대략 남북 방향으로 사다리꼴로 이루어져 있으며, 자연 지형을 최대한 살려 원로와 식물을 배치하였다.

관람공간은 암석원과 연못, 개울 등의 수경시설 위주로 되어 있다. 부지 대부분은 잔디밭, 진달래원, 스위스 향토수종 보존원, 약초원, 식충식물원, 빙퇴석 지역, 석회암 지역과 초지로 되어 있다. 관리시설로서는 입구에 관리실과 매점으로 쓰이는 스위스풍의 목조 건물이 있고, 이외에 표본실, 식물 번식장 등이 있다. 부지의 동북부와 서부는 숲 지역이다.

식물원 입구

식물원 정문을 들어서자마자 만나는 파란 잔디 광장에서 보이는 알프스 설산들과 호수가 빚어내는 파노라믹한 경관은 매혹적이다. 관람객들은 이곳에서 이미 감동받고 가슴을 설레며 식물원 투어를 시작하게 된다. 식물원을 돌아보면 이곳의 풍광과 매력에 더욱 깊이 빠져들게 된다.

주로 경사지에 조성된 이곳은 대체로 암석원의 형태를 띠며, 소담스럽게 모여 자라는 원색의 다양한 산악식물 군집으로 조성되어 있다. 경사지를 차지하고 있는 잿빛 바위들 사이로 굽어 도는 협소한 산책로와 좁은 실개울과 앙증맞은 징검다리들, 그리고 작은 폭포와 수정처럼 맑은 연못들이 배치되어 있다. 또, 물 속과 녹지의 곳곳에 배치된, 철과 스텐레스 강, 부식 철 및 알루미늄 등의 재료로 표현된 추상적이나 호소력 있는 모바일 조각들은 식물원을 더욱 매력적인 공간으로 만든다.

관람객들은 아주 세심하게 마련된 원로를 따라, 식물들이 다칠세라 조심스레 소요하고 벤치에서 쉬며, 각양각색의 사랑스러운 식물들을 발견하고 그 모양과 향기를 관상하게 된다. 천혜의 자연 환경 속에서 살아가는 이곳 식물들의 작고도 고운 자태가 뿜어내는 강인한 생명력과 존재감을 발견하며, 알프스 자연에 대해 친숙해져 가는 즐거움을 느낄 수도 있다. 특히, 야생 장미류와 진달래류, 앵초, 바위솔, 범의귀속 식물들의 군락이 흥미롭다. 또 바람과 물의 흐름에 따라 상응하는 모바일 조각들의 아름다운 율동과 소리를 느끼며, 새삼 자연의 섭리를 떠올릴 수도 있는 특별한 곳이다.

이 식물원은 초입부터 끝까지 풍부한 신록, 청정한 공기 싱그러운 풀내음, 작은 폭포들

관람로를 따라 만나는 갖가지 꽃들

침엽수림에 둘러싸인 식물원 내부 모습

작은 연못과 모빌 조각

이 만드는 잔물결, 수면 위에 부서지는 하얀 포말들, 쉬임없이 속삭이는 듯한 물소리로 가득하다. 고산식물원에 대한 기대를 저버리지 않는 매력적이고 격조높은 공간이다.

식물원의 운영 특성

현재 식물원은 장 마르셀 오베르 재단 소유이며, 발레 캔톤과 오흐시에 시에서 관리하고 있다.

'식물원의 친구'라는 후원 제도를 운영하며 회원들에게는 식물원 무료 입장료와 전시회 초대 및 각종 식물원 관련 생산물들을 25% 할인해 주는 혜택을 주고 있다.

식물원에 서식하는 달팽이

한편, 연중 식물원의 장미류 등 보유 식물들과 관련한 전시회와 안내 투어를 개최하며, 특히, 유명 조각가들의 전시회도 개최된다. 2010년에는 10월까지 시간 경과에 따른 재료의 변화와 재료의 소리, 움직임에 치중한 에티에네 크레헨뷜Etienne Krähenbűhl의 조각전이, 2011년에는 6월에서 9월 경 길란 화이트Gillan White의 조각전이 개최되었다. 이때의 주제는 '신화적 에델바이스'였다.

Travel tip

주소 Jardin Botanique Alpin Flore-Alpe, Route de l'Adray, 1938, Switzerland
홈페이지 www.flore-alpe.ch/
전화 +41 027 7831217
개원시기 및 시간 매일 5월에서 10월은 10:00~18:00까지, 7월과 8월의 금요일은 10:00~20:00까지 관람 가능하다. 늦은 봄과 초여름이 가장 관람하기 좋은 계절이다. 휠체어도 가능하나 좁은 길은 제한되고, 애완견은 입장 불가이다. 해설 안내가 가능하다. 최소 3인 이상이어야 하며, 사전에 e-mail(info@flore-alpe.ch)로 예약하거나 당일 현지에서 바로 신청할 수도 있다.
면적 10ha

60

전통과 현대적 아름다움을 동시에 볼 수 있는

레이던대학식물원

Hortus Botanicus Leiden Universiteit

겨울정원과 입구 전경

꽃의 나라로 이름난 네덜란드에서 가장 오래된 도시가 헤이그 북동쪽 약 16km 지점에 있는 레이던 시이다. 레이던 시의 주변지역은 네덜란드에서도 유명한 튤립 재배지이다. 또 레이던 시는 화가 렘브란트, 얀 스테인, 얀 판고옌 등의 출생지로도 유명하다. 네덜란드 최초로 1575년에 설립된 레이던대학은 동양학 연구로 유명하며, 자연박물관, 민족박물관 등과 함께 세계에서 가장 오래된 식물원인 레이던대학식물원을 갖고 있다.

식물원의 역사

레이던대학식물원은 세계에서 가장 오래된 식물원 중의 하나로, 레이던대학 학술원 건물과 천문대 사이에 있다. 1587년 신생 레이던대학은 시장에게 약학대학 학생들의 학습에 사용할 수 있는 식물원 조성을 요청하여 1590년에 허락을 받는 것으로 식물원의 역사가 시작된다. 1593년에는 식물원 조성 총책임자로 유명한 식물학자 클루시우스Carolus Clusius, (1526~1609)가 임명되어 본격적으로 식물원 업무를 시작하였다. 클루시우스의 높은 지식과 평판, 그리고 국제적인 수집 노력으로 레이던대학식물원은 짧은 시간 내에 많은 양의 식물종을 보유하게 되었다. 특히 튤립, 담배, 감자 등을 최초로 도입하고 유럽에 전파하였다.

클루시우스 이후에도 헤르만 부르하버Hermann Boerhaave 등이 뒤를 이어 세계 여러 곳에서 다양한 식물들을 수집하면서 양적·질적인 면에서 큰 발전을 하게 되었다. 1740년부터 1744년에 걸쳐 온실을 세웠으며 1880년대 초반까지는 식물원의 규모를 점점 확대하였으나 식물원

부지 일부가 레이던천문대 건축에 사용되기도 하였다. 1823년부터 1829년 사이에는 화란동인도회사에 고용된 독일인 의사 지볼트의 도움으로 일본의 여러 지방으로부터 수많은 아시아 식물을 수집하였다. 이후 꾸준한 노력으로 세계적인 식물원으로 발전하였다.

식물원의 구성

식물원은 크게 전정Front garden, 겨울정원, 온실, 빅토리아수련원, 일본식 정원인 지볼트기념정원, 고사리원, 클루시우스정원 등으로 구성되어 있는데, 현재 약 15,000여 종류의 식물을 보유하고 있다. 식물원 전체는 자연스러우면서도 체계적으로 잘 가꾸어져 있다.

우선 식물원 정문을 통과하면 처음으로 마주치게 되는 전정은 1600년에 조성되어 현대까지 그 골격을 유지해 오고 있다. 하지만 1987년에 오래된 자작나무들이 썩어 넘어지는 바람에 1739년의 설계도에 따라서 재조성하였다. 다양한 구근식물, 교목 및 관목, 아시아에서 수집된 식물들을 식재하여 식물의 생장형태를 관찰할 수 있도록 해놓았다.

겨울정원은 겨울에도 관람이 가능한 대형온실로 천정의 높이가 높은 철골조 온실이다. 남아프리카 희망봉 부근에서 수집한 식물을 포함하여 아열대식물, 식충식물인 사라세니아Sarracenia, 소철류 등이 대형 화분에 심겨져 산뜻하게 전시되어 있다. 온실 내부에 설치되어 있는 공중관람로를 통하여 내부뿐만 아니라 외부의 키 큰 나무나 정원까지도 내려다보면서 즐길 수 있다. 현재의 온실은 1936년에 건축된 것으로 아시아 지역의 식물이 많이 식재되어 있다. 시체꽃, 40kg 정도의 어린이를 지탱할 수 있는 대형 잎을 가진 빅토리아수련 등을 포함하여 다양한 열대식물을 전시하여 겨울에도 많은 관람객이 찾고 있다.

지볼트기념정원은 19세기 초에 일본으로부터 다양한 식물을 수집한 지볼트Philip von Siebold를 기리기 위한 정원이다. 식물을 통한 동서양의 교류 증진과 평화를 바라는 염원을 담아서 일본인 조경건축가인 나카무라Makoto Nakamura의 설계에 의하여 조성하였다.

고사리원에는 다양한 속성수를 식재하고 수분을 공급하는 개울을 만들어 고사리류가 스스로 번식하고 잘 자랄 수 있는 적절한 공중습도를 유지하고 있다. 북반구에 자생하는 상록성 고사리류를 많이 확보하고 있으며, 앵초류, 헬레보러스Helleborus 등이 혼식되어 있어 철따라 아름다운 경관을 볼 수 있다.

앵초류가 피어 있는 연못정원

클루시우스정원은 1594년에 클루시우스가 이곳 부지에 처음으로 식물을 심기 시작한 것을 기념하기 위하여 1931년에 조성했던 것

식물분류원

을 2003년에 재조성한 정원이다. 1593년에 독일의 프랑크푸르트로부터 이주해 온 클루시우스는 델프트Delft의 유명한 약제사인 클루이트Dirck Outgaertszn Cluyt의 도움을 받아 1,000여 종류의 식물이 심겨진 정원을 조성하였다. 그는 그때까지 소개되지 않았던 지중해, 중앙아시아, 아메리카 등지의 야생식물과 관상용 관목들을 수집하였다. 특히 네덜란드의 국가적 자부심으로 통하는 튤립을 터키로부터 수집하여 네덜란드와 유럽에 전파한 공로를 인정받고 있다.

그 외에 단풍나무과, 난류, 고사리류, 호야*Hoya*속 식물, 디스키디아*Dischidia*속 식물, 네펜데스*Nepenthes*속 식물 등을 아시아 지역에서 집중적으로 수집 전시하여 학술적인 가치가 높은 것으로 인정받고 있다.

식물원의 운영 특성

전 세계에서 수집한 식물들을 정원과 온실에 전시하여 연구, 교육 및 관람에 활용하고 있다. 레이던대학식물원에는 550만 점 이상의 표본을 소장한 세계적인 식물표본실이 있으며 이 중에서 부분적으로 인터넷 검색이 가능하다. 네덜란드 국내외 대학이나 연구기관과 협력하여 멸종위기식물 보전연구를 수행하고 있다. 또, 어린이와 시민들을 위한 많은 교육프로그램을 계절별로 운영하고 있으며, 겨울정원을 이용한 전시회나 음악회 등이 정기적으로 개최되고 있다.

Travel tip

주소 Hortus Botanicus Leiden Universiteit, Rapenburg 73, 2311 GJ Leiden, Netherlands
홈페이지 www.hortus.leidenun.nl
전화 +31 071 5275144
개원시기 및 시간 하계인 4월 1일부터 10월 31일까지는 월요일부터 일요일까지 10:00~18:00까지 개원한다(온실은 11:00~17:00). 동계인 11월 1일부터 3월 31일까지는 월요일을 제외하고 10:00~16:00까지 관람이 가능하다. 레이던 시 축제일인 10월 3일과 크리스마스 휴가기간에는 문을 닫는다.
면적 3ha

61

네덜란드의 오랜 식물 연구 역사를 보여주는

암스테르담식물원

Hortus Botanicus Amsterdam

식물분류원인 반원정원

네덜란드 암스테르담의 그물망처럼 연결된 운하들의 한가운데에 위치한 암스테르담식물원은 세계에서 가장 오래된 식물원 중 하나이다. 비록 약 1.2ha의 작은 면적이지만 각 대륙에서 도입된 4,000종류 이상의 식물이 정원과 온실에 심겨져 있으며 꽃이 피면 장관을 이룬다. 암스테르담 도심의 따뜻한 미기후 덕분에 아열대식물 종 몇 가지도 실외정원에서 재배되고 있다.

식물은 과학적으로 수집되었고 몇몇 식물군에 전문화되어 있는데, 소철, 남아프리카식물군, 야자수, 온실식물, 후크시아와 식충식물 등의 식물군이 네덜란드 내의 특화된 다른 식물원들과 함께 네덜란드 국립식물컬렉션을 이루고 있다.

관람객들은 식물원에서 식물과 식물의 역사를 공부하거나, 나비를 관찰하거나, 다른 기후 지역을 체험할 수 있다. 또 전시회와 연주회에 참여하거나 정원에서 조용하게 독서를 즐길 수 있다. 식물원은 바쁜 일상의 도심에서 녹색의 오아시스 역할을 하고 있다.

식물원의 역사

암스테르담식물원은 370여 년간 교육과 연구를 위한 기관이었다. 오랜 기간에 걸쳐 세계적인 규모로 수많은 종류의 세포와 유전자를 연구해왔으며, 따라서 식물원의 역사는 처음부터 과학 역사의 일부이다.

1638년에 시의회에 의해 설립이 결의되고, 같은 해에 시장이 새로운 전염병으로부터 시민을 지키기 위해 약용식물원으로 설립하면서 역사가 시작되었다. 식물원에서는 초기의 설립목적에 충실하게 생약의 원료를 제공하였으며, 의사와 약사들에게 실험재료를 제공하기도

수생 습지 식물들이 수집되어 있는 야외정원

야외 연못에서 자라는 것을 볼 수 있는 빅토리아수련

하였다.

식물원은 1682년 현재의 위치로 이전했는데, 근세기에 들어 한때 폐쇄되었다가 시민의 주도로 1986년 다시 개원했으며 독립적인 재단을 구성하여 370여 년 이상의 역사를 갖게 되었다.

1646년에 원장으로 임명된 존 스니펜달John Snippendaal은 그 해 전체 식물 컬렉션 카드를 완성하고 주로 약용식물과 관상용 식물을 포함하는 796종의 식물 카탈로그를 만들었다. 2007년에는 이 첫 카탈로그의 현대어 번역 작업을 마침으로 컬렉션을 다시 보여 줄 수 있게 되었다. 스니펜달 정원Snippendaal Garden의 모든 식물은 1646년에 심은 것이다. 17세기에서 18세기에 이르는 동안 동인도회사의 배들은 많은 이국적인 식물 종들을 식물원으로 가져왔다.

식물원의 온실 및 건물은 대부분 국가 기념물이다. 아름다운 식물원 도서관은 암스테르담대학의 대학도서관으로 16, 17세기와 18세기의 최고의 작품으로 과학 유산에 속한다. 입구 건물과 종자seed 돔은 1715년에 지어졌다. 오랑제리는 1875년에 지어졌고, 팜하우스는 1896년부터 1918년까지 유전학자 휴고 드 브리스Hugo de Vries가 원장으로 재임하는 동안 건축가 요한 멜키오르 반 데르 메이(1878~1949) Johan Melchior van der Mey에 의해 1912년에 지어졌다. 휴고 드 브리스 건물은 1915년에 지어졌다.

식물원의 구성

식물원 건물의 외부 모습은 17세기의 디자인으로 사각침상 유선형이다. 이와는 반대로 식물원 전체에 여기저기 흩어져 있는 식물 보존용 건물들은 초현대적으로 건축되었다.

온실은 건축가 자트스와 잔스마Zwarts & Jansma에 의해 초현대적으로 1993년에 설계되었으며 세 개의 서로 다른 기후대를 가지고 관람객들의 눈을 사로잡는다. 온실은 아열대, 사막, 열대 지방을 대표하는 세 구역으로 나누어져 있으며 각 기후대를 재현할 수 있도록 온도, 습도 및 광도를 조절할 수 있는 시스템과 공기 순환 시스템을 갖추고 있다.

아열대 구역의 케이프 '핀 보스'는 남아프리카의 독특한 식물 유형 중 하나를 보여준다. 케이프 지역은 풍부한 생물 다양성으로 유명한 곳으로, 식물원의 남아프리카 식물 수집은 17세기 말에 이루어졌으며 아직도 식물 수집의 중요한 부분을 차지한다. 이 기후 구역에는 호주와 지중해 주변 지역도 포함된다. 각 계절 동안 다양하게 변화하는데 여름에는 온도가 높지만 겨울에는 상대적으로 시원하다.

오랜 세월 식물원을 지켜온 입구 건물

열대기후 영역은 방문자들이 마치 정글에 있는 듯한 느낌을 준다. 야자수들은 겨울에 식물들에게 그늘을 제공하고 관람통로는 많은 식물 종에 따라 전개되며 고온 다습한 기후를 제공하여 착생식물과 난초들이 생장하고 있다. 멕시코 구역은 뜨겁고 건조한 사막지역 기후대를 재현한 곳으로 미국과 멕시코에서 도입한 식물들과 남아프리카 나미비아 사막에서 자라는 벨빗치아 *Welwitschia mirabilis*를 비롯한 다양한 내건성식물을 볼 수 있다.

1715년에 지어진 오랑제리 내부

작은 나비 하우스는 교육용 온실이라고도 하는데, 가장 재미있는 온실 정원이다. 식물들은 열대식물 중 환금성 작물 즉, 인류가 매일 먹고 소비하는 식물들 예를 들어 커피나무, 코코아,

남아프리카 케이프 등 지중해성기후대의 식물 수집 구역

차, 쌀, 후추, 사탕수수 등이 있으며, 이러한 식물들은 교육 커리큘럼상 중요한 역할을 한다. 2014년 8월에 나비의 집은 구조 변경을 통해 새로 탄생하여 관람객들을 맞이하고 있다.

기념비적인 팜하우스는 보호되어야 할 중요한 식물원 유산이다. 독특한 역사, 아름다운 건축미, 위치적 중요성으로 볼 때, 문화적·역사적·건축적 가치가 높다. 이곳에 1912년 겨울부터 야자, 소철, 계피나무 등을 그 안에 담게 되었다. 대부분은 컨테이너에 식재된 식물로 여름에는 외부로 나가지만, 동케이프 자이언트 소철Eastern Cape giant cycad, *Encephalartos altensteinii* 등 일부는 여름에도 계속 온실의 땅에 심겨져 자란다. 이 식물은 식물원에서 가장 오래된 식물로 350년 정도 되었고, 1850년 윌리엄 2세의 컬렉션으로 구매된 것이다.

긴 기근(공중 뿌리)을 가진 필로덴드론 *Philodendron bipinnatifidum* 은 온실의 이미지를 보여주는 대표적인 식물이다.

온실 외에 야외에도 식물이 수집되어 주제원을 구성하는데, 대표적인 반원Semicircle 정원은 서로 다른 식물 종의 관계를 보여주는 식물분류원이다. 이곳에서는 속씨식물을 분류체계에 따라 종류별로 완벽히 분류되어 있는 것을 볼 수 있다.

또 식물원의 주요 컬렉션 중 하나로 1958년부터 수집한 빅토리아수련을 6월부터 9월까지 야외 연못에서 관람할 수 있다. 6,000본 이상의 식물은 암스테르담과 식물원뿐만 아니라 네덜란드의 역사를 반영한다. 윌리엄 II세 왕의 보석 컬렉션과 함께 남미에서 모든 커피 농장의 모본 식물로 여겨지고 있는 커피나무 등은 역사의 상징이 되고 있다.

오랑제리(오렌지나무 온실)는 오래된 기념물이다. 1715년 초 열대식물이 나무로 된 이 온실에서 생장했으며 현재는 강당으로도 사용된다. 치장벽으로 된 이 긴 건물은 오렌지와 같은 감귤류의 월동 장소로 사용되었기 때문에 오랑제리로 명명되었다.

출입구 쪽에 위치한 건물은 1862년에 지어졌고 숍과 사무실로 사용되어 왔다. 2011년, 건축가 에밀 레비에 Emile Revier 는 현재의 모습으로 리모델링하고 건물 면적을 확장해서 광범위하고 다양한 서비스를 제공할 수 있게 되었다.

1875년에 새로 지어진 오랑제리는 독특하고 이국적인 식물로 둘러싸인 건물로 현재 정원 방문객을 위한 카페로 사용되고 있다. 식물원의 방문객들은 이곳에서 공정무역 커피, 카윗에서 온 페스트리와 맛있는 유기농 샌드위치와 샐러드를 즐길 수 있다. 메뉴의 모든 제품은 유기농 재료로 만들어진다.

식물원의 운영 특성

기념품점에서는 식물과 관련 제품들을 판매하고 있으며 식물원 소득의 중요한 부분을 차지한다. 판매품은 일반적으로, 식물과 씨앗뿐만 아니라 책, 지도, 정원 도구 및 장난감들이다. 이 상품들은 공정무역을 바탕으로 생산되고 있으며 리빙스타일 제품과 디자인 제품을 선별하고 '파벨라 브라질' Favela Brasil 처럼 직접 농가에서 생산한 씨앗이나 보석 같은 제품을 구매한다.

또, 초콜릿과 차와 같은 독점상품도 판매한다. 초콜릿은 유기농 코코아로 만든 것이며 '고릴라 바'라는 식물원만의 제품은 콩고의 비룽가 코코아로 만든 것이다. 여기서 얻는 수입 덕분에 주민들은 벌목이나 밀렵으로 고릴라의 서식지를 위협하지 않게 된다. 식물원 자체 생산 제품은 꿀이며 연간 150병만 생산되고, 마르셀 베르하프 Marcel Verhaaf 에 의해 디자인된 특별한 선물 상자로 포장된다. 그 밖에도 식물원 매점에서만 판매되는 식물원만의 고유한 상표와 디자인을 가진 기념품, 장난감 등등 다양한 제품을 판매한다.

Travel tip

주소 Hortus Botanicus Amsterdam, Plantage Middenlaan 2a, 1018 DD Amsterdam, Netherlands

홈페이지 www.dehortus.nl

전화 +31 020 6259021

개원시기 및 시간 1월 1일과 12월 25일을 제외하고 매일 10:00~17:00까지 문을 연다. 7월과 8월의 일요일에는 19:00까지 개원한다.

면적 1.2ha

62

대학식물원의 모범 사례

위트레흐트대학식물원

Botanische Tuinen Universiteit Utrecht

건축폐기물로 제작한 시멘트 블록을 쌓아 만든 암석원

위트레흐트는 네덜란드 중부의 주 이름이자 주도의 이름이기도 하다. 1500년대에 네덜란드가 스페인으로부터 독립하는데 중심적인 활동 근거지였을 정도로 유서가 깊은 도시이다. 위트레흐트대학식물원은 유서 깊은 도시만큼이나 오랜 역사를 가지고 있는 식물원이다. 이 식물원은 위트레흐트대학의 중심부에 위치하고 있는데, 약 7ha의 면적에 19세기 만들어진 호프딕 요새Fort Hoofddijk를 중심으로 조성되어 있는 암석원이 매우 아름답다.

식물원의 역사

위트레흐트대학식물원은 네덜란드에서 가장 오래된 대학식물원 중 하나인데, 위트레흐트대학이 설립된 3년 후인 1639년에 설립되었다.

최초의 정원은 전망대가 서 있는 소네보르흐Sonnenborghk에 만들어졌다. 이 정원은 의약과 학생들을 위한 교육용 정원이었다. 그 당시까지는 식물학이 전문 영역으로 형성되지 않았었다. 약 1ha의 면적에 650종류 정도의 식물을 보유하고 있었는데, 그 당시 네덜란드의 다른 식물원들에 비해서 작은 규모였다.

1723년 새로운 토지를 뉴에그라흐트Nieuwegracht를 따라 구입하면서 식물원의 면적은 확대되었고 오랑제리가 건설되었다. 1726년에는 면적을 더 확장하여 열대식물 수집을 위한 온실을 건설하였다.

1747년 원장이었던 와첸도르프Wachendorff 교수는 자신만의 식물 분류체계를 개발하고 그 관계를 식물원에 실현하였다. 다음 원장인 요한 다비브 한Johann David Hahn은 1767년에 식물원의 북쪽에 커다란 오랑제리를 건설하였다.

20세기 초까지 2세기 동안 식물원은 뉴에그라흐트를 따라 유지되었다. 1920년에 대학은 칸톤스파크 반 Cantonspark Baarn 에 부지를 추가로 확보하여서 새로운 식물원 '식물학 정원'을 조성하였다. 이들 두 개의 식물원은 1965년 교수이자 원장이었던 라노우 J. Lanjouw 박사에 의해서 하나의 식물원으로 합쳐졌다.

1966년에는 폰 김본 수목원 Von Gimborn Arboretum 을 구입하여 목본 식물 수집의 중심으로 활용하였다. 이 수목원은 현재 별도의 법인으로 독립한 상태이다.

오늘날 대부분의 식물 종은 1963년 호프딕 요새 위에 조성이 시작된 암석원을 중심으로 한 지역에 모여 있다. 이 요새는 1879년에 건설된 것으로 제2차 세계대전까지도 방어기지로 사용되던 곳이다. 이 요새의 밖은 암석원으로 내부는 대학의 연구소로 활용되고 있다.

1989년에 위트레흐트식물원의 350주년 기념의 일환으로, 입장권 발권기계가 자원 봉사자들로 대체되었다. 오늘날 다양한 곳에서 기계가 인간을 대신하는 것과는 정반대로 매우 의미있는 변화라고 생각되는 점이다.

식물원의 구성

식물원은 크게 6개의 구역으로 구성되어 있는데, 암석원, 식물분류원, 테마정원, 열대 및 아열대온실, 요새 외부, 동물정원 등이 그것이다.

식물원에 들어서면 바로 만나게 되는 곳이 암석원인데 가장 높은 지점이 요새 앞에 있는 운하의 수면보다 약 12m가 높다. 수집 종이 매우 풍부하며 유럽에서 가장 큰 바위 정원 중 하나이다. 1963년 호프딕 요새 위에 암석원을 건설하기 시작하였는데, 이미 요새로 인해 높은 지대가 형성되어 있었다는 점이 가장 큰 장점의 하나였다. 그러나 암석원을 완성하기에는 암석이 매우 부족했기 때문에 아르덴에서

정원에서 날고 있는 듯한 새 조형물

숲속에 숨어 있는 동물 조형물

외떡잎식물을 형상화한 조형물

쌍떡잎식물의 특징을 보여주는 조형물

2,100t의 바위를 운반해 와야 했다. 암석원에서는 다양한 식물 서식환경을 만날 수 있다. 계절에 따라 다양한 식물들이 꽃을 피우고 사라져가며 다시 또 다른 식물들이 새로운 꽃을 피우고 사라져가길 매년 반복한다.

식물분류원은 특히 여름에 꽃 피는 식물로 가득차 아름다움을 보여주는 곳이다. 원래는 실제 교육 정원이었다. 기타 유사한 정원과 함께 생물학 전공 학생들에게 서로 다른 식물 종 사이의 관계를 가르치는 현장으로 활용되었다. 최근에 이러한 교육 수요는 점점 더 확대되고 있다.

위트레흐트 식물분류원의 중앙에 오늘날 진화학적 관점에서 속씨식물 중 가장 오래된 식물로 받아들여지고 있는 목련과 및 수련과 식물들이 위치하고 있다. 이는 미국의 식물학자 크롱키스트 Arthur Cronquist 의 분류체계를 받아들여 조성하였기 때문이다.

테마 정원에서는 맛을 보고, 소리를 듣고, 냄새를 느낄 수 있는 식물들을 주제로 모든 감각을 활용하여 식물의 매력을 느껴 볼 수 있게 하기 위해서 조성된 곳이다. 위트레흐트식물원의 긴 역사를 볼 때 비교적 최근(1995년)에 조성되었으며 매년 새로운 주제로 재조성하기도 하는 곳이다. 예를 들어 '의사 선생님 앞에 선 식물', '꽃 피는 정보', '이정표가 되는 식물' 등 다양하고 재미있는 주제를 새로이 도입하기도 한다. 특히 테마 정원은 '모든 사람을 위한 정원'을 표방하고 있다. 이를 위해 신체장애가 있는 사람들을 위해 모든 관람로를 이용하

식물분류원 전경

기 편하게 조성하였고, 시각 장애인이 가까이에서 경험해 볼 수 있도록 식물을 배치하기도 하였다.

연구를 위한 부분을 제외하면 열대 및 아열대온실 등 온실단지는 대부분 일반인들에게 개방되고 있다. 일반인들이 볼 수 있는 곳들은 많은 다육식물들이 있는 중앙 홀, 화분에 심은 식물 또는 오렌지와 브루그만시아 Brugmansia 등 '케이프 작물'을 볼 수 있는 한냉실과 아열대온실 등이 있다. 열대온실에서는 연중 21℃의 온도, 그리고 낮에 55%, 밤에 95%의 습도를 유지하면서 진정한 열대식물들을 수집하고 있다. 대표적인 식물들로 코코아, 파파야, 열대난초, 브로멜리아 Bromeliad, 다양한 종류의 시계꽃들을 만날 수 있다.

수생식물원의 물고기 조형물

요새 외부는 해자의 외부에 직접 위치해 있다. 여기에서는 '자연 식물원'을 추구하고 있다. 즉, 크로메 린 Kromme Rijn 의 토종 식물이 자연적으로 분포하도록 인공적인 관리를 최소한 줄이고 있다. 따라서 어떤 식물 종도 인공적으로 식재하지 않고 자연스럽게 유지되도록 노력하고 있다. 여기에서부터 열대온실을 향해 걸으면 다양한 식물들이 꽃피고 지는 것을 볼 수 있으며 낙우송, 많은 종류의 대나무 등 네덜란드에서는 매우 이국적인 식물들을 만날 수 있게 된다.

동물정원에는 개구리, 잠자리, 나비와 꿀벌과 같은 작은 동물

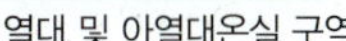
열대 및 아열대온실 구역

식물원에 들어서면 바로 보이는 전경

이 잘 살아갈 수 있는 환경이 조성되어 있다. 사람들은 이곳에서 여러 종류의 생물들이 상호 작용을 통해 자연생태계를 유지해 간다는 점을 이해할 수 있게 된다.

식물원의 운영 특성

위트레흐트대학식물원은 23여 명의 직원을 고용하고 있으며 20여 명의 자원봉사자가 정원을 관리하거나 벤치 등의 여러 시설에 그림을 그려 넣는 등 다양한 활동을 하고 있다. 식물원 가이드 투어도 25명 정도의 별도의 자원봉사 가이드들이 담당하고 있는데, 이들을 위해서 식물원에서는 정기적으로 재교육을 하기도 한다. 이러한 자원봉사 체계는 1989년에 식물원 350주년을 계기로 전면 도입하여 정착되고 있는 훌륭한 조직 체계이다. 이들은 식물원의 미래에 있어서 매우 중요한 식물원의 구성원으로 평가받고 있다.

식물원에서는 다양한 프로그램을 운영하고 있는데, 예를 들어 각 계절에 피는 식물들을 감상하면서 식물원을 걷는 프로그램, 정원관리 워크숍, 열대 나비 축제 등 다양한 주제와 다양한 깊이로 각계각층의 사람들이 참여하고 있다. 교육프로그램은 연중 계속 운영되며, 축제와 행사 등도 거의 매달 한두 건이 진행된다고 볼 수 있다.

Travel tip

주소 Botanische Tuinen Universiteit Utrecht, Fort Hoofddijk, Budapestlaan 17, 3584 HD Utrecht, Netherlands

홈페이지 www.uu.nl/botanischetuinen

전화 +31 030 2531890

개원시기 및 시간 3월 1일부터 12일 1일까지 매일 10:00~16:00까지 문을 연다.

면적 7ha

63

장미의 품종 육종 역사를 한 자리에서 볼 수 있는

카스텔투이넨아르센

Kasteeltuinen Arcen

세계의 정원으로 가는 길에 펼쳐진 꽃밭

네덜란드 동부의 유명한 도시 에인트호벤, 그리고 독일 서부의 유명한 도시 뒤셀도르프 사이 두 나라의 국경에 인접하여 네덜란드 쪽에 벨로 시가 자리하고 있다. 이 벨로 시의 북부 한 지역이 아르센인데, 이곳에서 놀라운 성, 그보다 더 놀라운 정원과 식물들을 만날 수 있다.

식물원의 역사

카스텔투이넨아르센의 시작은 17세기로 거슬러 올라간다. 이 식물원은 과거에 파괴된 '니헤 하우스 성 Nije House Castle'의 유적지에 지어졌다. 오랑제리와 수위실 등으로 이용된 '마차 집Coach House'은 여전히 식물원의 넓은 뜰에 위치하고 있다. 오늘날 카스텔투이넨아르센은 현지인들로부터 특별한 전시장소, 결혼식장, 연회 시설로 사랑받고 있다.

식물원의 구성

식물원의 전체 면적은 32ha에 이르는 방대한 규모이다. 입구에 있는 마차 집은 농사를 짓기 위해 필요한 설비나 기구 등을 보관하는 장소로 이용되었던 곳이다. 지금도 농사용 마차, 농기구 등이 전시되어 있어 당시의 농업 환경을 이해할 수 있는 전시장 역할을 한다.

입구를 지나면 해자 건너 아르센 성Arcen Castle이 자리하고 있다. 17세기부터 시작된 아르센 성에는 만병초정원이 조성되어 있다.

아르센 성을 지나 더 들어가면 온실이 눈에 들어오는데 이곳이 카사 베르데Casa Verde이다. 카사 베르데의 의미는 '푸른 집'이란 뜻이다. 이곳에는 서로 다른 세 종류의 기후

넓은 해자 위에 섬처럼 떠 있는 아르센 성

장미원에 자리하고 있는 각 시대별 장미 육종학자들의 동상

성을 둘러싸고 있는 해자에 핀 개연꽃류

를 지닌 구역이 있어 다양한 식물과 꽃들을 만날 수 있다. 첫 번째 구역에서는 열대성기후에서 자라는 식물을 만나 볼 수 있다. 이곳에서는 바나나 또는 양치식물 등과 같이 잎이 크거나 화려한 식물이 자라고 있다. 두 번째 구역에는 지중해성기후에서 자라는 식물을 만나 볼 수 있다. 이곳에서는 유향나무, 로즈마리, 올리브나무, 나무딸기 등이 자라고 있다. 세 번째 구역에는 건조한 기후에서 자라는 식물을 만나 볼 수 있다. 이곳에서는 유카Yucca, 선인장, 다육식물 등이 살고 있다.

그 다음으로 만나는 정원은 리피Leafy이다. 리피는 문자 그

세계의 정원에 있는 공작새를 형상화한 화단

대로 나무들이 우거져 그늘을 형성하고 있는 정원이다. 우거진 나무들 사이사이로 물이 흐르고 작은 폭포들을 형성하고 있어 포근한 느낌을 주는 곳이다.

아르센 성 뒤에는 10개 구역의 서로 다른 장미원이 있다. 이 장미원에는 500여 품종의 10,000그루에 이르는 장미가 심어져 있다. 장미원은 인공폭포가 떨어지는 바로크풍의 연못을 감싸 돌고 있다. 장미원의 각 구역은 서로 다른 시대에 육종된 장미 품종들이 해당 품종을 육종한 학자들의 동상과 함께 자리하고 있다. 이 장미원을 통해 장미 품종 육종의 역사를 한 자리에서 공부할 수 있으며, 여러 육종학자들의 노고를 이해할 수 있다. 이들 육종학자들의 노력을 통해 거의 4계절 내내 아름다운 장미꽃을 우리는 감상할 수 있는 것이다.

장미원을 지나면 물의 정원을 만나게 되는데, 2005년부터 문을 연 물의 정원은 공원에 가깝게 조성되었다. 층층나무, 소나무, 자이언트 세쿼이아 등의 아름다운 모양을 가진 나무들을 만나 볼 수 있다.

전망대에서 보는 장미원과 분수

물의 정원과 온실

매리골드가 화려하게 핀 정원

장미원

이 뒤에는 세계정원이 펼쳐져 있는데 이곳에는 전 세계의 다양한 종류의 정원을 한군데 모아놓은 컬렉션과 같은 곳이다. 이탈리아정원을 비롯해 동양 각 나라들의 정원들을 만나 볼 수 있다.

식물원의 운영 특성

식물원에서 가장 특징적인 운영 모습은 각 계절별로 끊임없이 축제를 개최한다는 것이다. 봄의 만개라는 이름으로 3월 29일부터 5월 10일까지, 봄의 정취라는 이름으로 5월 14일부터 5월 17일까지, 이어서 아듀 아스파라거스가 6월 28일에 이어진다.

장미축제는 6월 9일부터 7월 12일까지 한 달 넘게 계속되고, 야외 요리축제도 7월 25일부터 8월 둘째 주까지 거의 한 달간 지속된다. 가을에는 엘피아 Elfia 라는 이

독특하게 디자인된 분수

인도네시아정원

일본정원의 입구

태국정원과 논

름으로 중세의 요리, 문학, 역사를 즐길 수 있는 축제가 9월 19일부터 9월 20일까지 개최되고, 국화축제가 10월 10일부터 11월 1일까지 거의 한 달간 진행된다.

이 밖에도 아이들을 위한 골프 체험, 어린이놀이터, 색깔 맞추기, 보물찾기 등 다양한 프로그램을 무료로 운영한다. 이와 함께 식물원 가이드 투어를 매일 11시, 12시, 13시 30분에 진행하고 있다.

한편 다른 보통의 식물원들에서는 금지하고 있는 애완동물 출입을 특이하게도 이 식물원에서는 줄을 묶고 다니는 조건으로 허용하고 있다.

Travel tip

주소 Kasteeltuinen Arcen, Lingsforterweg 26, 5944 BE Arcen, Netherlands
홈페이지 www.kasteeltuinen.nl
전화 +31 077 4736010
개원시기 및 시간 2015년의 경우, 3월 24일부터 11월 6일까지 10:00~18:00까지 개원하였다.
면적 32ha

64

유럽의 봄을 알리는

큐켄호프정원

Keukenhof

다채로운 봄꽃으로 단장한 화단

네덜란드 리세Lisse에 위치하고 있는 큐켄호프정원은 16세기에 백작부인이 소유하여 야채와 허브를 재배하던 곳으로 '부엌(큐켄)에 공급하는 정원(호프)'이라는 뜻이다. 전 미국 대통령, 엘리자베스 2세 여왕 등 수많은 세계의 저명인사들이 방문하여 네덜란드에서 가장 알려진 관광명소이다. 큐켄호프정원에서 꽃이 피기 시작하면 유럽에 봄이 찾아온다고 하여 유럽의 봄이라고까지 불릴 정도로 이곳에서 만물이 소생하는 새로운 봄의 기운을 고스란히 느낄 수 있다.

식물원의 역사

16세기에 큐켄호프정원은 네덜란드의 백작부인인 자코바 반 바이에렌Jacoba Van Beieren의 소유지의 일부분이었다. 이곳은 귀족들의 연회를 위한 채소와 허브를 재배하거나 사냥을 위한 장소로 이용되었기 때문에 부엌keuken에 공급하는 정원hof이라는 뜻으로 지금의 이름 큐켄호프정원을 가지게 되었다.

백작이 죽은 후 큐켄호프정원은 1949년에 당시의 리세Lisse 시장市長이 구근 재배농가와 수출업자의 도움으로 전시정원을 만들고자 하는 아이디어를 실현한데서 시작되었다. 개장 첫해에는 236,000명이 전시회를 방문하고 지속적으로 방문객수가 늘어나 현재는 연간 900,000명 이상이 방문한다. 클린턴 전 미국 대통령, 영국 엘리자베스 2세 여왕과 같은 수많은 세계의 저명 인사들이 방문하면서, 네덜란드에서 가장 알려진 정원이며, 세계에서 가장 사진을 찍고 싶은 장소가 되었다. 풍차와 튤립의 나라 네덜란드에서 아름답게 만개한 꽃들로 유명한 큐켄호프정원은 매년 꽃 축제가 펼쳐지는데, 네덜란드인들이 봄이 시작되면 가장 먼저 찾아가고 싶은 곳으로 손꼽힌다.

큐켄호프정원은 튤립이 피기 시작하는 3월 중하순에 개장하여 5월 중순까지 약 2개월간 운영한다. 튤립이 가장 아름다운 시기에만 개장하는 운영전략은 큐켄호프정원만의 특징이다. 7주 동안의 전시기간이 끝난 후에는 모든 구근은 다음 해의 봄을 준비하기 위한 동면을 시키기 위해 파내고, 새로운 전시 디자인을 위한 작업이 진행된다. 9월 말경 첫서리가 내리는 시기에 7백만 개 이상의 새로운 구근을 다시 심는다.

식물원의 구성

큐켄호프정원은 네덜란드에서 가장 유명한 정원이다. 광대한 꽃밭, 꽃박람회, 예술과 여러 가지 행사 등이 한곳에 모여 있어 매년 수백만 명의 관광객들이 이곳을 찾는다. 정원의 오솔길을 따라가면, 테마 공원과 길 양쪽에 나무를 심어 그늘이 시원한 산책로와 온실을 지나간다. 어린이 전용 길도 마련해 놓았다. 'Bollendozen'이라는 이름의 이 길은 어린이들의 모험심을 자극하는 소재들이 풍부한 길이다. 꽃들 사이로 물길이 놓여 있어 물새들이 찾아오고 군데군데 조각과 풍차가 공원의 아름다움을 한층 더해준다. 공원을 돌아보는데 적어도 3시간은 걸리므로 주변의 레스토랑과 카페에서 쉬어가도 좋다.

알리움 절화장식

100여 개가 넘는 관련업체가 큐켄호프정원에 꽃 구근을 공급하면 30명의 정원사가 9월 말부터 첫서리가 내릴 때까지 구근을 심는다. 큐켄호프정원은 관광 시즌에 지속적으로 다채로운 경치를 즐길 수 있도록 꽃피는 시기가 다른 구근들을 땅속에 여러 층 심는다. 말하자면 구근

실내 화훼장식 전시

네덜란드의 상징인 풍차와 쉼터

전시온실과 주변 연못

이 몇 층 겹치는 것이다. 아랫부분에는 늦게 피는 튤립을 심고 그 위에 일찍 피는 튤립을 심게 되는데, 맨 위에는 크로커스 구근을 심는다. 수백만 개의 꽃 구근을 심고 다채로운 꽃밭 주변에 싱싱한 잔디를 조성하기 위해 잔디씨도 매년 6,500kg을 뿌린다.

최근에는 관람객이 보고 쉽게 응용할 수 있는 정원에 대한 아이디어들을 모은 영감의 정원이 새롭게 도입되었다. 영감의 정원은 가든 2.0이라는 이름으로 그 해의 가드닝 트렌드를 반영한 정원이다. 가든 2.0은 채소정원, 안락한 개인정원, 도시 내의 녹색Green in the City, 누구나 가꾸는 쉬운 정원 등 크게 4가지 가든 트렌드를 제시하여 전시하였다.

영감의 정원에는 키친가든, 와이파이가 차단된 휴식을 위한 명상정원, 정원과 관련된 다양한 디자인 제품을 선보이는 디자인가든, 개인의 뒤뜰에도 만들 수 있을 만한 캠핑가든, 개인 정원에 어울릴만한 여러 가족의 기억이 담긴 화분을 이용한 기념품정원, 가족 구성원 각자가 쉽게 가꿀 수 있는 간편정원, 네덜란드의 유명한 가드너 롭Rob이 조성한 먹고, 쉬고,

수반과 어우러진 측백나무 열식

진입로 가로수길

일하고, 잘 수 있는 꿈의 정원 등이 조성되어 있어 일상에서 실제 정원을 가꾸는 데 도움을 주고 있다.

식물원의 운영 특성

큐켄호프정원은 공원과 전시 이벤트가 결합된 꽃 축제의 형태로 볼 수 있으며, 내용적인 측면에서 수출 주종목인 구근 화훼류를 세계적으로 알려 네덜란드의 대표적 산업인 화훼산업을 발전시키는 데 이바지하고 있다는 점이 주목된다.

세계 화훼산업을 주도하고 있는 네덜란드의 대표적인 구근 화훼류의 하나인 튤립은 16세기 이전만 해도 유럽에는 알려져 있지 않았다. 튤립은 터키 원산으로 17세기에 오스트리아인 식물학자 클루시우스Carolus Clusius에 의해 네덜란드로 가져온 것인데, 그 당시에는 매우 비싸서 부자들만이 살 수 있을 정도의 고가품이었다. 이후 네덜란드를 중심으로 재배가 성행하고 영국, 프랑스 등에도 전해져 17세기에는 크게 발전하였다. 한때 튤립의 전성시기 동안 유럽의 경제를 혼란에 빠뜨리기까지 하였다.

만개한 보라색의 알리움 기간티움

약 두 달 동안 축제가 진행되면서 다양한 이벤트들이 준비되어 있는데, 가장 큰 행사가 꽃차 퍼레이드이다. 노르드윅Noordwijk 지역부터 하렘Haarem까지 40km의 구간을 이동하게 되는데, 늘 4월 하순경에 큐켄호프를 지난다. 꽃으로 이루어진 대형 퍼레이드 행렬은 가장 큰 볼거리다.

2015년에는 특별한 이벤트가 진행되었는데, 네덜란드 출신 화가 빈센트 반 고흐(1853~1890)가 사망한 지 125년이 되는 해를 기념하여 수천 송이의 튤립과 히야신스로 반 고흐의 모자이크를 전시하였다. 그 외에도 자전거타기, 음악공연, 전통 의상쇼 등 다양한 이벤트가 개장시기에 진행된다. 2016년 5월 7, 8일은 '큐켄호프에서의 사랑고백' 행사가 예정되어 있다고 한다.

2016년 큐켄호프의 특별 주제는 '황금시대'이다. 17세기 네덜란드가 무역, 예술, 과학 분야에서 번성하던 시대를 상징한다. 황금시대에 영감을 얻은 특별한 꽃 축제와 전시, 그리고 이벤트가 준비될 예정이다.

Travel tip

주소 Keukenhof, Stationsweg 166a, 2161 AM Lisse, Netherlands
홈페이지 www.keukenhof.nl/
전화 +31 0252 465555
개원시기 및 시간 매년 3월 중순에서 5월 중순(약 2개월 개원)까지 개원하며, 08:00~19:30까지 문을 연다.
면적 29ha

65 색과 물의 조화
트롬펜부르크수목원
Trompenburg Tuinen & Arboretum

새 조형물과 조화를 이루는 정원

트롬펜부르크수목원의 정식 명칭은 '트롬펜부르크정원 및 수목원'이다. 이 수목원은 네덜란드의 2대 도시로 서부 해안에 위치한 로테르담Rotterdam에 자리잡고 있다. 잘 알려져 있듯이 네덜란드 국토의 상당 부분이 해수면보다 낮은데 트롬펜부르크수목원도 예외는 아니어서 해수면보다 4m 아래에 위치해 있기 때문에 운하를 통한 배수 시스템을 갖추고 있다.

식물원의 역사

수목원의 역사는 19세기로 거슬러 올라가 1820년에 조성이 시작되었으며 1958년부터는 입장료를 받고 일반인에게 공개하였다. 트롬펜부르크수목원은 예전에 있던 크라링세Kralingse 저택, 여러 필지의 초원 및 인접한 정원에서 출발하였다. 1825년 헨드릭 바흐터Hendrik Wachter는 주말과 여름을 위해 후이제 좀머루스트Huize Zomerlust를 지었는데, 그 집 뒤로 영국풍의 정원을 조성하였다.

1857년에 호이 스미스Hoey Smith 가족이 이 저택에 정착해서 1870년대까지 토지를 확장했으며 트롬펜부르크Trompenburg로 명칭을 바꾸었다. 이 이름은 제임스 스미스James Smith가 다른 나라에 소유했다가 1833년에 철거된 집의 명칭을 따온 것이다. 원래 정원의 서쪽 부분은 1870년에 조커Zocher의 스타일로 만들었다. 스미스 가족은 나무들, 특히 특수 수종들에 대한 관심이 많았는데 그때 심은 낙우송, 측백나무, 물푸레나무, 주목 등은 여전히 남아 있다. 이 시기의 로테르담과 크라링세의 도시 지역은 주택 건설을 위해 점차 확대되었지만 트롬펜부르크는 토지가 수용되지 않았을 뿐만 아니라 오히려 일부 면적을 추

가로 확보할 수 있었다.

이후 정원의 관리를 제임스 호이 스미스James Hoey Smith(1891~1965)가 이어 받았는데, 그는 자연보호 활동에서 명성이 높았으며 수목원 건설을 위해 영국, 프랑스, 독일 등의 농장 및 수목원들과 접촉하였다. 윌리암 스미스Wiliam Smith, (1849~1918)의 아내인 그리에티에 스미스Griettie Mrs. Smith가 1939년에 처음으로 정원을 지도로 나타내었다.

제2차 세계대전 후 수목원의 관리는 딕 호이 스미스J.R.P.(Dick) Hoey Smith가 맡게 되었다. 이때 진달래속과 수목류, 선인장들에 대한 수집이 매우 늘어났다.

식물원의 구성

수목원의 면적은 7ha 정도인데 초본식물뿐만 아니라 목본식물도 다양하게 수집하고 있으며 특히 구과식물류, 참나무류Quercus, 너도밤나무속Fagus, 진달래속Rhododendron, 쥐똥나무속Ligustrum, 도깨비부채속Rodgersia, 비비추속Hosta에 대해서는 국가 식물 컬렉션으로 지정받고 있다.

트롬펜부르크수목원의 주요 정원 구성을 보면, 비비추오솔길, 배나무밭, 실마리정원, 벽광장, 엑셀시오정원, 다육식물원, 황금잉어연못, 참나무그늘, 람베르트정원, 헤이만정원 등 다양한 주제와 특색을 가지고 있다.

트롬펜부르크수목원은 나무, 관목, 다년초, 구근류의 대규모 컬렉션을 가진 아름다운 수목원으로 알려져 있다. 식물을 좋아하는 사람뿐만 아니라 바쁜 도시에서 편안한 안식을 원하는 산책객들에게도 좋은 수목원이다. 시내에서 걸어서 수목원을 방문하기에 적당한 거리에 위치하고 있으며 수목

배수로 주변을 자연스럽게 연출한 모습

독특한 꽃구조를 가진 식물

원 내의 동선은 노약자나 장애인들이 휠체어로 이동하기에도 적합하다.

화분을 이용한 식물 장식

식물원의 운영 특성

수목원을 소유하고 있던 스미스 가문은 1958년에 수목원의 재산을 기부하여 트롬펜부르크 수목원 재단을 설립하였고, 현재까지 재단에 의해 운영되며 일반인에게 공개하고 있다. 수석 가드너가 알려준 수목원의 운영 상황을 보면, 연간 예산은 50만 유로 정도인데 이 중 30만 유로는 입장료 및 판매수입 등을 통해서 조달하고 부족한 20만 유로는 법인에서 지원하는 형태로 운영한다. 재미있는 것은 법인이 지원하는 예

다양한 색을 보여주는 만병초류와 나무들

산에는 법인 소유의 건물을 결혼식, 강의, 사진전 등에 임대해 얻는 임대료 수입이 포함된다. 수목원에는 가드너 5인 및 사무직 3인의 직원이 있으며 50명 정도의 자원봉사자가 활동한다. 자원봉사자는 실내 근무, 방문객 안내 및 교육, 가드닝 등의 활동을 한다. 자원봉사자가 가드닝에 참여할 경우에는 가드너가 자원봉사자를 관리해야 하는 문제가 있기 때문에 1주일에 1일만 자원봉사자를 활용하고 있다. 또 자원

한국에서 수집된 구상나무

연못에 반사되는 나무를 볼 수 있는 멋진 풍경

봉사자에게는 활동비를 지급하지 않는 대신 매년 여행과 같은 조그만 선물을 준다.

세계수목학회에서 아름다운 수목원으로 인증했음을 보여주는 동판

트롬펜부르크수목원에서는 매우 다양한 프로그램을 운영하고 있다. 프로그램의 사례를 살펴보면 계절별 가이드 산책, 정원의 날, 크리스마스 시장 등이 눈에 띄는 프로그램이다. '가이드 산책'은 4계절 내내 거의 매주 있는데, 계절별로 눈에 띄는 식물 또는 정원을 대상으로 주제를 가지고 식물원을 해설하는 프로그램이다. '정원의 날'에는 특별한 식물을 판매하고, 식물 재배, 정원 및 조경 디자인 등에 대한 전문가의 조언을 들을 수 있는 기회를 제공한다. 또, 정원 도구, 정원 가구 및 정원 미술 공예품 등을 판매한다. '크리스마스 시장'은 공예상품을 특별 전시하고 판매하는 행사로 크리스마스 화환, 크리스마스 장식, 크리스마스 케이크 등을 전시 판매한다. 이외에도 수목원에서는 전문가를 위한 워크숍, 결혼식 등이 진행되기도 한다.

트롬펜부르크수목원은 동북아시아 식물에도 관심을 가지고 있다. 한국에서 수집된 구상나무, 망개나무, 미선나무, 왕팽나무 등의 묘목이 자라고 있다. 또 일본 북해도에서 큐슈까지 직접 채집한 종자를 발아시킨 묘목들에서 수목원의 활발한 수집활동을 확인할 수 있다.

Travel tip

주소 Trompenburg Tuinen & Arboretum, Honingerdijk 86 3062 NX Rotterdam, Netherlands
홈페이지 www.trompenburg.nl
전화 +31 010 2330166
개원시기 및 시간 연중 개원하며 월요일은 12:00~17:00, 화요일~금요일은 17:00~21:00, 토요일과 일요일은 4월~10월은 17:00~22:00, 11월~3월은 12:00~16:00까지 문을 연다.
면적 7ha

66

대학도시의 식물연구 중심

헨트대학식물원

Plantentuin Universiteit Gent

약용식물원과 습지원

벨기에의 수도 브뤼셀의 북서쪽 50km, 저지대 평야의 중앙부에 위치한 헨트 Gent 는 헨트 운하로 북해와 연결되어 있어 예로부터 교통의 중심지였다. 일찍부터 산업이 발달해 경제적인 풍요와 문화를 누려 9~12세기의 고성古城, 13~16세기의 고딕식 대성당, 12세기의 로마네스크풍 교회, 14~16세기의 시청사 및 1816년 창립한 대학 등 다양한 문화유산들이 있다.

이 지역 고유어인 플라망어로는 '헨트'라고 하고 독일어식으로는 '겐트' Ghent 라고 불리는 이 도시는 도시 중심과 남쪽에 1816년에 창설된 헨트대학 Gent Universiteit 과 유명한 연구소들이 자리잡고 있는 대학도시이기도 하다.

헨트의 도시공원 The Citadel Park 건너편에 자리하고 있는 헨트대학 식물원은 원래부터 이 위치에 있지는 않았지만 그 기원은 200년 전으로 거슬러 올라간다.

식물원의 역사

1794년 나폴레옹의 정복에 의해 헨트가 쉘트 Scheldt 및 리스 Lys 지역의 수도가 되었다. 각 지역의 수도에는 '에콜 센터' École Centrale 가 설립되었는데, 이 센터는 도서관, 식물원, 자연사박물관 등을 가지고 있었다.

그 후 많은 식물애호가들과 식물원 후원자들의 협력을 통해 1797년 7월 19일에 정식으로 문을 열게 되었다. 그때 파리식물원의 큐레이터 앙드레 트왕Andre Thouin이 많은 온실식물들과 함께 벨기에의 첫 번째 다알리아도 기증하였다.

초대 식물원장은 버나드 코펜스Bernard Coppens가 맡았는데, 두 그루의 난쟁이 야자 *Chamaerops humilis*

를 포함하여 에나메 수도원 Ename Abbey 의 식물수집품들을 구입하여 식물원에 전시하였다.

초기에 식물원은 식물분류원 Systematic Part, 영국풍경정원 English Landscape Garden, 상록수원 Section with Evergreen Trees, 온실이 포함된 오랑제리 Orangery with Greenhouses 등 네 개의 구역으로 구성되었다. 그 후에 과수원 Fruit Trees, 진달래과식물원 Ericaceous Plants, 연못과 습지원 a Pond and a Water Basin 구역이 추가되었다.

1802년 나폴레옹이 식물원을 군사기지로 만들려고 했지만, 1803년 조제핀 드 보아 르네 Joséphine de Beauharnais 와 함께 식물원을 방문한 그는 스스로 그 계획을 취소하였다.

1804년 식물원은 유지관리의 책임이 헨트 시로 넘겨졌다. 그때까지 여러 중요한 식물들이 수집되어 전시되었으며 많은 무료 공공 식물학 교육과정을 개설함으로써 중요한 교육기관으로 자리잡게 되었다.

1815년 북부와 남부가 통일되고 원예에 관심이 많았던 초대 통치자 빌렘 1세에 의해서 헨트에 새로운 대학이 생기게 되었다. 1816년 식물원의 원장을 대학 교수가 겸직하도록 하는 법령 제2조가 발효되었는데, 그 내용은 아직까지도 변경되지 않았다. 1818년 헨트 시와의 협정을 통해 식물원의 이익은 대학이 가졌지만, 1830년 벨기에 독립 이후 1835년에 식물원의 유지관리 책임을 헨트 시가 되찾게 되었다.

고사리류 수집 온실

암석원에서 볼 수 있는 고산식물들의 생태

19세기 후반 식물원은 모든 식물을 유지하기에는 너무 좁은 상태가 되었으며 건물도 노후되었다. 또한 스모그와 섬유공장의 폐유가 식물에 피해를 주기도 하여 식물원을 옮겨야 하는 상황에 이르게 되었다.

결국 식물원은 1903년에 지금의 위치인 도시공원 건너편으로 옮기게 되었다.

식물원의 구성

자리를 옮겨온 새로운 식물원은 야외정원, 빅토리아온실 Victoria Greenhouse, 팜하우스 Palm House, 오랑제리 Orangery, 실험

식물원 앞에 조성된 연못

온실 Experimental Greenhouses 등으로 구성되었다. 1970년 새로운 팜하우스가 설치되었고 3개의 대형 공공 온실을 포함한 새로운 온실 단지가 1971년에서 1972년 사이에 조성되어 지금의 모습이 되었다.

식물원은 연구의 전통을 이어가고 있어 식물의 수집과 정원 구성도 식물 종류별로 이루어지고 있다. 크게 온실에 수집된 식물과 야외에 수집된 식물들로 나뉘어져 있다.

온실에는 쥐꼬리망초과, 천남성과, 아스파라구스, 베고니아속, 구근식물, 식충식물, 시클라멘, 사초과, 칼랑코에, 난과, 고사리류 등 외에도 다양한 식물들이 각각의 온실에 나뉘어 수집되어 있다.

야외에는 식물분류원, 암석원, 지중해성식물, 수목원 등 크게 4개의 주제로 식물들이 나뉘어져 있다.

식물분류원에는 식물분류군 사이의 계통 관계를 반영하여 식물을 배치하고 있다. 최신의 분류체계에 따라 피자식물을 기저피자식물 Basal Angiosperms, 단자엽식물 Monocotyledons 및 진정쌍자엽식물 Eudicotyledons, 세 개의 그룹으로 나누어 배치하고 있다.

암석원에는 산림지대 식물과 고산식물들을 배치하여 식물 종류별 생태를 이해할 수 있게 하였다.

지중해성식물 구역은 세계 각지의 지중해성기후대에 자라는 식물 중 헨트지역의 기후에 견딜 수 있는 다양한 식물들을 수집하고 있는데, 식물원의 유리한 위치 및 지중해성식물 구역의 미기후가 상당수 지중해성식물들의 생육에 유리한 조건이기 때문에 겨울에도 잘 살

약용식물원의 아름다운 모습

아가고 있다.

수목원은 유럽, 아시아, 미국 세 개의 지역으로 구분되며, 수목 표찰에는 나무의 이름, 과명과 함께 자연 분포 지역을 표시하고 있다.

식물원의 운영 특성

식물원은 생물학, 생화학, 생명공학, 지질학 및 관련 과학 분야의 학생들을 위한 살아있는 연구 자료의 주요 원천이다. 이 모든 교육 자료들은 해부학, 식물학 등 다양한 학문분야에 모두 사용된다. 교육 및 연구 프로젝트에 참여하는 학생들은 온실, 연못 등 식물원의 인프라를 모두 이용할 수 있다.

식물원의 주요 수집 식물 중의 하나인 콜치쿰 *Colcicum*

학생들 외에 일반인들도 야자수원, 빅토리아 갤러리, 공공 온실 등에 있는 회의실, 전시장 등을 예약하면 전시회 및 학술 및 교육활동이 가능하다.

야자수원의 공간에서는 생물학과 학생들이 매년 논문 발표를 갖는다. 포스터 전시나 워크숍도 가능하고 파티도 가능하다.

빅토리아갤러리 Vitoria Gallery 는 새로 만들어진 곳으로 공공 온실의 관문이다. 정기적으로 그림 및 사진 전시회의 용도로도 사용되고, 여러 협회들의 총회 장소로도 많이 사용된다.

식물원의 운영 중 아주 독특한 것으로 식물대여 Borrow Plants 가 있다. 식물원의 식물을 빌려가서 키울 수 있는 것으로 까다로운 조건

특이한 식물 수집군 중의 하나인 세로페기아 *Ceropegia*

이 붙지만 인기가 높다. 조건 중 '그 식물을 키우는 사람은 헨트대학의 직원으로 대한다'와 같은 예는 재미있으면서도 시사하는 바 크다.

약용식물원의 독특한 화단 경계 식재

정원도서관 Garden Library 을 운영하는 것도 독특한 것 중의 하나인데, 500권 이상의 식물 및 원예 관련 도서를 일반인들도 열람할 수 있게 하고 있다. 도서관은 가드너, 학생 및 가이드들이 운영하고 근무 시간 동안 열려 있다.

식물원에서는 고등 교육기관에 재학 중인 학생들에게 전문 가드너 교육을 실시하고 있으며, 일반인들을 위한 꽃꽂이 교실 등의 프로그램을 외부 전문가를 초빙하여 운영하기도 한다. 또, 예약을 하면 특별히 훈련된 가이드가 동행하여 식물의 세계와 정원에 대하여 안내해주기도 하는데 유료로 운영된다. 어린 학생들을 위한 과일과 다양한 식물들을 시식할 수 있는 행사도 운영하는데 역시 유료로 운영하고 있다.

한편, 연구를 강조하는 식물원답게 플랜트콜 Plantcol 이라고 하는 온라인 프로젝트를 통해 식물원에 수집된 식물들의 목록을 확인할 수 있다.

Travel tip

주소 Plantentuin Universiteit Gent, 9000 Ghent, Belgium
홈페이지 www.ugent.be/we/en/services/garden
전화 +32 09 2645073
개원시기 및 시간 월요일부터 금요일까지 09:00~16:30, 토요일, 일요일 및 공휴일은 09:00~12:00까지 문을 연다. 입장료는 무료이나 가이드 비용이나 행사 프로그램은 별도이다.
면적 2.75ha

67 세계 최대 식물원 중의 한 곳
벨기에국립식물원
Jardin Botanique National de Belgique

벽정원 내부에 조성되어 있는 다육식물전시원

벨기에는 작은 나라이지만 예술 분야에서는 강국에 속한다. 15세기부터 유럽의 음악과 미술 분야에 뛰어난 화가와 작곡가를 배출하였다. 최근에는 문학과 영화산업도 크게 발전하고 있으며 우리에게 친숙한 '스머프'도 벨기에서 만들어진 것이다. 벨기에는 식물학 연구 분야도 강국이라고 볼 수 있다. 벨기에국립식물원은 식물분류학을 중심으로 과학과 원예학 분야에서 세계적으로 인정받는 연구를 수행하고 있다.

식물원의 역사

프랑스혁명 전에 벨기에 루바인 지역에 있는 가톨릭대학에 유일한 식물원이 있었는데, 1788년에 오스트리아 황제 조셉 2세가 이 대학을 브뤼셀로 옮기면서 시 남쪽에 식물원 조성 계획을 세운 것이 벨기에국립식물원이 탄생하게 된 계기이다.

프랑스혁명 기간 중인 1796년에 브루셀 몬타나 드라쿠르 Montagne de la Cour 지역에 식물원이 조성되기 시작하였으며 1797년에 초대 식물원 원장으로 푸트Joseph F.P. Van der Stegen de Putte가 부임하였다. 2대 원장으로 부임한 데킨Adrien Dekin은 온실을 신축하고 열대식물을 많이 수집하여 보유종을 획기적으로 늘렸다.

1826년에 벨기에가 독일 통치하에 놓이게 되고 1830년에 식물원 부지가 대규모 산업박람회 장소로 사용되면서 식물원은 사라지게 되었다. 후에 현 왕립도서관 건물이 그 자리에 세워지게 되고, 식물원은 루로열Rue Royale 지역에 다시 조성하게 된다.

벨기에가 독립한 한참 뒤인 1870년

에 벨기에 정부가 경영난을 겪고 있는 식물원을 매입하여 에타트식물원Jardin Botanique de l'Etat을 출범시켰다. 이후부터는 식물원의 주요 임무가 식물학과 원예에 관한 과학적인 연구를 수행하게 되었다. 19세기 말부터는 중앙아프리카의 식물들을 중점적으로 수집하고 연구하였는데 1934년에 콩고박물관 표본실(현재 테르부렌Tervuren에 있는 중앙아프리카 왕립박물관)이 설립되면서 더욱 발전하였다.

벽정원 내부에 만개한 노루오줌류

비비추류와 어울리는 조각상

연못정원

이후 식물수집 개체가 점점 늘어나고 도시화 및 철도개설 등의 문제로 인하여 1938년에 벨기에 정부가 왕실로부터 메이즈 지역에 있는 보우초우 영지를 구입하고 1939년 1월 1일부터 식물원을 새롭게 조성하기 시작하였다. 2차 세계대전 중에는 식물원 이전이 중지되기도 하였지만, 1967년에는 식물원의 공식 명칭이 벨기에 국립식물원으로 확정되었다. 1987년에 표본실이 추가로 확장되면서 생체표본 및 석엽표본 확보량이 크게 증가하는 등 세계적인 식물원으로 발전하였다.

식물원의 구성

식물원의 규모와 내용에 비하여 작아 보이는 정문을 지나면 넓은 잔디밭과 고목들이 나타나면서 식물원의

밸럿온실

규모에 압도당하게 된다. 우선 벽정원 Walled Garden 으로 발길을 돌린다. 벽정원은 강풍과 추위로부터 식물을 보호하기 위하여 주변을 높은 담장을 둘러쌓고 그 안에 초본성 식물들과 비교적 내한성이 약한 식물들을 식재하였다. 필자들이 방문하였을 때에는 노루오줌 종류와 원추리 등이 아름답게 피어 있었고, 특히 세덤 Sedum 류 식물들을 체계적으로 수집, 분류 및 식재한 모습이 인상적이었다. 일반적으로 6월부터 10월까지 꽃이 많이 피어 관람하기에 가장 좋은 때라고 한다.

식물원 내에 있는 보우초우 성은 국가유적지로 보호되고 있는데 내부의 1층은 각종 이벤트에 사용되고 있다. 성 앞에는 고성정원 Castle Garden 이 18세기에 있었던 기하학적 정원 모양으로 축소되어 조성되어 있으며 장미의 옛 품종 전시원으로 활용되고 있다.

식물궁전으로 불리는 온실은 약 10,000m²의 면적에 13개의 온실로 구성되어 있는데 내부는 모두 22개의 작은 온실로 구분하여 각각 다른 특성을 가진 식물군들을 수집 전시하고 있다. 1958년에 건축을 시작하여 1965년에 개원하였으며 천정 높이는 8m에서 16m까지 다양하다. 온실 내부는 봄의 방, 진화의 방, 열대우림의 방, 지중해의 방, 건조의 방 등으로 구성되어 있으며 화분에 심어서 관리하는 이동형 전시와 토양에 직접 심어서 전시하는 고정형 전시를 혼합하여 식물들을 관리하고 있다. 온실의 외형에서는 웅장함과 아름다움을 동시에 느낄 수 있다.

식물궁전에서 서쪽으로 가면 왕관 모양의 특이한 외형을 가진 밸럿온실 Balat Greenhouse 이 눈에 들어온다. 이 온실은 1854년에 빅토리아수련 *Victoria amazonica* 을 재배하기 위하여 만

식물궁전 내부의 식물전시 모습

든 작은 온실로 브뤼셀동물원에 건축되었던 것이다. 이를 후에 브뤼셀식물원으로 이전하고, 1941년에 다시 현재 위치로 이전하여 보존되고 있다. 처음에 '왕관 모양의 집'으로 불렸던 것처럼 실제로 왕관 모양을 하고 있다.

밸럿온실 주변에는 총 323종류의 약용식물들이 효능별로 정리되어 있는 약용식물원과 1,300여 종류의 허브류와 숙근초가 크롱퀴스트Cronquist 및 탁타얀Takhtajan의 분류시스템에 따라 식재되어 있는 초본원이 조성되어 있다. 현화식물의 진화과정을 한눈에 볼 수 있다.

밸럿온실을 뒤로하고 직진하면 다양한 초화류와 식물들을 볼 수 있는 숙근초화원이 약 2km에 걸쳐 조성되어 있다. 휠체어와 유모차를 이용한 관람도 가능하다. 이 밖에도 목련원, 침엽수원, 참나무원, 수국원, 만병초원, 단풍나무원, 지중해식물원, 대나무원, 동백과 작약원 등이 조성되어 있어 계절별로 색다른 아름다움을 느낄 수 있다. 식물원 전체에 총 17,000분류군에 25,000종류 이상의 다양한 식물체가 수집되어 연구, 보존 및 교육에 활용되고 있다.

식물궁전 내부에 피어 있는 후크시아

식물원의 운영 특성

벨기에국립식물원은 식물분류학을 중심으로 식물과학과 원예학 분야에서 우수한 연구를 수행하여 온 오랜 전통을 갖고 있다. 국제적으로 희귀식물이거나 관상가치가 높은 식물들을 수집하고 있는데 특히 그중에서 가장 중요한 식물군 2가지는 야생 콩 종류와 현화식물 중에서 네 번째로 큰 집단인 꼭두서니과 식물이다.

벨기에국립식물원의 도서관은 기술생물학에 관해서는 유럽에서 가장 중요한 위치를 차지하고 있다. 전 세계에서 발

식물원 입구의 모둠화단

행되는 식물학 관련 자료를 방대하게 수집하여 연구와 교육 등에 활용하고 있다. 표본실에는 3백만 점 이상의 표본이 소장되어 있어 전 세계에서 학자들이 방문하여 연구에 이용하고 있다. 식물원 설립목적은 '식물에 관한 지식을 축적하고 보급하며, 종다양성 보전에 기여한다'이다.

바위솔류의 개화

Travel tip

주소 Jardin Botanique National de Belgique, Botanic Garden Meise, Nieuwelaan 38, 1860 Meise, Belgium

홈페이지 www.br.fgov.be

전화 +32 02 2600920

개원시기 및 시간 성탄절과 새해 첫날 및 매주 월요일에 휴원한다. 개원시간은 오전 9시 30분이지만 문 닫는 시간은 여름철에는 오후 6시 30분, 겨울철에는 오후 5시이다. 온실, 식당, 매점 등도 계절별로 운영시간이 다르다.

면적 92ha

68

역사적인 도시의 초미니 오아시스

안트베르펜식물원

Botanische Tuin Antwerpen

식물원의 역사를 보여주는 오래된 나무들

안트베르펜은 벨기에 북부 플랑드르(플란더스) 지방에 위치한 벨기에 제2의 도시로 역사가 깊은 도시이다. 우리에게는 소설『플란더스의 개』로 인해 친숙한 곳이기도 하다. 수도인 브뤼셀에서 북쪽으로 약 40km 떨어진 곳에 위치하며 북해로 연결되는 스헬데 강 하구에 위치하고 있다.

식물원은 안트베르펜 시내 중심 레오폴드 거리에 위치하며, 1825년에 설립되었다. 1ha 미만의 작은 식물원이지만, 식물원이 갖추어야 할 요소들을 충분히 갖추고 있을 뿐만 아니라, 바쁜 도시민들에게 오아시스 같은 곳으로 휴식을 취하려는 사람들에게 인기 있는 곳이다. 작은 연못과 큰 금붕어, 그리고 근처의 조각상들이 매력적으로 정원을 장식하며, 해설판도 잘 갖추어져 있어 식물에 대한 정보와 지식을 쉽게 얻을 수 있다.

식물원의 역사

초기(1517~1599년)의 식물원은 인근 세인트 엘리자베스 병원에서 사용하는 약용식물을 재배하는 곳이었다. 약사 피터 쿠덴베그 Peter Coudenberghe는 이 병원을 위한 독특한 허브식물을 재배했는데, 600종류 이상의 식물들을 약용으로 사용했다.

1804년에는 수술, 화학, 식물학을 배우는 학생들을 위한 정원이 되었고 1825년에 일반인에게도 공개하는 공적인 식물원이 되었다.

식물원의 현재 모습은 의사이자 식물학자인 클로드 루이 솜 박사 Dr. Claude-Louis Somme에 의해 만들어졌다. 그의 헌신 덕분에 식물원의 연구 분야가 중요한 영역으로 성장했다. 현재는 약 2,000종류의 허브식물 컬렉션이 있으며 몇 종류는 법적으로 보호받고 있다.

다육식물로 조성한 정원

1878년 식물학자 헨리 반 호크 Henri Van Heurck 가 정원을 재정비했다. 자연사박물관도 설립되었는데 나중에 안트베르펜동물원으로 이전하였다. 건축가 딜티엔 Dieltiens 이 1884년에 교육 및 전시용 오랑제리를 디자인했다. 식물원은 1926년부터 안트베르펜 시에서 관리하고 있다.

식물원의 구성

허브원은 1950년 1월부터 보호구역으로 지정되었다. 독특한 모양을 한 온실에는 선인장을 포함한 다양한 이국적인 식물 2,000종류 이상이 수집되어 있다.

식물원은 트리페탈라 목련 *Magnolia tripetalah* 과 같은 목련 종류, 희귀하고 큰 야생 레몬 *Poncirus trifoliata*, 은행나무, 계수나무 등과 같은 유럽에서는 희귀한 식물들의 수집이 아주 훌륭하다.

식물원에 있는 연못은 군네라 Gunnera 와 대나무가 자라고 있다. 이곳은 세인트 엘리자베스 병원에서 사용되는 거머리를 프랑스에서 수입하던 시절에 거머리를 사육하기 위한 곳으로도 사용하였다는 전설 같은 얘기가 서려 있는 곳이기도 하다.

1996년부터 식물원에는 다양한 자생 고사리류와 바위떡풀 종류를 광범위하게 수집하였다. 식물원 곳곳에는 식물학자 및 지역 약사들의 흉상 또는 동상들이 자리잡고 있다. 식물원의 초기에 헌신한 약사 피터 쿠텐베그, 전 세계적으로 유명한 식물학자 린네, 주시우 등 다양한 역사적 인물들을 만날 수 있다.

숙근초화단

식물원의 한쪽에는 레스토랑으로 사용하는 스위스의

아라우카리아가 자라는 정원

삶의 여정을 보여주는 듯한 조형물

알파인 로지 lodge 를 닮은 예쁜 건물이 자리잡고 있다.

식물원의 운영 특성

식물원은 단 두 명의 직원이 관리하고 있는데 그들조차도 거의 자원봉사나 다름없는 정도이며 대부분 자원봉사자들이 관리하고 있다.

한편 식물원 가이드 투어가 매우 활발하게 진행되는데 예약을 하면 참가할 수 있다. 면적이 작은 점을 극복하려는 노력으로 식물원을 전체적으로 해설하기보다는 다양한 주제를 가지고 특별한 해설을 한다는 점이 일반 식물원들과 다른 점이다.

Travel tip

주소 Botanische Tuin Antwerpen, Leopoldstraat 24, 2000 Antwerpen, Belgium
홈페이지 www.antwerpen.be/nl/overzicht/district-antwerpen-1/detail/den-botaniek
전화 +33 03 2324087
개원시기 및 시간 여름에는 08:00~20:00까지, 겨울에는 08:00~17:30까지 개원한다.
면적 1ha

69

꿈의 정원

캄토우트수목원

Arboretum Kalmthout

하늘 빛과 어울리는 아름다운 수목원

캄토우트Kalmthout는 벨기에 안트베르펜의 지방 자치 단체 중 하나로 네덜란드와 접경을 이룬다. 캄토우트수목원을 한마디로 표현하면 '꿈의 정원'이라고 할 수 있다. 1984년 세계수목학회에서 아름다운 수목원으로 뽑아 인증현판을 수여하기도 하였다. 수목원에서는 사계절 내내 식물들의 다양한 색을 만날 수 있다. 색의 축제가 벌어지는 수목원을 걷다 보면 꿈결에 아름다운 정원을 거니는 듯한 느낌을 갖게 된다.

봄에는 융단처럼 깔리는 화단과 함께 단풍나무, 벚꽃, 사과나무의 섬세한 개화가 봄이 왔음을 알려준다. 또 정원을 산책하면서 수백 종류의 만병초 꽃들이 보여주는 수채화를 만날 수 있다.

여름에는 수국, 장미, 아가판서스, 다알리아의 여름색 정원을 통해 평화로운 산책을 즐기거나 그늘이 있는 벤치에서 편안히 쉴 수 있다. 나비정원은 이 시기에 절정에 도달하게 되는데 나비와 다른 곤충들이 화려한 색을 자랑한다. 여름 동안 몇 번의 저녁 산책과 정원극장에서 콘서트를 즐길 수 있다.

가을은 새와 다람쥐 등 다른 동물들을 위한 다양한 모양과 색을 뽐내는 과실들로 만찬이 차려진다. 많은 나무들도 뚜렷한 색으로 가을단풍을 뽐낸다.

캄토우트수목원은 겨울에도 다양한 색으로 가득하다. 세계적으로 유명한 풍년화 컬렉션과 겨울에 피는 수많은 관목과 초본의 꽃들이 눈을 즐겁게 한다. 이러한 특성을 살려 캄토우트수목원은 수십 년 동안 겨울을 기념하는 '풍년화 축제'를 개최하고 있다.

덩굴식물들로 장식된 수목원 입구

예쁘게 핀 아네모네 *Anemone*류

식물원의 역사

캄토우트수목원은 한 세기 이상 존재해 왔다. 양묘업자인 찰스 반 지르트 Charles Van Geert 가 그의 시험 무대로 양묘장을 시작했을 때인 1856년으로 거슬러 올라간다. 이 양묘장은 조오지 Georges 와 로버트 드 벨더 Robert De Belder 형제가 새로운 정원을 위해 토지를 구입했을 때인 1952년까지 남아 있었다.

50년 후 양묘장이 안트베르펜 Antwerpen에서 캄토우트로 옮겨갔다. 이때부터 이름 없던 회사는 '원예'로 알려지기 시작하였고, 그 과정에서 개인정원으로 바뀌었으며 유럽에서 대표적인 목본식물 수집 식물원으로 성장했다. 1980년대부터는 현재의 비영리 단체로 전환하여 주목을 받으며 성장하게 되었다.

캄토우트수목원에서 가장 오래된 나무는 지금으로부터 150년 전 찰스 반 지르트에 의해 심어졌다. 반 지르트의 양묘장은 그의 후임자인 안토네 코트 Antoine Kort, 로버트 Robert, 제레나 드 벨더 Jelena de Belder 덕분에 큰 수목원으로 발전할 수 있었다.

특히, 로버트와 제레나 드 벨더의 노력으로 캄토우트수목원은 세계에서 가장 권위 있는 식물 컬렉션을 보유한 식물원으로 성장한다. 그들은 전 세계의 지지자와 육종가에게 수백 개의 새로운 식물을 소개했다. 그들은 야생에서 씨앗을 수집하고 새로운 품종육성 개발의 기초가 되는 식물들을 선정했다.

지속적으로 새로운 식물을 수집할 뿐만 아니라 과학적, 교육적 측면에서 점점 더 중요한 역할을 하게 되었다. 1986년에는 안트베르펜 지방에 토지를 구입하였다. 유지관리 및 운영은 전적으로 독립적인 비영리 단체인 캄토우트수목원의 소유하에 반세기 이상 계속되어 왔다. 2013년에 캄토우트수목원은 안트베르펜 주 소속의 외부 자율 기관으로 전환되었다. 지방 정부는 식물원 방문자 시설을 개선하기 위해 박차를 가했고, 1995년에는 편의 시설과

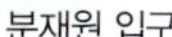
분재원 입구

세계수목학회로부터 받은 아름다운 수목원 인증 동판

안내센터를 추가 설립했다.

식물원의 구성

캄토우트수목원에는 유럽에서 가장 오래되고 큰 규모의 대표적인 수집식물 개암나무 수집원이 있다. 이 밖에도 수목원 정원을 산책하다보면 세계 각국의 멋지고, 다양한 식물을 발견할 수 있다. 식물 수집은 교목, 관목을 포함한 우아한 정원 식물에 초점을 맞추고 있다. 식물의 원종 외에도 매우 많은 품종을 수집, 재배하며 모든 식물의 이력 정보를 기록하여 과학 및 교육의 목적으로 활용하고 있다.

캄토우트수목원의 식물 배치는 다른 식물원들과는 좀 다르게 일정한 공간적 형태를 나타내지 않는다. 즉, 원산지나 식물의 분류체계 등 일정한 형식으로 식물을 배치하는 것이 아니라, 모든 식물들이 자연스럽게 어우러지게 한다. 식물이 일정한 모양으로 생장하지 않는다는 점을 활용하여, 나무를 심으면 덩굴식물이 그 나무를 감고 자라게 하며 그 아래로는 초화류가 자라게 만드는 것이다. 한마디로 '자연수목원'이라 할 수 있는데, 각 식물들의 생태를 잘 알아야만 가능한 방법이다.

접목기술을 보여주는 독특한 수형

대부분의 식물 종은 정원과 양묘장을 거치게 되지만, 자연에서 직접 오는 경우도 있다. 그 경우에도 식물들은 정확한 이력 정보들을 동반하게 된다. 수목원에서 증식된 식물들은 정확한 정보와 함께 다른 식물원이나 양묘장에 분양되기도 한다.

중요한 식물 수집품들, 예를 들어 낙엽성 진달래속 식물과 개암나무류 같은 식물들은 별도로 관리되는데, 이러한 식물들을 저장소 수집store collection이라고 부른다.

19세기부터 유지되어 온 양묘장에서는 몇 가지 독특한 식물을 보존하며 수목원에서 아주 소중히 생각하는 고대 유적으로 취급한다. 이들은 참조 수집reference collection이라고 부르며 특정 식물과, 속 또는 종 내의 다양성과 변이를 보여준다. 이것은 우표 수집과 같이 완전한 세트를 가지려는 것을 의도하는 것은 아니다. 참조 수집에는 채진목, 부들레아, 때죽나무과, 화서, 수국, 튤립, 조록나무과, 풍년화 등의 식물군이 포함되어 있다.

식물원의 운영 특성

캄토우트수목원은 교육, 축제, 패키지 프로그램, 가이드 투어 등 다양한 프로그램을 운영하고 있다.

교육과 관련해서는 유치원, 초등학교, 중고등학생들을 위한 다양한 프로그램이 준비되어 있다. 유치원생들에게는 잔디를 걷고, 자연 소재의 모든 재료를 수집할 수 있도록 해준다. 모든 감각을 동원하여 식물을 경험하게 해주고 인형극을 통해 이야기와 시를 알려주기도 한다.

가림벽의 간단하고 멋진 조화

걷기 좋은 수목원의 산책로

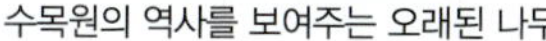
수목원의 역사를 보여주는 오래된 나무

특이한 수형의 너도밤나무 고목

초등학생들은 망원경, 측정 기구, 종이와 연필 등을 지니고 특별한 가이드와 함께 나무의 나이를 추측하고 그 크기를 측정한다. 그리고 모든 감각으로 풀을 느끼고, 냄새 맡으며 곤충의 세계와 환경에 대해 배우게 된다.

중고등학생들은 수목원을 방문하여 연구, 조경 및 원예의 실용적인 활동을 할 수 있다. 또, 과학적인 이름을 자세하게 검토하고, 습성, 서식지 및 환경 친화적 관리에 관한 내용을 학습할 수 있다.

축제로는 풍년화 축제가 대표적인데, 풍년화 산책 테마, 겨울에 꽃 피는 식물 관람 등의 주제로 겨울 동안 매주 일요일 가이드 투어를 진행한다. 또, 미스 풍년화 선발을 진행하는데 풍년화 종류 중에서 가장 아름답게 만개한 꽃을 선택하는 행사로 매년 1월 마지막 일요일에 진행된다.

캄토우트수목원에서는 지역의 다른 관광 명소 중 하나를 선택하여 결합한 프로그램으로 패키지 프로그램을 운영한다. 식사를 포함한 하루 여행을 즐길 수 있는 프로그램이다.

수목원의 가이드 투어도 인기 있는 프로그램의 하나인데, 여러 가지 주제로 운영된다. 예를 들어, 나무의 상징, 느낌이 좋은 눈가리개 거리, 시가 있는 산책, 독성 식물 등과 같은 주제로 약 2시간 진행된다.

모든 프로그램에서 장애인을 배려하고 있어, 장애인 보호자는 무료로 참가할 수 있다.

Travel tip

주소 Arboretum Kalmthout, Heuvel 8, 2920 Kalmthout, Belgium
홈페이지 www.arboretumkalmthout.be
전화 +32 03 6666741
개원시기 및 시간 1월 중순부터 11월 하순까지 매일 오전 10부터 오후 5시까지 관람 가능(일요일, 공휴일 포함)하다.
면적 13ha

70

오스트리아의 자연과 환경 보호의 거점

린츠식물원

Botanicher Garten der Stadt Linz

화사한 꽃으로 둘러싸인 연못 풍경

린츠식물원은 오스트리아 북부 린츠 시에서 운영하는 식물원이다. 린츠 시는 비엔나, 잘쯔부르크, 인터라켄, 그라츠와 함께 오스트리아를 대표하는 도시 중의 하나이다. 신성로마제국의 지방정부가 있던 도시로 도나우 강을 끼고 있어 체코, 폴란드, 이탈리아 등을 잇는 무역의 길목으로 중요한 역할을 하였다. 모차르트는 린츠의 아름다움에 반해 교향곡 38번 '린츠'를 작곡하였고, 베토벤도 교향곡 8번을 이곳에서 작곡하는 등 음악적 영감을 자극한 도시이기도 하다. 린츠 인근에서 태어난 안톤 브루크너 탄생 100주년을 맞아 건립한 브루크너하우스는 린츠 시의 랜드마크이다.

이러한 시의 역사에 걸맞게 린츠식물원은 10,000종 이상의 다양한 식물을 정원과 온실에 아름답게 전시하고 보존하며, 린츠 시의 자연과 환경 보호 센터로서의 역할을 수행하고 있다.

식물원의 역사

린츠식물원은 1952년 5월, 1.8ha의 면적으로 개원한 이래 부지를 넓히고 새로운 정원을 조성하고 식물원을 재구성하는 등 지속적으로 변화·발전해 왔다.

1961년부터 식물원 부지를 넓히기 시작하여 1966년에는 4.3ha로 넓어졌다. 1976, 1977년에는 천연가스로 난방하는 열대온실을 신축하였고, 1987, 1988년에는 다육식물온실과 난온실을 만들고, 1997년에는 장미원을 개조하였다. 2000, 2001년에 식물원 입구의 정원을 재구성하고 세미나룸과 대형홀, 카페를 신축하였다.

2005년에는 린츠 시에서 자연과 환경 보호를 위해 자연과학연구소 Naturkundliche Station 를 식물원에 설치했다. 2007년에는 곤충실과 벌집을 설치하고, 지하 서식 동물 보호를 위해 울타리를 쳤다. 2008년에는 저온온실을 만들고, 2009년에는 농부의 정원을 조성하였다.

이렇게 식물원의 역할이 확대되면서 자연과 환경에 관한 국제 세미나와 행사가 개최되고 식물원의 위상도 높아지고 있다.

식물원의 구성

린츠식물원은 식물원에 기대하는 거의 모든 것을 갖추고 있다. 4.3ha의 부지 곳곳에 아름다운 정원과 숲이 있고 필요한 시설들도 잘 갖추어 놓았다.

겉으로 보아 온실은 수수하다. 그러나 들어가 보면 저온온실, 열대식물온실, 다육식물온실, 난온실, 전시실에 많은 종의 식물들이 꽉 들어차 있다. 식물의 종이 다양해 다른 식물

틸란드시아온실

난온실의 특이한 난

식물원 입구의 장식용 암석원

원에서 보지 못한 신기한 식물들도 눈에 띄고, 식물들이 싱싱하여 관리가 잘 되어 있음을 알 수 있다. 온실 입구를 장식해 주는 수련이 곱게 피어 있는 연못가에는 관람객을 위한 방석이 빙 둘러 놓여 있다. 편안하게 수련을 감상할 수 있도록 한 배려가 마음에 와 닿는다. 온실에서 가장 눈길을 끄는 것은 틸란드시아 수집이다. 어느 식물원도 이렇게 다양한 종의 틸란드시아를 많이 수집하여 전시한 것을 보지 못했다. 종의 다양성을 실감하게 된다. 식물체라고 믿기 어려울 정도로 거미줄같이 가느다란 선이 모여 방사형 꽃처럼 퍼진 모습이나 속잎이 파란색과 빨간색이 오묘하게 섞여 마치 꽃처럼 보이는 모습이 놀랍다.

아프리카 원산의 강냉이나무
Senna didymobotrya

난온실에 핀 청초한 난

긴 잎을 가진 콜롬비아산 안스리움
Anthurium veitchii

연못의 생물에 관심을 보이는 소녀들

시비가 서 있는 장미원

식물원이 아름답게 보이려면 고도의 원예기술과 전시기술이 있어야 한다. 하경정원의 화사한 아름다움, 장미원의 고아한 아름다움, 곳곳에 있는 연못과 늪지의 싱싱한 아름다움, 고산정원의 소박한 아름다움, 그리고 식물원을 둘러싸고 있는 울창한 수목들은 린츠식물원이 여러 면에서 뛰어나다는 것을 여실히 보여준다.

린츠식물원에는 식물만이 아니라 식물과 관련된 예술 작품을 요소요소에 배치하여 식물원 산책의 즐거움을 더해 준다. 식물과 정원을 주제로 한 시비가 여러 곳에 자리잡고 있다. 장미원에는 헤르만 헤세의 '장미의 향기' Der Duft Der Rose 시비와 라이너 마리아 릴케의 '내부의 장미' Das Rosen Innere 시비가 있다. 이외에도 이름을 보면 알만한 유명한 시인들의 시가 곳곳에 있어 이를 읽는 즐거움이 크다. 또 단조로워 보이거나 멀리 떨어진 동선 곳곳에

숲속 새집

수피가 특이한 자작나무 종류 *Betula maximowicziana*

철제, 암석 등을 소재로 한 조형물들을 전시하여 자칫 단조로울 수 있는 공간에 활기를 불어넣어 준다.

식물원은 소재한 도시와 더 나아가 나라의 격을 보여주는데, 린츠식물원은 린츠 시의 유구한 역사와 발달된 산업, 그리고 문화적 수준을 잘 보여주고 있다.

암석을 이용한 조각품 전시

식물원의 운영 특성

식물원에는 음악회, 발표회, 강연 등을 할 수 있는 야외무대와 대형홀, 세미나룸이 갖추어져 있다. 2월부터 12월까지 다양한 행사가 안정적으로 운영되며, 다양한 주제의 교육문화프로그램이 쉴 새 없이 진행된다. 초등학생과 대학생, 그리고 성인을 위한 정원실습 프로그램도 인기 있는 프로그램이다.

동선을 장식하는 조형물

Travel tip

주소 Botanicher Garten der Stadt Linz, Roseggerstraße 20, 4020 Linz, Austria
홈페이지 www.linz.at/botanischergarte
전화 +43 0732 70701870
개원시기 및 시간 12월 24일, 25일, 31일 그리고 1월 1일에는 휴원한다. 그 외는 매일 문을 열며 일몰시간에 따라 문을 닫는 시간을 달리한다. 11월에서 2월은 08:00~17:00, 3월과 10월은 08:00~18:00, 4월과 9월은 07:30~19:30, 5월에서 8월은 08:00~17:00까지 개원한다.
면적 4.3ha

71

시민의 휴식처이면서 연구 중심 대학식물원

빈대학식물원

Botanischer Garten Universitat Wien

관람로의 식물표본 전시

영어로는 비엔나Vienna로 불리는 오스트리아의 빈은 중부 유럽에서 경제·문화·교통의 중심지이다. 수백년 동안 여러 왕국의 수도였으며 지리적 이점 때문에 정치적으로 중요한 관심을 받는 곳이었다. 특히 우리에게 베토벤과 모차르트 등과 같은 유명한 음악가들을 배출한 음악의 도시로 유명하다. 합스부르크 왕가의 여름 별궁으로 사용되었던 쇤부른 궁전Schloss Schonbrunn과 더불어 오랜 역사를 자랑하는 빈대학식물원을 방문해 보자.

식물원의 역사

1754년에 마리아 테레지아Maria Theresia 오스트리아 여제가 빈대학에 바로크 양식의 약초원을 만든 것이 빈대학식물원의 출발점이 되었다. 1893년에는 열대식물 재배 및 연구용으로 유리온실을 건축하였다. 수차례 변화를 거치면서 8ha 면적에 19세기 조경양식을 보이는 정원과 식물지리학 및 분류체계에 따른 식물분류원을 중심으로 유용식물원, 약용식물원, 다육식물원, 고산식물원, 오스트리아식물원, 유전학 및 진화학 전시원 등이 조성되어 있다. 현재 빈대학 생명과학대학에 소속되어 있다.

식물원의 구성

식물원은 긴 직사각형 모양의 부지에 조성되어 있다. 주요 주제원에는 분류원, 약용 및 경제식물원, 생태원, 형태원, 유전자원전시원, 고산식물원, 다육식물원, 오스트리아 자생식물원 등이 있다.

식물원 정문의 왼쪽에 있는 1,500m² 면적의 온실은 1890년부터 4년에 걸쳐 건축된 것으로 2차 세계대전 때 심하게 파괴되어 여러 차례

식물분류원

암석원

재건축과정을 거쳤다. 현재 열대식물온실은 관람이 허용되지만, 지중해성기후대, 카나리제도, 남동아시아, 남아프리카, 오스트레일리아, 뉴질랜드 식물을 수집하여 놓은 온실은 연구용으로만 사용하고 있어 일반인에게는 개방하지 않고 있다. 열대온실 주변에는 선인장과 다육식물을 노지에 전시하고 있다. 식물원과 주택지의 경계를 이루는 담장을 따라 꽃과 과실의 구조 또는 유전적 관계를 보여주기 위한 식재 블록이 길게 조성되어 있고 각 특징별로 대표적인 식물들이 식재되어 있다.

영국의 자연풍경식 정원 형태로 조성된 식물분류원에는 그룹 1번부터 18번까지 쌍자엽식물을 배치하고 그룹 19번에는 단자엽식물을 그들의 유연관계에 따라 배치하였다. 약초원에는 300종 이상의 약용식물, 독초, 유용식물 등에 자세한 해설안내판을 설치하여 관람객에게 정보를 제공하고 학생들의 교육에 이용하고 있다. 식물원 설립 초기부터 있어 온 곳곳의 연못에는 다양한 수생식물과 연꽃이 식재되어 있다.

담장을 뒤덮은 아이비

독특한 모양의 해설판

600종류 이상의 목본식물을 보유하고 있는 수목원에는 100종류 이상의 침엽수가 있고 다양한 종류의 옥잠화류*Hosta*를 관찰할 수 있다. 1893년부터 대나무류를 수집하고 있는데 필자들이 방문하였을 때에는 관람로 보수관계로 출입이 금지되어 있었다. 고산식물원에는 알프스나 피레네 산맥 등에서 수집한 500여 종의 고산식물을 전시하고 있다. 총 11,500여 종류의 식물을 보유하고 있으며 주요 식물 수집군에는 포포나무과Annonaceae, 꼭두서니과Rubiaceae, 제스네리아과Gesneriaceae, 파인애플과Bromeliaceae, 난과Orchidaceae 등이 있다. 매년 400여 종 이상의 식물이 연구나 교육에 활용되고 있으며, 빈대학에서 연구 발표된 식물관련 논문의 65%정도가 식물원을 활용한 것이다.

식물원의 운영 특성

대중에게 식물의 세계 및 보전의 중요성을 알리는 여러 교육프로그램을 수행하고 있으며, 특히 중등학교 학생들에게 식물원 안내 해설을 하고 있다. 매년 전 세계 550여 기관과 교류관계를 유지하면서 900여 종의 종자를 300여 기관과 교환하고 있으며 현재 BGCI에 가입하여 활동하고 있다.

Travel tip

주소 Botanischer Garten Universitat Wien, Rennweg 14, 1030 Wien, Austria
홈페이지 www.botanik.univie.ac.at
전화 +43 01 427754100
개원시기 및 시간 입장료는 무료이고, 3개의 출입문이 있는데 계절에 따라서 개원시간은 바뀐다.
면적 8ha

72 오스트리아식물원 중 가장 높은 곳에 위치한 파처코펠고산식물원

Alpengarten Patscherkofel Innsbruck

구름 위로 솟은 알프스가 보이는 파처코펠고산식물원의 시원한 풍경

인스부르크 남쪽의 파처코펠 산기슭에 위치한 파처코펠고산식물원은 오스트리아에서 가장 높은 곳에 있는 고산식물원이다. 해발 900m의 이글리스에서 출발하는 케이블카를 타고 케이블카의 종착역인 파처코펠 역에 내리면 바로 옆에 해발 1,952m에 자리한 파처코펠고산식물원이 있다. 그러나 고산의 날씨는 시시각각 변하기 때문에 운이 좋아야 제대로 구경할 수 있다. 바람이 불면 케이블카가 운행하지 못하는 경우가 많고, 설사 케이블카가 운행되더라도 산정 부근에는 비가 오거나 안개가 자주 끼어 코앞에 두고도 보지 못하고 내려와야 하는 경우도 있다. 10월부터 6월초까지 8개월간 눈에 덮여 있다가 고작 4개월간 잎을 내고 꽃을 피우는 고산식물을 보려면 하루 종일 비 그치기를, 또는 안개가 개길 기다릴 만도 하다.

식물원의 역사

1930년 티롤 주와 인스부르크 시에서 고산식물 연구를 위해 8,700m² 에 이르는 이곳 부지를 레오폴드 프란첸스대학에 기증하였다. 레오폴드 프란첸스대학에서는 이곳에 양이나 소와 같이 풀을 먹는 가축들이 들어오지 못하도록 울타리를 치고 고산식물을 보호하였다. 1935년 일반에게 개방하였으나 전쟁이 발발하면서 방치된 상태에 있었다. 이후 이곳의 관리를 맡게 된 인스부르크대학은 1992년 연구소 건물을 짓고 정원을 새로 다듬어 1994년 일반에게 다시 공개하였다.

식물원의 구성

파처코펠고산식물원은 가파른 경사지에 수목들이 둘러싸고 있는 형태이다. 수목의 생장한계선(2,000m) 바로 아래에 위치하고 있어서 식물원 가장자리에는 수목생장한계선에서 자라는 상록 수목들, 에컨대, 자

식물원 하단의 작은 연못

작나무, 가문비나무, 낙엽송, 산물푸레나무 등을 볼 수 있다. 계단이나 오솔길을 통해 경사지 아래로 내려가면서 바위와 잔돌무더기에서 자라는 식물군, 왜성관목군Dwarf Shrub Heath, 키큰 광엽초본식물군Tall Forb Meadow, 고산습지식물군, 암석원이 전개된다.

안내 팻말을 따라 식물원에 들어서면 연구소 건물이 마주 보인다. 이 연구소는 인스부르크대학의 식물학자들이 고산식물을 연구할 수 있도록 마련된 작은 건물이다. 입장료가 없기 때문에 누구나 들어갈 수 있지만 식물원을 지키는 사람이 없을 때도 있어 정보를 얻기 어렵다는 단점도 있다.

식물원 초입에는 고산지대의 바위와 잔돌무더기에서 잘 적응하여 사는 엽침식물Cushion Plant, 좌엽식물Rosette Plant, 덤불 유형의 식물들이 모여 있다. 바위틈에서 자라는 이러한 식물들은 식물명을 적어 놓은 안내판이 너무 커 보일 정도로 크기도 작고 성글지만 작고 아기자기한 꽃을 피우고 있어 오히려 더 예뻐 보인다.

계단을 따라 아래로 내려오면 진분홍색 꽃을 피우고 있는 고산만병초Alpine Rose, 블루베리, 크랜베리, 옆으로 누운 철쭉Creeping Azeria 등 고산지대에 적응해 온 키 작은 관목들이 모

경사면에 자리잡은 고산초본식물들이 꽃핀 풍경

여 있다. 이 철쭉은 수목생장한계선 위, 영하 40℃에서도 사는 보기 드문 목질식물이다.

식물원의 경사면은 대부분 키가 크고 단단한 고산초본식물이 차지하고 있다. 7월부터 8월까지 수레국화속 식물Knapweed, 바곳류 식물Bue Monkshood, 노란점과 자주점박이 용담속 Gentian 식물, 고산 참제비고깔속 식물Alpine Larkspur, 큰바늘꽃Rosebay Willowherb, 마스터워트Masterwort, 노란 용담Yellow Gentian, 오스트리아 도로니컴Austrian Leopard's Bane, *Doronicum Austracum*, 산비랑이Alpine Common Sawwort, 투구꽃Common Monkshood 등이 제각각 다양한 모양과 색의 꽃을 활짝 피우고 있어 고산식물원의 아름다움을 보여준다. 일반적으로 해발 2,000m 정도에 위치한 고산식물원은 암석원의 형태여서 바위틈에서 자라는 자잘한 식물들이 많으나 이 식물원에는 키가 큰 고산초본식물들이 대부분을 차지하고 있어 식물원 전체가 싱싱하고 아름답다.

식물원의 가장 아래 지역에는 습지식물이 자라는 작은 연못이 있다. 오른쪽으로 다시 수목생장한계선 수목들을 지나면 석회암으로 만든 암석원이 있다. 처음 식물원을 조성할 때 만들어진 것으로 유일하게 남아 있는 곳인데, 이곳 석회암은 다른 계곡에서 운반해 온 것이라고 한다. 에델바이스, 고산과꽃Alpine Aster, 앵초Auricula 등이 여기서 자라는 대표적인 식물이다.

고산식물원은 전망이 좋다는 것이 큰 장점이다. 파처코펠고산식물원도 해발 2,000m의 산 정상에 가까워 멀리 구름 위로 솟은 알프스가 보이는 멋진 전망을 제공한다. 이곳 탐방에서 한 가지 주의할 것은 고산 지역에 방목하는 소들이 남긴 배설물이다. 보도 이외의 풀밭에 이런 배설물이 산재해 있으므로 밟지 않도록 조심해야 한다. 식당이나 화장실 등은 파처코펠 역의 시설을 이용해야 한다.

식물원의 운영 특성

자연 생태 그대로의 고산식물을 관리하고 연구에 집중하는 식물원이므로 특별한 교육프로그램이나 이벤트는 없다. 그러나 인스부르크대학에서 직접 연구 관리하고 있으므로 인스부르크대학식물원에서 이루어지는 교육프로그램이나 전시회 등 여러 행사에 참여해 볼 수 있다.

Travel tip

주소 Alpengarten Patscherkofel Innsbruck, Patscherkofel 7, 6082 Patsch, Austria
홈페이지 www.uibk.ac.at/botany/
전화 +43 0512 5075927
개원시기 및 시간 6월부터 9월까지 09:00~16:30까지 개원한다.
면적 1ha

73

알프스가도를 타고 가는

필라허고산식물원

Alpengarten Villacher Alpe

청명한 하늘을 향해 피어난 *Laserpitium siler*

필라허고산식물원은 알프스의 절경을 즐길 수 있는 도브라취Dobratsch 산기슭, 해발 1,500m에 자리잡고 있다. 알프스 산맥의 한 봉우리인 도브라취 산(2,166m)은 전망도 빼어나지만 유럽에서 가장 높은 곳에 있는 순례자 성당으로도 유명하다. 1484년 성모마리아가 목동에게 나타난 것을 기념하는 독일성당(1682년)과 슬로베니안성당(1690년)이 있다.

식물원 탐방은 경관의 아름다움으로 유명한 필라허 알프스가도Villacher Alpenstrasse를 타고 가는 즐거움도 누린다. 필라허 알프스가도는 1876년부터 유서 깊은 도시 필라흐Villach에서 도브라취 산 정상까지 길을 내는 계획이 수립되었으나 65년이 지난 1961년에서야 건설이 시작되었고, 1965년 7월에 해발 1,700m까지 16.5km를 완성하여 개통하였다. 필라허고산식물원은 필라허 알프스가도 6번 주차장에서 오르막길로 약 120m만 걸으면 도착한다. 로마시대부터 교통의 요지였던 온천도시 필라허에서 자동차로 20km 거리이며 약 35분 정도 걸린다.

식물원의 역사

1961년 필라허 알프스가도 기공식에서 당시 필라허의 시장이 도브라취에 고산식물원을 조성했으면 좋겠다는 소망을 밝혔다. 이러한 그의 소망에 따라 필라허 알프스가도가 완성된 이듬해인 1966년 필라허 고산식물원을 설립하기 위한 협의체가 만들어졌다. 이후 식물원 설립을 위한 준비와 조성단계를 거쳐 1973년에 일반에게 공개되었다.

식물원의 구성

필라허고산식물원은 남알프스의 식물을 보존하는 자연생태식물

식물원 입구

원이다. 식물원 부지는 길이가 350m에 이르는 장방형의 형태이다. 식물의 특성과 토양, 지형의 특성에 따라 25개 구역으로 나누어 약 800종의 알프스 식물이 식재되어 있다. 부지 곳곳에 가문비나무, 잣나무, 낙엽송, 소나무, 너도밤나무 등이 초본식물과 함께 어우러져 우거진 숲에 들어와 있는 것 같고 다양한 식물과 생태가 전개되어 꽉 찬 느낌을 준다.

식물원 입구에서 볼 때 가운데 오솔길을 중심으로 왼쪽, 즉 서쪽 부분은 높낮이가 크지 않은 넓은 면적의 평지이고, 오른쪽 동쪽 부분은 절벽 가까이까지 연결되는 경사가 크고 돌이 많은 지역이다. 서쪽 부분에는 모두 9개의 구역이 있고, 동쪽 부분에는 16개 구역이 있는데 구역마다 일렬로 번호판이 있고 식물표지판이 잘 설치되어 있다.

서쪽 구역에는 ① 고산식물원 Alpinum, ② 휘텐앙거Hüttenanger, ③ 연못, ④ 습지, ⑤ 서양잣나무언덕 Zirbenbühel, ⑥ 규산암사면 Silikagelsteinshalde, ⑦ 라르첸코겔레 Larchenkogele, ⑧

알펜로제 *Rhododendron ferrugineum*

상세한 식물안내 표지판

목초지대 Almwiese, ⑨ 너도밤나무Buchenriegel 구역이 있다.

동쪽 구역에는 ⑩ 가이스뤼켄Geissr cken, ⑪ 분지Mulde, ⑫ 너도밤나무Alte Buche, ⑬ 암설사면Gerőllhalde ⑭와 ⑮ 암석원, ⑯ 고지대다년초지대 Hochstaudenflur, ⑰ 줄리에르 퀘펠 Julier kőpel, ⑱ 서부 줄리에르 Julier-West, ⑲ 토사Schutthalde, ⑳ 암석벤더Felsbänder, ㉑ 둥근바위 Felskopf, ㉒ 고지대다년생초지대 Hochstaudenflur, ㉓ 붉은 너도밤나무숲Rotbuchenwald, ㉔ 간벌지 Lichtung, ㉕ 유럽가문비나무숲 Fichtenwald 이 있다. 동쪽 구역의 전망지점에 서면 건너편 이탈리아와 슬로베니아의 줄리안 알프스의 높은 봉우리가 파노라마처럼 펼쳐지고, 오래전 지진으로 인한 산사태로 절개된 절벽과 오밀조밀한 도시가 까마득히 보이는 장관을 볼 수 있다.

침엽수림으로 향한 관람로

줄리안 알프스 전경

식물원의 운영 특성

이 식물원은 식물이나 지역의 생태, 서식하는 곤충과 새 등에 대한 상세한 안내 표지판을 잘 만들어 놓아서 가이드 없이도 식물원을 탐방할 수 있다.

Travel tip

주소 Alpengarten Villacher Alpe, Villacher Alpenstraβe II, 9500 Villach, Austria
홈페이지 www.alpengarten-villach.at
전화 +43 0662 873673
개원시기 및 시간 6월부터 8월까지 매일 09:00~18:00까지 문을 연다.
면적 1ha

74

학술적 · 휴양적 가치가 조화로운

베르기우스식물원

Bergianska trädgården

에드워드앤더슨온실

노벨상으로 유명한 스웨덴의 수도 스톡홀름은 1250년에 건설되기 시작했다. 지금도 그 때의 교회, 시장 광장, 좁고 구불구불한 도로 등이 남아 있는 역사적인 도시이다. 발트 해로 연결되는 항구 도시로 많은 반도와 작은 섬에 건물과 거리가 형성되어 있다. 넓은 수면과 운하 때문에 흔히 '북구의 베네치아'라고 불릴 정도로 수상 교통을 비롯한 다양한 교통이 일찍부터 발달해 스웨덴뿐만 아니라 발트 해 주변 국가들 사이의 정치·문화·상공업의 중심지가 되어 왔다.

베르기우스식물원은 스톡홀름 북부의 아름다운 브룬스비켄Brunnsviken에 위치하고 있다. 수백 종류의 나무와 꽃이 피는 초본들, 채소와 과일 등 다양한 식물들을 관찰할 수 있으며, 식물 종류 간에 진화적 연관관계, 지리학적 연관 관계 등에 대해서도 이해할 수 있도록 체계적으로 재배되고 있다. 이곳 식물원에서 사람들은 지식을 습득할 수 있고 영감을 얻으며 휴식을 취할 수 있다.

식물원의 역사

베르기우스식물원은 1700년대 중반 벵트Bengt와 피터 요나스 베르기우스Peter Jonas Bergius 두 형제가 조성한 베르히룬트Bergielund라는 정원에서 시작되었다. 형제 중 피터 요나스는 의사였고 벵트는 은행가이자 역사가였는데 토지와 주택을 1759년에 취득해서 처음에는 여름 휴양지로 사용했다.

1760년대에 피터 요나스는 스톡홀름에 과학적 목적의 식물원을 만드는 것을 목표로 세라피머 병원Serafimer Hospital의 약용식물정원을 식물원으로 만드는 작업을 했다. 경제적 어려움으로 이 작업은 곧 중지되었지만, 베르히룬트정원 조성은

식물분류원

계속되었다.

그들이 사망한 후 재산이 왕립과학원에 기부되었고 베르기우스 재단 Bergius Foundation 이 설립되었다. 그들의 희망에 따라 식물원의 원장은 교수 자격이 있는 사람이 임명되었는데, 올로프 스바르즈크 Olof Swartzrk 가 최초의 베르기우스식물원 교수로 임명되었다.

식물원은 1885년까지 같은 위치에서 유지되다가 이 지역이 새로운 도시 계획에 의거 개발됨에 따라 현재의 위치로 이전했다. 당시의 식물원 교수는 베이트 위트로크 Veit Wittrock 였는데 그의 목표는 과학적 목적을 위한 식물원을 만드는 것이었다. 또 그의 비전은 식물지리원, 식물분류원, 빅토리아홀, 빅토리아댐과 산을 만드는 것이었다. 그의 노력으로 만들어진 이들 요소들은 오늘날까지도 식물원의 근간이 되고 있다.

1900년대에는 열대식물온실 및 식물표본을 위한 연구동, 직원 사무실 공간과 도서관 등 오늘날에도 남아 있는 중요한 몇 개의 건물이 지어졌다. 그중 열대식물온실은 현재 카페 및 전시장으로 용도가 바뀌었다. 이를 대신하여 1995년에 에드워드앤더슨온실을 개장하고 지중해성기후와 열대지역의 식물을 수집, 전시하고 있다.

식물원의 구성

베르기우스식물원에는 두 개의 온실과 여러 개의 야외 주제원에 다양한 식물들이 수집되어 있다. 에드워드앤더슨온실에는 전 세계의 지중해성기후대와 열대에서 온 식물들이 자라고 있으며 빅토리아홀에는 열대의 빅토리아수련이 보존되고 있다. 야외 주제원으로는 식물 수분, 확산 및 진화원, 허브원, 이탈리아정원, 일본연못, 암석원, 과수원, 철쭉계곡, 식물분류원, 채소정원, 습지원 등이 조성되어 있다. 그 외에 중요한 시설로 표본관과 도서관, 그리고 예전의 열대온실을 개조한 멋진 카페 등을 갖추고 있다.

에드워드앤더슨온실은 연중 관람객들의 방문이 많은 곳이다. 이 온실은 크게 지중해성 기후대 식물 수집구역과 열대식물 수집구역으로 나누어진다. 지중해성기후대 구역에는 호주실 Australian Room, 캘리포니아실 Californian Room, 양치식물실 Fern Room, 지중해실 Mediterranean Hall, 남아프리카실 South African Room 등이 조성되어 있다. 각 실에서는 그 실의 이름에 해당하는 지역 또는 식물 종류의 특성을 대표하는 많은 식물들이 수집되어 있다.

호주실에서는 평평한 모래땅으로 조밀한 덤불과 일부 초본식물과 함께 키 작은 유칼립투스 숲이 지배하는 남서 호주의 특징적인 지중해성기후대를 재현하여 식물을 배치하고 있다. 이곳에서는 유칼립투스, 아카시아 및 특이한 그라스 트리Xanthorrhoea를 포함한 이 지역의 가장 중요한 식물들을 대표적으로 보여준다. 겨울과 봄 동안 관목은 꽃을 피우고 아카시아는 실내에 기분 좋은 향기를 확산시킨다.

캘리포니아실은 미국 캘리포니아 산맥의 동쪽에 있는 모하비와 소노란 사막의 풍부한 식생을 재현하고 있다. 지중해성기후대에 나타나는 딱딱한 잎을 가진 식물들과 특성이 비슷한 캘리포니아 식생대를 '샤파렐 Chaparral, 관목수풀지대'라고 한다. 캘리포니아실에는 몇몇 종의 식물들이 샤파렐을 대표하고 있으며, 그 외 대부분의 식물들은 캘리포니아와 멕시코의 매우 건조한 기후에서 자라는 식물들이다. 캘리포니아실에는 사구아로 saguar(변경주선인장), 용설란 등을 포함한 다양한 식물들이 전시되고 있다.

지중해실은 온실 중앙부에 위치하는데 꽃향기가 높은 아치형 지중해 홀 전체에 퍼진다. 중앙에는 낮은 녹색 도금양 울타리와 장밋빛 사암 기둥으로 둘러싸이고 바닥은 이탈리아 대리석으로 되어 있는 거울 연못이 있는 작은 정원이 있다. 부겐빌레아가 오래된 올리브 나무를 타고 오르며 남부 유럽에서 자라는 무화과, 아몬드, 오렌지, 석류 같은 몇몇 주요 과일 나무가 자란다. 또 석회암 테라스에서 낮게 자라고 있는 포도나무가 특히 눈길을 끈다.

식물원 설립자 피터 요나스 베르기우스

이전한 식물원의 토대를 만든 베이트 위트로크

남아프리카실에는 남

아프리카공화국의 남쪽 끝에 식물이 매우 특이하고 풍부하여 희망봉 식물구계 Cape Floristic Region 라고 알려진 독특한 지역의 식물들이 수집되어 있다. 희망봉 식물구계의 대부분은 핀보스 Fynbos 로 알려진 관목으로 덮여 있다. 이는 지중해의 식물과 유사한데, 작고 단단한 잎을 가진 관목은 따뜻하고 건조한 여름 기간을 견딜 수 있도록 적응되었다. 프로테아 Protea, 레스티오 Restios, 제라늄과 히스류의 식물들이 이곳의 일반적인 식물이다.

에드워드앤더슨온실의 열대구역은 열대 및 아열대식물을 수집하고 있다. 여기에서는 일반적으로 재배식물의 다양함을 보여주며, 모든 수준에서의 교육에 활용되는 정보를 제공하는 역할을 한다.

중앙의 야자수홀은 온도가 높고 습한 환경에서 바나나, 파파야, 야자수, 그리고 거대한 대나무가 덩굴식물과 공중뿌리를 가진 우림식물들 사이에서 높은 홀 천정까지 무성하게 자란다.

아열대실에는 소철, 흥미진진한 식충식물과 경제적으로 중요한 많은 식물들을 수집하고 있다. 나무토마토, 구아바, 시계꽃 Passion Fruit, 라임 같은 과일이 이곳에서 자라며 허브, 섬유식물, 차나무와 커피 등도 잘 자란다. 특이한 꽃 구조를 가진 난초들도 유리 상자에서 보호받으며 자라고 있다.

에드워드앤더슨온실 내부

에드워드앤더슨온실의 지중해실

또 다른 온실인 빅토리아하우스는 당시의 많은 식물원이 그랬던 것처럼 환상적이고 거대한 빅토리아수련을 전시, 재배하기 위한 목적으로 1900년에 개관했다. 수련이 요구하는 빛, 온도, 공간을 충족시킬 수 있는 최선의 방법으로 디자인되었다. 오늘날, 건물은 역사적인 건물로 분류되고, 유럽에서 유사한 온실이 여러 가지 이유로 사라진 이후로 특별한 온실로서 자리매김하고 있다.

이곳의 따뜻하고 습한 환경에서는 거대한 빅토리아수련과 함께 브로멜리아, 양치류, 난초와 같은 착생식물들과 벼, 사탕

식물원 습지 풍경

수수, 파피루스 등과 같은 북부 유럽인들에게는 매우 생소한 유용식물도 함께 자라고 있다.

야외의 주제원 중에서 대표적인 곳 몇몇을 살펴본다. 먼저 '식물 수분, 확산 및 진화원'은 식물이 어떻게 수분하고 수정하고 확산하는지를 보여주기 위해 최근에 만들어진 주제원이다.

허브원에 있는 식물들은 베르기우스식물원 설립자인 피터 요나스 베르기우스의 구상에 의해 수집되었다. 저명한 의사였던 그는 1778년 『마테리아 메디카』 Materia Medica를 출판했다. 이것은 그 당시에 알려진 약초를 보여주는 약리학 수첩의 일종이었다. 허브원은 마테리아 메디카에 수록된 식물들과 염료용 식물을 수집하여 만들어졌다.

암석원은 19세기 말 정원이 이전하면서 새로이 계획된 주제원이다. 당시의 베르기우스식물원 교수였던 베이트 위트로크는 아시아, 북미와 유럽 등 세 지역에서 잘 알려진 산의 정상을 표현하는 것을 계획했다. 가장 큰 산에는 아시아 식물을 전시했고, 다른 두 산에는 북미 식물과 아이슬란드에서 온 식물과 함께 스칸디나비아 원산의 식물을 전시했다.

브룬스비켄 Brunnsviken까지 이어지는 철쭉계곡에서는 5월 말에서 6월 중순까지 철쭉류의 아름다운 꽃을 즐길 수 있다. 이 계곡에서는 약 70종의 다른 종과 몇몇 변종을 찾아볼 수 있다. 엔키안투스 Enkianthus, 칼미아 Kalmia, 피어리스 Pieris 등 철쭉류가 속한 진달래과의 다른 종들도 볼 수 있다.

식물분류원에는 전 세계에 자라는 현화식물의 다양성을 보여주기 위해 약 1,400개체의 식물이 분류학적 체계에 따라 배치되어 있다. 이곳은 에드워드앤더슨온실 바로 근처에 위치하고 있는데, 식물원에서 교육적인 측면을 얼마나 강조하고 있는지 알 수 있는 부분이다.

채소정원도 식물원에서 인기 있는 곳이다. 무성한 가문비나무 울타리 뒤로 양배추, 당근, 양파, 상추, 토마토, 완두콩, 콩 등 일반 채소와 함께 다채로운 재배품종이 자라는 곳이다. 아시아를 포함한 다른 나라에서 이용하는 채소 몇 가지가 현지인들에게 흥미를 더해준다.

한편, 베르기우스식물원의 표본관과 도서관은 스웨덴뿐만 아니라 전 세계적으로도 매우 중요한 학술적 가치를 가진 곳이다. 표본관은 현재 스웨덴 왕립 과학원 베르기우스재단의 중요한 일부이다. 식물 표본관은 식물원의 설립자이자 스톡홀름 약학대학 Collegium Medicum 의 교수였던 피터 요나스 베르기우스 의 컬렉션에서 시작되었다.

베르기우스는 린네의 제자로 남아프리카 희망봉 식물상 Cape flora 에 집중한 헌신적인 식물학자였다. 린네처럼 베르기우스는 린네의 '사도'로 알려진 많은 다른 식물학자로부터, 그리고 동인도회사 여행자 특히 미켈 그루브 Michael Grubb 로부터 표본들을 수집했다. 베르기우스 식물표본관은 베르기우스가 세상을 뜬 후 식물원 교수 올로프 스바로즈크 Olof Swartz 와 에마누엘 위크스트롬 Emanuel Wikström 에 의해 더 풍부해졌으며 1830년대까지의 수집품을 포함시켰다. 아시아 식물의 학명에 많이 등장하는 툰베르그 C. P. Thunberg 의 중요한 컬렉션도 포함되었다.

레스토랑으로 개조된 옛날 온실과 채소정원

온실에서 열매를 맺는 야자류

베르기우스도서관도 매우 중요한 학술적 가치를 가진 곳이다. 이 도서관은 벵트와 피터 요나스 베르기우스 형제가 자신들의 전 생애를 통해 수집한 저명한 역사 및 과학도서 수천 권을 소장하고 있다.

식물원의 운영 특성

베르기우스식물원은 학술적, 교육적 특성이 매우 강한 식물원이다. 그러나 동시에 일반인들의 휴식 공간으로도 적극적으로 활용되고 있다. 온실 내에 운

에드워드앤더슨온실의 호주관

영되는 카페나 옛날 온실을 개조한 레스토랑 등은 겨울이 아주 긴 북유럽의 사람들에게는 좋은 휴식 공간이 되고 있다.

이 식물원에서는 다양한 프로그램을 진행하지만 특히 가이드 투어를 집중적으로 운영한다. 투어를 원할 경우에는 미리 예약을 하여야 하며, 일반적으로는 스웨덴어로 진행되지만 미리 요청할 경우 영어 가이드도 가능하다.

식물원 입구에 있는 옛날 온실을 개조한 레스토랑에서는 점심 메뉴, 샌드위치나 커피와 신선한 빵을 즐길 수 있다.

Travel tip

주소 Bergianska trädgården, Gustafsborgsvägen 4, 11418, Stockholm, Sweden
홈페이지 www.bergianska.se
전화 +46 08 163500
개원시기 및 시간 에드워드앤더슨온실은 4월에서 9월까지는 매일 11:00~17:00, 10월에서 3월까지는 주중은 11:00~16:00, 토, 일요일은 11:00~17:00까지 개원한다. 빅토리아온실은 5월 1일에서 9월 30일까지만 개원하며, 주중은 11:00~16:00, 토, 일요일은 11:00~17:00까지 문을 연다. 6월부터 9월까지의 목요일에는 11:00~20:00까지 개원한다.
면적 7ha

75 스웨덴에서 가장 크고 아름다운

예테보리식물원

Göteborgs botaniska trädgård

예테보리식물원이 자랑하는 암석원 풍경

예테보리는 스웨덴 제2의 도시로, 스웨덴 서부에 위치한 항구도시이다. 볼보자동차의 본사가 있는 도시인만큼 자동차, 베어링, 그리고 해운업이 경제의 중심을 이루는 도시로 스칸디나비아 최대의 공업도시이다. 개발과 성장이 한창이었던 1960~70년대는 대기오염으로 악명이 높았으나 도시와 시민의 노력으로 현재는 깨끗한 생태도시로 명성이 높다. 각 가정의 난방과 온수를 비롯하여 시에서 현재 사용하는 에너지의 약 70%가 폐열을 이용하고 있을 정도이다. 폐열을 이용한 난방시스템과 더불어 완벽한 단열장치, 채광 등을 고려하는 첨단 건축기술로 난방시스템이 거의 필요 없는 주택도 건설하고 있다. 자동차에 대한 규제도 강화하여 차량에서 배출되는 이산화탄소를 50% 감축하고 유황의 배출은 거의 0%에 가깝다.

생태도시로 거듭난 도시이니만큼 예테보리는 식물원에 대한 관심이 각별하여 시 당국과 주민의 노력으로 스웨덴에서 가장 크고 아름다운 식물원을 가꾸어 놓았다. 예테보리식물원은 예테보리 기차역에서 약 10km 떨어진 전원지역에 있는데 차량을 이용하면 10여 분이면 도착할 수 있다.

식물원의 역사

식물원은 스웨덴의 사업가 찰스 펠릭스 린드버그 Charles Felix Lindberg 의 투자를 통해 시작되었다. 1912년에 현재 직원 숙소로 이용되고 있는 건물이 세워지면서 식물원 조성이 준비되기 시작하였다. 예테보리식물원은 "생물학적 실험과 시연의 공간 및 자연공원"을 조성할 목적으로 시작되었다. 예테보리 시의회는 1912년부터 식물원 건설에 대한 논의를 시작하여 1915년에 최종 승인하고 1916년부터 본격적으로 식물원 조성이 시작되었다.

입구 정면에 위치한 연못 풍경

예테보리식물원은 1923년, 예테보리 시 창립 300주년을 기념하여 개원하였다. 이후 식물원은 1919년부터 1948년까지 초대 식물원장으로 재직한 식물학자 칼 스코스베리 Carl Skottsberg의 노력으로 비약적으로 발전하였다. 그는 전 세계를 돌아다니며 많은 식물들을 수집하였고, 기부 활동을 벌여 기금을 마련하고, 유수한 건축가에게 의뢰하여 아름답고 기능적인 건물을 지었다. 그의 공적을 기려 오늘날 식물원 정문 앞의 길은 그의 이름을 따서 명명되었다. 이런 노력에 부응하여 시당국도 식물원 부지를 제공해주었고, 시민들도 여기에 동참하여 식물원 부지는 지속적으로 확장되었다. 예컨대 정문 우측에 인접한 구역은 예테보리대학이 기증한 것인데 여기에 1971년에 예테보리대학의 생물학 및 환경과학 관련 건물들이 들어서면서 식물원은 협력관계를 구축할 수 있게 되었다.

10월에 핀 콜치쿰

외래종수목원을 포함하고 있는 삼림지역은 1975년 자연보호구역으로 지정되었다. 예테보리 시는 1988년에 지역위원회 Region Västra Götaland Regional Council로 식물원의 운영권을 양도하였다. 예테보리식물원은 2003년에 스웨덴에서 가장 아름다운 공원으로 선정되기도 하였고, 이제 연간 50만 명이 방문하는 스웨덴에서 가장 매혹적인 관광지로 발돋움하였다.

식물원의 구성

식물원의 총 면적은 수목원과 자연보호구역을 포함하여 175ha에 이른다. 이 중 식물원으로 조성된 면적은 약 40ha인데, 여기에 16,000종의 다양한 식물들이 식재되어 있다. 특히 5,000종의 다양한 식물군이 자리하고 있는 암석원은 미슐랭 여행가이드에서 별 세 개를 받을 정도로 멋진 조경을 자랑한다.

빨간 열매가 눈길을 끄는 마가목 가로수 길에 감탄하면서 식물원에 들어서면 바로 앞에 펼쳐지는 장방형의 연못과 주변 풍경의 아름다움에 관람객들은 다시 한 번 찬탄하지 않을 수 없다. 곳곳의 아름다운 화단과 가볍게 걸을 수 있는 높지 않은 산자락에 굽이굽이 펼쳐진 멋진 정원은 관람객의 눈길을 계속 사로잡는다. 정원은 하늘로 쭉 뻗은 나무들과 관목, 잔디로 연결된 각각의 구역으로 구분되어 있다.

정문에서 왼쪽 길을 따라 수목이 우거진 언덕길을 올라가면 여러 동으로 구성된 온실이 있다. 온실은 1,500㎡의 면적에 1,600종의 난을 포함하여 4,000종 이상의 식물들이 자라고 있다. 온실은 열대온실, 난온실, 베고니아온실, 선인장온실, 남반구온실, 고산식물온실로 구성되어 있다. 열대온실은 스웨덴 최대 규모를 자랑하며 1,500종이 넘는 다양하고 아름다운 식물들을 보유하고 있다. 특수 식물 구역에는 돌에서 직접 자라는 디오니시아Dionysia가 석회암 위에서 자라고 있는데 이 속의 수집은 세계 최고라고 한다. 이스터섬에서 멸종되었다고 알려진 토로미로 나무 역시 온실에 보존되어 있다.

디오니시아 온실

디오니시아를 위한 보광시설

온실 바로 뒤에는 구근정원이 있다. 지중해 지역과 스텝 지역의 구근 식물들을 모아놓은 이곳 또한 세계 최대의 규모를 자랑한다. 구근정원에서는 다른 어느 곳에서도 볼 수 없는 종류의 튤립, 수선화, 붓꽃을 볼 수 있다.

구근정원 바로 위로는 과거 영주나 귀족들의 저택정원 유형을 볼 수 있는 장원정원manor garden이 있고, 그 위로는 가정의 소규모 정원의 모범을 보려주는 키친가든이 이어진다. 그 위쪽 잔디광장 옆으로 형형색색 아름다운 꽃의 파도가 펼쳐지는 다년생 초본식물 화단이 있다. 화려한 화단 못지않게 눈을 끄는 것은 푸른 잔디밭에 다소곳이 피어 있는 연분홍색 콜치쿰이다.

경사가 가파른 산길로 들어서면 이 식물원이 자랑하는 만병초 계곡이 나타난다. 이곳에서는 80종의 야생 만병초가 풍성하게 자라고 있다. 산성 토양, 높은 습도, 적절한 식재 위치와 상대적으로 온화한 겨울 기후가 풍성한 만병초 컬렉션을 유지하게 해 주었다. 사시사철 몇몇 만병초들이 항상 소담스러우면서도 화려하게 피어 있는 모습을 볼 수 있다. 분홍색과 빨간색이 가장 흔한 색상이지만 흰색, 노란색, 보라색, 파란색의 만병초도 있다. 4월 말경에 만병초 계곡은 만발한 만병초 꽃들로 가장 아름답다. 계곡을 따라 흐르는 개울물 소리를 들으며 만병초 계곡을 따라 걷노라면 그 다양하고 화려함에 취하지 않을 수 없을 것이다.

다채로운 꽃으로 가꾼 화단

다년생 초본식물 화단과 잔디광장

만병초 계곡을 따라 올라가다보면 암석원의 폭포소리가 들린다. 암석원은 예테보리식물원의 특별한 자랑거리인데, 5,000종의 다양한 식물들과 함께 바위와 폭포로 드라마틱한 경관을 제공한다. 이곳의 식물들은 원산지에 따라 배열되어 있는데 유럽지역의 에델바이스, 고산 벚나무, 고산 양귀비, 바늘패랭이꽃, 아시아지역의 바이칼할미꽃, 히말라야 산양귀비 등이 특별히 눈에 띈다. 아메리카지역은 아메리카 대륙의 다양한 기후에 맞춰서 구분되어 있다. 그늘에서 잘 자라는 백합나무, 얼레지, 은종나무와 태양빛 아래에서 잘 자라는 유카, 펜스테몬, 지면패랭이꽃, 휴케라, 선인장 등이 전시되어 있으며 식충식물은 습지 구역에 식재되어 있다.

식물원의 가장 윗부분은 수목원으로 자연보호구역이기 때문에 출입을 제한하고 있다. 관람객이 가 볼 수 있는 가장 높은 곳에는 전망대가 있어서 아름다운 자연풍경과 예테보리 시 전경을 조망할 수 있다. 그 밖에도 일본과의 오랜 교류로 목련, 진달래, 벚나무, 희귀한 다비디아 나무 등 다양한 일본종 식물들을 볼 수 있는 일본정원과 허브원이 있다.

일본정원 구역의 연못에 놓인 징검다리

식물원의 운영 특성

예테보리식물원은 쾌적하고 아름다운 자연공간을 유지보존하면서 식물을 아름답게 전시하는 것 말고도 식물 다양성을 탐색하고, 식물을 수집하고, 배양된 식물에 정확한 이름을 부여하고 식물을 보호하는 등의 연구와 교육도 중시한다. 1936년부터 예테보리대학과 연계하여 상호협동 연구를 진행하고 있으며, 대학과 대학원의 식물관련 전공교육이 식물원에서 이루어지고 있다. 물론 이 지역의 학교들을 대상으로 식물교육도 하고 있다. 매년 만 명 이상의 학생들이 식물원에서 다양한 활동에 참여하고 있다. 2006년부터 정원치유 Garden Therapy 가 또 하나의 중요한 활동으로 추가되었다.

Travel tip

주소 Göteborgs botaniska trädgård, Carl Skottsbergs Gata 22A, 41319 Göteborg, Sweden
홈페이지 www.gotbot.se
전화 +46 031 7411100
개원시기 및 시간 크리스마스 이브, 크리스마스, 새해 첫 날을 제외하고, 오전 9시부터 일몰시까지 개원한다. 온실의 경우 9월에서 다음해 4월까지는 12:00~15:00, 5월에서 8월까지는 10:00~16:00까지 개방한다.
면적 175ha

76

식물분류학의 아버지 린네를 품은 살아있는 식물박물관

웁살라대학식물원

Botaniska Trädgården Uppsala Universitet

바로크 정원과 멀리 보이는 린네아눔

식물분류학의 아버지 린네(카를로스 린네우스 Carolus Linnaeus, 1707~1778)를 찾아가는 길은 식물학도에게는 무척이나 설레는 발걸음이다. 또 북위 59도 51분 30초, 그 좌표가 북위 37도 부근의 식물들 속에 사는 우리들에게 또 다른 설렘을 주기에 충분하다.

스웨덴의 수도 스톡홀름에서 북서쪽으로 자동차로 한 시간 정도 거리에 위치하는 웁살라는 18세기까지 스웨덴의 수도로서 문화와 학술의 중심이 되었다. 1477년 창립된 웁살라대학은 학술적 업적으로 전 세계적으로 유명하며 그 도서관에는 귀중한 고서와 희귀본이 소장되어 있다. 특히 스웨덴의 지폐에도 등장할 정도로 국민적인 추앙을 받는 카를로스 린네가 그의 학문적 기반을 이루었으며, 그 유산이 아직까지도 계승, 발전하고 있는 곳이다.

웁살라대학식물원은 스웨덴에서 가장 오래된 식물원이며 동시에 최고의 식물원으로 식물원 The Botanical Gardens, 린네정원 The Linnaeus Garden, 하마르비 린네의 집 Linnaeus' Hammarby 등 세 개의 정원으로 구성되어 있다.

위 세 곳은 각기 다른 장소에 위치하고 있는데 그중 가장 핵심지역이 웁살라 성 옆에 위치하고 있는 식물원이며 9,000종류 이상의 식물을 보유하고 있다.

역사적으로 웁살라대학식물원의 중요 임무는 웁살라대학의 연구와 교육을 위해 식물재료를 공급하는 것이다. 시간이 지나면서 일반인에게 더 많이 개방되고 있으며 생물다양성 보전과 같은 새로운 시대의 중요한 목적이 추가되었다. 매년 전 세계로부터 모여든 1,000명 이상의 학생들이 식물학, 약리학, 원예학 또는 생태학을 배우고 있다. 또 식물원은 매년 100,000명 이상의 방문객들이 찾는 살아있는 식물 박물관의 기능을 하

린네아눔의 멋진 모습

고 있다.

식물원의 역사

웁살라대학식물원의 역사는 세 곳의 정원 중 린네정원에서 시작한다. 원로 의학교수였던 올로프 루드벡Olof Rudbeck이 1655년에 최초로 이 정원을 설립하였다. 정원은 피리산Fyrisån강 가까이에 있는 웁살라의 중심부에 위치하고 있다. 정원은 원예, 약학과 학생들에게 식물을 가르치는 데 이용되었다. 17세기 말까지 스웨덴에서 최초로 1,800종류 이상의 식물들이 재배되었다. 1702년에 화재로 많은 부분이 소실되었으나 대학은 복원할 여유가 없어서 40년 동안 방치하고 있었다.

하마르비 린네의 집

1741년에 린네는 웁살라대학의 약학과 교수가 되었으며, 방치된 정원의 책임을 맡았다. 1745년부터 린네

린네 석상

의 계획에 따라 칼 헬러만 Carl Hårleman의 디자인대로 복원하여 당시의 여러 일류 식물원 중 하나가 되었다. 린네는 전 세계 과학자들과의 교류를 통해 수많은 외국 재배 식물들을 수집할 수 있었다. 그 식물들은 생태나 번식체계의 분류에 근거해서 정원에 배치되었다. 이 정원이 현재 린네정원이라 불리는 곳이다.

린네정원은 프랑스 스타일의 정원으로 현재 약 1,300종류의 식물이 자라고 있다. 모든 식물들은 린네에 의해 재배되었고, 그의 분류 체계에 따라 배치되었다.

웁살라대학식물원 최초의 정원인 린네정원이 위치한 피리산 강 가까이는 토양이 매우 습해서 식물이 자라기에는 적합하지 않았다. 더욱이 18세기 말까지 식물원이 계속 확장되면서 더 많은 공간을 필요로 하게 되었다.

1787년 린네의 제자이며 후계자인 칼 페터 툰베르그 Carl Peter Thunberg는 구스타프 3세 왕 King Gustaf III에게 웁살라 성 정원을 대학에 기부하도록 설득하였다. 툰베르그는 이 정원을 새로운 식물원으로 만들어 1807년 린네 탄생 100주년 되는 해 5월 21일에 개원하였다. 구스타프 3세 왕은 성 정원을 기부함과 동시에 식물원의 오랑제리온실인 린네아눔 Linnaeanum의 건립을 위해 많은 돈을 기부했다.

새로운 식물원의 개원으로 예전의 정원(린네정원)은 1917년까지 100년 이상 방치되다가 스웨덴린네협회 Swedish Linnaeus Society가 린네정원으로 복원하기 시작했다. 이것은 다행히 린네의 자세한 식물 목록과 정원의 지도가 있었기에 가능했다. 예전의 건물은 박물관으로 바뀌었고 린네협회에서 관리하고 있다. 식물원 관리 책임은 웁살라대학에 인계되었다.

한편 1807년 새로 식물원으로 문을 열게 된 웁살라 성 정원은 1750년 건축가인 칼 헬러만Carl Hårleman에 의해 바로크 양식으로 디자인되었다. 1807년 모든 식물들이 예전 정원으로부터 웁살라 성의 서쪽에 몇 배로 더 확장된 새로운 식물원으로 옮겨졌다. 기부자인 구스타프 3세 왕의 뜻에 따라 바로크 정원은 기부된 당시의 모습을 유지해야만 했으며 헬러만의

린네아늠 내부의 난대 구역

린네아늠 내부의 열대 구역

원래 계획에 따라 1974년에 대규모 복원 사업이 진행되었다. 오랑제리 온실인 린네아눔에서는 250년 된 린네 월계수와 같은 나무들이 여전히 자라고 있다.

하마르비 린네의 집은 1758년에 린네가 복잡한 웁살라 시내를 떠나 가족들과 함께 여름을 지내기 위해 작은 토지를 산 것으로부터 시작되었다. 웁살라의 동남쪽 15km에 위치한 이곳에 1762년 주요 건물을 세웠다. 또 린네는 이곳에 광범위한 그의수집품을 보관하기 위한 박물관을 지었다. 린네는 하마르비에서 많은 방문객을 맞이했는데 박물관 내외에서, 그는 '연마' Plugghästen 라고 하는 색다른 강의를 했다.

1778년 린네 사망 후 그의 부인 사라 리사 Sara Lisa는 두 딸과 함께 하마르비에서 몇 년 동안 살았다. 1879년에 스웨덴 정부는 린네의 자손으로부터 건물과 토지를 샀고 지금은 웁살라대학에서 운영하고 있다. 오늘날 이곳은 스웨덴에서 18세기의 모습을 유지하고 있는 몇 남지 않은 곳으로 린네의 개인 생활뿐만 아니라 그의 과학적 업적을 살펴 볼 수 있다.

식물원의 구성

웁살라대학식물원에 소속된 세 곳의 린네와 관련된 정원 중 식물원이 기능상 가장 중심이 된다. 웁살라대학식물원의 기능은 살아있는 식물박물관이다. 오늘날 식물원은 13.8ha 이상으로 확장되었으며 8,000종류 이상의 식물이 수집되어 있다. 정원은 많은 영역으로 나뉘어져 있는데 경제적인 식물들, 바위나 건조지역 정원, 돌과 토탄으로 된 화단, 일년생 화단과 연구 및 교육용 영역 등 여러 주제로 조성되어 있다. 이곳에 자연의 야생종뿐만 아니라 옛날과 오늘날의 재배종도 많이 수집하여 보유하고 있다. 스웨덴보다 아주 따뜻한 지역에서 온 식물종의 절반은 온실에서 재배되고 있다.

또 멸종위기에 처한 여러 종의 식물들이 이곳에 보존되고 있으며 이로써 종 보존과 생물다양성을 유지시키는 식물원의 현대적 목적을 달성하고 있다. 이와 함께 예술 작품 전시와 많은 이벤트도 열고 있다.

식물원의 대표적인 구성 요소의 하나는 오랑제리 온실인 린네아눔Linneanum The Orangery은 200년 전의 모습이 유지되고 있는 스웨덴의 몇 안되는 온실 중 하나이다. 특히, 지금까지도 원래의 목적대로 이용되고 있다는 점에서 역사적 가치가 더 높다. 원래의 온실은 1600년대 후기부터 1800년대 초기까지가 전성기였으며 그 후, 전체가 유리로 된 온실이 건물에 추가되어 오늘날의 모습을 갖추게 되었다.

린네아눔의 일부인 프리지다리윰Frigidarium은 보다 시원한 영역으로 린네 월계수나무뿐만 아니라 무화과, 오렌지, 올리브 등과 나이가 백년 이상 된 아가베Agave 같은 북유럽에서는 매우 이국적인 많은 온실 식물들을 볼 수 있다. 이 식물들은 5월에서 10월까지는 온실 밖으로 옮겨지고, 그 기간 동안 온실에서는 전시, 콘서트와 연회가 열린다.

린네아눔에 연결된 넓은 바로크정원Baroque Garden은 1750년 경 건축가 칼 헬러만Carl Hårleman이 아돌프 프레데릭 왕King Adolf Frederick의 명을 받아 웁살라 성 정원으로 설계한 곳이다. 이 정원은 다소 정형적이긴 하지만 오늘날까지 세련된 바로크 양식을 유지하고 있다. 겉으로 보기에 아주 정형적으로 딱딱해 보이지만 조밀하고 말쑥하게 정리된 울타리 안에서는 숙근초, 장미, 작약들이 부드럽고 다정하게 시선을 끌고 있다.

열대온실과 스칸디나비아산맥 식물분류원

바로크정원의 길 건너편 구역에 자리잡고 있는 열대온실은 스웨덴보다 따뜻한 곳에서 온 식물들이 자라는 곳이다. 이 온실에서는 사막과 열대우림으로 영역이 나뉘어져 전 세계의 해당 기후대로부터 수집된 여러 식물들이 자라고 있다.

열대온실 내의 사막식물

사람들이 거의 실물을 보지는 못했지만 매일 사용하는 재료가 되는 많은 재배종 열대식물들이 해설안내판과 함께 전시되어 있다. 예를 들어 마닐라 섬유는 티백tea bag 만드는 데 사용되고, 야자오일은 비누와 샴푸 만드는데 사용되며, 코코아나무는 초콜릿을, 신성한 연꽃의 열매는 음식 재료로 사용한다.

열대온실 앞에는 고산식물 수집을 위해 2014년에 조성한 스칸디나비아 산맥 구역이 자리잡고 있다. 원래 스칸디나비아 산맥은 노르웨이와 스웨덴을 나누는 산맥이다. 최고 높은 봉우리는 2,469m로 알프스보다는 낮지만 훨씬 북쪽에 위치하기 때문에 고산식물들이 많이 분포하고 있다.

스칸디나비아 산맥의 고산식물들은 고도, 바람을 받는 여부, 적설 상태, 물과 토양의 무기양분 성분 및 함량 등에 따라 분류가 다르다. 이러한 환경을 반영하기 위해 식물원의 스칸디나비아 산맥 영역은 세 개의 섬으로 이루어져 있다. 하나는 칼슘 토양에서 자라는 식물들을 보여주고, 또 다른 하나는 산성 토양을 좋아하는 식물들을 식재했다. 세 번째의 섬에는 수분을 많이 필요로 하는 식물, 깊은 토심에서 자라는 식물 등 특별한 환경을 좋아하는 식물들이 혼합 식재되어 있다.

이곳 환경의 기초를 이루는 바위는 웁살라 화강암인데 큰 것은 55톤이 넘는다. 건축가인 매츠 린데그렌Mats Lindegren은 현존하는 현화식물의 연관성을 보여 줄 수 있도록 속씨식물 계통학 책 『Tree of Knowledge』를 참조하여 이 고산식물원을 설계했다.

서리꽃이 핀 루드베키아

식물원의 운영 특성

웁살라대학식물원을 구성하는 세 곳의 정원은 각기 운영 특성이 다르다. 린네정원에서는 가드너와 식물학자들을 만날 기회가 많다. 이벤트가 있는 날이면 그들은 식물재배 방법을 알려주거나 식물과 자연에 대한 지식을 알려준다. 워크숍과 투어 프로그램에 참여할 수 있는 자세한 정보가 2주 전에 홈페이지에 공지되기 때문에 미리 준비하고 참여할 수 있다.

열대온실에서는 전 세계의 다른 환경에서 온 식물들에 대해 배우는 프로그램들이 진행된다. 스웨덴과 비슷

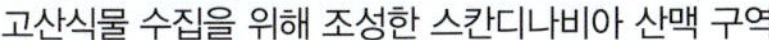

고산식물 수집을 위해 조성한 스칸디나비아 산맥 구역

식물원의 교육용 채소정원

한 곳의 나무들은 물론 열대우림과 사막지역의 식물에 대한 모든 것을 배울 수 있다. 유치원에서 초등학교 어린이까지 모든 어린이들을 위한 프로그램도 준비되어 있다. 식물 설명은 물론, 초콜릿, 바닐라 아이스크림과 시나몬 번의 맛이 어떤 식물에서 재료를 얻어 만들어지는지도 알 수 있다. 또 가드닝, 전시, 음악과 무용 같은 어린이들을 위한 여러 활동들도 진행된다.

바로크정원에서는 결혼식 또는 결혼식 사진 촬영 등을 할 수 있다. 또 역사적 건물이며 식물원의 오랑제리온실인 린네아눔과 린네정원의 오랑제리온실, 하마르비 린네의 집의 사과 과수원에서는 결혼 리셉션, 가족 모임과 각종 이벤트를 할 수 있다.

한편 린네와 그로부터 이어져 온 현대적 연구에 관해 배우기를 원하는 학생들과 이들의 질문에 대해 답해 줄 수 있는 선생님들을 연결해주는 린네 온라인이 개설되어 있어 다양한 학습 욕구를 충족시켜 주고 있다.

Travel tip

주소 Botaniska Trädgården Uppsala Universitet
The Linnaeus Garden: Svartbäcksgatan 27, SE-755 98 Uppsala
Botanical Garden: Villavägen 8, SE-752 36 Uppsala
Linnaeus' Hammarby: SE-755 98 Uppsala, Sweden

홈페이지 www.botan.uu.se/

전화 +46 018 4712838

개원시기 및 시간 웁살라대학식물원을 구성하는 세 곳의 정원은 각기 개원시기와 시간이 매우 복잡하다. 방문 전에 반드시 홈페이지에서 확인하고 린네정원과 같은 경우에는 예약도 해야 한다. 일부 온실을 제외하고 대부분 입장료는 무료이나 가이드 비용이나 행사 프로그램은 별도 이용료가 있다.

면적 13.8ha(두 곳을 제외한 Botanical Garden만의 면적)

77 전 세계에서 유일하게 고속도로 분기점에 조성된 네자하트고키기트식물원

Nezahat Gökyiğit Botanik Bahçesi

식물원에서 보이는 이슬람사원

네자하트고키기트식물은 터키 이스탄불의 아나톨리아Anatolia 지역에 위치하고 있다. 식물원의 입지로 볼 때 전 세계 어떤 식물원보다도 독특한 점을 가지고 있는데, 바로 고속도로의 분기점에 자리하고 있다는 점이다. 이스탄불과 보가지치 Boğaziçi를 잇는 고속도로와 이스탄불과 수도인 앙카라를 잇는 고속도로가 교차하는 분기점에 섬처럼 형성된 8개 부분의 토지에 식물원을 조성한 것이다.

우리가 주변에서 보는 고속도로 분기점은 흔히 나무가 일부 심어 있거나 잔디 혹은 단순한 종류의 초화류로 덮여 있는 것이 일반적이다. 그리고 일반인 접근은 철저히 통제되는 것이 당연한 모습이다. 그런데 이 식물원은 대단한 발상의 전환을 시도한 것이다. 고속도로 건설로 생긴 유휴 공간을 철저하게 시민을 위한 공간으로 탈바꿈시킨 것이다.

교차하는 두 개의 고속도로와 고속도로를 서로 연결하는 도로에 의해 교차점에는 토지가 분할되어 섬처럼 고립되는 구역이 생기게 된다. 이렇게 고립된 각 구역을 고속도로 밑으로 터널로 연결하거나 고속도로 위로 육교로 연결하여 식물원 전체를 구성하였다. 삭막할 수 있는 터널을 전시 공간으로, 육교는 전망공간으로 활용하는 지혜가 돋보인다.

식물원의 역사

1995년에 알리 니하트 고키기트 재단ANG Foundation; Ali Nihat Gökyiğit Foundation 이 교통부로부터 2025년까지 사용권을 받아 식물원을 조성하여 운영하고 있다. 이 식물원은 원래 알리 니하트 고키기트Ali Nihat Gokyigit가 고인이 된 그의 아내 네자하트 고키기트Nezahat Gokyigit를 기념하기 위하여 식물 심기와 녹화라는 목적 하에 '기념공원'으로 설립하였다. 당시에 도로 공사로 인해 극도로 악화된 토양을 먼저 개선하고 32ha의 면적에 약 5만 주의 나무를 심었다. '기념공원'은 2002년에 일반인에게 개방되었으나 곧 기능과 목표를 바꿔 2003년부터 현재의 이름인 네자하트고키기트식물원으로 변경하였다.

식물원의 구성

식물원의 구성도 매우 독특한 측면이 있다. 고속도로에 의해 분할된 각 지역을 각각의 '섬'으로 인식하여 식물원의 각 관람 구역을 설정하고 있는 것이다. 각각의 구역을 중앙섬Central Island, 에르투그룰섬Ertuğrul Island, 피크닉섬Picnic Island, 이스탄불섬Istanbul Island, 아나톨리아섬Anatolia Island, 참나무섬Oak Islands, 수목원섬Arobretum Islands 등으로 명명하고 각 구역별로 특색 있는 정원을 조성하고 있다.

식물원의 입구에 바로 연결되는 중앙섬 구역에는 암석원, 생울타리원, 바위틈정원, 과수·채소원, 다년초원, 건생식물원 등의 정원과 다육식물온실, 식물원의 주출입구와 사무실, 묘포장(비개방 구역) 등이 위치하고 있다.

고속도로 아래 터널을 전시장으로 활용한 모습

식물로 표현한 식물원의 로고

전망대에서 연결되는 폭포와 두 개의 연못이 덥고 건조한 터키의 여름을 시원하게 잊을 수 있도록 해주고 있다. 교육적으로 볼 때, 과수·채소원은 주로 아이들의 눈높이에서 조성된 것을 볼 수 있다. 아이들이 직접 꽃과 채소를 심고 돌봐주며 성장하는 방법에 대해 배울 수 있는 '원예체험 프로그램'과 연계하여 운영하고 있다.

다음으로 중앙섬에서 에르투그룰 섬으로 가기 위해서는 고속도로 밑으로 연결된 터널을 통과하게 된다. 터널의 벽에는 "식물의 비주얼 사전"이란 제목으로 식물에 관한 수많은 정보를 볼 수 있는 전시가 이루어지고

중앙섬 구역의 네자하트 부부의 동상

있다.

이 '섬'의 이름은 1890년에 심한 폭풍우로 인해 일본 연안 오시오 Oshimo 주위에서 침몰한 터키의 에르투그룰 Ertuğrul 호'에서 유래되었다. 이 배에 탔던 선원 대부분인 527명이 폭풍우 속에서 익사했다. 2005년 일본의 '벚꽃 재단'이 에르투그룰 호 재난의 115주년을 기념하여 527그루의 벚나무를 기증하여 정원에 식재했다. 이 정원의 한가운데에는 익사한 선원 모두의 이름이 새겨진 추모비가 세워져 있고, 봄철이 되면 많은 방문자가 화려한 벚꽃을 즐기는 동시에 익사한 선원들을 추모한다고 한다.

이외에도 수국 컬렉션과 조그마한 야외극장 주변으로 심겨진 커다란 올리브나무 등을 이 구역에서 볼 수 있다.

피크닉섬으로 가기 위해서는 중앙섬에 있는 주차장에서 고속도로 아래의 터널이나 육교를 건너게 된다. 이 구역은 2009년 4월에 처음 개방하였는데, 주말에 소풍을 즐기고자 하는 방문객들의 수요가 점차 증가하였기 때문이다. 식물원 내에서 유일하게 소풍이 허용되는 구역인 동시에 인터랙티브 놀이를 통해 자연 현상에 대해 배우는 가장 혁신적인 어린이디스커버리정원이 조성되어 있다.

이스탄불섬은 에르투그룰섬의 서쪽에 위치하고 있는데, 터키에서 원예 식물의 역사적인 측면을 보여주는 전시가 이루어지고 있는 긴 터널을 통과하게 된다. 이 구역에서는 이스탄불의 역사와 문화 등을 경험할 수 있는데, 18세기이스탄불맨션정원과 보스포러스해협정원이 대표적이다. 18세기이스탄불맨션정원은 이스탄불의 보스포러스 해협을 중심으로 주변에서 발달했던 터키의 정원 양식을 그대로 보여주고 있다.

보스포러스해협정원은 실제 보스포러스 해협의 모양을 그대로 재현하였다. 보스포러스 해협은 수세기 동안 다양한 나라와 민족으로부터 문화적 영향을 받거나 전달한 지역으로 이스탄불의 역사, 문화를 특징짓는 대표적인 지역이다. 이 정원에는 보스포러스 해협을 대표하는 교량 및 탑뿐만 아니라 꽃과 주변 언덕 등이 함께 상징적으로 조성되었다.

18세기 이스탄불맨션정원의 미로와 같은 수로

수생식물원의 모습

이 섬의 입구에는 전체 구역을 볼 수 있는 전망대가 조성되어 있고 콘서트가 개최되는 원형극장도 조성되어 있다. 이외에도 야생 튤립과 같은 터키의 자생식물을 볼 수 있는 이스탄불식물정원도 이 구역의 특색이라고 할 수 있다.

참나무섬은 두 개의 섬으로 구성되어 있으며 일반인에게는 공개하지 않는다. 아반트이제트바이살대학 Abant İzzet Baysal University과 공동으로 터키 전역에서 참나무 종류를 수집하고 연구하고 있다. 현재까지 36종의 참나무류를 수집하고 있다. 참나무류를 연구하는 이유는 참나무류가 터키와 같은 건조한 환경에서 적응력이 높으며, 토양 침식을 방지하는 효과가 크기 때문에 국가적으로 적용 범위와 가능성이 높기 때문이라고 한다.

수목원섬도 두 개의 섬으로 구성되어 있는데, 일반인에게 개방하고 있지 않으며 다양한 교목과 관목들을 수집하고 있다. 생태적 혹은 관상적 이용가치를 연구하기 위한 목적으로 수집과 연구를 진행하고 있으며 미래에 나무들이 커서 숲을 형성해주길 기대하는 곳이기도 하다.

자연적인 숲이 많지 않으며 덥고 건조한 이스탄불의 여름을 보면 충분히 가치를 발휘할 숲이 될 것으로 기대된다.

18세기 이스탄불맨션정원

식물원의 운영 특성

네자하트고키기트식물원의 부지는 국가 소유이지만, 1995년에 알리 니하트 고키기트 재단이 교통부로부터 2025년까지 사용권을 받아 식물원을 조성하여 운영하고 있다.

고속도로 분기점에 위치한 식물원의 모습을 보여주는 항공사진

네자하트고키기트식물원은 연구, 교육 및 훈련 센터로서뿐만 아니라, 이스탄불 시의 녹색 공간을 12% 증가시키는 '도시의 허파' 역할을 담당하고 있다. 식물원의 설립목적은 식물을 탐사하고 해설하며 보전하는 것으로 연구와 교육에 중심을 두고 있다. 동시에 이 식물원이 추구하는 비전이 '바빌론의 공중정원과 같이 유명해지는 것'이라고 할 정도로 미적으로도 추구하는 바가 크다고 할 수 있다.

Travel tip

주소 Nezahat Gökyiğit Botanik Bahçesi, Atatürk Mahallesi, Fatih Sultan Mehmet Caddesi, TEM Otoyolu Anadolu Otoyol Kavşaği P.K.34758 Ataşehir, İstanbul Türkiye

홈페이지 www.ngbb.org.tr

전화 +90 0216 4564437

개원시기 및 시간 연중 무휴로 개방하며, 개원은 오전 9시 30분, 폐원은 계절에 따라 달라 11월에서 2월까지는 17:00, 5월에서 8월까지는 19:00까지이다. 3월, 9월~10월은 18:00에 문을 닫는다.

면적 32ha

78 식물수집연구와 휴양기능이 공존하는 에게대학식물원

Ege Universitesi Botanik Bahçesi

식물원 온실과 연못 풍경

대학식물원 본연의 임무에 충실한 식물원으로 식물수집연구와 휴양기능이 공존하는 도심형 식물원이다. 식물연구와 교육 서비스뿐만 아니라 생물다양성 보전에 대한 대중들의 인식을 고양하기 위해 식물원의 주제정원 외에도 식물표본관을 체계적으로 운영한다.

식물원의 역사

터키에서는 국가 발전에 식물의 생산이 중요하다는 것을 심각하게 고려하게 되어, 1964년에 에게대학식물원을 설립하였다. 식물원은 연구와 교육, 서비스뿐만 아니라 생물다양성 보전에 대한 대중들의 인식을 고양하기 위한 중요한 기관이다.

1964년 에게대학 과학학부에 설립된 식물원은 1997년에 에게대학과 정식으로 제휴하여 부속기관이 되었다. 이때부터 '에게대학식물원과 식물표본연구와 응용센터'라고 불리고 있다. 식물원은 연구와 교육활동뿐만 아니라 시민들에게 자생식물과 재배식물을 소개하는 역할도 하고 있다.

식물원의 구성

에게대학식물원은 해발 10m로 지중해성기후대에 조성되어 있다. 연간 강수량은 640.2mm이며, 1~35℃의 온도범위를 갖는 기후대에 위치한다.

에게대학식물원은 총면적이 4.8ha로 평지에 넓게 펼쳐져 있으며, 전체 1,300m²의 면적을 갖고 있는 13개의 온실을 포함하고 있다. 온실은 장식용 전시식물과 함께 연구와 교육을 위한 공간으로 활용하고 있다. 온실에는 열대식물, 선인장 등 건조식물과 외래식물들이 조

시스템정원

성되어 있어 일반 관람객들과 학생들에게 식물학습을 하는 좋은 공간으로 활용되고 있다.

식물원의 다른 부분은 대중들에게 공개되어 있어 휴식공간으로 공원역할을 한다. 식물원의 출입구 부분에는 눈에 잘 띄는 화려한 식물들로 식재되어 있으며, 연못과 휴게시설이 조성되어 있다. 시스템정원Systematic Area에는 식물분류학적인 체계를 갖고 과별로 외떡잎식물과 쌍떡잎식물로 정원 대부분을 구성하였다. 수목원에는 넓은 지역에 다양한 교목과 관목을 짜임새 있게 배치하였다. 경제식물원은 식량, 산업, 그리고 의약품으로 사용되는 식물들을 모아서 조성하였다. 공원이나 정원, 집 등 생활공간에서 잘 키울 수 있는 원예품종도 함께 식재되어 있다. 연못에는 수생식물을 풍부하게 수집하였다. 암석원은 지중해지역 고산식물과 함께 전형적인 교목, 관목, 구근류를 크고 작은 돌과 함께 언덕을 만들어 배치하였다.

수집식물 중 하나인 무궁화

식물원 내 조형물

열대식물온실 전경

식물원의 운영 특성

에게대학식물원에는 약 3,000종의 터키 자생종과 외래종 식물들을 보유하고 있다. 종자교환은 2000년을 기준으로 전 세계 335개 식물원들과 이루어지고 있으며, 종자목록도 국제수준으로 매년 출간하고 있다. 국제 식물원 보존 연맹의 회원으로 가입되어 있으며, 멸종위기식물의 보전에 대한 연구와 함께 환경보호와 관련된 조사연구를 진행하고 있다.

에게대학식물원 식물표본관에는 약 35,000종 이상의 식물표본이 보전되어 있다. 연면적 300m²의 2층 건물인 식물표본관 1층에는 화분식물표본이, 2층에는 비도관 조직과 민꽃식물의 표본이 보관되어 있다. 이 표본은 연구자, 식물전문가, 취미로 식물에 관심을 갖고 있는 사람에게 공개하고 있다. 또, 식물표본정보는 다양한 식물원 분포 패턴에 대한 학습에 관심을 갖고 있는 사람들에게 제공된다.

Travel tip

주소 Ege Universitesi Botanik Bahçesi & Herbaryum, Bornova, Izmir, Türkiye
홈페이지 botanik.ege.edu.tr
전화 +90 0232 3112842
개원시기 및 시간 정보 없음
면적 4.8ha

79

터키를 대표하는 식물원

이스탄불대학식물원

Istanbul Universitesi Botanik Bahçei

식물원에서 바라본 골든혼과 보스포러스 해협의 아름다운 전망

식물 다양성의 보전, 교육 및 연구에 집중하고 있는 이스탄불대학식물원은 설립에 크게 기여한 알프레드 하일브론 교수의 이름을 따서 이스탄불 과학학부 알프레드하일브론식물원으로 불려지고 있다. 1935년 개원 이래 희귀식물 및 터키자생식물을 보존하고 매력적인 경관에 가장 많은 식물종을 수집한 곳으로 발전하였으며, 학생들의 교육 및 연구 활동 수행에 초점을 맞추고 있는 터키의 명실상부한 대학식물원이다.

식물원의 역사

이스탄불대학은 터키 이스탄불에 위치하며 1846년 7월 23일 '학예원' Darülfünûn 이란 이름의 고등교육 기관으로 설립되었다. 1453년 메흐메트 2세가 콘스탄티노폴리스를 정복한 후 바로 설립했던 메드레세Medrese 는 이스탄불대학으로 발전한 학예원의 전신이다.

이스탄불대학의 식물원 설립 계획안은 알프레드 하일브론 교수가 이스탄불대학에서 강의를 시작할 때부터라고 할 수 있다. 유럽 대학의 아름다운 식물원을 경험한 알프레드 하일브론 교수는 고품질의 식물원 장비를 제공할 수 있는 독일 회사와 함께 1934년부터 식물원 조성을 시작했다. 그는 현재 부지가 식물원을 조성하는 데 적절한 조건을 가지고 있다는 것을 확신했고 식물원 계획에 가열 및 냉각 시스템을 활용한 온실도 도입하였다. 많은 독일 과학자들의 자금과 기술적 도움으로 식물원이 조성되었다. 알프레드하일브론식물원으로 불리우는 이스탄불대학식물원은 대학을 대표하는 핵심 브랜드로 자리잡고 있다.

식물원의 문장과 입구

식물원의 구성

터키는 풍부하고 흥미로운 온대기후 식물들 약 9,000종의 관속식물 165과가 분포하고 있다. 약 3,000종의 식물(3,022종과 3,403분류군)들은 터키에서만 생육하는 종(터키에서 서식하는 총 식물 종류의 35%)들이다.

이스탄불대학식물원은 15ha의 면적으로 6개 구역으로 나누어져 있다. 분류원Systematic Division, 암석원, 약용식물원Medicinal Plants, 터키자생식물원Turkish Plants, 실험포지Experimental Fields와 수목원으로 구분된다. 이스탄불의 내항인 골든혼과 보스포러스 해협의 경관을 볼 수 있는 430m² 면적의 암석원에는 다양한 종류의 알뿌리식물이 식재되어 있다. 터키자생 눈풀꽃, 시클라멘, 히아신스, 수선화, 튤립, 패모貝母, 레우코줌속*Leucojum* 식물, 백합, 콜키쿰, 그리고 터키에 자생하며 서식하고 있는 크로커스 54분류군들을 관찰할 수 있다. 풍부하게 수집한 구근 식물들은 새롭게 조성한 알뿌리관리실에서 관리하고 있다.

이스탄불대학식물원은 연구와 증식 중심의 블루온실, 터키와 전 세계의 양치식물을 전시하고 있는 양치식물온실, 양란 증식과 전시를 위한 양란온실, 열대우림식물 중심의 열대온실Ⅰ, 열대과일을 볼 수 있는 교목과 관목으로 이루어진 열대온실Ⅱ, 살아있는 화석식물의 증식과 전시를 위한 소철온실, 그리고 최근 극지방 식물의 증식과 전시를 위해 조성한 극지방온실 등 총 7개의 특색있는 온실로 구성되어 있다.

식물원에는 다양한 크기의 연못이 23개 있는데, 그들 중 15개는 야외 자연 환경에 조성되었고, 온실에는 8개가 도입되었다. 이들 중 일부는 가온되고 있다. 교목과 관목을 포함하여 400종의 목본류와 160과의 3,500종 초본식물 표본, 그리고 몇몇 터키 자생종(고유종)과 터키 희귀식물들이 야외에 전시되어 있다. 총 6,000종의 식물 (향토수종 및 외래수종)들이 주제정원에서, 여러 열대지역에서 서식하는 이국적인 2,500종이 온실에서 서식하고 있다. 식물원에는 식물표본관herbarium, 종자은행seed bank, 식물도서관과 식물연구소가 있다.

식물원의 운영 특성

이스탄불대학식물원은 약 400개의 외국 식물원과 종자를 교환하고 있으며, 터키에서 가장 오래되고, 식물 보유종이 가장 풍부한 식물원으로 인정받고 있다. 특별하게 시내 중심에 위치하고 있기 때문에 교육 및 사회활동을 하는 데 활용하기 적합하다. 그래서 많은 식물학 분야의 현장 실습 장소로 활용되고 있다. 식물원은 이스탄불 식물상 중 희귀 및 자생 분류군

열대우림식물 중심의 열대온실

의 보전, 재생 및 재도입에도 도움을 주고 있다. 현재 식물원에는 전 세계적으로 멸종위기종 44종 식물과 유럽보전 관심종 39종의 이스탄불 식물이 보전 관리되어 서식하고 있다. 식물원의 특별 지역은 야생에서 멸종 위험에 처해 있는 식물들의 현지 외 보존과 아나톨리아 구근 식물의 증식에 전념하고 있다. 작은 규모의 종자은행 수집은 종자교환을 위한 400개 식물원들과 상호 교류를 통해 이루어지고 있으며, 종자은행에는 120과의 종자 샘플이 관리되고 있다. 식물 표본실에는 가치있는 식물상으로 대변할 수 있는 터키의 여러 지역에서 수집된 약 40,000 표본이 있다. 생물학과의 식물학 부문에서 식물원의 연구프로그램은 식물 계통 및 분류, 식물 유전자 자원 연구, 식물 형태학 및 해부학, 식물 생태학과 생태 생리학, 식물 분자 생물학, 식물 생리학, 환경오염, 환경 생명 공학, 산업용 식물, 화훼디자인, 민속 식물학과 원예 등으로 다양하다.

입장료는 기본적으로 무료로 운영되지만, 단체의 경우 한 사람당 150쿠루쉬 Kurus 를 지불해야 한다. 매년 약 10,000명의 학생, 연구자들과 관광객을 포함하여 다양한 그룹들이 식물원을 방문하고 있다. 이스탄불대학식물원 방문자 서비스로는 정원 투어, 교육프로그램 등이 운영되고 있다. 이스탄불대학식물원은 모두에게 열려 있으며, 직원이 안내할 수 없는 경우에도 교수진 중에서 시간이 가능한 분들이 안내를 수행하는 자원 봉사를 하고 있다. 매년 이스탄불대학식물원의 정원과 온실에서 생물학 분야 1,000명 이상의 학부 및 대학원 학생들의 식물학 교육을 실시하고 있다. 카바타쉬-제이틴부르누 Kabataş-Zeytinburnu 간 지상 도시철도 라인이 이스탄불대학/베야 지역에서 도보로 10분 정도 소요된다.

Travel tip

주소 Istanbul Universitesi Botanik Bahçesi, Istanbul Üniversitesi Fen Fakültesi Biyoloji Bölümü, PK 34134, Vezneciler/Istanbul, 4 Fetva Yokuşu, Süleymaniye

홈페이지 http://fen.istanbul.edu.tr/biyoloji/?p=286

전화 +90 0212 4555802

개원시기 및 시간 정보 없음

면적 15ha

80 시민들의 노력으로 설립된 스타브로우폴리식물원

Βοτανικός Κήπος Σταυρούπολης

온실과 주변경관

그리스 북부에 위치한 테살로니키 Thessaloniki 는 항만도시로 오랫동안 그리스 북부의 행정·문화·경제의 중심지로서 번성해 왔다. 성서에도 나오는 이 도시는 기원전 315년 마케도니아의 카산드로스 왕이 건설하였으며 그의 아내의 이름에서 연유하여 붙여진 이름이다. 경제적으로 번성한 테살로니키의 서부 지역에서 '녹색 오아시스' 역할을 스타브로우폴리식물원이 담당하고 있다. 테살로니키 사람들에게 식물원이 주는 아름다움을 알게 하고, 환경 연구의 중요성을 가르치고, 무엇보다도 중요한 것은 사람들이 '녹색 공간'을 사랑하게 하는 것이 이 식물원의 목적이다.

식물원의 역사

테살로니키에서 '녹색 공간'이 부족하다는 공감대가 형성되어 식물원 설립을 위한 모임이 형성되었고, 이들의 노력으로 1996년에 공사를 시작하여 2002년 6월 4일에 시립식물원으로 개원했다. 농업경제학자인 차트지아타나시아도우 아테나 Chatziathanasiadou Athena 가 디자인하고, 건축 및 녹색기술은 스타브로우폴리Stavroupoli 지방자치단체의 서비스 부서가 맡아 2ha의 면적으로 조성되었다.

지방자치단체는 식물원을 35ha의 메트로폴리탄 공원으로 확장하여 식물원이 더 중요한 역할을 할 수 있도록 하는 계획을 가지고 있다.

식물원의 구성

스타브로우폴리식물원은 6m 높이의 열대식물 온실, 폭포와 연못 세 곳을 포함한 8가지 주제로 구성되어 있다.

입구에서 세 개의 바위정원을

볼 수 있는데, 자연적인 경사면에 만든 것과 인공적으로 만든 것이 있다. 하나는 약용식물과 밀원식물정원, 두 번째는 침엽수정원이며 마지막은 허브원이다. 폭 5m의 중앙 통로 주변에서 오른쪽으로 이동하면, 왼쪽에 특별한 형태의 식물, 예를 들어 버드나무 *Salix matsudana* 와 같이 가지를 늘어뜨리는 식물 등 다양한 품종들이 자리잡고 있다.

트리안타필리오나스 Triantafylleonas 는 장미원의 이름인데 150여 품종이 수집되어 사계절 내내 꽃의 여왕인 아름다운 장미꽃들을 감상할 수 있다.

식물원의 북쪽 지역에는 히말라야시다, 전나무, 가문비나무, 소나무 등 다양한 침엽수 컬렉션을 배치했다. 이들 침엽수종들도 원종으로 수집되어 있지만 다양한 모습의 품종들도 수집되어 있다.

오래된 온실과 조형물들

온실 내에 다양한 착생식물과 식충식물을 전시한 모습

여러 가지 덩굴식물로 만들어진 키오스크

침엽수원을 지나 계속해서 왼쪽 길을 가다 보면, 봄과 여름에는 구근식물이 화려한 계절초화원을 만날 수 있다. 이곳에서는 가을에도 다양한 색상의 꽃들을 만날 수 있다.

식물원의 중심부에는 가로 21m, 세로 15m, 높이 6m의 온실이 있다. 열대, 아열대, 착생식물, 식충식물들이 자라고 있다. 온실의 중앙 부분에 수생식물과 양치류와 난초가 붙어있는 작은 바위로 된 폭포가 흐르는 세 개의 연못이 있다. 방문자가 주변의 모든 식물을 볼 수 있게 관람로를 만들었다.

야외의 관람로 주변에는 식물학 체계 기준에 따라 수집한 식물들을 배치했다. 인동과, 노박덩굴과, 국화과, 꿀풀과, 콩과, 도금양과, 백합과, 종려과 등의 컬렉션이 있다.

전망 좋은 인공 언덕에는 8개의 돌기둥이 금속 아치 구조물을 받치고 있고, 10품종의 덩굴식물들이 구조물을 타고 올라가도록 식재했으며, 언덕의 경사면은 다양한 지피식물로 덮여 있다.

선인장과 다육식물 수집도 훌륭한 수준인데, 100여 품종의 식물들이 생육 특성에 따라 화분과 땅에 나누어 심어져 있다.

특이한 수형을 만들어 놓은 침엽수원

스타브로우폴리식물원의 특색 중 하나는 야자수와 감귤류 및 지중해성 식물들의 수집이다. 이 세 가지 유형에 해당하는 식물 약 1,000종이 심어져 있다.

식물원의 운영 특성

스타브로우폴리식물원은 규모는 매우 작은 편이지만 최근 4년 동안 방문한 학생, 외국으로부터의 답사 방문객이 20,000명에 이를 정도로 활발하게 운영되고 있다.

초·중등학생들은 가이드 투어 프로그램에 참여할 수 있고, 학교와 지역단체가 조직한 환경프로그램이 운영된다.

한편 테살로니키의 아리스토텔레스대학의 여러 학과와 협력하고 있다. 대학의 화훼 및 조경학과와는 농업학교를 운영하고 있으며 건축과 농업 경제학 학부와는 협동으로 조경대학원을 운영하고 있다.

그 외에도 연중 다양한 행사를 진행하고 있다. 세계 환경의 날 행사, 뮤지컬 이벤트, 재활용 프로그램, 그림 전시회 같은 다양한 프로그램을 운영하고 있다.

Travel tip

주소 Βοτανικός Κήπος Σταυρούπολης, Perikleous-Olympou-K. Konstantinidi str, Stavroupoli Thessaloniki 564 31, Greece

홈페이지 없음

전화 +30 231 0600717

개원시기 및 시간 계절마다 달리 운영하고 있다. 3월, 4월, 9월, 10월에는 오전에는 09:00~13:30까지, 오후에는 17:30~20:00까지 개원한다. 5월부터 8월까지는 오전에는 09:00~13:30까지, 오후에는 17:30~21:00까지 개원한다. 입장료는 무료이다.

면적 2ha

81

연구와 교육에 충실한

코펜하겐대학식물원

Botanisk Have Københavns Universitet

대학 건물과 어우러진 식물원 풍경

북유럽의 관문이자 안데르센의 나라 덴마크에서 가장 규모가 큰 식물원이 코펜하겐 시내 중심부에 자리잡고 있는 코펜하겐대학식물원이다.

1479년 설립된 코펜하겐대학은 덴마크에서 가장 오래되고 규모가 큰 대학이며 유럽 전체에서도 손꼽히는 연구기관 중 하나이다. 식물원은 행정적으로 코펜하겐대학이 운영하는 덴마크 국립 자연사 박물관에 속해 있다. 코펜하겐대학식물원은 시내 중심부에 자리잡고 있는 노레포트 Nørreport 역에서 걸어서 5분 거리에 있어 쉽게 갈 수 있다. 연중 무료로 개방하고 있어 코펜하겐 시민의 도심 속 휴식처이자 식물과 자연에 관한 교육장소로 사랑받고 있는 곳이다.

식물원의 역사

코펜하겐대학식물원의 역사는 400여 년 전으로 거슬러 올라간다. 코펜하겐대학의 첫 번째 식물원이라 할 수 있는 약초원 Hortus Medicus 은 1600년 8월 2일 왕령에 의해 부지를 하사받아 시작되었다. 그러나 약초원의 유지관리를 위한 재정 지원이 없었기 때문에 약초원 운영이 어려웠다. 1769년 크리스찬 7세가 대학에 기부한 2,500달러의 기금 덕분에 약초원은 존속할 수 있었지만 1778년 재정난을 이기지 못하고 문을 닫게 되었다.

코펜하겐대학의 두 번째 식물원은 1752년 외데르 G.C.Oeder 가 설계한 것으로 아마리렌보르크궁에 딸린 정원의 서쪽편 0.41ha 부지에 조성된 외데르식물원이다. 이 식물원도 1778년 부지가 샤로텐보르크 Charlottenborg 근처에 만들어진 식물원에 기증되면서 문을 닫았다.

코펜하겐대학의 세 번째 식물

원인 샤로텐보르크식물원은 1778년 7월 22일 왕실의 허가를 받아 시작되었다. 여기에 식물도서관과 식물박물관이 만들어지고 1784년에 최초의 온실까지 만들어지면서 샤로텐보르크식물원은 근대 식물원으로서 면모를 갖추게 되었다. 식물원에 정식 정원사와 연구 인력이 배치되고 식물분류학 연구실도 개설되어 식물학 연구도 겸비하게 되었는데, 지금까지 200년 넘게 지속적으로 운영되고 있다. 덴마크에서 식물학이 독립적인 학문으로 인정받은 것도 이때이다. 1839년에는 식물분류학의 기초가 되는 엔들리허 분류체계 Endicher's System(1837~1840 출판)가 도입됨에 따라 체계적으로 식물들을 정리하게 되었다. 식물원 운영이 활발해지면서 점차 부지가 비좁아져서 더 넓은 부지로 확장할 필요성이 커지자 식물원은 다시 이전하게 되었다.

코펜하겐대학의 네 번째 식물원이자 현재의 식물원은 1867년 7월 6일 제정된 Demarcation 법에 따라 만들어진 볼드정원 Vold Garden 이다. 이 법에 근거하여 정부가 1871, 1872년 예산에서 35,000달러를 코펜하겐대학에 식물원 기금으로 교부하면서 코펜하겐 성벽 동쪽에 남아 있는 부지에 식물원이 새로 조성되었다.

첫 번째 식물원이 만들어진 지 274년만인 1874년에 코펜하겐대학식물원은 일반시민에게 개방되었다. 이 후 공과대학 건물과 생물학과 건물이 들어서면서 협소해지자 1905년 식물원 인근의 부지를 영구임대하여 식물원을 오늘날과 같은 규모로 다시금 확장하였다.

1959년 극지식물, 1973년 고산식물, 1980년 한대식물을 위한 온실이 만들어졌고 이전

가장 넓은 면적을 차지하는 암석원

1874년에 건립된 유서깊은 온실

에 건축한 온실들도 상태에 따라 개축하거나 신축되었다. 1980~1982년에는 식물원의 상징인 팜하우스가 대대적으로 개축되었다. 도심에서 생존하기 어려운 상록수와 관목들을 보존하기 위해 교외지역에 총 5.4ha 규모의 수목원도 만들었다.

식물원의 구성

코펜하겐대학식물원의 자랑거리는 덴마크 고유의 식물들과 균류를 가장 많이 수집해 놓았다는 것이다. 식물박물관은 식물표본, 씨앗, 액침표본 등 약 263만 점을 소장하고 있다. 또 부설로 운영하는 세 개의 유전자은행에는 800종의 덴마크 자생식물의 씨앗과 국제적으로 수집한 1,000종의 씨앗이 보관되어 있다. 야외정원과 온실에는 313과, 2,707속, 12,287종, 17,870개의 수집관리번호accession number를 가진 식물 23,500여 그루가 식재되어 있으며 이 모든 종의 식물들은 전산 등록되어 있다.

연구와 교육에 중점을 두는 식물원인 만큼 야외정원과 온실도 식물연구와 교육에 초점을 맞추어 식물을 식재하였다. 식물들은 여러 가지 기준으로 배치되어 있는데, 가령 난류·마가목류와 같이 식물분류학적 기준에 따라, 일년생식물·식충식물과 같이 생물의 특성에 따라, 늪지식물·스텝지역식물과 같이 생태적 특성에 따라, 덴마크식물·마다가스카르식물과 같이 지리적 특성에 따라 구분하여 심었다. 뿐만 아니라 기후대에 따라 열대, 아열대식물을 구분하여 식재함으로써 자연의 다양성을 관찰하고 다양한 시각에서 식물을 탐구할 수 있도록 배치하였다. 식물원에는 유서 깊은 대학 건물 주변에 수목이 우거지고 꽃이 피는 산책로가 만들어져 있어서 넓은 공원처럼 느껴진다. 중앙에 호수가 길게 자리잡고 있으며, 그 뒤로 커다란 유리온실과 건물들이 배치되어 있고, 호수 양 옆으로 울창한 수목과 넓게 펼쳐진 잔디밭 사이로 주제별로 여러 개의 화단과 정원이 배치되어 있다.

노레포트 역 방향 입구로 들어서서 가든숍을 지나면 왼쪽에 역사적인 식물박물관이 있다. 박물관 앞으로는 넓은 잔디밭이 펼쳐지고 호수가 이어져 풍경이 시원하다. 박물관 앞을 지나 서쪽 방향으로 수목이 우거진 보행로를 따라 가면 정렬된 화단에 다년생 초본식물들이 가지런히 줄지어 꽃을 피우는 모습을 볼 수 있다. 이곳에는 1,000여 종의 다년생 초본식물이 있는데 과, 속, 종 등 분류체계에 따라 체계적으로 배식되어 있다. 그 옆으로는 향기가 진한 찔레와 들장미 같은 관목들이 모여 있는 정원이 있다.

이 식물원에서 가장 넓은 면적을 차지하고 있는 것은 암석원이다. 2개의 나지막한 언덕에 조성되어 있는 암석원은 석회암이 주종을 이루고 있어서 석회질 토양에서 자라는 식물들이 많이 자라고 있다. 다른 한편의 언덕에는 그리스, 알프스, 그린랜드, 코카서스 등 세계 여러 곳에서 수집한 다양한 식물들이 자라고 있다. 암석원 언덕 아래쪽에서는 이탄이나 이탄이끼 위에서 자라는 식물들을 볼 수 있다. 덴마크 고유의 야생화를 볼 수 있는 덴마크정원

장미원

체계적으로 구획되어 정렬된 화단

은 호수 오른편에 있다. 이곳에는 덴마크의 자연에서 자라는 900여 종의 식물이 있는데 그중에는 자연상태에서는 보기 힘든 종류도 있다. 덴마크 식물들은 활처럼 휘어진 모양의 화단에 체계적으로 질서정연하게 배치되어 있다. 아마도 이 식물원에서 가장 예쁘고 아기자기한 곳은 1년생 초본식물이 모여 있는 정원일 것이다. 이 정원의 식물들은 대부분 지중해, 남아프리카와 남아메리카와 같은 온대기후지역에서 자라는 것들인데 덴마크에서는 여름철에도 잘 자란다. 가을에는 씨를 받아 다음 해 봄에 파종하여 싹을 틔운다. 이곳의 식물들도 과, 속, 종별로 구획되어 체계적으로 식재되어 있다. 식물원 중앙에는 1874년 건립된 유서 깊은 팜하우스가 자리잡고 있다. 열대와 아열대 식물을 수집해 놓은 온실(500㎡)은 1852년 런던에서의 열린 세계 박람회 때 건축한 수정궁을 모델로 한 것으로 건축미가 뛰어나다. 1980~1982년 현대식으로 개축되어 94m 길이의 건물에 기후대에 따라 5개의 온실로 나뉘어 있다.

온실 1에는 빅토리아수련, 파피루스, 망그로브나무 등 열대 수생식물과 습지식물을, 온실 2에는 대추야자, 커피, 차, 계피, 감 등 아열대지역의 식물을, 온실3에는 열대우림지역 식물인 야자, 카폭나무, 스크류 파인, 바나나, 코코아, 파파야, 망고, 생강이, 온실4에는 구아바, 카라바시나무, 무화과 등 건조한 사바나기후와 스텝기후지역 식물이, 온실5에는 지중해지역, 남아프리카, 남아메리카의 남서쪽과 같은 지중해성기후에서 자라는 아열대식물이 각각 식재되어 있다. 이외에도 관람객에게 공개되는 별도의 온실이 5개 더 있는데 그중 하나에는 멸종되어 가는 희귀한 식물을 그들의 생태에 맞는 특별한 환경에서 키우고 있다. 그 외 12개의 온실은 일반에게 공개되지 않는데, 갈라파고스 섬이나 마다가스카르 섬 등에서 자라는 멸종위기에 처한 식물들과 극지식물과 고산식물 등을 키우고 있으며, 몇몇 온실에서는 식물실험과 증식이 이

수생식물온실

루어고 있다.

최근에 시내에서 가장 높은 지점에 10,000㎡ 넓이의 전망언덕을 만들었는데 여기서는 식물원의 전경은 물론 코펜하겐 시의 높은 건물과 탑들도 볼 수 있다.

덩굴장미 길

식물원의 운영 특성

코펜하겐대학에는 국립자연사박물관과 함께 지질학박물관, 의학박물관, 약초박물관, 동물학박물관, 수의학박물관 등 여러 개의 박물관이 있으며, 교외에는 수목원과 수족관 그리고 과일나무와 관목들을 수집해 놓은 과수원도 있다.

식물원은 국립자연사박물관 소속으로 식물박물관이 있고 온실과 정원도 철저히 연구와 교육을 중심으로 운영된다. 식물박물관은 1600년 왕령으로 설립된 최초식물원에서 시작된 것이다. 1759년 왕립과학박물관의 설립과 동시에 식물도서관이 만들어졌는데, 1770년에는 왕립과학박물관에 있던 식물수집품을 모두 식물박물관에 이전하였다. 1877년 현재의 식물원 부지에 박물관을 신축하고 소장품을 이전하였다. 1993년 식물관련 기구들의 조직 개편이 이루어지면서 현재는 식물박물관 및 도서관, 식물원, 식물연구소 3개의 기구로 운영되고 있다.

연구와 교육 중심의 식물원인 만큼 대학생과 대학원생을 위한 전문적인 교육과 연구과정이 개설되어 있으며, 초·중고생을 위한 식물교실도 운영된다. 코펜하겐 시민을 위해 1년에 한 번 식물원의 날 행사를 개최한다. 이 날은 누구나 식물에 관련된 워크숍과 특강에 참여할 수 있고, 음악과 시와 예술을 즐길 수 있으며, 정원사를 만나 즉석에서 식물상담도 할 수 있다. 식물을 구매할 수도 있으며, 맛있는 음식도 즐길 수 있다.

Travel tip

주소 Botanisk Have Københavns Universitet, Botanisk Have Indgang via Gothersgade 128, 1123 Kobenhavnkeller oster Farimagsgade 2c, 1353 Kobenhavnk, Denmark

홈페이지 www.botanik.snm.ku.dk

전화 +45 035 322222

개원시기 및 시간 4월 1일부터 9월 30일까지는 08:30~18:00까지, 10월 1일부터 3월 31일까지는 08:30~16:00까지 무료로 개방한다.

면적 4ha

82

러시아 식물과학연구의 자존심

코마로프식물원

Ботанический институт им. В.Л. Комарова Российской академии наук

팜하우스 전경

북유럽 발트 해의 핀란드 만 동쪽 끝에 위치한 상트페테르부르크 Saint Petersburg 도시 중심으로 네바 Neva 강이 관통한다. 도시의 중심이자 강 하구에 네바 삼각주가 형성되어 있는데 이 섬 안의 시가지 중심에 식물원이 위치하고 있다.

삼각주에 위치한 특성 때문에 부지의 대부분이 해수면으로부터 불과 1.5~3m 위에 위치하고 있어 홍수의 위험이 잦다. 총 면적 22.9ha 중 건축물 및 구조물이 차지하는 면적이 2.5ha이며 관람로와 산책로가 2.4ha, 연못과 습지 등 수면이 차지하는 면적이 3.5ha이다. 그 외 16.7ha의 면적에 잔디와 경사지, 숲과 관목, 암석원, 정원, 식물판매소, 묘포장 등이 펼쳐져 있다.

식물원의 역사

코마로프식물원의 역사는 1714년 약용식물정원을 기초로 하는 표트르 대제의 법령에 의해 아포테카리 정원 Apothecary Garden이라는 이름으로 시작되었다. 일부 자료에는 1713년 말에 시작한 것으로도 되어 있는데, 모스크바에서 상트페테르부르크까지 육군과 해군의 의약품용 약용식물을 재배하기 위한 목적으로 시작되었다.

시내에서 멀리 떨어진 코르피사리 Korpisaari 섬에 약용식물정원을 배치하고 다른 곳은 모두 재배를 엄격히 금지했다. 처음에는 길이 약 300m, 폭 200m가 안 되는 작은 면적으로 시작했으나, 1830년대에 약용식물 300종을 재배하는 규모로 성장했다. 주요 수집식물로는 카모마일, 세이지, 민트, 겨자, 백리향, 향나무, 모란, 라벤더, 각종 구근식물, 장미 등이 있었다.

1720년대에 겨울에 노지월동이

식물원에 넓게 펼쳐진 잔디밭

되지 않는 약초를 보호하기 위해 첫 번째 온실을 건설했다.

1735년에 아포테카리 정원은 약초원 Medical Garden 으로 개명되었고 정원 관리는 독일 식물학자 지기즈베쿠 G. Sigizbeku 에게 1747년까지 위탁되었다. 지기즈베쿠는 유럽의 과학자들과 교류했으며 자신의 씨앗과 식물을 공유하고 상트페테르부르크 주변의 식물을 연구하기 시작하였으며 비보르크 지역 식물탐사대를 조직하기도 했다. 또, 해외에서 수집된 열대식물을 위해 온실을 지었고, 첫 번째 '아프리카와 이국적인 식물 전시회'를 개최하기도 했다. 이때의 온실 목록에 따르면 921개의 재배용 컨테이너에 알로에, 회양목, 감귤, 무화과나무, 칸나 등 다양한 지역 및 기후로부터 수집된 수많은 종이 포함되었다.

정원은 1798년 새로 만든 의료외과 아카데미에 이양되었고, 원장은 아카데미 교수로서 식물학을 가르쳤다. 이 기간 동안 정원의 식물재배는 재정난으로 쇠퇴하였다. 1813년까지 대부분의 건물이 낡아 파손되었고, 매년 식물이 추위에 죽어가면서 정원은 점점 더 쇠퇴해져 갔다.

독일의 저명한 식물학자 프리드리히 에른스트 루드비히 폰 피셔 Friedrich Ernst Ludwig von Fischer 가 1808년에 제국 식물원의 원장으로 임명되면서 이 식물원은 유럽에 알려지게 되었다. 새로운 원장 취임과 더불어, 1823년 뛰어난 정치가였던 코추베이 VP Kochubey 왕자가 러시아제국이 품위 있는 식물원을 가져야 한다고 제안하였고 이후 식물원은 빠른 속도로 발전했다. 1824년에는 광장에 총길이 1,500m의 25개의 온실이 지어졌고 약 15,000본의 식물을 보유하게 되었다. 1847년에는 식물박물관이 건설되었고, 1849년에 팜하우스, 1855년에 도서관과 식물표본실을 만들었다.

1855년 가을에 유럽에서 최고의 정원사로서의 명성을 가진 레겔 E. Regel 이 코마로프식물원의 원장으로 임명되었다. 그는 식물원을 정원의 관점에서 유럽에서 가장 훌륭한 식물원으로 수준을 높였고, 거대한 러시아 정원 가꾸기 사업을 진행하였다. 레겔은 오랜 기간 동안 거의 1,000종류에 가까운 새로운 식물을 과학계에 소개했으며 그중 일부는 새로운 속으로 인정받는 등 과학적으로 상당히 기여하였다. 장식적인 정원과 공원을 만들었고 새로운 이국종들을 수집하였으며 그의 주도하에 러시아 원예협회가 구성되었다.

1750년대에 수집된 칸나가 보이는 식물원 입구의 모둠화단

19세기 말 식물원은 러시아지리협회의 멤버가 수입하는 식물을 식물원 내에 보유할 수 있는 권리를 부여받았다. 특히 가치 있는 종은 중동과 중앙아시아 및 중국 북부까지 잘 알려지지 않은 곳의 탐험을 통해 획득했다. 이 중에서 가장 성공적이었던 것은 중앙아시아로의 탐사여행이었다. 괴불나무류, 용담, 양파, 백합, 매발톱꽃, 말발도리, 배, 라일락, 진달래, 포도 등 이전까지 러시아에 알려지지 않은 많은 식물 종들이 최초로 러시아에 도입되었다. 이러한 노력을 통해 19세기 중엽에 식물원은 세계에서 가장 많은 식물 종류를 보유하게 되었다.

오랜 역사를 거치는 동안 1918년 10월 혁명으로 공화국중앙식물원이 되었다가, 1930년에는 다시 소비에트연방 과학아카데미 Academy of Sciences of the USSR에 소속되어 오늘날까지도 같은 지위를 유지하고 있다. 1940년에는 전 세계적으로 유명한 러시아의 식물학자 블라디미르 코마로프 Vladimir Komarov를 기려 연구소와 식물원에 그의 이름을 붙이게 되었다.

팜하우스 앞의 구근류 화단

식물원의 구성

코마로프식물원은 야외정원도 훌륭하지만, 핵심은 온실에 있다. 위도가 높은 지역에 위치하고 있어 겨울 기온이 매우 낮기 때문에 온대식물 조차도 온실 안에서 기르지 않으면 월동을 하지 못하는 경우가 많기 때문에 수많은 온실을 건설하고 그 안에 식물을 수집해 왔다.

온실들은 아열대식물, 건조지역식물, 열대우림, 진달래과식물, 호주와 뉴질랜드의 식물 등 특정한 기후와 지역별로 나누어 식물을 수집하고 있다.

아열대식물온실에는 동백나무, 아카시아. 난초, 감귤류, 열대 양치식물, 화석식물이라 불리우는 소철 등이 자라고 있다.

건조지역식물온실에는 세계에서 가장 오래되고 큰 선인장을 포함한 다육식물 및 건생식물 수집품을 보유하고 있다고 자랑한다. 현재 수집 목록에는 1,246품종을 포함한 2,500분류군이 등록되어 있다. 내부의 식물 배치는 아메리카 대륙의 다육식물 수집, 아프리카 다육식물 수집 등으로 구분되어 관리되고 있다.

열대우림온실은 야자수와 같은 큰 열대 나무를 수집하기 위하여 그 규모가 매우 크게 설치되었다. 높이가 23m에 이르는 이 온실은 1896부터 1898년까지 2년에 걸쳐 건축가 키트너 I. Kitner 에 의해 지어졌는데, 그 당시 세계에서 가장 높은 온실이었다. 노후한 이 온실을 2002년부터 2003년에 걸쳐 재건하여 지금은 야자나무가 속하는 종려과 식물 162종, 3,000본 이상을 수집하고 있다.

식물원 곳곳에 그늘을 만드는 오래된 나무들

코마로프식물원만이 가진 특이한 온실이 진달래과식물온실이다. 진달래과 식물만을 위해서 별도로 온실을 건설한 사례는 전 세계에서 찾아 볼 수 없다. 이 과에는 흔히 아잘레아 Azalea 로 유명한 낙엽성 진달래 및 철쭉류가 포함되는데 코마로프식물원의 온실에는 중국, 일본,

건조지역식물온실 내부

코카서스 등 세계 각지에서 온 100품종 이상이 수집되어 있다. 봄이 되면 진달래와 철쭉을 야외에서 한없이 볼 수 있는 우리들에게는 아주 특이하게 비쳐질 수밖에 없다.

호주와 뉴질랜드의 식물만을 위한 온실이 별도로 있다. 북반구 대륙으로부터 떨어져 나와 오랫동안 고립되어 온 탓에 호주 대륙의 식물들에는 특이한 것들이 많다. 특히 남쪽지역에 아열대 기후를 보이는 지역이 있는데 이 지역의 식물들은 매우 특이하다. 이들 특별한 식물들을 북반구의 한대지역에서 잘 유지하고 있는 것은 상당한 노력과 기술이 있기 때문에 가능한 것이다.

또 다른 특별한 온실 중 하나가 빅토리아온실이다. 이 온실은 1899년에 지어졌는데, 열대지방에서만 자라는 빅토리아수련 *Victoria amazonica* 을 위한 것이다. 온실 안에는 빅토리아수련이 자라는 연못이 있는데 지름이 12m로 현재 유럽에서 실내연못으로서는 가장 크다고 한다.

식물원의 운영 특성

코마로프식물원은 연구소에 소속된 식물원답게 연구에 집중하고 있다. 이에 따라 식물원의 관람도 매우 제한적으로 운영된다. 야외에 조성된 정원들은 관람시간에 자유롭게 관람이 가능하지만, 식물원의 대부분을 차지하는 온실들은 매우 엄격하게 관람을 통제한다. 시간대별로 진행되는 가이드 투어에 참가하여야만 관람이 가능하며 가이드 그룹에서 이탈해서도 안 된다.

Travel tip

주소 Ботанический институт им. В.Л. Комарова Российской академии наук, ul. Professor Popov, 2, St Petersburg, 197022, Russia
홈페이지 www.binran.ru
전화 +7 0812 3463643
개원시기 및 시간 화요일에서 일요일까지 오전 11시부터 오후 5시까지 개원한다.
면적 22.9ha

83

유럽에서 가장 많은 선인장을 보유한

모나코가든

Jardin Exotique de Monaco

모나코가든에서 내려다본 몬테카를로

몬테카를로의 모나코가든은 유럽에서 가장 많은 선인장과 각종 다육식물을 보유하고 있다. 미국 남부와 중남미지역을 비롯한 열대지역에서 자생하는 다양한 선인장과 다육식물이 푸른 지중해 연안의 해안 절벽을 따라 자라고 있어서 풍광이 아름답고 이국적인 정취가 물씬 풍긴다. 인근에 니스를 비롯한 남프랑스 지중해 연안의 유명한 휴양지가 있어서 이 지역을 찾는 관광객들이 즐겨 찾는 곳이기도 하다.

이곳에서 니스 방향으로 30분 거리에는 지중해가 내려다보이는 언덕에 국제적 금융 가문으로 유명한 로스차일드가의 빌라와 아름다운 정원 Ephrusside Rothchild Museum 이 자리잡고 있다. 망통 쪽으로 역시 30분이 안 걸리는 거리에 프랑스 지중해 연안에서 가장 높은 곳에 자리한 마을 에즈(해발 249m)의 오랜 성채 부근에도 선인장이 많은 에즈가든 Jardin Exotique d'Eze 이 있다. 부지런히 다니면 이 세 개의 아름다운 정원을 하루에 둘러 볼 수 있다.

식물원의 역사

20세기 초 알버트 1세 대공에 의해 조성되기 시작한 모나코가든은 1933년 일반에게 공개되었고 그 이후 거의 변하지 않았다. 대부분의 식물들은 19세기 초부터 수집된 것으로 100년이 넘는 것도 있다. 이곳이 겨울에도 온난하고 여름에는 고온의 맑은 날씨가 계속되는 건조한 지중해성기후이므로 다육식물들이 야외에서도 원래의 자생지에서처럼 잘 자라고 있다.

식물원의 구성

모나코가든은 큰 규모는 아니지만 7,000여 종이 넘는 선인장과 다육식물이 바위산 절벽을 휘돌아 가며 뒤덮고 있어 결코 작아 보이지

절벽을 휘돌아 가며 연결되는 관람로

않는다. 높은 곳에서부터 아래로 절벽을 따라 내려가는 완경사의 관람로 곳곳에 계단과 아치, 그리고 화사한 부겐베리아로 장식된 파고라가 설치되어 있어 따가운 햇빛을 피할 수 있다. 곳곳에서 만나는 기기묘묘한 선인장과 화려한 색상의 꽃들이 감탄을 절로 자아내게 한다. 아래로 짙푸른 지중해에 떠 있는 배와 구불구불한 리비에라 해안가의 분홍빛 기와를 얹은 집들을 내려다보는 조망도 아름답기 그지없다.

이곳의 다육식물들은 오래전부터 미국 남서부, 멕시코, 중앙아메리카, 남아메리카, 아프리카 동부와 남부, 아라비아 반

모나코가든 입구

성게같은 모습의 아가베 Agave stricta

도 등 전 세계의 건조지역으로부터 수집된 것이다. 다육식물은 건조한 기후대에 서식하는 식물로 선인장과, 용설란과, 석류풀과 등 13개 과가 있는데, 모든 선인장은 다육식물에 속하지만 다육식물 전부가 선인장은 아니다. 선인장은 5,000여 종, 200속 이상의 다양성을 자랑하는 식물계에서 가장 다양한 부류의 식물이다. 선인장은 일반적으로 물을 저장할 수 있도록 줄기가 두툼하고 수분 증발을 억제할 수 있도록 밀랍으로 두껍게 싸여 있으며, 잎이 변형된 가시, 강모, 털가시, 솜털이 특징적인데 이들 또한 수분 증발을 억제한다. 선인장과 다육식물은 서리에는 쉽게 상하나 추운 날씨에도 건조하기만 하면 -6℃까지 견딜 수 있다. 이곳 모나코 지역은 겨울철이 건조하기 때문에 다육식물이 잘 자랄 수 있는 것이다.

모나코가든은 다른 곳에서 쉽게 볼 수 없는 선인장과 다육식물을 많이 보유하고 있다. 머리 꼭대기에 검푸른 잎과 연노란 작은 꽃을 달고 있어 약간 기괴스러워 보이는 큰 키의 유

금호선인장 등 다양한 선인장과 다육식물

카, 가시 돋친 큰 화병에 나무가 꽂혀 있는 듯한 남아메리카 원산의 명주솜나무, 관목처럼 큰 줄기 끝에 꽃이 달려 있는 아가베, 6m가 넘는 큰 키의 기둥선인장 *Neobuxbaumia polylopha* 과 변경주선인장 *Saguaro*, 코끼리 몸통같이 거대한 밑둥을 가진 덕구리란 *Beaucarnea recurvata*, 교목같이 든든한 줄기에 다닥다닥 붙은 거대한 손바닥선인장 등은 특히 손꼽을 만하다.

이곳에는 150년이 넘은 금호선인장Golden Barel, *Echinocactus grusonii*도 있다. 금호선인장을 '시어머니(또는 장모)의 쿠션' Mother in Law's Cushion 이라고도 한다는데, 미국에서는 날카롭게 뻗은 산세베리아를 '시어머니의 혀'Mother in Law's Tongue 라고 하는 것을 보면 서양이나 동양이나 혼인관계로 맺어진 고부(또는 장서) 사이가 껄끄러운것은 마찬가지인가 보다.

아가베꽃 너머로 보이는 모나코

유카와 죠슈아트리가 보이는 풍경

맥시코 원산의 선인장 *Mammillaria compressa*

식물원의 운영 특성

모나코가든의 또 다른 볼거리는 절벽 아래쪽에 있는 지하석회암 동굴이다. 가든의 아래쪽 절벽, 해발 100m 지점에 위치한 석회암 동굴은 1916~1920년 사이 선사유적지 발굴 작업 중 발견되었다. 해발 40m까지 내려가는 지하 동굴에는 종유석, 석순, 기둥, 커튼 형상의

거대한 밑둥을 가진 덕구리란

남아메리카 원산의 명주솜나무 Silk Floss Tree, *Ceiba insignis*

자연석이 산재해 있다.

모나코가든은 멸종위기의 선인장과 다육식물을 보존하고 육성하는 식물보호 프로젝트를 수행하여 다양성의 존속을 위해 노력하고 있다. 그 일환으로 매년 종자목록을 발간하여 50개가 넘는 나라에 보내고 있다.

Travel tip

주소 Jardin Exotique de Monaco, 62, Bd du Jardin Exotique 98000, Monaco

홈페이지 www.jardin-exotique.mc

전화 +377 093 152980

개원시기 및 시간 11월 19일과 크리스마스만 제외하고 매일 개원한다. 1월에는 09:00~17:00까지, 2월부터 4월까지는 09:00~18:00까지, 5월부터 9월까지는 09:00~19:00까지, 10월은 09:00~18:00까지, 11월부터 12월까지는 09:00~17:00까지 개원한다.

면적 정보 없음

84

흑해 연안의 고요한 보금자리

발칙식물원

УНИВЕРСИТЕТСКИ БОТАНИЧЕСКИ ГРАДИНИ

알라의 정원

발칙은 불가리아 북동부의 남 도브루자 지방의 흑해 연안에 접한 작은 도시이다. 인근의 농업 생산물을 수출하는 항구로서의 역할을 해 온 발칙은 특히 밀을 많이 수출하고 있다. 2,500년 전 트라키아 인들에 의해 개척된 이곳은 그 후 역사의 격랑 속에서 주인이 여러 번 바뀌었다. 고대에는 그리스에 속했고 이어 로마제국의 지배를 받다가 8세기에 불가리아 왕국에 속하게 되었다. 16세기부터는 오스만터키제국의 지배를 받다가 1878년 잠시 독립을 누렸으나 2차 발칸전쟁의 패전으로 1913년 도브루자를 루마니아에게 내어주게 되었다. 제1차 대전 중 잠시 불가리아의 영토가 되었으나 이내 다시 루마니아에 편입되었다가 1940년 크레오바 조약Craiova Treaty에 따라 다시 불가리아 지역이 되어 오늘에 이르고 있다.

발칙식물원은 이곳이 루마니아 왕국에 속하던 20세기 초 페르디난드 왕의 마리아 왕비(1875~1938)가 여름 별궁을 짓고 그 부속 정원을 꾸미면서 시작되었다. 왕비의 여름 휴식처에 꾸며진 정원은 '알라의 정원' Garden of Allah 이라 불리며 왕비의 심신을 달래주는 아름다운 정원으로 발전하여 이 지역의 명소가 되었다.

식물원의 역사

1924년부터 1935년까지 마리아 왕비는 이탈리아 건축가와 스위스 정원사를 고용하여 흑해가 내려다보이는 해발 190m에 별궁을 짓고 정원을 조성하였다. 트라키아식, 그리스식, 고딕식, 이슬람식 등 다양한 양식의 건물을 해변가까지 테라스 식으로 층층이 배치하고 그 사이사이 정원을 만들고 수목을 심었다. 그녀가 주로 거주하던 왕궁 주변에도 넓은 정원을 만들었다.

1955년 정원의 대부분을 소피

아대학이 관리하게 되면서 이곳 정원은 식물 다양성을 추구하고 식물 종을 보존하는 식물원으로 발전하게 되었다. 식물원에는 3,000여 종의 식물이 있는데 선인장과 야자나무를 집중 수집하여 현재 250여 종의 선인장과 33종의 야자나무 종을 보유하고 있다. 은행나무, 메타세콰이어, 고무나무, 300년 이상된 포플라와 올리브나무 등 그때 심은 나무들이 지금은 아름드리 고목이 되어 멋진 숲을 만들고 있다.

식물원의 구성

정원은 왕비의 거처가 있는 가장 높은 지역으로부터 점차 아래로 내려가면서 테라스 식으로 배치하였다. 맨 위 지역의 샘에서 발원하는 물이 아래로 흘러가면서 연못과 분수, 그리고 크고 작은 폭포들을 만들어 시원한 경관을 연출한다. 정원에는 마리아 왕비가 정원을 감상하기 위해 앉았다는 플로렌스 산 대리석으로 만든 의자를 비롯하여 모로코에서 들여 온 대형 토기, 몰다비아에서 들여온 석재 등 세계 여러 나라에서 수집한 건축 장식품들이 곳곳에 놓여 있다.

선인장정원과 알라의 정원 사이의 긴 수로

철제로 된 고풍스러운 정문을 들어서면 왼편으로 마리아 왕비 시절 사용하던 우물이 있고, 눈이 환해지는 듯 아름다운 정원이 보인다. 이곳이 맨 위층 테라스에 만들어진 가장 넓고 조형적인 알라의 정원이다. 이곳은 화단을 기하학적으로 구분하고 가지각색의 다양한 꽃을 심어 마치 꽃으로 카펫을 깔아놓은 듯 아름답다. 꽃에 취해 화단 사이를 걸어 끝까지 가면 맨 아래층 해변가에 조성된 장미원과 푸른 바다와 해변이 한눈에 보이는 절경이 펼쳐진다. 화단 옆으로는 키 큰 침엽수가 가지런히 두 줄로 긴 가로를 만들고 그 사이에는 샘에서 흘러나오는 수로가 길게 이어지고 수로는 다시 폭포를 만들며 아래로 흘러 시원하고 상쾌한 감동을 선사한다.

일레나 공주의 정원

바로 옆에는 또 다른 풍경이 펼쳐진다. 따가운 남국의 햇살 아래, 1,000m² 넓이에 수많은 선인장들이 줄지어 서 있는 장관이 그것이다. 이곳은 모나코가든에 이어 유럽에서 두 번째로 많은 선인장 종류를 보유하고 있다. 알라의 정원을 보고 아래로 내려가면 테라스마다 서로 다른 유형의 정원들이 이어지지만 알라의 정원에서 받은 강한 인상으로 인해 소박한 느낌을 주기도 한다. 맨 아래 해변가에 석회암으로 담장을 둘러 만들어 놓은 장미원과 십자형거울연못정원은 알라의 정원 다음으로 아름다운 곳이다.

유럽에서 두 번째로 큰 야외 선인장정원

토기에서 핀 사철채송화

불가리아는 전 세계 장미오일의 70~80%를 공급하는 장미의 나라인 만큼 장미원의 아름다움은 각별하다. 장미원으로 흘러내리는 폭포와 폭포 옆을 장식한 토기들, 그리고 바로

스텔라 마리의 교회

앞에 펼쳐지는 바다 풍경은 다른 장미원에서 느낄 수 없는 감동을 준다. 장미원과 잇닿아 있는 로마식 욕탕도 볼거리이다. 욕탕은 석조건축으로 가운데에 욕조가 있고, 흰색 기둥으로 공간을 만드는 회랑이 있으며 삼면이 아치형으로 열려 있다. 열려 있는 공간 너머로 푸른 바다가 넘실대고 있으니 이곳에서 스며드는 장미향을 맡으며 바다를 바라보며 목욕을 하면 그것으로 심신의 피로가 말끔히 가시고 힐링이 될 것 같다.

장미원의 다른 한편은 십자형거울연못정원이다. 이곳은 꽃으로 이루어진 화단은 거의 없고, 십자형연못과 수로, 위에서 내려오는 작은 폭포 주변에 단정하게 손질한 수목들을 배치하고 석담 쪽에 큰 나무들을 배치하여 정적이면서도 편안하고 그윽한 기분이 느껴지는 공간이다.

이곳 맨 아래 정원에 이르기까지 모든 정원에 물이 흐르고, 큰 도로 옆 개울로도 많은 수량의 물이 흐른다. 이 물은 꼭대기 알라의 정원 옆에 있는 성스러운 샘에서 발원되는데 조그마한 샘으로부터 이렇게 많은 물이 흐른다는 것을 믿기 어려울 정도이다. 아마도 그래서 성스러운 샘이라 부르는 것이리라. 성스러운 샘 옆에는 작은 교회가 있다. 마리아 왕비는 사후 자신의 심장을 이 교회에 보관해 달라고 유언을 남길 만큼 이 고요한 보금자리 The Quiet Nest를 사랑했다. 그러나 이곳이 불가리아 령이 되면서 마리아 왕비의 심장은 루마니아의 브란

우물을 메워 만든 화단

십자형 거울연못 정원

흑해가 보이는 로마식 욕탕 옆 장미원

성Bran Castle으로 옮겨졌다 하니 수없이 주인이 바뀐 이 땅의 애환이 가슴에 와 닿는다.

식물원의 운영 특성

발칙식물원은 식물 종의 다양성을 추구하고 종의 보존을 위해 노력하면서 식물의 아름다움을 전시하는 기능에 충실한 식물원이다. 아름다운 정원과 궁을 보기 위해 유럽 각국에서 모여드는 관람객을 위해 최상의 모습으로 정원을 가꾸는 데 집중하므로 특별한 교육프로그램을 운영하거나 이벤트를 개최하지는 않는다. 다만 과거에 거주공간으로 쓰였던 빌라를 숙박시설로 개조하여 운영하기 때문에 미리 예약을 하면 이 아름다운 건축과 정원을 더 풍성하게 즐길 수 있다. 와인저장고였던 건물에서는 와인을 맛보고 구입할 수도 있다.

Travel tip

주소 УНИВЕРСИТЕТСКИ БОТАНИЧЕСКИ ГРАДИНИ, ул. Акад. Даки Иорданов №1 ПК 56 9600 Балчик, България, Bulgaria

홈페이지 www.ubg-bg.com

전화 +359 0579 72338

개원시기 및 시간 매일 08:30~18:00까지 문을 연다.

면적 6.5ha

85

슬로베니아의 식물 문화, 연구 및 교육 중심

류블랴나대학식물원

Botanicni vrt Univerze v Ljubljani

삼지구엽초가 멋지게 자란 식물원의 여름

슬로베니아는 유럽 발칸반도의 북서쪽에 지중해와 연결되는 아드리아해 연안에 위치한다. '유럽의 미니어처'라고 불릴 정도로 알프스 설경, 풍부한 호수, 지중해의 햇빛, 중세 도시의 매력 등을 한번에 느낄 수 있는 곳이다.

이와 같은 지정학적 특성 때문에 슬로베니아는 역사적으로 7세기에 일찍 왕국으로 건립되었음에도 오랫동안 다양한 주변 강국의 지배를 받아왔다. 1989년 공화국 헌법 채택, 1990년 최초의 자유선거 실시, 1991년 독립을 선언하는 등 독립의 길이 순탄한 것 같았지만, 연방을 유지하려는 세르비아와의 전투를 하는 등 아픔을 겪고 나서야 비로소 독립 국가로 인정받을 수 있게 되었다.

슬로베니아의 복잡한 역사를 굳이 언급하는 것은 그 역사만큼 다양한 유럽 각국의 문화가 슬로베니아에 녹아들어 있기 때문이다. 이러한 다양한 문화가 집약되어 있는 곳이 바로 슬로베니아의 수도 류블랴나Ljublijana 이다.

류블랴나대학식물원 자체도 이 나라나 도시만큼 유럽 식물원의 축약된 정원 모습과 문화, 과학 및 교육의 복합 기능을 보여준다.

식물원의 역사

류블랴나대학식물원은 1810년에 자생식물의 정원과 학교의 한 부분으로 설립되었으며, 그 후 오랫동안 슬로베니아의 문화, 과학 및 교육 기관으로 발전해 왔다. 초대원장이었던 프랑크 힐라드닉Franc Hladnik이 계획했으며, 당시 부지 면적은 0.33ha에 불과했다. 힐라드닉과 오스트리아의 식물학자들 덕분에 오스트리아로부터 독립 후에도 식물원은 폐쇄되지 않았다.

식물분류원과 관람로

1822년에는 약 0.16ha의 면적을 확대하고 울타리를 쳤다. 1834년부터 비아트조브스키J.N. Biatzovsky가 식물원 관리를 맡았고, 그때 식물원은 다시 확장되었다. 힐라드닉의 제자인 안드레이 플리이쉬만 Andrej Fleischmann은 1850년부터 1867년까지 식물원을 성공적으로 관리했으며, 그의 작품『크라인 식물지』Übersicht der Flora Krains가 1844년에 출판되었다.

식물원의 르네상스는 1886년 알폰스 폴린 Alfonz Paulin이 경영을 맡으면서 시작되었다. 3년 후인 1889년, 그는 전 세계 유사 기관에 종자 교환 목록 Index Seminum을 발행하기 시작했다. 그는 1901년부터 1936년까지 오랫동안『카르니올리카 식물지』Flora Exsiccata Carniolica를 발간하기도 했다. 또 다른 놀라운 것은 폴린의 제자인 프랑크 주반 Franc Juvan이 64년 동안 식물원에서 정원사로 일했다는 것이다.

1920년부터 식물원은 1919년에 설립된 류블랴나대학 소속으로 변경되어 운영되게 되었다. 1946년, 세계대전 후에 조예 라자르 Jože Lazar가 식물원 경영을 맡으며 2.35ha로 식물원을 확장하고 온실을 건설했다. 라자르의 뒤를 이어 빙코 스트리거 Vinko Strgar가 1967년부터 1992년까지 성공적으로 운영하면서 해외의 많은 식물원들과 협력하였다.

그 후 근처의 도로 확장으로 식물원은 2ha로 축소되게 되었다. 그 때문에 동물원과 마주 보는 위치에 생물센터의 일부로서 새로운 식물원을 조성하도록 계획되었으나 아직까지 조성을 시작하지 못하고 있다. 1991년부터 기존의 정원은 원예조경 기념물 Monument of Landscape Gardening로 보호되고 있으며 가치 있는 문화유산의 사례로 계속해서 인정받게 될 것이다. 2010년에는 식물원 200주년 기념으로 새로운 열대온실인 티볼리온실 Tivoli hothouse이 건설되었다.

식물원의 구성

식물원의 면적은 2ha 정도로 아주 작은 편이지만, 다양한 정원들이 조성되어 있다. 수목원, 식물분류원, 수생습지식물원, 암석원, 열대식물온실, 티볼리온실, 주제정원 등을 볼 수 있다. 수목원은 다양한 나무와 관목들이 식재되어 있으며 식물원에서 가장 오래된 부분이기도 하다.

식물분류원은 식물원의 중앙을 차지하는 정원으로 80개 이상의 서로 다른 과에 속하는

1,200종의 식물종들을 배치하고 있다. 이른 봄에서부터 늦가을까지 매우 빠르고 다채롭게 변화하여 계절마다 색다른 아름다운 경관을 나타내기 때문에 계절초화원의 기능도 담당하고 있다.

수생습지식물원에는 원래 생육지 환경이 특별한 조건을 필요로 하는 수생 및 습지 식물들을 수집하고 있다.

암석원도 계절마다 다른 아름다운 풍경을 연출하는 곳인데, 산악 및 카르스트 지역에서 온 식물들을 지리적 원산지에 따라 배치하고 있다. 부지의 대부분에 바위가 있어 일반적으로 암석원 Rockgarden 으로 불린다.

열대온실은 주로 높은 습도와 연중 어느 정도의 높은 온도를 필요로 하는 열대식물종들을 주로 수집하고 있다.

카카오 *Theobroma cacao* L., 파초 *Musa basjoo* Siebold et Zucc., 큰극락조화 *Strelitzia nicolai* Regel et K. Koch., 몬스테라 *Monstera deliciosa* Liemb., 바닐라 *Vanilla planifolia* Andrews, 커피나무 *Coffea arabica* L., 후추 *Piper nigrum* L., 생강 *Zingiber officinale* Roscoe, 빅토리아수련 *Victoria amazonica* (Poepping) Sowerby 등 다양한 열대식물들이 수집되어 있다.

새로운 열대온실인 티볼리온실에서는 다양한 지중해성식물들을 볼 수 있다. 세계 각지의 지중해성기후대에 분포하는 식물들을 큰 화분에 식재하여 키우는데, 여름철에는 야외로 내어놓기도 하며 겨울철에는 주로 온실 내에서 키우고 있다. 티볼리온실에서는 그 밖에 다양한 열대식물들을 만날 수 있으며, 식충식물들을 관찰할 수도 있다. 식충식물들은 대체로 양분이 부족한 토양에서 자라는데 부족한 양분을 보충하기 위해 곤충을 잡을 수 있는 다양한 구조가 특별히 발달한 민감한 식물이다. 이러한 식물들은 교육프로그램에 반영되어 다양한 식물 특성을 공부하고자 하는 모든 사람들에게 개방되고 있다.

식물원의 역사를 보여주는 거대한 너도밤나무

주제정원은 치료용, 독성 및 산업용 등 식물을 용도에 따라 분류하여 배치한 곳으로 교육과 연계하여 관리 운영되고 있다.

그 외의 식물원 구역들로는 식물 재배장이 있는데, 식물의 재배 및 번식을 위한 공간으로 과학 연구를 위한 구역이기도 하다. 따라서 전문 가이드의 안내를 통해서만 관람이 가능하다.

또 류블랴나 지역 건조초지 Dry meadows on the outskirts of Ljubljana가 조성되어 있는데, 바브콘과 마린첵 Bavcon & Marinček 의 연구(2003)에서 밝혀진 류블랴나 지역 자연 그대로의 건조한 초원지대 식생을 재현하고 있다. 자갈 토양에 관목들을 포함하는 120여 종류의 식물들이 자연스럽게 자라도록 환경을 조성하고 있다. 아직 겨울이 끝나지 않았을 때, 설강화 Snow Drop 와 크로커스 Crocus 가 피기 시작하고, 뒤를 이어 다양한 종들이 피어난다. 5월이 시작되면서 몇 종의 야생 난초가 피는 것을 볼 수 있으며, 6월에는 키가 크고 부피감이 있는 나리 *Lilium bulbiferum* 와 글라디올러스 등을 볼 수 있다. 7월에는 수레국화와 엉겅퀴 *Cirsium pannonicum* L. fil.가 보라색으로 초원을 덮고, 8월이면 기름나물 *Peucedanum oreoselinum* (L.) Moench의 흰꽃이 초원을 덮는다.

다양한 수국 품종이 수집된 모습

식물원이 개원한 1810년에 식재한 피나무

류블랴나대학식물원에서는 도서관과 카페와 같은 시설물도 이용할 수 있는데, '나무그늘 도서관'과 '프리뮬라 카페' Teahouse PRIMULA 가 있다. '나무그늘 도서관'에서는 수집된 식물에 대한 글이나 그림을 볼 수 있고 조용하게 독서를 즐기는 안식처가 되어 준다.

식물원의 운영 특성

류블랴나대학식물원은 문화, 연구 및 교육의 중심지답게 학생들을 위한 식물원 가이드 투어와 워크숍 프로그램을 다양하게 운영하고 있다.

유치원생을 위해서는 어린이들이 주변 환경을 관찰하고 자신이 환경의 일부라는 것을 배울 수 있도록 돕는 것을 목적으로 가이드 투어와 워크숍을 운영한다. 매달 또는 매 계절마다 다른 주제로 학습할 수 있어 지속적인 방문을 유도하고 있다. 유치원생들에게는 1시간 정도의 가이드 투어와 2시간 정도 소요되는 워크시트(색칠하기, 클러스터링, 그리기) 작성 활동, 식물심기 또는 워크숍 등을 제공한다.

열대온실 내부의 독특한 계단 구조와 식물 전시

열대온실의 모습

초등학생을 위해서는 식물원 가이드 투어와 류블랴나 무어moore, 습지 여행을 다양하게 준비하고 있다. 투어는 사전지식 수준과 특별히 원하는 수준에 맞춰 조정한다. 또 워크시트 작성 활동, 워크숍 등을 제공하는데, 학년 또는 학생 수준에 따라 1시간부터 3시간 이상까지 다양하게 운영된다. 중등 및 고등학생은 워크시트 수행을 포함하는 2시간 프로그램과 3시간 이상의 개인 작업 또는 그룹 작업을 제공하고 있다. 티볼리온실에서는 식물원에서 재배한 일부 식물들을 판매하기도 한다.

Travel tip

주소 Botanicni vrt Univerze v Ljubljani, Ižanska cesta 15, 1000 Ljubljana, Slovenia
홈페이지 www.botanicni-vrt.si
전화 +386 01 4271280
개원시기 및 시간 연중 개방한다. 여름 시즌인 4월에서 10월까지는 07:00~19:00, 7월에서 8월까지는 07:00~20:00까지 개원한다. 겨울 시즌인 11월에서 3월까지는 07:00~17:00까지 개원한다. 열대온실은 10:00~18:00, 티볼리온실은 월요일을 제외한 매일(일요일, 공휴일 포함) 11:00~18:00까지 문을 연다.
면적 2ha

86

식물원의 '식물문화센터' 역할의 전형

아일랜드국립식물원

National Botanic Gardens of Ireland

1844년에 건설된 팜하우스 Palm House

식물원은 식물과 관련된 문화를 경험할 수 있는 식물문화센터라고 할 수 있다. 즉, '사람들이 모여 식물과 관련한 인간의 정신적 활동, 행동 양식과 그 결과물을 볼 수 있으며 그것을 학습하는 곳'이라고 정의할 수 있다. 아일랜드국립식물원은 바로 식물문화센터로서의 전형을 보여주는 곳이며 식물원이 도대체 무엇이고, 어떻게 만들어지고 운영되어야 하는지 그 모범 답안을 주는 곳이다.

식물원의 역사

1790년 하원 의장이었던 존 포스터 John Foster 의 적극적인 지원으로 아일랜드 의회는 공공 식물원을 설립하도록 더블린 협회(지금은 왕립 더블린 학회 Royal Dublin Society)에 기금을 제공했다. 1795년에 식물원은 글래스네빈 Glasnevin 지역에 설립되었다. 설립 당시의 목적은 농업 연구에 대한 과학적 접근을 촉진하는 것이었다.

1830년대에 식물원의 목적에서 식물에 대한 지식의 추구가 농업적 목적을 추월했다. 이는 영국에서 큰 정원, 특히 큐나 에딘버러 등과의 협력 및 식물 수입업자인 베이치 Veitch 같은 사람들을 통해 세계 각국의 식물이 식물원에 수집되면서 촉진되었다.

큐레이터였던 니니안 니벤 Ninian Nivendl이 4년에 걸쳐 도로 및 관람로, 그리고 현재까지 유지되고 있는 여러 정원들을 배치함으로써 1838에 식물원의 기본 형태가 정착되었다.

니벤의 뒤를 이어 큐레이터가 된 데이비드 무어 David Moore는 계속 증가하는 식물 수집 및 열대 지

해시계와 팜하우스의 전경

1843년 만들어지고 1990년에 복원된 곡선온실의 전경

역 식물의 생장 환경을 조성하기 위하여 더블린의 철강 전문가였던 리처드 터너 Richard Turner와 협력하여 철제 온실을 개발하였다.

데이비드 무어의 뒤를 이어 그의 아들 프레드릭 무어 Frederick Moore가 22세의 나이로 큐레이터 자리에 올랐는데, 그는 식물과학 분야보다는 원예 분야에서 명성을 키워갔다. 이로 인해 식물원의 과학 담당자였던 윌리엄 램지 맥냅 William Ramsay McNab이 1889년에 사망한 후 과학 담당자는 임명되지 않았다. 이 상황은 1968년 식물분류학자인 브라이언 몰리 Biran Morley가 임명될 때까지 지속되었다.

1992년에 시작된 식물원 재개발 계획에 따라 식물원 200주년을 맞는 1995년에 터너 시대 온실의 웅장한 곡선이 완벽히 복원되기도 하였다.

1997년에는 새로운 목적으로 식물 표본관 및 도서관이 건립되어 일반에 공개되었으며 1999년에 새로운 방문객센터가 건립되면서 강의실을 포함한 교육시설이 개선되었다.

식물원은 1878년에 국가 소속으로 전환되어 다양한 정부부처가 관리해왔다. 예술산업부, 농업부, 문화부 등이 관리를 맡기도 했으며 현재는 공공업무청 Office of Public Works(OPW)에서 관리하고 있다.

식물원의 구성

식물원의 주요 구성을 보면 건물로는 표본관, 방문객센터 및 감각정원이 있다. 이 중 감각정원은 2002년 조안 로저스에 의해 설계되었으며 외부기관의 자금지원과 식물원 직원 및 학생들의 자발적인 노력에 의해 2003년 완공되어 장애인을 위한 식물 체험시설로 활용되고 있다.

아름다운 곡선 구조를 보여주는 곡선온실 내부

유리 온실로는 팜하우스Palm House, 곡선온실 Curvilinear Range, 빅토리아온실Victoria House, 티크온실 Teak House, 고산식물온실 Alpine House 등이 있다.

지금의 팜하우스가 최초로 만들어진 것은 1884년이다. 그 이전의 온실이 폭풍으로 파손되었을 때 스코틀랜드에서 철제로 만들어 글래스빈으로 옮겨와 설치된 것이다. 이 오래된 철제 온실을 2002년부터 복원하기 시작하여 2004년에 새로이 일반에 공개하였다.

동서로 길게 놓여 있는 아름다운 곡선온실은 당시 더블린의 철강 전문가였던 리처드 터너가 주도하였다. 동쪽 날개가 1843년 윌리엄 클랜시 William Clancy 에 의해 건설되었지만 나머지 부분은 리처드 터너와 그의 아들 윌리엄 터너 William Turner 가 완성하였다. 원래 온실은 북쪽은 벽돌로 수직으로 세우고 남쪽만 곡선의 온실이었는데, 1869년에 북쪽 반을 추가하여 완전히 대칭을 이루게 되어 오늘날의 아름다운 모습을 갖추게 되었다. 온실의 중앙 돔은 아일랜드 우표에 몇 년 동안 등장하기도 했다. 1990년대에 들어와 완전히 복원하였다.

이 온실의 식물 수집은 세 가지 주요 주제를 가지고 있다. 서쪽 날개 부분에는 동남아시아 원산의 식물들 특히, 만병초류와 같은 식물들이 대표적이다. 중앙 부분에서는 소철과 같은 겉씨식물이 주로 수집되어 있다. 동쪽 날개 부분에는 호주, 남아프리카와 남미의 식물상 사이의 연관성을 보여주는 남반구 식물 수집에 집중되어 있다.

야외 정원으로는 자생식물화단, 암석원, 초본식물화단, 식물분류원, 자수화단 등이 있다. 그중 대표적인 정원으로 암석원을 들 수 있는데, 이곳은 1880년대 말에 인근 핑글라스 Finglas에서 채석된 돌로 조성하였다. 암석원을 조성한 파렐R. Farrer 은 암석원 조성에 대하

동상과 잘 어울리는 식물원의 풍경

여 단순 그 자체라고 하였다. 사각형의 땅에 손수레로 수백 혹은 수천 번 돌을 쏟아 붓고 그 틈새에 식물을 심었고 그 결과 엄청난 혼돈이 존재한다고 표현하였다. 그러나 이 암석원은 100여 년이 흐르면서 오늘날 가장 생태적이고 가장 아름다운 정원이 되었다.

입구에서 암석원으로 가는 길을 따라 펼쳐져 있는 숙근초화단도 각 계절마다 식물원의 색을 바꿔주는 아름다운 부분이다. 또, 방문객센터, 표본관 및 팜하우스 사이에 펼쳐져 있는 식물분류원도 계절마다 서로 다른 모습으로 식물원을 표현하면서 방문객들에게 학습의 기회를 제공하고 있다. 이들 정원 외에도 수많은 수집원 collection garden 들이 곳곳의 다양한 환경에 조성되어 있어 방문객들을 맞이하고 있다. 한편, 식물원에는 다양한 동상 및 조각품들이 수집되어 예술적인 면모도 다양하게 보여주고 있다.

식물원의 운영 특성

식물원에서는 식물의 수집, 식별, 문서화, 표찰 부착, 출판 등 식물원의 기본적인 활동을 지속하면서 동시에 일반 대중을 위한 교육과 서비스도 비중 있게 다루고 있다.

아일랜드국립식물원이 보여주는 '식물문화센터'로서의 모습은 식물원이 표방하는 설립 목적에도 잘 나타나 있다. 설립목적은 보전, 교육, 과학, 자료, 실험, 휴양 등 6개의 목표로 구성되어 있다.

각각의 목표와 관련된 활동을 구체적으로 보면 먼저, '보존'과 관련해서는 전 세계의 멸종위기식물 중 300종류 이상을 수집하고 있으며 그중에서 6종류는 이미 야생에서 멸종된 것들이다.

교육과 관련해서는 수집한 식물을 일반에 공개하여 그 중요성에 대한 사람들의 인식을 향상시키고 있다. 특히, 현대적인 기술과 접목하여 접근성을 높이는 것이 특징이다. 예를 들어 방문자 자신의 MP3 플레이어, 휴대폰이나 기념품 플레이어를 통해 들을 수 있는 오디오 투어를 마련하고 있다.

고산식물온실

다육식물온실의 내부

과학은 아일랜드국립식물원이 스스로 존립 근거라고 표현하고 있으며, 식물 수집 탐사, 신종 기재, 식물의 생장 특성 연구, 식물 표본 수집 전시 등의 활동을 수행하고 있다.

자료란 목표에서는 정확한 식물 표찰 및 카탈로그 등을 유지하고 있으며 관련 문헌자료 등을 포함한 참조 자료를 제공하고 있다.

실험은 전 세계의 다양한 기후 지역에서 식물을 광범위하게 육성하고 있으며 모델 정원, 원예 실습 프로그램 등을 통해 방문자들이 자신의 정원에서 적용해 볼 수 있는 아이디어를 얻을 수 있도록 하고 있다.

휴양에 대해서는 정원의 전반적인 디자인과 내용이 방문자들 모두에게 감명을 주도록 노력하고 있으며 다양한 프로그램 운영을 통해 그 목적을 달성하고 있다.

Travel tip

주소 National Botanic Gardens of Ireland, Glasnevin, Dublin 9, Ireland
홈페이지 www.botanicgardens.ie
전화 +353 01 8040300
개원시기 및 시간 3월~10월은 월요일에서 금요일까지는 09:00~17:00, 토요일, 일요일 및 공휴일은 10:00~18:00, 그 외에는 월요일에서 금요일까지는 09:00~16:30, 토요일, 일요일 및 공휴일은 10:00~16:30까지 문을 연다.
면적 20ha

87 꿈의 관광지 프라하를 더욱 아름답게 꾸며주는 프라하식물원

Botanická Zahrada Praha

여름 숙근초화단

프라하는 한국 사람들에게 매우 친숙하며 누구나 한 번쯤 여행을 꿈꾸는 동경의 도시이다. 특히 드라마 '프라하의 연인'과 더불어 역사적으로 '프라하의 봄'이라는 민주화 운동 때문에 더욱 그리하다. 오래된 건축물, 거리의 화가와 악사들 사이로 걷다가 유명한 프라하 햄을 안주로 맥주 한 잔을 들이키는 것 못지않게 시내에 있는 프라하식물원을 방문하여 아름다운 꽃과 자연을 느껴보는 것도 프라하 여행의 묘미가 될 것 이다.

식물원의 역사

초대 식물원 원장을 맡은 자그Ing. Jan Jager가 1958년에 국립식물원 설립을 제안한 뒤 10년이 지난 1969년 1월에 공식적으로 설립되었다. 초대 원장인 자그는 1969년부터 1973년까지 재직하면서 식물원 발전의 초석을 다졌다. 1984년에는 프라하발전연구원 중심으로 식물원 발전을 위한 종합계획을 수립하였지만 실행에 옮겨지지는 못하였다.

프라하식물원의 대표적 시설 중의 하나인 파타 모르가나Fata Morgana 온실은 1995년에 처음 건립에 대한 논의가 시작되어 우여곡절 끝에 2008년에서야 시민에게 개방되었다. 1997년에는 일본정원이 조성되었으며, 2005년부터 2009년까지는 포도원 보수 및 정비사업이 진행되었다. 2011년에는 여러 구역으로 구분되어 있던 식물원을 하나의 구역으로 통합하여 현재 총면적이 25ha 정도이다.

식물원의 구성

식물원은 일본정원, 포도원 등으로 구성된 남쪽구역과 작약원, 선

나무 오르간을 연주하는 어린이

인장전시원 등으로 구성된 북쪽구역, 그리고 파타모르가나온실 등의 지역으로 구분된다. 남쪽구역은 조용하고 차분한 분위기여서 일상생활에 지친 시민들이 편안한 마음으로 휴식을 취하기에 적합하다. 산, 나무, 계류, 연못 등으로 구성된 일본정원을 깔끔하게 관리하고 있으며 특히 일본과 중국에서 수집한 단풍나무 종류를 많이 심어 놓았다.

일본정원 아래쪽 양지바른 언덕에 지중해 및 터키식물전시원이 있다. 그리고 아이리스원에는 옛 품종부터 최근 품종까지 다양한 붓꽃류가 식재되어 있다. 여름철에는 식물원의 중앙 화단에 300종류 이상의 숙근초와 일년초를 심어 화려한 화단을 보여주고 있다.

국가 유적지로 지정된 포도원 정상에는 작은 교회가 언덕 위에서 포도밭을 내려다보고 있다. 성 클레어 포도원 St. Claire's Vineyard으로 불리는 교회에서 시원한 바람을 쐬며 사방을 둘러보는 전망이 탁월하다. 프라하 시가지와 트로자 샤토 Troja Chateau가 한눈에 들어온다. 1680년경에 교회와 포도 양조장인 샤토가 건축되었다고 한다. 프라

프라하식물원 온실 입구

하식물원에서 포도원은 특별한 의미이자 자부심이기도 하다. 오래전인 13세기경에 조성된 포도원은 프라하가 한때 포도생산지로 유명하였음을 나타내기도 한다. 남쪽 양지바른 사면에 조성된 포도원에서는 양질의 포도주를 생산하여 각종 품평회에서 우수한 성적을 거두고 있다고 한다. 식물원 관람 중에 들러 시음할 수 있으며 저렴한 가격으로 좋은 포도주를 구입할 수 있다.

숙근 플록스를 관찰 중인 관람객

북쪽구역에는 5월과 6월에 화려함을 뽐내는 작약원을 비롯하여 감탕나무수집원, 유럽 및 아시아 등지에서 수집한 내음성 숙근초 등이 식재되어 있다. 북쪽구역에서 인상적인 것은 일명 멕시코원으로 불리는 선인장전시원이다. 멕시코 등지에서 서리에 견디는 내한성 선인장 종류를 집중 수집하여 전시하고 있다.

프라하식물원의 열대식물온실인 파타 모르가나는 'S'자 모양의 절토면 언덕지형에 맞추어 독특하게 지어졌다. 온실 내부에는 자연적으로 형성된 암석 절개지를 그대로 살려 식

온실 내부의 열대식물원

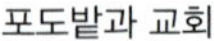
포도밭과 교회

온실과 숙근초화단

물을 심은 것이 특징이다. 면적은 1,750m² 인데 내부는 세 구역으로 나누어 온도와 습도를 각각 다르게 조절하고 있다. 관람객이 단계적으로 열대 기후에 적응할 수 있도록 설계하였다고 한다.

식물원 전체적으로 총 18,000여 종류의 식물을 보유하고 있는데, 지중해성식물 중에서 구근류, 식충식물, 열대식물, 작약류, 내한성 선인장류, 관상용 숙근류, 내한성 대나무류 등을 집중적으로 수집하고 있다.

식물원의 운영 특성

프라하 시 소속으로 1969년에 설립되었다. 전체 면적은 약 47ha이고 집중적으로 정원으로 개발되어 있는 면적은 27ha 정도이다. 연간 강우량은 500mm이고 총 온실 면적은

일본정원

국가유적지로 지정된 식물원 주변의 포도원

2,200m²이다.

멸종위기식물 등의 현지외보전활동 및 다양한 교육프로그램도 진행하고 있다. 조직배양실을 갖추고 있으며, 식물 판매장을 운영하고 있다. 자원봉사자 그룹인 '식물원 친구들' Society of Friends 도 운영 중이다. 연간 28만 명 정도가 방문한다고 한다. 식물원 입장료와는 별도로 온실 입장료를 받는다. 20명 이상의 단체인 경우 유료 영어 가이드가 가능하다. 2011년 기준으로 원예담당 30명, 교육담당 5명, 연구원 8명, 행정담당 직원 15명 외에 원장, 큐레이터, 식물기록 담당자 등이 식물원 운영에 참여하고 있다.

Travel tip

주소 Botanická Zahrada Praha, Trojska 800/196, 17100 Praha-Troja, Czech
홈페이지 www.botanicka.cz
전화 +420 0234 148111
개원시기 및 시간 온실(Fata Morgana)은 매주 월요일에 휴관하지만 야외 공간은 연중 개원한다. 오전 9시에 개원하지만 오후에 문닫는 시간은 계절별로 다르므로 방문 전에 홈페이지를 통하여 확인하는 것이 필요하다. 11월~2월은 09:00~16:00까지 개원한다.
면적 47ha

88 화려했던 리스본의 추억을 간직한 아주다식물원

Jardim Botanico da Ajuda

대칭으로 구성된 평면기하학식 정원

포르투갈의 수도인 리스본을 현지에서는 리스보아Lisboa라고 한다. 고대부터 항구도시로 발전하였으며 로마시대, 이슬람시대 등을 거쳐 유럽에서 규모가 큰 상공업도시로 발달하였다. 1755년에 대지진이 발생하여 시가지의 2/3가 파괴되는 불운을 겪기도 하였지만, 서서히 도시를 재건하여 오늘날에 이르고 있다. 리스본에는 1290년에 창립된 대학이 있으며 번성했던 과거의 영광을 아련하게 간직하고 있는 아주다식물원이 있다.

식물원의 역사

1755년 11월 1일에 발생한 대지진 때문에 도시의 대부분이 파괴된 리스본에서 왕궁을 이곳으로 옮기면서부터 아주다식물원의 역사는 시작된다. 당시 포르투갈의 수도 리스본의 근교였던 아주다에는 여러 왕조들이 왕궁으로 이용하여 온 건물들이 많았다고 한다. 그리고 왕궁 옆에 왕실에서 이용할 과일과 채소를 재배할 농장을 조성하였다. 그 농장의 일부가 1765년에 도밍고 반델리 Domingos Vandelli 가 설계한 현재의 식물원인데 이는 유럽에서는 열다섯 번째, 포르투갈에서는 제일 오래된 것이다. 식물원은 왕가의 왕자들 교육에도 이용되었다.

식물원은 1768년에 실질적으로 완성되었는데, 식물원을 설계하고 조성한 도밍고 반델리는 코임브라 대학Coimbra University 으로 자리를 옮겼다가 퇴임 후인 1791년에 아주다 왕립식물원의 원장으로 다시 돌아왔다. 그는 전 세계 식물원과 교류하면서 5,000여 종의 식물을 수집하였지만, 기후 차이와 순화의 어려움 때문에 결국 1,200여 종류의 식물만을

악어 장식이 있는 연못

최종적으로 아주다식물원에서 보유할 수 있었다고 한다. 이후 식물원을 시민에게 개방하였다.

1811년에 2대 원장으로 부임한 코임브라대학의 퇴직 교수인 브로테로Félix de Avelar Brotero는 희귀한 식물을 포함하여 의약용, 농업용 및 예술적 가치가 있는 식물을 광범위하게 수집하여 1,370여 종까지 보유종수를 늘렸지만, 그가 죽고 프랑스가 침공한 뒤로 식물원은 급격하게 몰락하였다.

1836년에 과학원 소속으로 되었다가, 1842년에는 교육을 중시한 식물원기술학교로 개편되기도 하였다. 1874년에 다시 왕실의 관리를 받기도 하였지만, 점점 쇠락의 길을 걷게 되어 1911년에 고등농업과학원으로 편입되기까지 수많은 위원회와 경영 주체가 변경되는 아픔을 겪었다.

식물원의 구성

반델리가 설계한 전형적인 18세기의 정형식정원 양식으로 후기 바로크풍을 보여준다.

부겐벨리아가 꽃핀 담장

야자수 그늘과 화단

즉 그 당시에 유행하던 영국과 이탈리아 정원 양식의 영향으로 완벽한 대칭 구조를 이루고 있다. 식물원은 부지의 높낮이에 따라 2개 층으로 구분되어 있다. 위층은 수집한 다양한 식물들을 식재하여 전시하는 화단이나 전시포들로 구성되어 있다. 전시포 및 식물들은 식물지리학적, 즉 자생지 구역별로 분류되어 식재되어 있다. 아래층은 부지 가운데에 제법 넓은 연못을 조성하고 수생식물들을 배치하였는데, 연못을 장식하는 동물 조각상들이 볼만하다. 특히 뱀 조각상이 인상적인데 분수나 연못에서 살아 기어 나올 것 같은 느낌을 준다.

정형식 정원의 야자수

식물원은 근대에 와서 두 번에 걸쳐 재조성되었다. 1941년에 입은 허리케인의 피해를 복구하는 차원에서 1948년에 대대적인 보수와 식물식재를 실시하였고, 두 번째는 1995년부터 1997년 사이에 이루어졌다. 관수와 배수 시스템을 전면적으로 재설치하였고, 식물원 설립 당시 반델리가 설계한 내용을 가능한 그대로 복원하려고 하였다. 특히 버려져 있던 키친가든에 맹인들을 위한 점자 안내시스템을 도입하기도 하였다.

식물원은 회양목을 반듯하게 전정한 대칭형의 자수화단을 비롯하여, 식물분류원, 온실, 어린이를 위한 놀이터, 종자은행, 표본실, 식물재료 및 가든 용품 판매점 등으로 구성되어 있다. 필자들이 이 식물원을 방문하였을 때 식물의 역사를 보여주는 듯한 거대한 바니앙고무나무 *Ficus macrophylla* 그늘 아래에서 인근 유치원 어린이들을 위한 교육프로그램이 진행되고 있었다. 또 우리나라에서도 여름철에 붉은 꽃을 피우는 배롱나무를 만날 수 있어 반가운 마음이 들었다. 현재 약 1,000여 종류의 식물을 보유하고 있다.

식물원의 운영 특성

고등농업과학원 소속으로 과거처럼 왕실을 위한 정원이 아니라 관련 대학과의 협력하

위층에서 내려다본 아래층 정원

용혈수를 닮은 드라세나류

뱀 조각이 화려한 분수

식물원 중앙의 분수

에 어린이, 학생, 시민들을 위한 식물관련 교육프로그램을 수행하고 있다. BGCI에 가입되어 있으며, 식물보전 프로그램을 운영하고 있다. 원장, 큐레이터 1명, 원예담당 2명, 교육담당 1명, 연구담당 1명, 행정담당 1명의 직원으로 운영되고 있다. 10명으로 구성된 자원봉사단이 활동하고 있으며 연간 2만 명 정도가 방문하고 있다.

하부정원의 일부

Travel tip

주소 Jardim Botanico da Ajuda, Calsada da Ajuda 1300-011 Lisboa, Portugal
홈페이지 www.jardimbotanicodajuda.com
전화 +351 021 3622503
개원시기 및 시간 오전 10시부터 오후 5시까지 개원한다.
면적 3ha

89

헝가리의 국립식물원

바크라토트식물원

Nemzeti Botanicus Kert, Vácrátót

학습장으로 이용되는 식물분류원

동유럽에서 체코의 프라하 못지않게 여행자의 발길을 묘하게 끄는 곳이 헝가리의 부다페스트이다. 우리에게 음악으로 친숙한 도나우 강을 가운데 두고 형성된 부다페스트에는 고성을 비롯하여 국회의사당, 과학아카데미, 도서관, 박물관, 음악학교, 국립극장 등과 같은 오래된 건축물이 시내 곳곳에 있다. 영화 '글루미 선데이' 전반에 걸쳐 애잔하게 흐르는 음악과 도시 전체가 왠지 어울린다는 느낌이 드는 곳이다. 부다페스트 중심지로부터 북쪽 방향으로 약 35km 거리에 국립바크라토트식물원이 있다.

식물원의 역사

1870년에 비가조 산도르Sándor Vigyázó 백작이 식물학 연구를 목적으로 저명한 정원사에게 개인 부지를 기부하여 정원을 조성하기 시작한 것이 이 식물원의 시발점이다. 20세기에 들어 식물원은 목본식물, 암석원 및 유리온실로 유명하였다. 그러나 바크라토트식물원이 본격적으로 발전하기 시작한 것은 1952년에 헝가리 과학원이 이 부지를 소유하게 되고 식물학연구소를 설치하면서이다. 1961년에 헝가리 식물학연구원의 한 부서로 대중에게 개방되었으며 정식 명칭은 국립바크라토트식물원이다.

식물원의 구성

약 180년의 역사와 아름다운 정원을 가진, 헝가리에서 가장 많은 식물 종류(12,000여 종류)를 보유하고 있는 국립식물원이다. 식물원에는 62종류의 조류가 깃들어 살고 있고, 연못이나 시냇물에는 22종류의 어류가 서식하고 있으며, 73종류의 연

고풍스러운 건물과 어울리는 화단

체동물이 발견되고 있어 생태적으로도 종다양성이 풍부하다. 또 식물원 곳곳에 일년초를 사용한 아름다운 화단이 조성되어 있고, 장미와 제라늄의 수집도 주목할 만하다. 그러나 식물원의 기후 환경은 상당히 나쁜 편인데, 연중 강우량은 500mm 정도이고 여름에는 비가 거의 오지 않는 건기가 지속되고 겨울에는 서리와 안개가 늦게까지 지속되면서 영하 30℃까지 내려가기도 한다.

식물분류원은 1.5ha 면적에 전 세계에서 수집한 2,500여 종류의 식물을 유연관계 및 분류체계에 따라서 식재하여 놓았다. 필자들이 방문한 날에도 어린이와 성인을 대상으로 한 교육프로그램이 분류원에서 이루어지고 있었다. 식물분류원은 1954년에 식물원 원장인 미클로스 우자바로시 Miklós Ujvárosi 박사가 수Rezső Soó 교수의 식물분류체계에 따라서 설계하였으며, 90개 과가 유연관계에 따라서 배치되어 있다. 진화적으로 서로 가까운 식물을 인접하여 심어 놓았으며, 여기서 수집한 종자들은 전 세계 500여 기관들과 종자교환을 실시하고 있다.

암석원

식물원에 자라고 있는 수목류의 나이테를 조사하여 보면

19세기 초반부터 생장을 시작한 수목류가 다수 발견되는데 이처럼 오래된 나무들이 식물원 전체의 경관을 형성하고 있다. 식물원 조성 초기부터 플라타너스, 파고다나무(회화나무류), 호두나무 등과 같은 다양한 나무 종류를 수집하여 전시하였는데 그 나무들이 지금의 식물원을 구성하는 중요한 요소가 되고 있다. 현재 3,300여 종류의 목본식물이 있는데, 특히 단풍나무, 피나무, 자작나무, 라일락, 덜꿩나무 등과 같은 동아시아 수목류를 많이 보유하고 있다. 이러한 나무들이 가장 아름다울 때는 4월 20일부터 6월 20일 경이고 가을에는 화려한 단풍이 볼만하다.

1953년에 처음 온실을 건축하였

배수로 겸 관람로로 이용되는 박석포장길

온실 내 선인장과 다육식물

숲전시관 내부

지만 현존하는 온실은 1969년에 지은 것이다. 팜하우스는 1987년에 건축하였으며 2009년에는 선인장온실을 준공하였다. 난방비를 줄이기 위하여 지열난방 시스템을 적용하고 있다. 온실에는 약 3,000여 종류의 식물이 있는데 주로 선인장 및 다육식물이 대부분을 차지하고 야자류, 열대난류 등이 수집되어 있다.

1955년부터 조성하기 시작한 암석원은 계속적으로 보완하고 있으며 온실 옆에는 숙근초화원이 조성되어 있는데, 총 2,800여 종류의 식물이 식재되어 있다. 백합, 붓꽃, 바위취, 미나리아재비, 십자화과, 초롱꽃과, 국화과 등이 주요 수집군이다. 이곳도 4월에서 6월까지가 관람하기에 가장 좋은 시기이다.

식물원의 운영 특성

헝가리과학원 생태학·식물학 연구원 소속으로 생태학연구센터, 식물연구원 등의 조직

오래된 수목을 활용한 숲해설안내 교육

일년초를 이용한 여름초화화단

이 있으며 멸종위기식물의 보전에 관한 연구와 교육을 실시하고 있다. 유전자 은행을 운영하면서 원예적 목적으로 외국에서 관상가치가 높은 식물을 도입하여 번식 및 육종에 관한 연구를 수행하고 있다. 방문객센터에는 식물의 다양성과 환경을 보호하고 지켜야 하는 중요성에 관한 해설과 직접 만지면서 체험할 수 있는 전시실이 조성되어 있다.

전시공간용 회랑을 가진 교육센터

Travel tip

주소 Nemzeti Botanicus Kert, Vácrátót, Alkotmány utca 2-4. 2163 Vácrátót, Hungary
홈페이지 www.botanikuskert.hu/
전화 +36 028 360122
개원시기 및 시간 온실, 식물원, 선인장 전시온실 등의 관람시간이 계절에 따라서 각각 다르기 때문에 방문할 때 미리 확인하는 것이 좋다.
면적 29ha

멕시코
90
92
91
98
99
콜롬비아
96
에콰도르
페루
100
칠레
아르헨티나
97
95

중·남아메리카

90 멕시코 토착식물의 보고
멕시코국립대학식물원
Jardin Botanico del Instituto de Biologia de la UNAM

다양한 종류의 아가베 전시원

멕시코시티 남부에 위치한 멕시코국립대학은 라틴아메리카에서 가장 오랜 역사를 가지고 있는 멕시코 최고의 대학이다. 멕시코국립대학식물원은 도시 전체가 하나의 대학으로 이루어진 시우다드Ciudad 대학도시 내 드넓은 남쪽 평원지역에 위치해 있다. 이 식물원은 멕시코에서 두 번째로 오래된 식물원으로, 멕시코 고유의 선인장과 용설란 등 다수의 토종식물들을 수집·전시할 뿐만 아니라, 조직 배양이나 복제 등 학술적 연구를 수행하는 연구기관으로서의 역할도 수행하고 있다. 대내외적인 교류를 통해 다양한 식물자원의 정보를 공유하며, 연구·보존·교육 및 사회적 봉사활동 등 식물원의 사회적 참여를 선도하고 있다. 수집된 식물들의 다양성과 중요성 차원에서도 멕시코를 대표하는 식물원이다. 영리 목적과는 거리가 먼 대학부속식물원이기 때문에, 개장 시간이 다른 식물원들보다 짧고 공휴일에는 휴관한다. 따라서 시기를 잘못 맞춰 방문하게 된다면 입장이 어려울 수도 있으니, 사전에 꼭 확인해야 한다.

멕시코시티를 남북으로 가로지르는 85번 도로 서측에 위치하여 외부에서의 접근성은 좋지만, 큰 규모의 시우다드 대학도시 내에 있기 때문에 처음 찾아가는 사람은 찾아가는데 다소 어려움을 느낄 수도 있다.

식물원의 역사

1959년 멕시코국립대학의 에프렌 델 포조Efren del Pozo 사무국장의 지원 하에, 식물생리학자였던 마누엘 루이즈Manuel Ruiz가 대학 내 식물학연구소를 설립한 것이 식물원의 첫 출발이었다. 식물원 설립 초기에는 시민들에게 개방할 목적보다는 멸종위기에 처한 멕시코 식물들을 수집하고 보존하여 일반에게 확산시키는 것이 가장 중요한 목

아가베 두란젠시즈가 싹을 튀우는 모습

흰 기다란 가시가 마치 노인을 연상케 하는 필로소세레우스스 레우코세팔루스

바늘쥐 금호선인장이라고 불리는 에치노캑터스 그루소니의 꽃

적이었다. 당시 멕시코는 각종 난개발에 따른 보전능력 상실로 멸종위기에 처한 식물들이 속출하고 있었다. 이런 상황을 타개하기 위해, 스페인 출신의 열대 생물학자이자 식물학자인 미란다 박사Dr. Miranda와 라몬 리바Ramon RIBA, 아루투로 고메주Arturo Gomez 등 젊고 열정적인 식물학자들이 모여 멕시코 전역에 널리 퍼져 있는 식물 표본들을 수집하기 시작하였다. 이들의 노력에 더하여 테오 필리오 헤레라Theo Philo Herrera, 에이지 마투다 오토 나겔Eizi Matuda Otto Nagel, 헬리아 브라보Helia Bravo, 프랜시스코 곤잘레스 메드 랴뇨Francisco Gonzalez Med Llano, 헤르밀로 쿠에로Hermilo Quero, 클라우디오 수자 마리오 델가딜로Claudio Souza Mario Delgadillo 등 유명한 학자들의 도움을 받으면서 식물원은 힘을 얻게 되었다. 멕시코 식물의 멸종위기는 멕시코국립대학식물원의 노력으로 완화되었으며, 전화위복으로 멕시코 식물다양성 보전이라는 큰 결실을 맺게 되었다. 이러한 상황을 입증하듯 식물원 내에 수집·전시되는 식물들의 1/3 정도가 멕시코 내 멸종위기에 처한 식물들이다.

품종의 차이를 설명해주는 화단

식물원의 구성

멕시코국립대학생물학연구소를 지나 넓은 주차장에 도착하면 소박한 식물원 입구가 보인다. 옥상녹화를 실험하는 듯한 정문 관리소를 지나면 작은 잔디 광장과 함께 동네에 위치한 근린공원 느낌의 산책로가 나타난다.

다양한 아가베가 전시된 아가베원 전경

산책로를 따라 좌측에는 연구용 시설과 함께 색다른 식물 전시 야외 갤러리가 위치해 있다. 아기자기한 돌길을 따라 수많은 용설란들을 모아 놓은 용설란원과 선인장원, 돌나물원 등이 연결되어 있다. 특히 용설란원을 따라 이어지는 산책로에는 무시무시한 형태의 아가베 포토시엔시스 *Agave scabra* var. *potosiensis*를 비롯하여, 우리가 흔히 알로에라고 부르는 아가베 아메리카나 *Agave americana*, 구형의 둥근 모양에 가시가 돋힌 아가베 휠리훼라 *Agave filifera*, 아가베 매크로컬미스 *Agave macroculmis*, 아가베 아스페리마 *Agave asperrima* 등을 볼 수 있다. 이처럼 멕시코 내 숲을 비롯하여 사막과 정글 속에 서식하는 것으로 알려진 1,600여 종 이상의 식물들이 식물원을 가득 채우고 있다.

특히 멕시코 식물보호 기준에 따라 멸종위기에 처한 945종의 300여 개 보호식물들을

고슴도치를 연상케 하는 아가베 휠리훼리

아가베원 사이에 보이는 조슈아트리

벽면녹화용 다육식물들의 실험장치

식물원에서는 한눈에 볼 수 있다. 이들은 용설란의 48%, 선인장의 58%, 돌나물의 거의 100%에 해당하는 식물들이 멕시코 내에서 매우 위험한 상태에 처해 있다는 것을 안내하고 있다. 식물원은 식물다양성 보전연구와 함께 약용이나 식용 등 특별한 식물의 용도와 관리방법 등을 보급·전파하고 있다. 또 이들 식물의 사회·문화·경제적 가치 등을 널리 알리는 데 주력하고 있다. 곳곳에 설치된 식물용 실험 장치와 양육 시설들은 식물들을 단순한 생태계 구성 요소로만 보는 것이 아니라, 일종의 지속가능한 자원으로 활용하고자 하는 멕시코 대학의 노력을 보여 준다.

특히 식물원 부지 내에 온실을 포함한 티그리디아 식물입양센터Adoption Center Tigridia Store는 지금까지 200여 종의 난초들을 조직배양을 통해 복제해 왔으며, 이들 외에 선인장과 각종 다육식물 등의 고유종들을 보존해 오는 데 기여하고 있다.

조직배양실이 있는 티그리디아 식물입양센터

식물원의 운영 특성

연구기능이 강한 대학부속 식물원이기 때문에 별도의 특별한 관람이나 투어프로그램이 존재하지는 않는다. 다만 미리 요청한다면 가이드를 동반한 식물원 투어는 가능하다. 식물원 운영상의 특성이라고 한다면, 일반인들을 대상으로 고유식물들의 보존과 지속가능한 이용방법을 안내하는 동시에, 위험에 처한 식물종과 그들의 식별법, 인공적인 재배 기법 등을 가르치고 있다는 것이다. 앞서 언급한 티그리디아 식물입양센터에서는 배양된 멸종위기식물들을 가져가서 키우는 시민들에게 멕시코 고유식물들의 확산에 기여하고 있다는 증명서 및 자격을 '식물다양성보존을 위한 멕시코 시민 네트워크' 이름으로 발급하고 있다. 한편 도시 내에 위치한 식물원답게 주택과 건물들의 녹화 및 효율적인 관리방법을 제공하고 있다.

주택 및 건물 녹화를 위한 실험장치

Travel tip

주소 Jardin Botanico del Instituto de Biologia de la UNAM, Tercer Circuito exterior, S/N Ciudad Universitaria Coyoacán, México, DF, CP 04510, Mexico

홈페이지 www.ib.unam.mx/jardin/

전화 +52 055 56229047

개원시기 및 시간 여름 주중 09:00~17:30, 겨울 주중 09:00~16:30(토요일 09:00~16:00, 공휴일, 부활절과 동계 휴가기간은 휴관)까지 개원한다.

면적 27.5ha

91

엘비스 프레슬리의 추억이 떠오르는

아카풀코식물원

Jardin Botanico de Acapulco

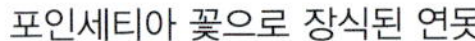

포인세티아 꽃으로 장식된 연못

아카풀코는 1963년 개봉한 엘비스 프레슬리 주연의 '아카풀코의 추억'이라는 영화의 배경이 되면서 전 세계적으로 유명세를 타게 되었다. 태평양 연안의 아름다운 해변과 온화한 기후 때문에 카리브 해에 위치한 칸쿤Cancun과 더불어 멕시코 최고의 휴양지로 손꼽히는 곳이다. 아카풀코의 다양한 볼거리 중 로욜라 델 파시피코대학 Loyola del Pacífico University 캠퍼스에 위치한 아카풀코식물원은 이 지역만의 독특한 동식물들을 수집하여 전시함으로써 방문객들의 눈길을 사로잡고 있다. 특히 태평양 연안의 게레로 Guerrero 만을 둘러싸고 있는 남부 시에라 마드레 산맥South Sierra Madre Mountains의 중턱에 위치하여, 아카풀코 해변을 한눈에 바라볼 수 있다는 점이 식물원의 입구부터 흥미로운 탐험의 출발점임을 암시하고 있다.

식물원의 역사

멸종위기의 식물들을 수집·보존하고 널리 전파하기 위한 목적뿐만 아니라, 시민들을 교육하고 그들의 적극적인 참여를 이끌어 냄으로써, 새로운 문화적 가치를 창출하기 위한 역사적 사명을 띠고 출발한 식물원이다.

초기 아카풀코정원클럽Acapulco Garden Club 의 멤버들은 온화한 기후와 아름다운 식물들로 가득한 아카풀코 해변의 자연스러운 모습을 보전하기 위해, 이들을 전시하고 보존할 식물원의 필요성을 의논하기 시작했다. 이들은 클럽의 10주년 기념식에서 시민들을 위한 획기적인 프로젝트를 수행하기로 결정하였다. 바로 아카풀코식물원을 만들기로 결의한 것이다. 결의와 동시에 적합한 부지를 찾기 위해 토지의 확장가능성이나 접근성, 그리고 토착식물을 비롯한 외래종과 여러 동식물들을 가장 잘 보존하고 전시할 수 있는 지역을 모색하기 시작했다. 그러던 중 멤버들의 까다로운 요구 사항을 충족시켜 줄 수 있는 부지를 발견하게 된다. 로욜라대학 캠퍼스 주변의 6ha에 해당하는 땅이 제안되었고, 곧바로 해당 대학과 2001년 11월에 토지 사용에 대한 계약을 체결하게 되었다. 처음부터 로욜라대학의 학장이었던 마리아노 알론소 Mr. Mariano Alonso 와 건축가인 조지 마드리갈 Jorge Madrigal 을 비롯하여 블라체어 박사 Dr. Blachere 와 휴고 살리나스 프라이스 Hugo Salinas Price 등이 클럽의 대다수 멤버들과 함께 적극적으로 프로젝트를 이끌었다. 멤버들은 각종 만찬과 기념행사를 통해 후원금을 모집하였으며, 금전적인 후원뿐만 아니라 현물기부를 비롯하여 자원봉사와 기술지원 등도 적극적으로 유치하였다. 여기서 마련된 기금을 기반으로 2002년 1월 7일부터 본격적인 조성 작업에 들어갔다. 2002년 3월 2일에 국립정원클럽 INC; National Garden Club 의 회장이었던 루이스 듀프리 슈스터 부인 Mrs. Lois Duprée Shuster 이 아카풀코식물원의 정식 초대원장으로 취임하게 되었다.

초기 건립 당시에는 센데로식물원 Sendero Botánico 이라고 불렸으나, 2003년 2월 아카풀코식물원으로 명칭을 변경하였는데 아카풀코식물원의 스페인어 공식 명칭은 '에스더 플리에고 드 살리나스 Esther Pliego de Salinas'로, 에스더라는 명칭은 식물원 건립의 주요 발기인이었던 에스더 부인을 기리기 위한 것이었다.

2003년 1월 9일, 피엔오 크루즈 P&O cruises 라는 여행사에서 이곳이 과연 방문할 만한 가치가 있는지를 평가하기 위해 찾아왔다. 아름다운 식물원의 모습을 살펴 본 그들은 현장에서 바로 아카풀코의 자연 Acapulco's Nature 이라는 투어 상품을 만들어 제안했다. 그리하여 열

입구에서 바라본 아카풀코 해안가 전경

소박하지만 아담한 방문객센터

흘 뒤인 1월 20일에 개장 후 첫 단체 투어 방문객을 맞이하게 되었으며 경제적인 자립을 꾀할 수 있게 되었다. 이후 지속적인 시설투자가 이루어지게 되었는데, 2004년 2월 9일에는 마뉴엘 아랑고 Mr. Manuel Arango 원장의 지원으로 원형극장이 만들어지면서 많은 뮤지컬과 예술 행사가 현재까지도 지속적으로 개최되고 있다. 1년 뒤인 2005년 3월 14일에는 교실과 사무실을 비롯하여 휴게실, 상점 등의 편의시설을 개장했으며, 계류를 가로질러 건널 수 있는 작은 다리와 폭포, 연못과 피크닉 시설 등의 조경시설들이 조성되었다.

2005년 2월에 아카풀코식물원은 멕시코식물원협회와 국제식물원보전협회에 가입하며 국제적인 식물원으로 발돋움하는 계기를 마련하였다.

식물원은 비영리 기관으로서 이 지역만의 고유한 자생식물들을 널리 소개하는 동시에 확산시키는 역할을 수행하고 있는 열대식물원이다. 오늘날 서로 다른 문화적 배경의 지역주민들과 외국인 방문객들이 평화로운 환경 속에서 여러 식물에 대한 정보를 교환하고 공유하는 학습의 장이 되었다.

식물원의 구성

해발 204~411m에 해당하는 높은 곳에 위치하여 아카풀코 해변을 한눈에 바라볼 수 있으며, 좌우 양측으로는 거대한 화강석 기암절벽들로 구성된 독특한 자연경관을 자랑하고 있다. 식물원 입구에 들어서면 경사지를 이용하여 잘 조성된 산책로가 자연스럽게 우거진 열대숲길과 꽃길 사이로 방문객을 안내한다. 필요한 곳에 적절히 배치된 벤치와 각종 정원 소품을 비롯하여 연못과 계류 등이 환상적인 탐방로를 제공한다. 또 산책로를 따라 정상 가까이 다가가면 울창한 원시림을 즐길 수 있는 각종 탐방시설과 이들의 이해를 돕는 교육센터가 있어 학술적인 가치와 함께 흥미로움도 제공하는 식물원이다.

식물원은 습한 열대기후의 다양한 토착식물들 뿐만 아니라, 이입된 외래종들이 함께 어울려 구성되어 있는데, 그중에서도 약용으로 사용되는 콩과식물 아카시아 글리리시디아*Acacia gliricidia*와 레우카에나*Leucaena*가 식물원 내의 우점종을 차지하고 있다.

2.4ha의 좁은 면적에 멸종위기에 처한 각종 토착식물들이 공간들을 채우고 있다. 열대식물인 헬리코니아와 브로멜리아드를 비롯하여 각종 양치식물과 포도덩굴식물, 생강 등 꽃피는 열대식물과 과실수, 덤불, 사막식물, 야자수와 소철을 비롯한 다양한 활엽경재 등이 어우러져 서식하고 있는 식물원이다. 특히 팔로 모라도 펠토진 멕시카나 Palo Morado Peltogyne mexicana 나 팔로 퍼플 펠토진 멕시카나 Palo Purple Peltogyne Mexicana 와 같은 활엽경재 등은 멸종위기에 처한 식물임에도 불구하고 식물원에서는 흔히 볼 수 있는 식물들 중 하나이다. 이러한 식물들의 잎이나 열매, 씨앗, 뿌리들은 이 지역에서 서식하는 토착동물들의 서식처로서 중요한 역할을 하고 있다. 식물원에 서식하는 토착동물들로 앵무새, 물수리, 홍머리오리, 호오리새 등의 조류와 멕시칸 스파이니테일 이구아나, 녹색이구아나, 보아뱀, 멕시코 독도마뱀 등의 파충류가 있다. 또 몇 안 되는 포유류로서 주머니쥐와 프로키온 너구리 등도 함께 서식하고 있다.

식물원 구석구석을 산책하다 보면 아기자기한 작은 지류와 연못을 비롯하여 주변에 피어 있는 각종 수생식물과 편안한 휴게시설, 아담한 징검다리를 비롯한 각종 정원 소품들이 자원봉사자들의 끊임없는 노력을 엿볼 수 있게 해준다.

식물원의 운영 특성

도심에 위치한 식물원답게 규모보다는 내실있는 운영 예컨대, 시민 참여와 다양한 환경교육프로그램이 이 식물원의 최대 강점이다. 특히 지역경관을 형성하게 도와주는 토종 동식물들의 조화로운 상호작용을 위해 관리를 위한 농약과 화학비료를 전혀 사용하지 않는다는 점이 이 식물원만의 큰 특징 중 하나이다. 식물원은 드라마와 뮤지컬 행사를 비롯하여 환경지킴이 프로그램, 원예 세미나, 단체 가이드 투어, 나무 등반 및 가지치기 과정, 유기농 재활용, 여성 커뮤니티의 예술작품과 수공예품 제작 등 교육적이면서

화분으로 장식한 계류

콜라병 모양의 야자수

바위틈 음지에서 자란 알로카시아

열대지방에서 자라는 안스리움

도 다양한 문화적 활동들을 제공하고 있다. 이 중 환경지킴이 프로그램은 정원을 즐기는 동안 생태계, 오존층, 물 재생, 쓰레기와 생물다양성 등 지구적 차원에서의 각종 환경문제에 대한 내용들을 배울 수 있도록 구성되어 있다. 한편 일반인 대상의 가드닝 교육뿐만 아니라, 대중을 위한 공개강의를 비롯하여 어린이와 대학생, 일반인을 위한 각종 관람 코스도 제공하고 있다. 예약을 통해 가이드 투어를 신청할 수 있으며 매년 1월과 2월에는 작고 아담한 원형극장에 앉아 일몰 콘서트를 즐길 수 있다.

2013년 8월 31일부터 12월 7일까지 6세 이전 어린이를 위해 개최되었던 '오늘의 환경지킴이 2013'은 아카풀코식물원의 대표적인 프로그램이다. 모든 참가 어린이들은 무료이며 오로지 후원금만으로 신선한 계절 과일과 음료 등의 간식과 함께, 교육에 사용되는 교재와 각종 활동 재료들이 지급되었다.

도시에 위치한 식물원답게 자원봉사자들의 노력이 곳곳에 배어 있을 뿐만 아니라, 각종 팸플릿에는 스페인어와 영어로 다양한 정보들이 제공되고 있으며, 페이스북과 트위터 등의 SNS도 식물원의 네트워크를 넓히는 데 기여하고 있다.

Travel tip

주소 Jardin Botanico de Acapulco, Ave. Heroico Colegio Militar 29, Parque el Veladero, Acapulco, Gro., Mexico

홈페이지 www.acapulcobotanico.org/

전화 +52 0744 4350438

개원시기 및 시간 연중 무휴이며 08:00~18:00까지 개원한다.

면적 6ha

92

대지에 기둥을 박은 선인장 박물관

헬리아브라보홀리스식물원

Jardín Botánico Dra. Helia Bravo Hollis

온 산을 뒤덮은 테테코 선인장 군락

멕시코 제2의 도시 푸에블라 Puebla 를 빠져나와 오악사카Oaxaca로 가기 위한 150번 고속도로를 달려보자. 멕시코 중부의 맑고 화창한 날씨와 쭉 뻗은 고속도로는 드라이브 하는 기분을 제대로 느끼게 해 줄 것이다. 중간쯤 잠시 고속도로를 벗어나 구불구불한 125번 국도를 타고 들어서게 되면, 마치 온몸에 가시가 돋친 듯한 고슴도치 형상의 산들이 연이어 나타난다. 바로 테테코Tetecho라고 불리는 큰 키의 선인장들이 산 전체를 뒤덮어, 바늘 돋친 고슴도치 무리를 연상케 한다. 수십 분간 이어지는 거대한 장관에 넋을 잃고 감탄하며 26km 쯤 들어오다 보면, 오닉스onyx라는 광물을 다루는 작은 돌가공 공장들을 지나 왼편에 작은 식물원 입구 하나가 보인다. 바로 헬리아브라보홀리스식물원이다. 거대한 자연환경보존구역의 규모에 비하면 입구의 모습은 무척 수수해 보이기까지 하다. 식물 고유의 특성을 잘 보전하고 그대로의 자연을 살리기 위해 현장에 바로 만들어진 식물원으로, 자포티틀란 살리나스 Zapotitlán Salinas 마을 중심으로부터 얼마 떨어져 있지 않은 곳에 위치해 있다. 푸에블라 주 테후아칸 Tehuacan 시로부터 28km 떨어진 곳이다.

교통편이 좋지 않아 큰 맘 먹고 찾아가지 않으면 찾기 어려운 곳이지만, 자연 그대로의 순수한 사막식물에 관심이 있는 사람이라면 한 번쯤 관람해 볼 만하다.

식물원의 역사

헬리아브라보홀리스식물원의 역사를 이야기하면 빠질 수 없는 한 사람이 있다. 바로 헬리아 브라보 홀리스 Helia Bravo-Hollis 박사이다. 식물원의 명칭에서도 알 수 있듯이 그녀의 헌신적인 노력이 없었다면 이 식물원은 물론이고, 멕시코 식물학

토속적 분위기의 안내소와 기념품 판매소

발전은 매우 더뎠을 것이다.

그녀는 멕시코국립대학에서 명예박사 학위를 받았고, 많은 연구비 지원을 통해 수십 년간 멕시코 자생식물에 대한 분류와 체계를 수립하였다. 그녀의 제안에 따라 이 지역 일대를 식물원으로 지정하게 되었고, 특별히 인위적인 시설 없이 일부 지역만을 개방하여 자연 그대로의 멕시코 식물상을 전시하고 있다.

80여 년간 이즈타팔라파대학과 멕시코국립대학의 수많은 연구자들이 협력 사업을 통해 자포티틀란 살리나스 계곡 내 멸종위기의 위협받는 식물 보존에 헌신해 오고 있다. 또 다수의 일반인이 사회적 참여를 통해 자연자원의 보존을 실천하며, 대표적인 국제 관광자원으로서 활용되고 있는 식물원이기도 하다. 식물원에는 세계적으로 보기 힘든 300여 종의 생물학적 가치가 큰 토착식물이 자연 그대로의 상태로 존재하고 있다.

뼈대만 남기고 고사한 선인장

식물원의 구성

한눈에 다 들어오지 않을 정도의 거대한 산맥 전체가 하나의 식물보호구역으로 지정되어 관리·운영되고 있다. 반사막성의 건조기후 속에서 전 지역에 걸쳐 수직적으로 다양한 식생대와 복합적 생태계의 계층적 구조를 가진 멕시코 자연보호지역을 대표하는 식물원이다. 식물원에서는 특이한 지역 식물들을 전시, 보전, 연구, 증식하며, 이를 지원하기 위해 대부분의 지역을 자연보호지역과 생물학적 보전지역으로 지정하여 관리하고 있다.

테후아칸-쿠이카틀란 생물권 Tehuacán-Cuicatlán biosphere 에 위치하고 있으며, 신북구Nearctic 지역과 신열대구 Neotropical 지역의 합류지점에 위

웅장한 테테코 선인장 군락

치하여 높은 생물다양성을 지닌 독특한 개성의 사막 식물군들을 전시하고 있다. 1ha당 1,200~1,800여 개의 울창한 선인장 숲을 보여주고 있는데, 이러한 사막의 선인장과 덩굴식물들이 이 지역의 주인장 노릇을 하고 있다.

입구에서부터 이어지는 관람 동선은 전체 산책로의 일부로서 주로 학생들에게 지역 식물상을 소개하며 알려주는 작은 정원 역할을 수행한다. 가이드를 따라 관람하다 보면 사막식물들의 여러 가지 약효에 대한 설명을 들을 수 있다. 식물들의 신비한 효험을 듣다 보면, 사막에 서식하는 작은 독충들의 피해로부터 지역 식물들이 견뎌내는 삶의 방식을 이해할 수 있다.

다육식물의 유용한 약용사례에 대해 설명하는 가이드

작은 입구의 관람 정원을 한 바퀴 돌고 나서도 호기심이 발동한다면, 2~3시간 소요되는 전체 산책로를 돌아볼 만하다. 거대한 보호구역 중 개방된 일부 지역으로 언덕을 두세 번 오르내리다 보면, 식물원 전경과 함께 장엄한 테테코 선인장으로 둘러싸인 감동적인 대지의 모습을 감상할 수 있다. 참고로 산책로 중심에 있는 천년의 나무라고 불리는 코끼리발나무 Ele-

천년의 나무라고 불리는 코끼리발나무

phant foot tree는 이곳에서 1,500년 이상을 생존해 왔다. 오랜 장수의 상징으로 여겨지기 때문에 장수에 욕심이 있는 방문객이라면, 이 나무를 꼭 감싸 안아 보기 바란다.

식물원의 운영 특성

방문객들이 안내를 희망한다면 입구에서 직원들에게 안내를 요청할 수 있다. 그러나 즉석 안내는 정규적인 형태로 예약·운영되고 있지 않기 때문에, 운이 아주 좋거나 직원들이 사전에 다른 안내 요청이 없는 경우에만 가능하다. 만약 즉석 안내가 성사된다면, 가까이서 선인장들을 볼 수 있는 뜻밖의 기회를 얻을 수도 있다. 또 언덕길을 따라 탐조전망대까지 둘러보며 53가지 종류의 선인장과 멕시코 고유의 식물들에 대한 설명도 들을 수 있다.

이곳에서 벌어지는 모든 안내 프로그램은 자연보호지역 국가위원회와 살리나스 자포티틀

화려한 알로에류의 꽃

사막에서 피는 화려한 꽃

강한 생명력으로 싹트는 선인장

탐방전망대

란 커뮤니티의 노력에 의해 개발되어 운영되고 있다. 다만 특별히 정규화된 프로그램이 없고, 홈페이지도 없는 관계로 앞서 밝힌 바와 같이, 즉흥적인 당일 예약만이 가능한 곳이다. 따라서 가급적 관리직원들이 한가한 평일 오후 시간대에 방문하기를 권한다.

현장학습 중인 학생들

Travel tip

주소 Jardín Botánico Dra. Helia Bravo Hollis, Tehuacán-Huajuapan, Zapotitlan Salinas, Puebla, Mexico

홈페이지 http://www.puebla.travel/es/ver-hacer/sitios-de-interes/espacios-naturales/item/jardin-botanico-y-vivero-de-cactaceas

전화 +52 0237 3836246

개원시기 및 시간 일출 후에서 일몰 전까지 문을 연다.

면적 일반인에게 개방하는 면적만 약 4ha

93

세계 최초로 식물자원의 현지 내 보전을 목적으로 설립된

브라질리아식물원

Jardim Botânico de Brasília

교육센터와 연못의 풍경

아마존 강, 이구아수 폭포, 삼바, 커피, 축구로 유명한 브라질은 거의 남미 대륙의 반을 차지하고 있으며 칠레와 에콰도르를 제외한 남미 모든 나라의 국경과 맞닿아 있다. 광대한 브라질 영토의 반 이상은 세계에서 가장 큰 우림 생태지역인 아마존 강과 강의 지류지역으로 덮여 있어 지구의 허파 역할을 하고 있다. 세계에서 다섯 번째로 넓은 영토를 가진 나라임에도 불구하고 인구의 대부분은 리우데자네이루, 상파울루 같은 해안에 자리잡고 있는 도시와 주변지역에 집중되어 있다.

브라질의 수도이자 가장 현대적인 도시인 브라질리아는 인구가 집중되어 있는 이들 해안 도시들과는 달리 넓은 브라질 중앙고원에 위치해 있다. 1960년까지 수도였던 리우데자네이루에서 브라질리아로 수도를 옮겼는데, 이는 해안을 따라 밀집되어 있던 인구의 편중을 해소하는 동시에 내륙의 개발을 촉진하기 위해서였다.

당시 집권자였던 쿠비체크 대통령의 지휘하에 천재 건축가인 루시오 코스타Lucio Costa와 유엔 빌딩의 설계자인 오스카 니마이어 등의 설계로 제트기 형 시가와 피라노아 강을 이용한 인공호수 등이 형성되었다. 이때 브라질리아에는 정부의 주요 기관과 입법, 대사관, 금융, 상업센터, 문화시설 등을 계획함과 동시에 브라질리아식물원의 설립도 계획되었다.

이전 수도에도 1800년대부터 조성된 유명한 리우데자네이루식물원이 있었기에 수도의 면모를 갖추는데 식물원도 필수적이라는 의식이 있었음이 분명하다.

브라질리아식물원은 브라질 중부 고원의 고유 식생인 세라도Cerrado 생태계에 조성된 최초의 식물원이다. 또 브라질리아 연방 지구의 환경 및 수자원 보호를 위한 자연보호구역이다. 전체 면적이 약 5,000ha인데 대부분은 자연식생을 보호하는 구역이며, 이 보호구역을 관리하기 위한 연구소 주변으로만 극히 일부 인공적인 정원이 조성되어 있다.

식물원의 역사

루시오 코스타의 새로운 수도 브라질리아 건설을 위한 계획에 브라질리아식물원 및 동물원의 위치가 제안되어 있었다. 1961년에 동물원과 식물원 설립을 지원하기 위한 연방동식물재단 Zoobotânica the Federal District Foundation 이 설립됨으로써 식물원의 역사가 시작되었다.

그러나 1961년부터 1967년까지 도시 건설 기간 동안에는 식물원의 설립을 위한 진전이 거의 없었다. 1969년이 되어서야 다시 동식물공원 계획이 재수립되었는데, 이 계획은 동물원을 중심으로 수도의 핵심적인 관광지로 발전시킬 것을 제안하였다.

1976년 브라질리아식물원 설립을 위한 새로운 위원회가 구성되었다. 그 위원회는 1977년 5월 18일 보고서에서 식물원을 설립할 가장 좋은 위치는 최초로 식물원을 구상한 루시오 코스타의 생각과는 달리 산림시험연구소가 있는 곳이라고 제안하였다. 526ha 면적의 토지에 이미 산림시험연구소가 자리잡고 있어 소나무와 유칼립투스 등의 특성에 대해 연구하고 있었다. 브라질 농업연구공사 Embrapa 또한 종묘 생산을 위한 묘포장을 가지고 있었다. 보고서에서는 이 지역의 고유 식생인 세라도의 보존도 강조하였다.

브라질 고유의 식생으로 식물원의 대부분을 차지하고 있는 세라도

식물원 입구

이 무렵에 지역 신문에 루시오 코스타의 계획 중 '식물원'만이 실현되지 못하였다는 기사가 실리면서 식물원 계획은 급물살을 타게 되었다. 연방동식물재단에 새로운 생물학자인 실루리아 마리아 로드리게스 드 프레이타스 마우리 Cilulia Maria Rodrigues de Freitas Maury 가 부임하면서 식물원 조성은 비약적으로 진전되

유엔기를 바탕으로 한 해시계와 정원

었다.

그러나 당초 루시오 코스타의 계획과 다르게 식물원이 조성되게 되었다. 그 이유는 앞서 언급한 1977년 보고서에서 고유 식생인 세라도 보존을 강조하였고, 식물원의 입지도 이를 반영하였기 때문이다. 이로써 브라질리아식물원은 세계 최초로 식물유전자원을 현지 내에서 보전하기 위한 목적으로 설립된 식물원이 되었다.

세라도 교육센터 주변의 연못

1982년에는 브라질리아식물원의 최종 구현을 위한 새로운 연구가 진행되었다. 1984년에 생태학자인 카를로스 페드로 드 오르레앙 Carlos Pedro de Orleans 이 식물원장으로 임명된 후, 건축디자인, 공공이용프로그램 등이 포함된 연구결과가 발표되었다.

1989년에 세계식물원보전협회가 '식물원 보전 전략'을 발표하였으며, 이 책자는 1990년에 브라질에서 번역되었다. 이것이 브라질리아식물원의 새로운 발전의 계기가 되었다. 1993년 5월 9일 '건축·도시 생활과 환경위원회'는 브라질리아식물원의 생태보호구역 보전 기능을 추가하면서 당초 526ha였던 식물원 면적의 9배에 이르는 4,518ha의 자연보호구역을 식물원 면적에 포함시켰다. 이로써 브라질리아식물원은 세계에서 가장 넓은 면적을 가진 식

정원 곳곳에서 볼 수 있는 조각품들

수생식물을 효과적으로 키우는 모습

물원 중 하나가 되었으며, 기능의 대부분이 식물자원의 현지 내 보전이 되었다.

식물원의 구성

식물원의 역사에서 살펴보았듯이 브라질리아식물원의 주요 목적이 식물자원의 현지 내 보전이기 때문에 식물원의 구성은 단순한 편이다. 식물원 조성시 종합계획에 따라 식물원 지역은 목표별로 세라도 보존 및 보전구역, 과학실험구역, 복구구역, 운영지원구역, 그리고 공공사용구역 등 몇 개의 구역으로 구분되어 있다. 식물원 면적의 대부분이 자연보호구역이며 식물원의 입구 주변에만 일부 인공적인 주제원이 조성되어 있다.

세라도 식생 보전구역 관리용 도로

주제원들로는 진화정원, 건축정원, 명상정원, 일본정원, 소나무원 등이 있다. 진화정원은 식물분류원의 형식으로 조성되어 있다. 건축정원은 식물원 입구 및 주요 건축물들 주변에 건축물과 조화를 목적으로 주로 관상용 식물들을 이용하여 조성한 정원들을 일컫는다.

명상정원은 교육적인 정보를 방문자들에게 제공하기 위한 목적으로 설립된 세라도센터의 주변에 조성하였으며, 아름다운 풍경을 구현하였다. 향기정원은 방문자들이 오감을 이용해 식물을 경험할 수 있는 공간으로 약용식물, 식용식물, 향기를 내는 허브류 등이 자라고 있다.

일본정원은 브라질리아 건설 초기에 일본이 많이 기여한 바에 따라 공공장소에도 자연스럽게 일본 문화가 반영된 결과로 조성된 정원이다. 소나무원은 브라질소나무를 비롯한 전 세계 여러 종류의 소나무와 함께 호주 등지의 특이한 나무인 유칼립투스도 수집하고 연구하는 곳이다.

착생식물의 특성을 살려 식재한 정원

식물원의 운영 특성

브라질리아식물원의 운영은 그 설립목적에서 천명한 바와 같이 자연환경보존과 이를 위한 교육, 지역사회와의 연계활동 등을 활발히 진행하고 있다.

환경 보존 및 보존사업을 위한 연구에 집중하며, 이를 바탕으로 환경교육기관, 지방자치단체, 연방정부, 비정부기구, 시민사회와의 프로젝트를 공유하는 등 보존의 필요성에 대한 인식을 확산하는 일에 주력하고 있다.

Travel tip

주소 Jardim Botânico de Brasília, SMDB, Conjunto 12, Lago Sul, Brasilia, Brasil
홈페이지 www.jardimbotanico.df.gov.br
전화 환경교육센터 +55 061 33661438
개원시기 및 시간 월요일을 제외하고 매일 09:00~17:00까지 개원하며, 시각장애인을 동반한 안내견 외의 애완동물은 출입이 금지된다.
면적 5,000ha

94

남미 경제 중심 도시의 휴식처

상파울루식물원

Jardim Botânico de São Paulo

식물원 초기의 정문이 보이는 린네정원

상파울루는 남미대륙 경제의 중심도시이다. 브라질이 남미에서 경제적으로 가장 발달한 나라이며 상파울루가 그 브라질에서 가장 경제적으로 발달한 도시라고 부르는데 무리가 없다. 경제적으로 발달한 도시답게 식물원의 모습도 세련된 모습을 보여주고 있다.

상파울루식물원의 가장 큰 특징을 꼽으라면 역시 '물'이다. 어찌 보면 전체가 수생식물원이라고 해도 과언이 아니다. 이러한 모습을 갖추게 된 이유는 근세 역사에서 찾아볼 수 있다. 1895년에 정부 수자원국에서는 오늘날 식물원이 위치하고 있는 아구아 푼다Agua Funda에 해당하는 지역의 산림과 농장들을 수용했는데, 그 목적은 상파울루 동부 지역에 원활하게 물을 공급하기 위해서였다. 그러나 아이러니하게도 수질 오염과 수량 부족으로 1928년에 이러한 물 공급 기능을 포기하기에 이르렀다. 이에 따라 220ha에 달하는 광활한 면적이 식물원에 포함되게 되었으며, 그 해에 시민들의 여가 활동을 위한 공원과 관상식물 및 자생식물의 전시를 위한 식물원 조성이 시작되었다. 이때부터 도심으로부터의 식물원에 이르는 도로가 정비되었고, 식물원의 랜드마크인 2동의 온실, 린네정원 및 난보존원이 만들어지기 시작해서 1930년에 공식적으로 일반에 공개되었다.

식물원의 역사

1928년부터 현재 모습의 상파울루식물원이 시작되었지만, 전체 역사는 1554년까지 거슬러 올라간다. 예수회소속 신부였던 호세 드 앙쉬에타Jesuit Padre Jose de Anchieta가 지역의 식물과 유럽에서 가져 온 식물들 특히 약용식물들을 이용하여 정원을 조성하기 시작한 것이 그 시작으로 기록되고 있다. 또 상파울루식물원의 역사는 식물연구소 Botany

물레방아가 있는 수련연못

Institute 및 파라나파아카바 Paranapiacaba, 모기 쿠아수 Mogi Guaçu, 폰데 도 이피랑가Fontes do Ipiranga 등에 있는 3개의 생물보존지역의 역사와 함께하고 있다.

식물원이 비약적인 발전을 시작한 것은 1917년에 박물학자인 프레데리쿠 카를로스 오네 Frederico Carlos Hoehne 가 원장으로 취임하면서부터였다. 오네는 식물원에 약용식물 묘포장을 조성하는 등 식물 수집을 비약적으로 늘렸으며 표본관, 도서관 등을 추가로 건립하였다.

쓰러진 나무를 활용하여 식물생태를 보여주는 모습

1930년대에는 식물학 연구를 위한 실험실 표본관 등이 추가로 건설되었고, 현재 식물원의 입구로 사용되는 야자수거리 Royal Palm Avenue 가 만들어졌다. 식물연구부는 1942년에 새로운 건물로 이전하게 되었는데 이때부터 공식적으로 식물연구소라는 명칭을 사용하기 시작하였다. 38만 점의 표본을 보유하고 있는 표본관이 포함된 식물연구소는 1987년에 국가 환경부로 소속하게 되어 식물원과는 별도로 운영되게 되었으며 일반에게 공개되는 지역과 분리되었다. 나머지 주앙 바르보사 로드리게스 박사 Dr. João Barbosa Rodrigues 식물박물관, 수련호수, 린네정원, 온실, 대나무숲터널, 대서양열대우림트레일, 난보존원 등이 일반에 공개되는 식물원 지역이 되었다.

식물연구소에 소속된 3개의 생물보존지역 즉, 파라나파아카바, 모기 쿠아수, 폰데 도 이피랑가 등은 1970년 및 1971년에 식물연구소 관할로 편입되었으며 동시에 식물원의 현지 내 보존 활동의 장소로 활용되고 있다.

린네정원과 접한 잔디정원과 조형물

식물원의 구성

식물원의 중요한 시설 중의 하나가 주앙 바르보사 로드리게스 박사 식물박물관이다. 1890년부터 1894년까지 원장을 역임하면서 오늘날 상파울루식물원의 토대를 마련한 주앙 바르보사 로드리게스 박사를 기념하여 1940년에 건축되었으며 내부에는 식물원을 비약적으로 발전시킨 프레데리쿠 카를로스 오네에 대한 전시도 하고 있다.

식물원 입구의 수로와 야자수 길

상파울루식물원은 경제적으로 풍요하지만 바쁜 일상을 살아가는 도시민들에게 휴식처 역할을 충실히 하고 있다. 수련 호수가 그 기능을 더해주고 있는데, 1928년에 공원의 기능을 갖추기 위해 조성한 인공 호수이며 수련 종류를 비롯한 다양한 수생식물들이 자라고 있다.

린네정원은 1928년에 조성된 또 다른 인공 호수의 하나를 포함하여 주변에 조성된 정원이다. 식물분류학의 아버지라 불리우는 카를로스 린네우스 Carlos Linneus 의 이름을 정원에 붙인 것만 보아도, 이 식물원은 식물학 연구에도 노력을 다한다는 것을 알 수 있다.

온실은 1930년에 난과식물 수집을 위해 지어졌는데, 영국 큐식물원의 온실 외형을 모티브로 하였다고 한다. 온실 앞에 조성된 연못과 아름다운 조화를 이루며 사계절 식물을 관람할 수 있도록 하고 있다

그 외의 특징적인 공간으로는 대나무숲터널과 대서양열대우림트레일을 들 수 있다. 대나무숲터널은 식물원의 외곽 탐방로로 길 양편의 대나무가 터널을 이룰 정도로 밀생하고 있다. 이곳은 중남미 국가들에서는 볼 수 없는 이국적인 식생으로 현지인들에게 상당히 인기 있는 공간이다. 또, 대서양열대우림트레일은 자연숲을 이용해 2006년에 새로이 조성된 숲속의 탐방길이다. 예전에 수원으로 활용되던 이피랑가 브로 Ipiranga Brook 에 있는 샘물 중의 하나까지 연결하여 트레일 주변의 식생을 경험하게 해주며 환경교육의 장소로 활용하고 있다.

개화 중인 헬리코니아

브로멜리아과의 식물 *Alcantarea imperialis*

연못과 조화를 이루는 온실

식물원의 운영 특성

식물원은 실제로는 식물연구소에 부속되어 있는 공간이다. 일반인들은 잘 깨닫지 못하지만 연구 중심 공간인 것이다. 그럼에도 겉으로 볼 때는 아주 훌륭한 휴양공간으로 조성되어 있다.

운영 측면에서도 상파울루 시민들을 위한 서비스 내용이 상당히 많이 있다. 카페를 운영하여 도시민들이 휴식하면서 식사와 차, 음료를 즐길 수 있도록 하였고, 린네정원 주변에서는 피크닉이 가능하도록 개방하고 있다.

한편으로는 식물원 고유의 역할을 강조하기도 하는데, 보존하고 있는 식물들에 대한 소개, 연구 내용에 대한 소개, 식물 교육 등 다양한 프로그램을 운영하고 있다.

Travel tip

주소 Jardim Botânico de São Paulo, Av. Miguel Estefano, 3031-Savde, Brasil
홈페이지 www.ibot.sp.gov.br
전화 +55 011 50676000
개원시기 및 시간 화요일부터 일요일까지 09:00~17:00까지 문을 연다.
면적 36.3ha

95

남미의 파리 부에노스아이레스의

카를로스타이스식물원

Jardín Botánico Carlos Thays, Buenos Aires

1899년 파리박람회에서 상을 받은 온실

부에노스아이레스는 아르헨티나 사람들이 스스로 '남미의 파리'라고 부를 정도로 온통 유럽풍으로 가득하다. 오래된 건물, 공원, 심지어 사람들의 모습까지도 유럽을 그대로 옮겨 놓은 듯하다.

이 도시의 중심에 역시 유럽 양식으로 조성된 카를로스타이스식물이 자리하고 있다. 식물원의 부지는 전체적으로 삼각형 모양을 하고 있는데 그 삼면이 도시의 거리에 접하고 있으며 세 방향 모두에 출입구가 있어 사람들이 공원에 드나들듯이 쉽게 식물원을 이용하고 있다.

또, 가까이에 팔레르모공원Palermo Park, 부에노스아이레스동물원 the Buenos Aires Zoo, 그리고 일본정원이 자리하고 있어 전체적으로 공원 구역처럼 되어 있는 것도 특징이다.

카를로스타이스식물원의 공식 명칭은 '부에노스아이레스 자치시 카를로스타이스식물원' Jardín Botánico Carlos Thays de la Ciudad Autónoma de Buenos Aires 인데 '부에노스아이레스식물원'으로도 불린다.

식물원의 역사

카를로스타이스식물원은 프랑스 태생의 아르헨티나 건축가 및 조경 디자이너인 카를로스 타이스 Carlos Thays 에 의해 설계되었다. 타이스와 그의 가족과 함께 1881년에 만들어져 지금까지 남아 있는 영국 스타일의 저택에서 1892년부터 1898까지 생활하며 정원을 설계하고 조성하는 일을 맡았다. 식물원은 오랜 조성 기간을 거쳐 마침내 1898년 9월 7일에 출범하였다. 이때 일반에 공개된 식물원의 온실은 1899년 파리박람회에서 상을 받기도 하였다. 1996년에는

대칭 구조를 이루는 프랑스식 정원

1910년에 제작된 기상측정기

국가 기념물로 지정되었는데, 당시 7ha 면적에 약 5,500종류의 식물을 보유하고 있었다.

식물원의 구성

현재 식물원은 약 7,000 종류의 식물을 보유하고 있으며, 식물원의 구성은 크게 세 가지 별개의 조원 스타일로 이루어져 있다. 대칭·혼합형, 그리고 회화적인 스타일의 로마식정원·프랑스식정원, 그리고 동양식정원 등이다.

먼저 로마식정원은 1세기 로마의 식물학자 플리니Pliny가 아펜니노 산맥에 있는 그의 별장에서 키우던 측백나무류, 사시나무류, 녹나무류 등의 수종들을 재현하고 있다. 프랑스식정원은 17, 18세기의 프랑스

풍의 정원으로 대칭적인 스타일로 정원을 조성하였다.

동양식정원을 비롯한 다른 지역은 식물의 원산지에 따라 배열되어 있다. 아시아 원산의 은행나무, 오세아니아 원산의 아카시아 Acacia, 유칼립투스 Eucalyptus 와 카수아리나 Casuarinas, 유럽 원산의 참나무와 개암나무류, 아프리카 원산의 야자류 등을 볼 수 있으며 미국 원산의 세쿼이어, 브라질의 실크트리 등도 수집되어 있다. 또, 아르헨티나 자생식물에 대한 풍부한 수집물들이 분류학적 체계에 의해 식재되어 있다.

프랑스식정원의 연못

식물원 내에는 오래된 건축물들과 함께 당대의 유명한 조각가 및 예술가들의 다양한 작품 33개 이상이 수집되어 있다. 로바 로마나 Loba Romana, 머큐리 Mercury, 비너스 Venus 등의 조각상 외에 베토벤의 제6 교향곡을 상징하는 대리석 조각상 '목회'와 '자연의 눈을 뜨다' 등의 아름다운 작품들이 정원 곳곳에 자리하고 있다.

식물원에는 겨울을 대비한 5개의 온실이 자리하고 있는데 그중 가장 큰 것이 1898년 식물원 개원과 함께 공개된 온실이다. 이 온실은 아르누보 스타일로 건축된 것으로 길이 35m, 폭 8m로 내부에는 2,500여 종의 열대식물이 수집되어 있다.

식물원의 주 출입구

식물원에서 눈에 띄는 조형물 중의 하나는 1910년에 오스트리아-헝가리 제국 연합 국제박람회에 출품하기 위해 호

어린이를 위한 식물학교

세 마르코비치José Markovich가 설계 제작한 기상측정기Indicador Meteorológico이다. 이것은 그 기능뿐만 아니라 조형적인 측면, 정원과의 조화 등에서도 매우 뛰어난 작품으로 평가받고 있다.

식물원의 주 건물인 카를로스 타이스 저택에 위치한 도서관에는 모든 방문객들이 자유롭게 이용할 수 있는 1,000여 권의 도서와 10,000여 종의 간행물을 소장하고 있으며 식물 박물관의 기능도 수행하고 있다.

식물원의 운영 특성

식물원의 운영 면을 살펴보면, 식물원에서는 부에노스아이레스대학 농업 경제학부와 연결된 크리스토발 마리아 히켄Cristóball María Hicken 시립원예학교가 운영되고 있다. 각종 축제와 공연도 진행되는데, 식물원의 최대 축제는 봄이 시작되는 10월의 두 번째 목요일에 시작한다. 축하 파티, 어른과 어린이가 함께하는 활동, 식물원 투어, 특별 강의, 음악과 문학

연못에 심겨진 부들류와 시페루스

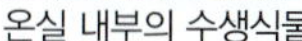
온실 내부의 수생식물

카를로스타이스 저택

특별 공연 등이 이루어진다. 식물원에서는 무료 가이드 투어도 진행하고 있는데 매주 토요일과 일요일 오전과 오후에 1회씩 진행된다.

안타까운 것은 2009년 여름, 큰 폭풍이 부에노스아이레스를 휩쓸었는데 그때 식물원도 전체 면적의 반 이상이 막대한 피해를 입어 그동안 수집했던 많은 식물들이 영원히 사라졌거나 복구하는 데 상당히 오랜 시간이 소요될 것이라는 점이다. 또, 도시에서 떠도는 고양이들이 식물원으로 몰려드는 것도 식물원 관계자들을 곤혹스럽게 하고 있다.

식물원 설계자 카를로스타이스 동상

Travel tip

주소 Jardín Botánico Carlos Thays, Buenos Aires, Avenida Santa Fe 3951, Palermo, Buenos Aires, Argentina

홈페이지 www.buenosaires.gob.ar/espaciopublico/mantenimiento/espaciosverdes/jardinbotanico

전화 +54 011 48314527

개원시기 및 시간 11월부터 3월까지는 매일 08:00~20:00까지, 4월부터 10월까지는 매일 09:00~18:00까지 문을 연다. 입장료는 무료이다.

면적 7ha

96

세계적으로 유일하게 적도에 위치한

키토식물원

Jardin Botánico de Quito

민속식물원

남아메리카 대륙 서북쪽 태평양에 접해 있는 나라 에콰도르 Ecuador, 이 나라의 이름은 스페인어로 '적도'를 의미하기도 한다. 적도의 나라 에콰도르의 수도인 키토 Quito 역시 적도선이 통과하는 적도의 도시라고 할 수 있다. 키토식물원은 키토의 신도시 지역 한가운데 자리잡고 있으니, '적도에 위치한 식물원'이라고 해도 무리가 없다.

키토는 해발 2,850m에 위치하는데, 독특하고 아름다운 자연환경과 역사적 예술품들이 잘 보존된 키토의 아름다움을 더해주는 곳이 키토식물원이다. 식물원은 이 아름다움의 원천인 자연환경을 보전하기 위한 목적으로 설립되었다. 이는 '에콰도르의 식물 자원, 특히 안데스 식물에 대한 보호 및 보존과 이들과 관련한 직·간접적 지식을 제고하기 위하여 식물원을 운영한다'라는 키토식물원의 미션에도 잘 나타나 있다.

식물원의 역사

1989년 10월 4일, 키토 지방정부가 예전에 보육원으로 쓰던 곳을 시립식물원으로 변경하자고 제안하였고, 키토난초협회, 에콰도르 자연사박물관, 키토정원클럽이 이에 협력하기로 협약을 맺으면서 키토식물원이 시작되었다. 식물원 설립이라는 목표 아래, 이 새로운 과학-문화 기관 즉 식물원의 행정 효율을 높이기 위해 1991년 6월 24일 안데스산맥식물재단이 창설되었다. 이 재단은 직접 또는 간접적으로 에콰도르의 안데스 식물 및 관련 지식에 대한 보호와 보전을 목표로 한다.

1993년 5월 조경가이며 미국조경가협회의 회원인 주디스 에반스 파커 Judith Evans Parker가 미주리식물원의 도움을 받아 기본적인 디자인을 시작하여 1996년 8월에 완성하였다.

1995년 2월 기셀라 뉴스테터 Gisela Neustaetter 부인이 키토식물원의 핵심 부분인 난초관의 건설을 위해 많은 기부를 했다. 이 온실은 최고의 난초 수집을 자랑하는 식물원의 대표적 명소이다.

미주리식물원의 원예담당 책임자인 섀넌 스미스 Dr. Shannon Smith 박사는 2001년 2월 키토식물원을 방문하여 식물원의 기초가 될 새로운 개념을 계획하였다.

2004년 6월 키토시행정부와 식물원을 일반에게 개방하도록 하는 협의를 거쳐, 미래에 식물원이 에콰도르 안데스 식물에 대한 보전과 교육의 중심지로 발전하기를 바라면서 2005년 2월 25일 개원하였다.

건조식물원의 비가림 시설

식물원의 구성

식물원의 구성은 미션을 잘 반영할 수 있도록 계획되었다. 즉, 안데스 지역의 다양한 식물들을 식생대 혹은 환경별 특성에 따라 수집하고 보전하며 교육할 수 있도록 배치하고 있다. 식물원 입구에 있는 연못을 비롯하여 키토식물원 곳곳에는 연못과 습지가 조성되어 있으며 온실 내에도 다양한 습지가 조성되어 있다. 자연에서 습지대는 호수, 강, 얕고 신선한 물웅덩이 등 여러 형태로 존재하면서 다양한 식물들이 자라는 환경이 된다. 또 물고기, 양서·파충류, 새 등 다양한 동물들의 삶의 터전이 되기도 하는 등 생물다양성의 보존에 필수적이다. 이와 같은 중요성을 일반인들이 인식할 수 있도록 식물원에 다양한 습지를 조성

난초관의 식물 전시

식물원 입구 안쪽에 있는 연못

한 것이다.

식물원에는 운무림 Bosque Nublado, cloud forest이라고 하는 안데스 산맥의 특이한 산림식생이 재현되어 있다. 운무림은 안데스 산맥 동서부의 외부측면 해발 1,200~2,000m 사이에 위치하고 있다. 매년 1,000~2,000mm의 비가 내리고 연중 평균온도는 18℃로 매우 습기가 많고 쌀쌀한 지역이다. 이러한 환경 조건 때문에 아마존과 해안에서 생성된 구름이 안데스 산맥과 충돌하면서 연중 숲에 안개가 가득 낀다. 이 지역에는 나한송 Podocarpus 과 같은 각종 상록침엽수들이 분포한다.

식물원에 재현되어 있는 식생대의 하나로 남미의 대표적인 식생대인 파라모 Páramo 가 있다. 파라모는 해발 3,200~4,100m 사이에 위치한 남미의 전형적인 열대 고원으로 밤낮의 기온차가 심하고 비가 많이 오기 때문에 매우 축축한 지역이다.

파라모 지대는 물 저장 가능성이 크기 때문에 독특한 생태계 시스템이 구축되어 있다. 풍부한 물을 기반으로 생태계가 안정되어 있어 콘도르 condor, 곰, 사슴, 늑대, 매 등 최상위 포식자들까지 다양하게 분포하는 야생의 천국이다. 파라모에 모이는 물은 산간 마을에서 쓰이는 식수의 90%를 공급하며, 안데스 계곡의 농작물 관개용수 및 수력 발전의 주요 원천이 되기도 한다.

키토식물원의 핵심 주제원인 난초관은 식물을 잘 모르는 사람도 좋아할 수밖에 없는 곳이다. 난초과 식물은 전 세계에 약 30,000종이 있는 아주 다양한 식물과이다. 지구상에 있는 식물 종수가 일반적으로 약 350,000종으로 알려져 있는 것을 고려할 때 정말로 다양한 식

주제정원과 나무로 만든 키오스크

물군이 난초과이다. 그중 에콰도르에는 약 4,250여 종이 있는 것으로 알려져 있는데 에콰도르의 국토 면적을 고려할 때 난초의 나라라고 불리기에 충분하다.

키토식물원에는 난초과 식물의 수집을 위한 두 개의 온실을 가지고 있다. 온대 기후에서 자라는 난초와 열대 기후에서 자라는 난초를 모두 수집하고 있다. 식물원의 중요한 목적의 하나가 안데스에 분포하는 식물과 관련된 지식의 보존과 증진인 것과 관련하여 식물원의 정원들도 이와 관련된 것들이 상당수 있다. 예를 들어 아마존식물원, 민속식물원, 식충식물원, 주제정원 등이 이에 해당한다.

아마존식물원에서는 아마존 지역에서 전통적으로 식용, 약용, 미용, 건축용 등으로 쓰이는 식물들을 수집, 관리하고 그 이용법들에 대해서도 소개하고 있다. 민속식물원에서는 식물이 인간에게 주는 혜택과 고대로부터 이어져 내려오는 식물과 인간의 관계를 알아 볼 수 있다. 특히 안데스 지역에서 의식에 쓰이는 식물 즉, 과일, 약용식물, 섬유용 식물 등으로 나누어 전시하고 있다. 식충식물원에서는 곤충이나 때로는 더 큰 동물들을 잡아먹기도 하며 모양도 특이하고 생태도 특이한 식물들이 수집되어 있다. 주제정원에도 특정 식물군들이 모여 있는 여러 영역으로 구성되어 있는데, 특별히 인류의 문화와 관련된 식물의 특징과 유

난초관에 수집된 다양한 식물들(맨 오른쪽 사진이 원숭이가 웃는 듯한 특이한 모습의 난초 *Dracula* spp.)

용성, 역할들을 알아 볼 수 있다.

온대 난초 전시실

식물원의 운영 특성

키토식물원의 운영에서 특이한 점은 대학생들을 중심으로 한 학생들의 자원봉사가 아주 활발하게 이루어지고 있다는 것이다. 식물 분야를 전공한 학생들뿐만 아니라 외국어를 전공한 학생들까지 다양하게 자원봉사를 하고 있었다. 우리가 방문했을 때에도 자원봉사 학생들의 안내를 받을 수 있었는데, 영어를 전공한 학생과 식물을 전공한 학생이 함께 안내를 해주어 식물뿐만 아니라 에콰도르의 다양한 문화에 대해서도 흥미롭게 들을 수 있었다.

식물원에서는 다양한 교육프로그램과 함께 문화활동 프로그램도 운영하고 있는데, 심지어 스포츠댄스 과정도 운영하고 있어 지역의 문화 중심지 역할을 수행하고 있는 것을 볼 수 있다.

일반인들을 위한 흥미로운 서비스 내용으로 개인정원 조성에 대한 전반적인 과정을 지원한다는 것이다. 특히 에콰도르 자생식물과 외래식물을 포함한 다양한 식물을 활용하는 정원의 계획에서부터 유지관리까지도 폭넓게 자문하고 있다. 이러한 활동도 결국은 식물원의 미션인 안데스 식물 및 식물 관련 지식의 보호, 보존 및 증진과 직접적으로 연결되는 것이라고 할 수 있다.

Travel tip

주소 Jardin Botánico de Quito, Pasaje, Rumipamba, Quito, 170135 Ecuador
홈페이지 jardinbotanicoquito.com/
전화 +593 03 332516, 332543
개원시기 및 시간 월요일부터 금요일까지는 08:00~16:45, 주말과 휴일에는 09:00~16:45까지 개원한다
면적 1.8ha

97

남미의 다양한 문화와 식물과의 관계를 볼 수 있는

칠레국립식물원

Jardin Botanico Nacional

멀리 지중해성식물수집원이 보이는 풍경

칠레국립식물원은 칠레의 수도인 산티아고Santiago에서 100km쯤 떨어진 태평양 연안에 위치한 제2의 도시 발파라이소에 자리하고 있다. 발파라이소는 칠레 최대의 항구 도시로 교통의 요지인 덕택에 일찍 산업이 발달하였으며 경제적으로도 풍요롭게 되었다. 이를 바탕으로 칠레 유일의 국립식물원이 수도인 산티아고가 아니라 제2의 도시인 발파라이소에 자리하게 되었다.

칠레국립식물원은 식물과 관련된 남미의 다양한 문화를 함께 수집 전시하고 있어 한자리에서 남미 대륙을 경험하기에 좋은 장소이다.

식물원의 역사

식물원이 자리잡은 곳에 원래는 개인이 소유한 엘 살리트레 돈 파스쿠알 바부리차El Salitre Don Pascual Baburizza 공원이 있었다. 이 공원은 총 22ha의 면적으로 1918년에 프랑스의 건축가이자 조경 디자이너인 조지 뒤부아George Dubois가 설계했는데, 당시 280종 이상의 식물을 도입했다.

이 공원을 1951년 국가에 헌납하였고 이를 바탕으로 국립식물원을 설립하였다. 그 이후로 식물원은 발파라이소 지방에서 자연과 만나는 곳이자 섬처럼 고립된 국토의 중부와 남부에서 온 특별한 식물들을 풍부하게 보전하는 곳이 되었다. 이를 바탕으로 학습, 문화, 즐거움의 장소가 되고 있다.

1998년에는, 이전까지 공무원에 의해 운영되면서 식물원이 비효율적으로 운영되었던 문제를 해소하고 식물원의 목표 달성 및 활동을 촉진하기 위하여 국립식물원재단이

식물원의 인공연못과 주변 숲

설립되었다. 이를 통해 식물원은 새로운 발전의 전기를 마련하였다.

칠레국립식물원의 미션은 '고유종 혹은 외래종 식물들을 현지외 ex situ 에서 보전하기 위해 힘쓰고 그 식물들의 지속 가능성을 공고히 하며, 환경 교육을 제공하고 식물에 대한 지식을 넓히기 위해 연구를 한다'는 것이다.

식물원의 구성

칠레국립식물원은 국제식물원보전협회의 기준에 따르면 식물원이 갖추어야 할 국제 기준을 충족할 수 있을 정도의 식물 수집이 있는 것으로 평가된다. 식물원에는 현재는 총 779종의 식물을 보유하고 있는 것으로 기록되어 있는데 그중 42.5%가 자생종이다.

식물원에는 다양한 주제원들이 조성되어 있는데 특이한 점은 각 주제원들에 수집되어 있는 식물들의 목록을 인터넷상에서 모두 확인할 수 있다는 점이다.

먼저 베르나르도베커수목원 Arboretum Bernardo Beckar 은 주로 칠레 자생 수목들을 수집하고 있는데 총 79종류 328개체의 수목이 자라고 있다. 선인장원은 칠레국립식물원의 대표적인 수집원으로 선인장과와 브로멜리아드과 식물 90종 680개체가 수집되어 있다. 주로 칠레의 고유의 선인장과 다육식물들을 수집하고 있다. 선인장원은 그 수집식물들만큼이나 온실도 독

식물원의 입구

장미원과 온실

특한 구조를 가지고 있는데, 목재와 철 구조물이 아름답게 조화를 이루어 그 자체로도 시선을 끌기에 충분하다.

칠레국립식물원에는 문화와 관련된 식물 수집이 다양하게 이루어지고 있다. 예를 들어 문화 컬렉션과 약용식물이라는 주제의 정원도 있으며, 프랑스정원, 멕시코선인장과 아가베 수집원 등도 문화와 관련이 있다. 남미 대륙인 점을 고려할 때 특색 있는 정원으로 일본 벚나무를 집중적으로 수집한 정원도 볼 수 있다. 이를 통해 일본이 칠레 역사와 문화에 어느 정도로 영향을 미쳤는지 알 수 있다.

독특한 식물 수집 중의 하나로 이스터 섬의 식물들을 수집한 정원도 있으며, 그 외에 온대우림 식물, 도금양과 Myrtaceae 식물, 지중해 식물, 대극과 식물, 향나무속, 종려과 식물 등 식물 종류와 식생대별로 다양한 수집원이 조성되어 있다.

목재와 철골 구조를 조화시켜 만든 선인장원

식물과 관련한 심도 있는 학습을 할 수 있는 주제원의 하나가 생물지리원이다. 이곳에는 지구상의 각 지역이 지리적인 측면에서 어떻게 서로 연결되는지를 알려주며, 그 증거의 하나로 식물의 유사성을 확인할 수 있도

멕시코 선인장 및 아가베수집원

계단식으로 조성된 야외공연장

지중해성식물수집원

록 하고 있다.

한편, 식물원에는 연구소가 있으며 그의 부속으로 식물 표본실도 조성되었다. 연구소는 2011년 7월 22일, 아구아스 안토파가스타 Aguas Antofagasta SA 회사의 자금 지원으로 설립되었다. 연구소에서 하는 일은 칠레 식물상 조사, 식물 식별, 본래 자생지를 벗어나 자라는 식물들과 실험실환경 속에 자라는 식물들의 생육 환경, 멸종의 위기에 처해진 토착 혹은 외래종의 보존 등 다양한 분야에서 과학적인 연구와 분석을 하는 것이다.

식물표본실에는 약 2,300개의 폴더와 1,000여 종의 칠레 자생식물, 외래 식물의 표본을 가지고 있다. 표본실에서는 뉴욕 식물원에서 발간하는 세계적으로 권위 있는 국제표본관 목록 Index Herbarorium(IH)에 들어가기 위해 5,000점의 표본을 수집하는 것을 목표로 노력하고 있다.

식물원의 입구에는 어린이 집이라는 공간이 조성되어 있다. 어린이 방문자들을 대상으로 다양한 놀이와 교육 및 여가 활동을 함으로써 환경에 가까이 접해 보도록 하는 것이 목표이다. 이곳에서는 어린이들이 생일 파티, 여름·겨울 스쿨, 부모와 함께하는 자연 관찰 워크숍 등이 진행된다.

또, 칠레국립식물원은 텐카 Tenca 같은 칠레 고유종 새의 서식지이며 그 밖에 다양한 새들을 포함한 동물들을 관찰할 수 있는 좋은 곳이기도 하다.

식물원의 운영 특성

숲속 모험 놀이터인 캐노피의 일부

칠레 전통 방식으로 지은 휴식 공간

칠레국립식물원은 연구 기관인 동시에 다양한 문화활동이 가능한 공간으로 운영되고 있다. 각종 단체의 모임, 결혼식, 개인 콘서트 등에 식물원의 공간을 대여해주고 있다.

일반적인 식물원들이 대부분 운영하는 가이드 투어, 환경교육프로그램, 식물 관련 컨퍼런스 등이 연중 다양하게 개최되고 있다.

식물원의 운영과 관련한 특색 있는 시설이 있는데, 캐노피라고 하는 매우 규모가 큰 숲 속 놀이시설이다. 식물원의 역사가 깊기 때문에 식물원에 형성된 자연식생도 매우 오래되어 큰 나무들이 많이 자라고 있다. 이들 높은 나무 사이에 줄을 연결하여 흔들리는 다리를 만들기도 하고, 공중 터널을 만들기도 하여 어린이들이 숲 속의 모험을 경험할 수 있는 특별한 시설이 바로 캐노피이다. 이 시설은 안전과 별도의 관리를 위해 입장객 수를 제한하며 식물원 입장료 외에 별도의 이용료를 납부하여야만 하며 어른들은 입장할 수 없다.

Travel tip

주소 Jardin Botanico Nacional, Calle Camino el Olivar 305, Viña del Mar, Valparaíso, Chile
홈페이지 www.jbn.cl
전화 +56 032 2672566
개원시기 및 시간 10:00~19:00까지 개원한다.
면적 22ha

98 난초전시관이 독특하고 멋진 호아킨안토니오우리베식물원

Jardin Botanico de Medellin Joaquin Antonio Uribe

영화 '아바타'를 연상시키는 난초전시관

콜롬비아 안데스 산맥 해발 고도 1,500m의 고원 지대에 위치한 도시 메데인은 스페인의 식민 지배를 받던 시기에 금광 개발 기지로 건설되었다. 그 후에는 커피 재배의 중심지로 성장하여 많은 커피를 집산하고 있으며 20세기에 들어와서는 콜롬비아 최대의 공업 도시로서, 제철·자동차·플라스틱·섬유·식품 등의 산업이 활발하였다.

수도인 보고타에 이어 콜롬비아 제2의 도시로 연중 최고기온이 28℃, 최저기온이 16℃로 영원한 봄의 도시라고 불린다. 또 2개의 종합대학 외에 농업대학·광업대학·연구소 등이 있는 교육과 문화의 도시이기도 하며, 온난한 기후로 인해 수출용 난초를 집산하는 아름다운 도시이다.

좋은 기후적 특성과 경제적 발전을 토대로 아름다운 공원과 근대적인 고층 건물이 조화를 이루고 있다. 이 아름다운 도시의 중심지에 호아킨안토니오우리베식물원이 위치하는데, 보통 '메데인식물원'이라고 많이 불린다.

식물원의 목표는 현지 내 및 현지 외에서 식물자원을 보전하기 위한 기초 및 응용연구를 지속하여 궁극적으로 자연환경 보전에 기여하는 것이다.

식물원의 역사

남미 대륙에서도 식물원의 개념은 역사가 깊다고 한다. 이미 아즈텍 문명 시대에도 식물원이 조성되어 식물 자원에 대한 연구와 학습의 장소로 활용되었다는 연구 결과도 있다.

식물원의 기능 및 목표는 식물의 보존, 연구, 지속 가능한 이용이 국가의 최우선 과제이며 전략이라고 밝힌 콜롬비아 의회의 1996년 제정 법률 299호에 기반한다.

메데인의 식물원은 한 세기 이상의 역사를 가지고 있다. 현재 식물원의 부지는 19세기에 에덴의 목욕탕 Bathhouse Eden이란 이름의 여가 공간으로 활용되고 있었다. 이 농장은 돈 빅터 아랑고 Don Victor Arango와 에밀리아 아랑고 Emilia Arango, 메르세데스 아랑고 Mercedes Arango 자매가 소유하고 있었다. 당시 이 땅은 지역 주민들에게 소풍과 여가의 공간으로 개방되고 있었다.

20세기 초에 지역에서는 '신세기 기념위원회'가 조직되어 지역사회 발전을 도모하고자 하였는데, 그 일환으로 정부로부터 자금을 지원받아 식물원 부지를 구입하였다. 당시에 위원회에서는 이 부지를 공원으로만 사용하려고 했던 것이 아니라 식물자원 보호구역으로도 활용하려고 하였다. 이로써 오늘날 식물원의 토대가 마련되었던 것이다.

이를 더 발전시킨 사람은 리카르도 아랑고 레오카디오 그레페스테인 Ricardo Arango Leocadio Greffestein 이었는데, 그는 끊임없는 노력으로 이상을 실현하려 하였다. 그 결과 1913년 8월 11일 독립기념숲이 조성되었다.

독특한 디자인의 식물원 입구 건물

마다가스카르의 희귀식물인 부채파초 *Ravenala madagascarien*

독립기념숲 조성 50주년을 넘긴 몇 해 뒤인 1968년에 새로운 발전의 전기를 맞이하였다. 콜롬비아난협회 회장인 엘레나 바라야 Elena Baraya 여사는 호주에서 돌아와서 세계 제7차 세계학회를 개최하였다. 이때 공공개선협회, 콜롬비아난초협회, 지방자치단체 및 메데인정원클럽이 협력하여 비영리 사회단체를 결성하고 식물원의 초석을 놓았다.

1972년 메데인식물원은 공식적으로 호아킨안토니오우리베식물원으로 알려지게 되었다. 호아킨 안토니오 우리베 Joaquin Antonio Uribe 는 1800년대 후반 콜롬비아의

아름다운 경치를 보여주는 연못

교육자이자 예술가이며 자연과학자 및 식물학자였다. 이후 오랜 기간 동안 식물원은 부침을 거듭했다. 그 이유는 몇 번이나 반복됐던 콜롬비아의 경제 위기 때문이다. 오랜 어려움을 거친 뒤에 2005년 3월에 식물원은 발전을 위한 총체적인 개선 작업에 들어갔다. 그 결과 오늘날에는 콜롬비아의 식물보전연구의 중심, 지역 사회 주민의 여가 공간 및 국내·외 관광객의 방문 장소 등 다양한 방향으로 발전하게 되었다.

식물원의 구성

거목과 선인장 및 각종 다채로운 색상의 식물들이 식물원을 구성한다. 잘 가꾸어진 넓은 식물원 중심에 한 폭의 그림처럼 호수가 펼쳐져 있다.

식물원에는 매우 다양한 식물들이 수집되어 있다. 주요 수집 식물군들을 보면 소철과, 브로멜리아과, 난초과, 나무고사리, 생강목, 천남성과, 제스네리아과, 목련속, 쥐방울덩굴과, 대나무류 등 매우 다양하다. 특히 난초과와 목련속 식물의 수집은 전 세계적으로 유명하다.

식물원은 공간적으로도 열대우림, 야자수원, 사막식물원, 난초전시관, 약용식물원, 철쭉원, 나비하우스 등으로 구분되어 조성되어 있다. 또, 전시 공간, 도서관, 연못 등의 다양한 환경을 갖추고 있다.

이 중에서 가장 인상적인 것은 난초전시관인데 마치 영화 '아바타'를 연상시키는 건축물이다. 이곳에서는 난초를 비롯한 다양한 열대식물을 만날 수 있다. 이 건물은 금색의 6각형

사막식물원의 모습

입구건물 중앙의 식물전시

나비하우스의 내부

기차를 옮겨놓은 카페

판으로 만들어진 화려한 지붕을 가진 혁신적인 디자인이 돋보이며 로맨틱한 조명을 갖추고 있고 그 아래에 열대 난초, 안수리움, 파인애플, 양치류 등이 자라고 있다.

사막식물원의 환경 조성도 매우 특이한 모습을 나타내고 있다. 온도 조건은 사막의 환경과 크게 다르지 않지만 강수량이 많기 때문에 보온 시설 없이 강우를 막을 시설을 설치하고 있다. 이 시설의 디자인은 예술성이 아주 뛰어나다.

독립된 특별한 공간으로 조성된 나비하우스도 이 식물원에서 꼭 보아야 할 장소이다. 특이하게 디자인된 건물과 나비 방사 시설이 눈길을 끌 뿐만 아니라, 나비의 생태와 관련된 연구도 매우 심도있게 진행되고 있는 것을 확인할 수 있다.

호아킨안토니오우리베식물원의 인상 깊은 시설물 중의 하나는 행정실, 연구소, 도서관, 표본관 등의 복합 기능을 가지고 있는 교육센터이다. 이곳에 소장되어 있는 도서자료, 표본자료 등의 모든 자료는 일반인 누구라도 열람이 가능하고 연구 및 학습에 활용할 수 있다.

건축물 중에 입구의 건물도 매우 특이한 것 중의 하나이다. 디자인적으로도 독특한 모양을 갖추고 있으며 기능면에서도 복합적으로 사용되고 있어 꼼꼼하게 둘러볼수록 매력이 있는 건물이다.

철쭉정원이란 이름의 안뜰이 멋진 컨벤션 건물

식물원의 운영 특성

식물원의 운영은 학술, 문화, 예술, 휴양 등 식물원이 수행할 수 있는 모든 영역을 망라하고 있다.

학술적으로는 아마존정글 장기모니터링, 열대 정원의 국제회의, 식물원 관련 업무와 지식 교류 프로그램 등 깊이 있고 광범위한 활동을 수행하고 있다.

자연스럽게 조성된 연못

문화 및 예술과 관련된 프로그램으로는 목요일 정원에서의 영화 관람과 소풍 프로그램, 그리고 녹색시장과 같은 환경보호 캠페인 등을 운영하고 있다.

휴양과 관련한 프로그램으로는 아트만정원에서의 요가 등의 프로그램을 운영하며 그 외에도 결혼식을 하거나, 식물원의 정원이 있는 멋진 식당과 카페에서 맛있는 요리나 차를 즐길 수 있다.

Travel tip

주소 Jardin Botanico de Medellin Joaquin Antonio Uribe, Calle 73 # 51D-14, Medellin, Colombia

홈페이지 www.botanicomedellin.org

전화 +57 04 4445500

개원시기 및 시간 화요일에서 금요일은 08:00~16:30까지 개원하며, 토요일과 일요일은 10:00~16:30까지 문을 연다. 월요일은 휴원한다.

면적 13.2ha

99

안데스고원 생태계 연구와 문화활동의 중심지

호세셀레스티노무티스식물원

Jardin Botánico de Bogotá Jose Celestino Mutis

입구 연못의 멋진 분수

안데스 산맥의 해발 2,600m 고원 분지에 위치해 있는 콜롬비아의 수도 보고타 Bogotá 는 볼리비아의 라파스 La Paz 와 에콰도르의 키토 Quito 다음으로 세계에서 세 번째로 높은 대도시이다. 면적으로도 콜롬비아에서 가장 큰 도시이며 수많은 대학과 도서관이 있으며 문화 활동의 중심지로 '남아메리카의 아테네'로도 불린다. 일찍부터 경제와 문화가 발달해 온 보고타에는 식물문화센터인 식물원도 비교적 일찍 설립되었다. 특이한 점은 이웃나라 브라질을 비롯하여 유럽의 식민 지배를 받아 온 전 세계 많은 나라들이 대체로 외세에 의해 대표적인 식물원이 설립된 반면, 콜롬비아는 식민 지배를 경험했음에도 스스로의 노력으로 발달된 식물원을 조성해 왔다는 것이다. 이렇게 조성된 식물원이 호세셀레스티노무티스 José Celestino Mutis 식물원이며 콜롬비아 최대의 식물원이기도 하다.

호세셀레스티노무티스식물원(흔히 보고타식물원이라고 불림)은 1955년 식물학자이자 천문학자인 호세 셀레스티노 무티스를 기려 설립되었다. 안데스 고원 생태계를 중심으로 모든 콜롬비아 고도, 기후와 지역에서 자라는 식물군을 수집하고 연구하는 연구센터로서의 기능과 함께 문화·휴양 활동의 중심지로서의 기능 등 폭넓은 역할을 수행하고 있다.

식물원의 역사

식물원의 이름으로 헌정된 호세 셀레스티노 무티스는 식물원뿐만 아니라 콜롬비아의 역사와도 뗄 수 없는 인물이다. 그는 1732년 스페인의 카디즈에서 태어났으며, 세비야의 대학에서 의학을 전공하였다. 1783년 총독 안토니오 카발레로 곤고라 Antonio Caballero y Góngora의 지원과 스페인의 카를로스 3세의 승인으로 뉴 그라나다 왕국 New Kingdom of Granada 식물 탐험을 시작했다. 원정대는 33년간 20,000종류 이상의 식물과 7,000종류의 동물을 기록하는 등 18세기의 가장 중요한 과학적인 성과를 이루어냈다. 무티스는 처음 7년간에 마리키타 Mariquita 에 식물원을 조성하고 계피, 커피 등 콜롬비아에 없었던 식물들이지만 지금까지 콜롬비아의 경제에 매우 중요한 영향을 미치고 있는 식물들을 키웠고, 그 후 보고타로 옮겨 호세셀레스티노무티스식물원을 조성하였다.

엔리케 페레즈 알바레즈 박사의 동상이 보이는 정원

관람객들의 휴식 공간으로 이용되는 식물원

무티스가 콜롬비아 식물 연구 역사 전체적인 측면에서 매우 중요한 역할을 수행하였다면, 보고타식물원에 직접적으로 영향을 미친 사람은 엔리케 페레즈 알바레즈 박사 Dr. Enrique Perez Arbeláez 이다. 식물학자이자 성직자인 알바레즈 박사는 1937년 국립대학의 식물학 학교를 만들려고 하였으나 내전으로 인해 프로젝트가 지연되었다. 그는 지속적으로 노력한 끝에 마침내 1955년 8월 6일에 보고타 관리위원회로부터 17.5ha의 토지를 임대받아 식물원을 설립하게 되었다. 알바레즈 박사는 콜롬비아 식물학 및 경제 역사에 가장 중요한 업적을 남긴 호세 셀레스티노 무티스의 이름을 식물원에 담아 그를 기리기로 결정했다.

1972년 알바레즈 박사가 사망할 때까지 그와 그의 부인 테레사 페레즈 알바레즈 Teresa Perez Arbelaez 여사는 식물원에 생명을 불어넣었다. 그들은 특히 안데스 산맥 각 지역의 식물에 관심을 가지고 직접 전국으로 탐사를 다니며 식물을 수집하였다.

1998년부터는 법령에 의해 식물 관리, 연구, 교육, 시설물 유지 보수 등 핵심적인 활동을 효율적으로 수행하기 위해 보고타 시정부의 직접관리에서 벗어나 시의 지원을 받는 공공재단으로 독립하였다. 동시에 보고타식물원은 시정부의 생태계 및 도시 수목 복원 프로그램에 포함되어 직접적이며 효과적인 지원을 받을 수 있게 되었다.

식물원의 구성

보고타식물원은 식물원의 기능을 일반인들이 이해하기 쉽게 설명할 때 쓰는 '식물문화센터'라는 말이 가장 적절하게 표현된 사례라고 할 수 있다. 식물에 대해 다양한 연구를 할 수 있는 실험실, 식물 관련 자료를 볼 수 있는 도서관 등의 연구시설 외에 방문객센터 및 관광 안내소 등 공공 서비스 시설도 다양하게 갖추어져 있다.

보고타식물원은 주로 안데스에 분포하는 식물들을 수집하고 있다. 총 면적 19.5ha에 각

이국적 식물수집원에서 볼 수 있는 다양한 관상용 식물들

야외정원의 아름다운 풍경

식생단위별로 식물을 수집하거나 또는 식물분류군별로 수집하여 전시하고 있다. 식물원 내에는 전 세계로부터 약 19,000종류의 식물들이 수집되어 있는데, 그중 2,346분류군은 사람들이 여러 가지 목적으로 재배하는 식물들이다. 식물원은 안데스의 멸종위기에 처한 식물의 보존을 위하여 토란과, 파인애플과, 선인장과, 꿀풀과, 난초과 등 다섯 개 식물군에 대하여 집중적으로 수집을 진행하고 각각의 수집원으로 나누어 관리하고 있다.

또 다양한 주제원이 조성되어 있다. 그중 하나인 온실은 넓지 않은 공간이지만 공간 활용을 아주 잘하면서 독특한 전시를 경험할 수 있도록 하고 있다. 온실 건축 자체도 독특한데, 내부가 6개 구역으로 나뉘어져 있고 각 구역을 좁고 긴 내부 통로로 연결하고 있어 전체적으로는 하나의 고리로 연결된 모양을 이룬다. 온실에서는 콜롬비아 구아지라 Guajira에서부터 안데스 산맥 높은 지대의 파라모 Paramo, 그리고 아마존 열대우림에 이르는 다양한 콜롬비아의 식물상을 재현하기 위하여 6개 구역마다 각기 다른 온도 및 습도로 환경을 조절하고 있다. 온실 내의 주요 주제는 안데스 고원식물, 약용식물, 수생식물, 건생식물과 선인장 등으로 나뉘어져 있다.

식물원의 야외 공간에는 더욱 다양한 주제원들이 조성되어 있는데 그중 대표적인 것 몇 가지만 살펴본다. 민꽃식물원 Plantas criptógamas 에서는 폭포에서 떨어진 물소리와 함께 음악을 즐기며 이끼류와 속새류 등 세계에서 가장 오래된 민꽃식물류의 예를 관찰할 수 있다. 허브원에는 약용 및 향신료 식물들 백여 종 전시되어 있으며, 식물 향기 속을 거니는 기쁨을 경험할 수 있다. 또, 각종 질병 및 기타 의학 용도로 사용되는 식물들을 만날 수 있다. 야자수원

온실 내의 건생식물과 선인장

온실 입구의 세련된 채광창

에는 1985년 콜롬비아 국가수로 지정된 친디오왁스 야자 palma de cera del Quindío 나무를 포함하여 50여 종, 588그루가 수집되어 있다. 야자수원의 높은 야자나무들은 식물원 어디에서도 보여 길 안내를 해주기도 하며 아름다운 풍경을 보여주기도 한다.

장미원도 아름다운 풍경을 보여주는 장소로 사람들의 발길을 이끄는 대표적인 주제원이다. 이곳에는 73종류의 품종이 있으며 대부분 관목으로 낮게 깔리는데 멀리 보이는 야자수와 색다른 조화를 이룬다. 이국적식물수집원에서는 도시의 정원이나 개인 주택에서 사용될 수 있는 관상용 초본식물이 많이 전시되어 있다. 안개숲은 안데스의 숲을 재현한 공간으로써, 식물의 적응을 쉽게 하는 반밀폐된 환경으로 다양한 교목, 관목, 덩굴성 식물들이 자연스럽게 자라고 있다. 인공적으로 조성되었지만 자연에 가까운 모습으로 정착하여 여러 동물들의 서식처가 되고 있기도 하다. 많은 사람들이 아침과 늦은 오후에 새를 관찰하기 위하여 이 공간을 이용한다.

식물원의 운영 특성

보고타식물원은 연구센터일 뿐만 아니라 대도시에서 복잡한 생활을 하는 시민들을 위한 휴양의 허브이기도 하다. 식물원은 보고타에 있는 많은 대학과 공동 연구를 진행 중이며 다양한 생명공학 워크숍 및 멸종위기종의 보존관련 연구를 진행하고 있다.

시민과 관광객이 환경에 대해 배우고 존중하며, 보호에 대해 배울 수 있는 장소 및 프로그램을 제공한다. 예를 들어 5~12세의 어린이를 대상으로 식물 과학 탐구를 위한 클럽활동을 진행하며 이를 통해 아이들은 생물 다양성과 보존의 원리를 배울 수 있다. 다양한 방문객을 대상으로 가이드 투어를 진행하고 있다.

야자수를 배경으로 한 장미원

환경보전에 관한 교육과 휴양 문화가 잘 결합된 프로그램의 예로써, 2013년 1월 식물원에서는 라틴아메리카 최초의 '태양열 음악 축제'를 개최했다. 식물원과 미국 국제개발처US-AID, United States Agency for International Development의 노력으로 온전히 태양열로만 악기와 장비의 전원을 공급하였으며, 유명 라틴아메리카 가수들이 출연하였다.

식물원에서는 이 밖에도 보고타 시의 공공 공간에심은 나무의 통합 관리 프로그램을 운영하고 있으며 개인 또는 기관들을 대상으로 식물에 관련된 폭넓은 상담 시스템을 운영하기도 한다. 도시 농업에 대한 교육 및 기술 지원도 중요한 프로그램 중의 하나이다.

Travel tip

주소 Jardin Botánico de Bogotá Jose Celestino Mutis, Avenida Calle 63 No. 68-95, Bogotá Colombia

홈페이지 www.jbb.gov.co

전화 +57 01 4377060

개원시기 및 시간 월요일에서 금요일은 08:00~17:00까지, 주말과 휴일은 09:00~17:00까지 개원한다. 가장 늦은 입장은 오후 4시이며, 가이드 없이 투어할 경우 2시간 정도 소요된다.

면적 19.5ha

100

페루 식물 교육의 중심

옥타비오벨라르데누네스식물원

Jardin Botanico Octavio Velarde Núñez

수생식물원

옥타비오벨라르데누네스식물원이 있는 리마는 페루의 수도로 태평양 연안에 위치하고 있다. 1535년 스페인의 프란시스코 피사로에 의해 도시가 건설되었는데, 스페인과의 교류가 편리한 지리적 특성으로 페루 부왕령의 수도가 되기도 했다. 1821년 페루가 독립한 이후에는 수도가 되었으며 산업과 경제, 교육과 문화의 중심지로 발전하였다.

페루에서는 식물원을 거의 찾아보기 어려운데, 이와 같은 리마의 발전을 바탕으로 식물원이 설립되었다. 약 2ha에 불과한 작은 식물원이지만 리마에서도 거의 유일한 식물원으로 교육, 연구 및 휴양 기능을 수행하고 있으며 몰리나국립농업대학 UNALM, Universidad Nacional Agraria La Molina 이 관리하고 있다.

식물원의 역사

농업 경제학자 레오폴도 헤크 Leopoldo Hecq에 의해 1904년에 산타 베아트리즈 Fundo Santa Beatriz에 있던 국립농업대학 ENA 소속으로 설립되었다. 그 후 국립농업대학이 몰리나 Fundo la Molina 지역으로 이전함에 따라 식물원도 1933년에 현재의 위치로 이전되었다. 식물원의 이름은 페루의 유명한 식물학자인 옥타비오 벨라르데 누네스 Octavio Velarde Núñez를 기려 붙여진 것이다.

식물원의 구성

옥타비오벨라르데누네스식물원의 목적 중 하나는 분류학적 정보의 생산과 제공이며 과학, 문화 및 교육을 위해 정원에서 식물의 정확한 위치를 파악하는 것이다. 이에 따라 식물원의 적절한 관리 및 종의 위치 파악 등을 위해 식물의 배치 체계도가 개발되었다. 이 배치 체계에 의해 겉씨식물, 선인장, 야자류, 다육

입구로 연결되는 중앙 관람로

중앙아메리카에서 수집한 독특한 식물 투투모 꽃

다육식물원

특이한 수형을 가진 피토라카 *Phytolacca dioica*

식물, 수생식물 등 구역이 배치되었다. 또 페루 국내의 식물 수집과 관련해서 비오톱 관점에 따라 해안, 안데스, 아마존 등 3지역으로 나누어 배치하고 있다.

식물원에는 이렇게 나누어진 주제원에 7개 과의 겉씨식물과 60개 과의 속씨식물을 보유하고 있다. 대표적인 주제원으로 선인장원을 들 수 있는데, 2001년부터 국내외 선인장류를 수집하기 시작했다. 특히 멸종위기에 처한 종들의 보존과 연구를 통해 원 자생지로의 재도입을 목적으로 한다.

한편, 식물원의 규모는 매우 작은 편이지만 식물의 수집은 식물지리학적 관점에서 매우 방대하다고 할 수 있다. 보통 전 세계의 식물을 6개 식물지리학적 구계로 나누며 각 구계의 특징 식물군을 23개 분류군(과 또는 속)으로 본다. 이 식물원에서는 이러한 식물구계학적 특징 분류군 중 19개 특징 분류군을 수집하고 있다. 즉 전 세계의 식물 Plants Around the World 수집이라는 주제로 북반구의 침엽수, 아르헨티나의 옴부 Ombu, *Phytolacca dioica*, 아프리카와 중국의 숲에서

카사 훌리오 가우드론교육센터와 수생식물원

온 나무들, 열대우림의 소철 등을 수집하고 있다.

식물원의 운영 특성

식물원은 식물 세계와 인간을 접근시키는 통로이며, 식물 보전의 이점을 제고시키고, 자원을 합리적으로 관리하는 중요한 역할을 수행한다. 이런 의미에서 국립농업대학 식물원 옥타비오벨라르데누네스식물원이 리마 및 페루에서 차지하는 가치는 매우 높다고 할 수 있다.

나자식물수집원의 소철

이 식물원에서는 '카사 훌리오 가우드론 Casa Julio Gaudron'이라는 식물원 내 교육센터를 중심으로 연구 개발, 보존, 증식 및 식물세계의 문화와 교육적인 가치를 보급하는 데 주력하고 있다. 즉, 페루의 식물이 주는 이익과 잠재적 가치에 대한 학습의 기회를 다양하게 제공한다. 식물과 즐거운 만남뿐만 아니라 주요 식물 생육지가 형성되는 과정을 볼 수 있는 기회도 있고, 많은 식용, 약용 또는 산업용 식물의 기원과 이용에 대해서도 알게 된다. 식물원은 학습프로그램뿐만 아니라 리마의 시민들에게 휴식의 장소로 널리 활용되고 있다.

Travel tip

주소 Jardin Botanico Octavio Velarde Núñez, Universidad Nacional Agraria La Molina, distrito de La Molina, provincia de Lima, Perú

홈페이지 www.lamolina.edu.pe/facultad/ciencias/cbiologia/jardin_botanico/default.html

전화 +51 01 994908658

개원시기 및 시간 월요일부터 금요일까지 오전에는 09:00~12:00, 오후에는 13:00~15:00까지 개원한다.

면적 2.0ha

식물원에는 교육센터 외에 일반 방문객을 위한 화장실을 포함한 최소한의 시설이 거의 없다는 점을 주의해야 함.

수록 식물원 리스트

세계의 식물원 산책 1

아시아

한국

01 국립수목원
02 대아수목원
03 신구대학교식물원
04 여미지식물원
05 완도수목원
06 제주한라수목원
07 천리포수목원
08 평강식물원
09 한국자생식물원
10 한택식물원

일본

11 교토식물원
12 나가사키아열대식물원
13 나가이식물원
14 도쿄진다이식물공원
15 로코고산식물원
16 츠쿠바식물원
17 하코네습생화원
18 히가시야마식물원
19 히로시마식물원

중국

20 난징식물원
21 베이징식물원
22 상하이식물원
23 선전쉬엔후식물원
24 우한식물원
25 화난식물원

대만

26 타이페이식물원
27 푸산식물원

인도네시아

28 보고르식물원
29 찌보다스식물원

싱가포르

30 싱가포르식물원

북아메리카

미국

31 뉴욕식물원
32 댈러스수목원·식물원
33 로스앤젤레스수목원·식물원
34 롱우드가든
35 리마홀리국립열대식물원
36 메인해안식물원
37 모리스수목원
38 미주리식물원
39 브루클린식물원
40 산안토니오식물원
41 산타바바라식물원
42 시카고식물원
43 알러턴국립열대식물원
44 애리조나소노라사막박물관
45 와이메아식물원
46 카하누국립열대식물원
47 캘리포니아버클리주립대학식물원
48 퀸즈식물원
49 페어차일드열대식물원
50 포스터식물원
51 피닉스사막식물원
52 하와이열대식물원
53 헌팅턴식물원

캐나다

54 나이아가라식물원
55 몬트리올식물원
56 밴듀센식물원
57 부차트가든
58 브리티시콜롬비아대학식물원
59 온타리오왕립식물원
60 토론토식물원

오세아니아

오스트레일리아

61 멜버른왕립식물원
62 서부오스트레일리아식물원
63 시드니왕립식물원
64 아들레이드식물원
65 아라루엔식물원
66 오스트레일리아건조지역식물원
67 오스트레일리아국립식물원
68 질롱식물원
69 쿠차산식물원
70 크랜번왕립식물원
71 태즈매니아왕립식물원

뉴질랜드

72 더니든식물원
73 오클랜드식물원
74 웰링턴식물원
75 크라이스트처치식물원

아프리카

남아프리카공화국

76 월터시슬루국립식물원
77 커루사막국립식물원
78 커스텐보쉬식물원
79 케이프반도해양보존지
80 해롤드포터국립식물원

케냐

81 나이로비식물원

세계의 식물원 산책 2

유럽

영국
01 글래스고식물원
02 로건식물원
03 로즈무어가든
04 버밍엄식물원
05 벤모어식물원
06 벨파스트식물원
07 세인트앤드류스식물원
08 에덴프로젝트
09 에딘버러왕립식물원
10 웨일즈국립식물원
11 위즐리가든
12 큐왕립식물원
13 케임브리지대학식물원
14 하이드홀가든
15 할로우카가든

독일
16 그루가파크식물원
17 마이나우꽃섬
18 뮌스터대학식물원
19 뮌헨-님펜부르크식물원
20 베를린-다렘식물원
21 빌헬마식물원
22 아우크스부르크식물원
23 쾰른식물원
24 팔멘식물원
25 함부르크식물원
26 헤렌호이저가든

이탈리아
27 네베갈벨루노식물원
28 장지오로렌조니고산식물원
29 발데리아식물원
30 비오테고산식물원
31 빌라타란토식물원
32 사우수레아고산식물원
33 피에트로펠레그리니식물원
34 트라우트만스도르프성가든
35 파도바대학식물원
36 피사대학식물원
37 한버리식물원

프랑스
38 낭트식물원
39 로따레고산식물원
40 루앙식물원
41 리옹식물원
42 몽떼식물원
43 샤노우시아고산식물원
44 제시니아고산식물원
45 뚜말레식물원
46 파리식물원

스페인
47 리오하식물원
48 마드리드왕립식물원
49 마리무트라식물원
50 바르셀로나식물원
51 아틀란티코식물원
52 알람브라궁전-헤네랄리페정원
53 콘셉시옹식물원

스위스
54 람베르씨아고산식물원
55 시니게플라테고산식물원
56 제네바식물원
57 취리히대학식물원
58 토마시아식물원
59 플로라알프스가든

네덜란드
60 레이던대학식물원
61 암스테르담식물원
62 위트레흐트대학식물원
63 카스텔투이넨아르센
64 큐켄호프정원
65 트롬펜부르크수목원

벨기에
66 헨트대학식물원
67 벨기에국립식물원
68 안트베르펜식물원
69 캄토우트수목원

오스트리아
70 린츠식물원
71 빈대학식물원
72 파처코펠고산식물원
73 필라허고산식물원

스웨덴
74 베르기우스식물원
75 예테보리식물원
76 웁살라대학식물원

터키
77 네자하트고키기트식물원
78 에게대학식물원
79 이스탄불대학식물원

그리스
80 스타브로우폴리식물원

덴마크
81 코펜하겐대학식물원

러시아
82 코마로프식물원

모나코
83 모나코가든

중남아메리카

저자 소개

이숭겸 신구대학교 총장

이길순 신구대학교 보육복지과 교수

윤근영 신구대학교 환경조경과 교수

이창경 신구대학교 미디어콘텐츠과 교수

황환주 신구대학교 원예디자인과 교수

김인호 신구대학교 환경조경과 교수

전정일 신구대학교 원예디자인과 교수

변재상 신구대학교 환경조경과 교수

세계의

식물원 산책 2

초　판　1쇄 발행 2016년 2월 25일

2쇄 발행 2023년 4월 15일

지은이　이숭겸 이길순 윤근영 이창경 황환주 김인호 전정일 변재상

펴낸이　김길준

펴낸곳　(학)신구학원신구문화사

디자인　은디자인

색보정　오명현

등　록　1968. 6. 10. 제1-205호

주　소　경기도 성남시 중원구 광명로 377 신구대학교 우촌학사 1층

전　화　031-741-3055~6, 031-741-3054(팩스)

이메일　shingupub@naver.com

홈페이지　www.shingubook.com

ISBN 978-89-7668-199-7　978-89-7668-197-3(set) 04480